应用型本科规划教材

通信原理

（第二版）

主　编　鲍卫兵

副主编　顾涵铮　张水英

周云水　李晓梅

ZHEJIANG UNIVERSITY PRESS
浙江大学出版社

内容提要

本书由几所高校中长期从事教学实践的教师联合编写，内容全面、难度适中、分析由浅入深，论理清晰，逻辑性强，举例说明，结合实际应用。

全书共八章，内容包括通信系统的基本概念、信道的基本特征、模拟调制系统、数字基带传输、数字频带传输、模拟信号的数字传输、同步原理和差错控制编码。每章均附有习题以及实践项目，有利于加强学生综合能力的锻炼，最后给出部分习题答案。

本书可作为高等院校通信、电子信息、自动化、计算机科学与技术以及相关专业的应用型本科生教材或研究生参考书，也可作为高职、高专的教材，还可供从事相关专业的工程技术人员参考。

图书在版编目（CIP）数据

通信原理／鲍卫兵主编．—杭州：浙江大学出版社，2006.7（2022.7 重印）
应用型本科规划教材
ISBN 978-7-308-04778-4

Ⅰ.通… Ⅱ.鲍… Ⅲ.通信理论—高等学校—教材 Ⅳ.TN911

中国版本图书馆 CIP 数据核字（2006）第 064692 号

通信原理(第二版)

鲍卫兵　主编

责任编辑　王　波
封面设计　联合视务
出版发行　浙江大学出版社
（杭州市天目山路 148 号　邮政编码 310007）
（网址：http://www.zjupress.com）
排　　版　杭州青翊图文设计有限公司
印　　刷　广东虎彩云印刷有限公司绍兴分公司
开　　本　787mm×1092mm　1/16
印　　张　18
字　　数　438 千
版 印 次　2011 年 8 月第 2 版　2022 年 7 月第 9 次印刷
书　　号　ISBN 978-7-308-04778-4
定　　价　45.00 元

应用型本科院校信电专业基础平台课规划教材系列

编 委 会

总　　序

近年来我国高等教育事业得到了空前的发展，高等院校的招生规模有了很大的扩展，在全国范围内发展了一大批以独立学院为代表的应用型本科院校，这对我国高等教育的持续、健康发展具有重大的意义。

应用型本科院校以着重培养应用型人才为目标，目前，应用型本科院校开设的大多是一些针对性较强、应用特色明确的本科专业，但与此不相适应的是，当前，对于应用型本科院校来说作为知识传承载体的教材建设远远滞后于应用型人才培养的步伐。应用型本科院校所采用的教材大多是直接选用普通高校的那些适用研究型人才培养的教材。这些教材往往过分强调系统性和完整性，偏重基础理论知识，而对应用知识的传授却不足，难以充分体现应用类本科人才的培养特点，无法直接有效地满足应用型本科院校的实际教学需要。对于正在迅速发展的应用型本科院校来说，抓住教材建设这一重要环节，是实现其长期稳步发展的基本保证，也是体现其办学特色的基本措施。

浙江大学出版社认识到，高校教育层次化与多样化的发展趋势对出版社提出了更高的要求，即无论在选题策划，还是在出版模式上都要进一步细化，以满足不同层次的高校的教学需求。应用型本科院校是介于普通本科与高职之间的一个新兴办学群体，它有别于普通的本科教育，但又不能偏离本科生教学的基本要求，因此，教材编写必须围绕本科生所要掌握的基本知识与概念展开。但是，培养应用型与技术型人才又是应用型本科院校的教学宗旨，这就要求教材改革必须淡化学术研究成分，在章节的编排上先易后难，既要低起点，又要有坡度、上水平，更要进一步强化应用能力的培养。

为了满足当今社会对信息与电子技术类专业应用型人才的需要，许多应用型本科院校都设置了相关的专业。而这些专业的特点是课程内容较深、难点较多，学生不易掌握，同时，行业发展迅速，新的技术和应用层出不穷。针对这一情况，浙江大学出版社组织了十几所应用型本科院校信息与电子技术类专业的教师共同开展了“应用型本科信电专业教材建设”项目的研究，共同研究目前教材的不适应之处，并探讨如何编写能真正做到“因材施教”、适合应用型本科层次信电类专业人才培养的系列教材。在此基础上，组建了编委会，确定共同编写“应用型本科院校信电专业基础平台课规划教材系列”。

本专业基础平台课规划教材具有以下特色：

在编写的指导思想上，以“应用类本科”学生为主要授课对象，以培养应用型人才为基本目的，以“实用、适用、够用”为基本原则。“实用”是对本课程涉及的基本原理、基本性质、基本方法要讲全、讲透，概念准确清晰。“适用”是适用于授课对象，即应用型本科层次的学生。“够用”就是以就业为导向，以应用型人才为培养目的，达到理论够用，不追求理论深度和内容的广度。突出实用性、基础性、先进性，强调基本知识，结合实际应用，理论与实践相结合。

在教材的编写上重在基本概念、基本方法的表述。编写内容在保证教材结构体系完整的前提下，注重基本概念，追求过程简明、清晰和准确，重在原理，压缩繁琐的理论推导。做到重点突出、叙述简洁、易教易学。还注意掌握教材的体系和篇幅能符合各学院的计划要求。

在作者的遴选上强调作者应具有应用型本科教学的丰富的教学经验，有较高的学术水平并具有教材编写经验。为了既实现“因材施教”的目的，又保证教材的编写质量，我们组织了两支队伍，一支是了解应用型本科层次的教学特点、就业方向的一线教师队伍，由他们通过研讨决定教材的整体框架、内容选取与案例设计，并完成编写；另一支是由本专业的资深教授组成的专家队伍，负责教材的审稿和把关，以确保教材质量。

相信这套精心策划、认真组织、精心编写和出版的系列教材会得到广大院校的认可，对于应用型本科院校信息与电子技术类专业的教学改革和教材建设起到积极的推动作用。

系列教材编委会主任

顾伟康

2006 年 7 月

前　言

本书由几所高等学校中长期从事教学实践的一线教师联合编写。大家把各自的教学经验和体会融入到本教材中，并吸收了大量参考文献的精华，略去繁琐的公式推导、分析重在思路、讲清来龙去脉、文字语言通俗易懂。可以作为通信及信息类本科教材，也可作为专业人员的自学教材，特别适合应用型本科的学生。

本书的参考学时数为 64 学时(包括课内实验 8 学时，实际讲课一般为 56 学时)。教师可以根据需要适当增减学时数。本书共分八章，主要内容有：第 1 章绪论：介绍通信系统的模型、分类、通信方式、信息量和平均信息量、主要性能指标；第 2 章信道与噪声：介绍各种信道及其影响、噪声的分析、离散信道和连续信道的信道容量；第 3 章模拟调制系统：讲述 AM，DSB-SC，SSB，VSB，FM，PM 的原理、性能比较及应用实例；第 4 章数字信号的基带传输系统：介绍基带信号码波形及常用码型、功率谱密度、码间干扰、部分响应系统、眼图、均衡技术；第 5 章数字信号的频带传输系统：介绍 2ASK，2FSK，2PSK/2DPSK 调制原理、抗噪声性能及其比较、多进制及改进型数字调制；第 6 章模拟信号的数字传输：介绍抽样定理、PAM、模拟信号的量化、PCM、DPCM、ΔM、时分复用和多路数字电话系统；第 7 章同步原理：介绍载波同步、位同步、群同步的方法、性能以及对解调性能的影响；第 8 章差错控制编码：介绍基本原理、常用的简单编码、线性分组码、循环码、卷积码、Turbo 码等。

每章分为几个小节，每小节在基本原理叙述的基础上进一步举例说明，并结合实际应用。每章结束后给出本章小结，然后是习题，最后给出几个实践项目。习题部分加强对理论知识的巩固，实践项目部分主要通过利用 MATLAB 软件仿真、利用 FPGA 来完成硬件实现、软硬结合等有利于加强学生对学过知识的综合、总结和提炼的能力以及实际动手能力的培养。

本书由鲍卫兵担任主编，顾涵铮、张水英、周云水、李晓梅任副主编。第 1 章由鲍程红编写，第 2、3 章由张水英编写，第 4 章由刘小英编写，第 5 章由李晓梅编写，第 6 章由周云水编写，第 7 章由顾涵铮编写，第 8 章由鲍卫兵编写。鲍卫兵对全书作了统稿和最终定稿。

浙江大学戴文琪教授审阅了全书。

本书在编写过程中得到浙江各高校和浙江大学出版社的支持，在此表示感谢，同时对本书所列的参考文献的作者表示感谢。本书作者根据最近几年教材使用中的反馈意见以及教学发展需要，对全书进行了部分修订和改版。

由于编者的水平有限，书中有不妥和错误之处，恳请广大读者批评指正。

编　者

2011年8月

目　录

第1章 绪 论

1.1 引 言

1.1.1 通信发展史简介

远古时代，人类的生产力不发达，需要远距离传递的消息往往以书信的形式，通过人力或畜力（马匹等）的长途传递完成，这种通信方式明显具有传递时间长的缺点。而对于较为紧急的事情，如外敌入侵等，则依靠“烽火台”传递消息。这是原始的利用光实现通信的方式，但传递的信息量十分有限。为了在尽量短的时间内传递尽量多的消息，人们不断地尝试所能找到的各种最新技术手段。1837 年发明的莫尔斯电磁式电报机标志着电信时代的正式开始，这标志着电通信的开始。之后，利用电进行通信的研究取得了长足的进步，在信息传递的数量、传播的速度和范围等方面均获得了迅速的发展。1866 年利用海底电缆实现了跨大西洋的越洋电报通信。1876 年贝尔发明了电话，利用电信号实现了语音信号的有线传递，使信息的传递变得既迅速又准确，这是模拟通信的开始。由于电话是一种实时、交互式通信，比电报更便于交流使用，所以直到 20 世纪前半叶这种采用模拟技术的电话通信技术比电报得到了更迅速和广泛的发展。1937 年，瑞威斯发明脉冲编码调制标志着数字通信的开始。20 世纪 60 年代以后集成电路、电子计算机的出现，使得数字通信迅速发展。由于数字通信技术在许多方面都优于模拟通信，甚至像语音、图像一类的模拟信号也可望采用数字通信技术来传输。如 70 年代末在全球发展起来的模拟移动电话在 90 年代中期被数字移动电话所替代，现有的模拟电视也正在被数字电视所替代。在电的通信发展的同时，频谱资源日益紧缺，光通信受到人们的重视。1960 年美国科学家梅曼发明了红宝石激光器，从此人类进入了研究现代光通信的时代。1977 年，在美国芝加哥开通了世界上第一条光纤通信线路，1980 年在苏格兰西海岸铺设了世界上第一条海底光缆，从那时起，光通信便进入了实用阶段。光通信的高速率和大容量等优越性已经使人们看到光通信的发展前途。

1.1.2 通信的发展现状和趋势

进入 20 世纪以来，随着晶体管、集成电路的出现与普及，无线通信迅速发展。特别是在 20 世纪的后半叶，伴随着人造地球卫星的发射，大规模集成电路、电子计算机和光导纤维等现代科技成果的问世，通信技术在以下几个不同的方向上都取得了巨大的成功。

(1)微波中继通信使长距离、大容量的通信成为现实。卫星通信是微波中继通信的一种特殊方式。一颗同步通信卫星的天线波束,可以覆盖地球表面积的 42.4%。在这个覆盖区域内,两个相距 18000 千米的地面站可以进行远距离通信。在静止轨道上等间隔(120°)配置三颗卫星,就可建立起除地球两极地区以外的全球通信。一颗通信卫星的可用频带宽度达到几千兆赫,与这相应的通信容量超过了 33000 条话路。

(2)移动通信和卫星通信的出现,使人们随时随地可通信的愿望得以实现。移动通信技术的发展以及国际间联网、漫游的实现,大大方便了人们在流动中建立通信联络。通信卫星居高临下,经它转发的无线电波能较有效地将地球表面覆盖,因而是实现全球移动通信的理想中继站。由美国劳拉(Loral)和高通(Qualcomm)等公司开发的全球卫星系统,已于 1999 年投入运行,我国也于 2005 年 5 月正式加入。卫星移动通信与地面移动通信相比,最大的优势就是可以在地球表面实现无缝隙覆盖,真正实现随时随地传递信息。

(3)光导纤维的出现更是将通信容量提高到了以前想像不到的地步。由于技术上的原因,现在的光通信还必须与电通信互相结合,所以最高的网络速率只能达到 10 Gb/s。当实现全光通信时,网络速率将快到能够及时传送高清晰度图像,例如 X 光照片,那时你不出门就可在家里看病了;商业人士可通过高清晰度 TV 远程召开视频会议;用户完整下载一部高清晰电影只需要 5 分钟;联网游戏图像变得更加流畅逼真。

(4)电子计算机的出现将通信技术推上了更高的层次,借助现代电信网和计算机的融合,人们将世界变成了地球村。现代社会是信息时代,是“互联网”(Internet)时代。网络是人与人、人与世界的连接纽带。是计算机网络拉近了人们之间的距离,是计算机网络把偌大的世界变成了“地球村”。

(5)微电子技术的发展,使通信终端的体积越来越小,成本越来越低,范围越来越广。例如,2003 年我国的移动电话用户首次超过了固定电话用户。根据国家信息产业部的统计数据,到 2011 年中国移动电话用户将突破 9 亿。

随着现代电子技术的发展,通信技术正在向着数字化、网络化、智能化和宽带化的方向发展。信息的内容与格式也向着多样化、多媒体化转变。使用方法更加个性化。随着科学技术的进步,人们对通信的要求会越来越高,各种新技术不断地应用于通信领域,各种新的通信业务将不断地被开发出来。可以预见,当宽带技术发展到一定程度,能将电话、电视和互联网融合成一个整体时,人们便可在任何时候、任何地点与任何人进行通信和高速地接入互联网及时有效地获取信息资源、处理个人的信息业务。到那时人们的生活将越来越离不开通信。有关通信方面的知识和技术也成为当代人需要了解和掌握的热门知识之一,“通信原理”就是介绍支撑各种通信技术的通信基本概念和数学理论基础。

1.1.3 通信的基本概念

通信就是克服距离上的障碍,从一地向另一地传递和交换消息。消息是信息源所产生的,是信息的物理表现,例如,语音、文字、数据、图形和图像等都是消息(message)。消息有模拟消息(如语音、图像等)以及数字消息(如数据、文字等)之分。所有消息必须在转换成电信号(通常简称为信号)后才能在通信系统中传输。所以,信号(signal)是传输消息的手段,信号是消息的物质载体。

相应的信号可分为模拟信号和数字信号。模拟信号的自变量可以是连续的或离散的,但幅度是连续的(分别如图 1-1-1 所示),如电话机、电视摄像机输出的信号就是模拟信号。数字信号的自变量可以是连续的或离散的,但幅度是离散的(分别如图 1-1-2 所示),如电传机、计算机等各种数字终端设备输出的信号就是数字信号。

通信的目的是传递消息,但对受信者有用的是消息中包含的有效内容,也即信息(information)。消息是具体的、表面的,而信息是抽象的、本质的,且消息中包含的信息多少可以用信息量来度量。度量方法在后面会有介绍。

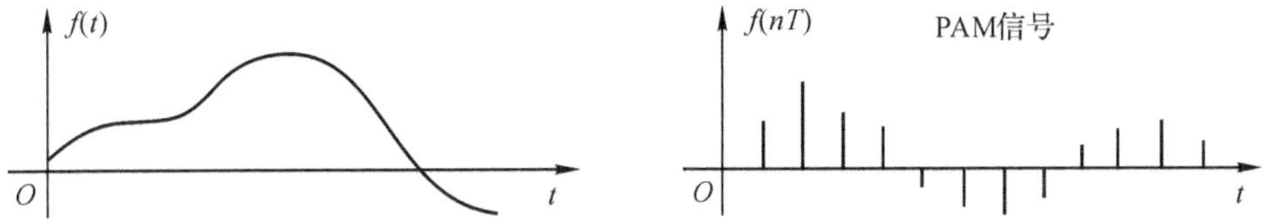

(a) 连续信号　　(b) 抽样信号

图 1-1-1　模拟信号

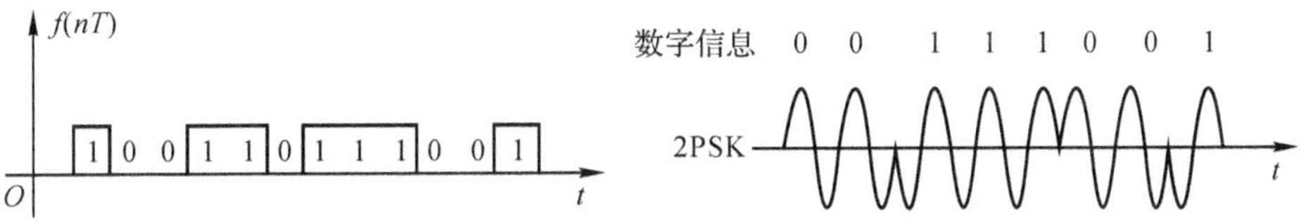

(a) 二进制信号　　(b) 2PS K信号

图 1-1-2　数字信号

1.2　通信系统模型

1.2.1　通信系统的一般模型

通信是在两地之间进行传递和交换消息的过程。通信系统就是传递消息所需的一切技术设备和传输媒质的总和,包括信源、发送设备、信道(传输媒质)、接收设备和信宿(受信者)。点对点之间的通信系统的模型如图 1-2-1 所示。它描述了一个通信系统的组成,反映了通信系统的共性,因此称之为通信系统的一般模型。那么通信系统的各个组成部分究竟起着什么作用呢? 下面逐一作出介绍。

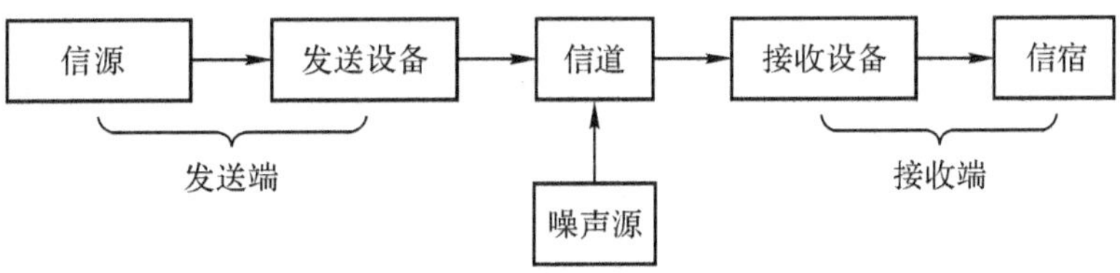

图 1-2-1　通信系统的一般模型

信源是发出消息的源,其作用是把各种消息转换成原始电信号,称之为消息信号。信源的原始消息有各种类型,如语音、图像等模拟消息以及数据、文字等数字消息。这些消息一般要经过传感器变为可传送的电信号。原始电信号通常具有较低的频谱分量,所以我们也称之为基带信号。

发送设备的基本功能是将信源和信道匹配起来，即将信源产生的消息信号变换成适合在信道中传输的信号。变换方式是多种多样的，采用什么样的变换则要根据信号类型、传输媒质和质量要求等决定。满足要求时可以将电信号直接送入媒质进行传输；在需要频谱搬移的场合，调制则是最常见的变换方式。对数字通信系统来说，编码是发送设备的另一个重要组成部分。编码常常又可分为信源编码与信道编码。信源编码是将连续的模拟信号变换为数字信号，并设法降低码元速率以提高通信系统的有效性；信道编码则是通过差错控制编码来实现差错控制，以提高传输的可靠性。

信道是指介于发送设备和接收设备之间用来传输信号的各种物理媒质。如双绞线、电缆、波导、光纤等的有线通道和由自由空间提供的各种频段或波长的电磁波无线通道。信号在传输过程中不可避免地会受到噪声的干扰，媒质的固有特性及引入的干扰与噪声直接关系到通信的质量。

噪声源不是人为加入的设备，而是通信系统中各种设备以及信道中所固有的，并且是人们所不希望有的。噪声的来源是多样的，有内部噪声和外部噪声，而且外部噪声往往是从信道引入的，因此，为了分析方便，把噪声源视为各处噪声的集中表现而抽象地加入到信道。

接收设备包括解调器、解码器等，其基本功能是完成发送设备的反变换，即从带有干扰的接收信号中正确地恢复出与信源发出的消息信号完全相同或基本相同的原始基带信号。对于多路复用信号，还包括解多路复用，实现正确分路。

信宿是传输信息的归宿点，可以是人或机器设备。其作用是将复原的电信号转换成相应的原始消息，或执行某个动作，或进行显示。对于信源和信宿来说，不管中间经过什么样的变换和传输，都应该使两者消息内容保持一致。收到和发出消息的相同程度越高越好，表明通信系统的可靠性越高。

按照信道中传输的信号类型不同，通信系统可分为模拟通信系统和数字通信系统。这两种系统的组成会有什么不同呢？下面将分别作出介绍。

1.2.2 模拟通信系统模型

模拟通信系统是利用模拟信号来传递消息的通信系统。模拟通信系统模型如图 1-2-2 所示。我们知道，信源发出的原始电信号是基带信号，基带的含义是指信号的频谱从零频附近开始，如语音信号为 300～3400Hz，图像信号为 0～6MHz。由于这种信号具有频率很低的频谱分量，一般不宜直接传输，这就需要把基带信号变换成其频带适合在信道中传输的信号，并可在接收端进行反变换。完成这种变换和反变换作用的通常是调制器和解调器。经过调制以后的信号称为已调信号。已调信号的频谱具有带通形式且中心频率远离零频，因而已调信号又称频带信号。

需要指出的是，消息在从发送端到接收端的传递过程中，不仅仅只有连续消息与基带信号和基带信号与频带信号之间的两种变换，实际通信系统中可能还有滤波、放大、天线辐射、控制等过程，它们只是起到放大信号或改善信号特性的作用，对信号不会发生质的变化，因而被认为是理想的而不予讨论。

例如日常生活中用的收音机就是一个模拟通信系统的例子。在这个系统中，发射装置是广播电视塔，接收装置就是收音机，广播电台发出的无线电波通过空间传播，被收音机接

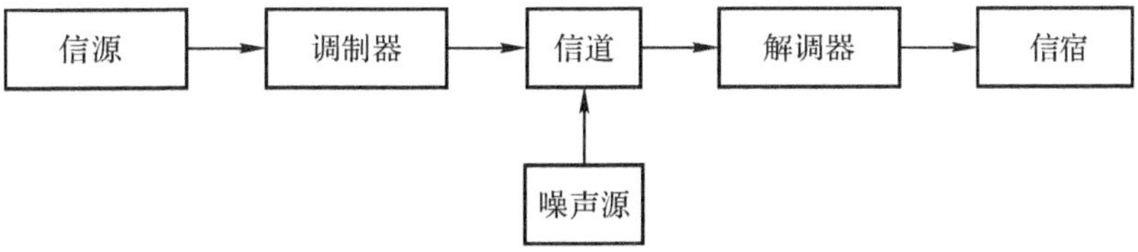

图 1-2-2 模拟通信系统模型

收到。收音机大多是超外差式收音机，从天线接收到的射频信号首先经过射频放大器进行放大，然后经过混频器混频后，再经过中频滤波和中频放大，经过包络检波后，放大音频信号，再从喇叭播放出来。

模拟通信频带利用率较高，缺点是抗干扰能力差，不易保密，设备不易大规模集成，不能适应飞速发展的数据通信的要求。

1.2.3 数字通信系统模型

数字通信系统是利用数字信号来传递消息的通信系统，模型如图 1-2-3 所示。需要说明的是，图 1-2-3 是数字通信系统的一般模型，实际的数字通信系统不一定包括图中的所有环节。如在某些有线信道中，当传输距离不太远且通信容量不太大时，数字基带信号无需调制，可以直接传送，称之为数字信号的基带传输，其模型中就不包括调制与解调环节。另外，模拟信号经过数字编码后可以在数字通信系统中传输，数字电话系统就是以数字方式传输模拟语音信号的例子。当然，数字信号也可以在模拟通信系统中传输，如计算机数据可以通过模拟电话线路传输，但这时必须使用调制解调器(modem)将数字基带信号进行正弦调制，以适应模拟信道的传输特性。此外，在数字通信系统中的同步系统是一个很重要的环节。同步是保证数字通信系统有序、准确、可靠工作的不可缺少的前提条件。同步的方式有很多种，主要包括载波同步、位同步、帧同步(群同步)等。采取的同步方式不同，同步系统在整个通信系统中的位置也不同，所以图中没有标出。

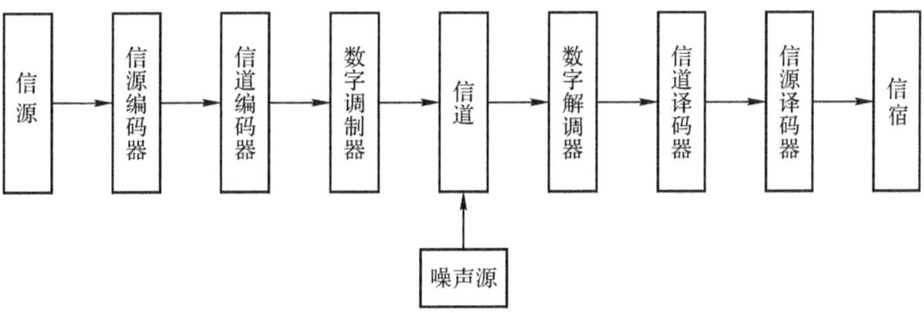

图 1-2-3 数字通信系统模型

例如日常生活中用手机打电话就是数字通信系统的例子。简单说，其原理就是手机把声音这个模拟信号转换为数字信号，并发射到基站，再由基站转到你所拨的手机上，对方的手机再把数字信号转换成声音，这样就实现通话了。

目前，无论是模拟通信还是数字通信，在不同的通信业务中都得到了广泛的应用。与模拟通信系统相比，数字通信系统具有抗干扰性能好、便于计算机处理、易于加密、传输差错可控制和功耗低等优点,更能适应现代社会对通信技术越来越高的要求。但是,数字通信的许多优点都是以比模拟通信占据更宽的系统频带为代价而换取的。以电话为例,一路模拟电话通常只占据 4kHz 带宽,但一路接近同样话音质量的数字电话可能要占据 20～60 kHz 的带宽,因此数字通信的频带利用率不高。另外,由于数字通信对同步要求高,因而系统设备比较复杂。不过,随着新的宽带传输信道(如光导纤维)的采用以及窄带调制技术和超大规模集成电路的发展,数字通信的这些缺点已经弱化。随着微电子技术和计算机技术的迅猛发展和广泛应用,数字通信在今后的通信方式中必将逐步取代模拟通信而占主导地位。

1.3 通信系统的分类及通信方式

1.3.1 通信系统的分类

由上一节的介绍可知,通信系统根据传递消息的不同,分成了模拟通信系统和数字通信系统两类。其实从不同的角度出发,通信系统还有其他的分类。

1. 按通信业务分类

按通信业务分,通信系统有语音通信系统和非语音通信系统。电话作为语音通信系统的代表在通信领域中一直占主导地位,它属于人与人之间的通信。而随着科技的发展和人类生产、生活需求的提高,以及计算机和因特网的普及,各种数据通信和图像通信、多媒体通信等非语音通信系统的业务量大幅度地增长。由于电话通信最为发达,因而其他通信常常借助于公共的电话通信系统进行。

2. 按调制方式分类

根据是否采用调制,可将通信系统分为基带传输系统和频带传输(也称调制传输)系统。基带传输是将未经调制的信号(由消息变换而来)直接传送,如音频市内电话、数字基带信号等。频带传输是将由消息变换而来的信号经调制后进行传输。调制方式很多,表 1-1 列出了一些常见的调制方式及用途。

表 1-1 常见的调制方式

<table>
<tr><th colspan="3">调制方式</th><th>用途</th></tr>
<tr><td rowspan="10">连续波调制</td><td rowspan="4">线性调制</td><td>常规双边带调制 AM</td><td>广播</td></tr>
<tr><td>抑制载波双边带调幅 DSB</td><td>立体声广播</td></tr>
<tr><td>单边带调幅 SSB</td><td>载波通信、无线电台、数传</td></tr>
<tr><td>残留边带调幅 VSB</td><td>电视广播、数传、传真</td></tr>
<tr><td rowspan="2">非线性调制</td><td>频率调制 FM</td><td>微波中继、卫星通信、广播</td></tr>
<tr><td>相位调制 PM</td><td>中间调制方式</td></tr>
<tr><td rowspan="4">数字调制</td><td>振幅键控 ASK</td><td>数据传输</td></tr>
<tr><td>移频键控 FSK</td><td>数据传输</td></tr>
<tr><td>移相键控 PSK,DPSK,QPSK 等</td><td>数据传输、数字微波、空间通信</td></tr>
<tr><td>其他高效数字调制 QAM,MSK 等</td><td>数字微波、空间通信</td></tr>
</table>

<table>
<tr><th colspan="3">调制方式</th><th>用　　途</th></tr>
<tr><td rowspan="7">脉冲调制</td><td rowspan="3">脉冲模拟调制</td><td>脉幅调制 PAM</td><td>中间调制方式、遥测</td></tr>
<tr><td>脉宽调制 PDM(PWM)</td><td>中间调制方式</td></tr>
<tr><td>脉位调制 PPM</td><td>遥测、光纤传输</td></tr>
<tr><td rowspan="4">脉冲数字调制</td><td>脉冲编码调制 PCM</td><td>市话、卫星、空间通信</td></tr>
<tr><td>增量调制 DM(ΔM)</td><td>军用、民用电话</td></tr>
<tr><td>差分脉码调制 DPCM</td><td>电视电话、图像编码</td></tr>
<tr><td>其他语音编码方式
ADPCM,APC,LPC</td><td>中低速数字电话</td></tr>
</table>

3. 按信号特征分类

按照信道中所传输的是模拟信号还是数字信号，相应地把通信系统分成模拟通信系统和数字通信系统。

4. 按传输媒质分类

按消息由一地向另一地传递时传输媒质的不同，通信系统可分为有线通信系统和无线通信系统两大类。有线通信系统是用导线(如架空明线、同轴电缆、光导纤维、波导等)作为传输媒质完成通信的，如市内电话、有线电视、海底电缆通信等。无线通信是依靠电磁波在空间传播来实现消息的传递，如短波电离层传播、微波视距传播、卫星中继等。

5. 按工作波段分类

按通信设备的工作频率不同可分为长波通信、中波通信、短波通信、远红外线通信等。表 1-2 列出了通信使用的频段、常用的传输媒质及主要用途。

表 1-2　通信波段与常用传输媒质

频率范围	波　长	频段/波段	常用传输媒介	用　　途
3Hz～30kHz	10^8～10^4 m	甚低频 VLF/超长波	有线线对	音频、电话、数据终端、长距离导航、时标
30～300kHz	10^4～10^3 m	低频 LF/长波	有线线对	导航、信标、电力线通信
300kHz～3MHz	10^3～10^2 m	中频 MF/中波	同轴电缆	调幅广播、移动陆地通信、业余无线电
3～30MHz	10^2～10m	高频 HF/短波	同轴电缆	移动无线电话、短波广播、定点军用通信、业余无线电
30～300MHz	10～1m	甚高频 VHF/超短波(米波)	无线	电视、调频广播、空中管制、车辆通信、导航、集群通信、无线寻呼
300MHz～3GHz	10^2～10cm	特高频 UHF/分米波	波导微波	电视、空间遥测、雷达导航、点对点通信、移动通信
3～30GHz	10～1cm	超高频 SHF/厘米波	波导微波	微波接力、卫星和空间通信、雷达

频率范围	波　长	频段/波段	常用传输媒介	用　　途
30～300GHz	10～1mm	极高频 EHF/毫米波	波导微波	雷达、微波接力、射电天文学
10^5～10^7GHz	3×10^{-4}～ 3×10^{-6}mm	红外、可见光、 紫外/亚毫米波	光纤激光 空间传播	光通信

工作波长和频率的换算公式为

$$\lambda=\frac{c}{f} \tag{1-3-1}$$

式中，λ 为工作波长，f 为工作频率，c 是光速，通常认为 $c=3\times10^8$ m/s。

6. 按信号复用方式分类

传输多路信号有三种复用方式，即频分复用、时分复用和码分复用。频分复用是用频谱搬移的方法使不同信号占据不同的频率范围；时分复用是用脉冲调制的方法使不同信号占据不同的时间区间；码分复用是用正交的脉冲序列分别携带不同信号。传统的模拟通信中都采用频分复用，随着数字通信的发展，时分复用通信系统的应用愈来愈广泛，码分复用主要用于空间通信的扩频通信中。

1.3.2 通信系统的通信方式

前面介绍的通信系统，其消息的传递方向是信源发出消息、信宿接收消息，这种通信系统称为单向通信系统。如果希望信宿在接收消息的同时，也向信源传递消息，能否实现呢？回答是肯定的。在实际应用的多数场合下，信源兼为信宿，称之为双向通信，电话就是一个最好的例子，这时通信双方都要有发送和接收设备，并需要各自的传输媒质。通信双方也可共用一个信道，但此时必须采用频率或时间分割的方法来共享信道。因此，通信过程中涉及通信方式与信道共享问题，它是通信中的一个重要问题。那么究竟有哪些通信方式呢？下面作一简单介绍。

1. 按消息传递的方向与时间关系分

对于点与点之间的通信，按消息传递的方向与时间关系，可将通信方式分为单工、半双工及全双工通信三种。

(1)单工通信

单工通信是指消息只能单方向传输的工作方式，因此只需要一个信道，如图 1-3-1(a)所示。单工通信方式的例子很多，典型的有广播、遥测、遥控、无线寻呼等。这里，信号(消息)只从广播发射台、遥控器和无线寻呼中心分别传到收音机、遥控对象和 BP 机上。

(2)半双工通信

半双工通信是指通信双方都能收发消息，但不能同时进行收和发的工作方式，如图 1-3-1(b)所示。例如，使用同一载频的对讲机，收发报机以及问询、检索、科学计算等数据通信都是半双工通信方式。

(3)全双工通信

全双工通信是指通信双方可同时进行收发消息的工作方式。一般情况全双工通信的信道必须是双向信道，如图 1-3-1(c)所示。生活中使用的普通电话、手机都是最常见的全双工通信方式，另外计算机之间的高速数据通信也是这种方式。

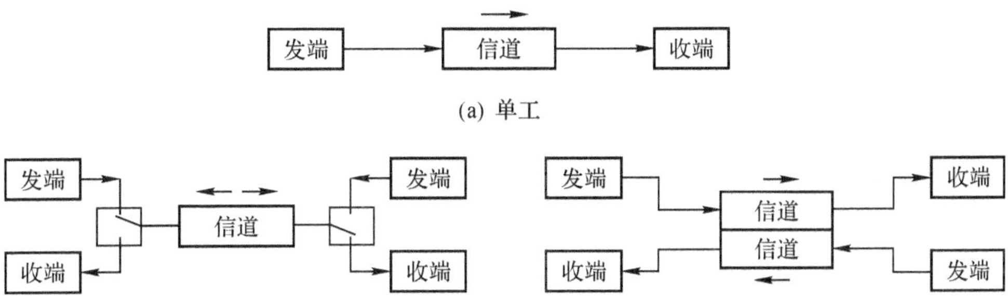

(a) 单工

(b) 半双工　　(c) 全双工

图 1-3-1　单工、半双工和全双工通信方式示意图

2. 按数字信号码元排列顺序分

在数字通信中，按数字信号码元排列的顺序可分为并行传输和串行传输。

(1)并行传输

并行传输是将代表信息的数字信号码元分成两路或两路以上在两条或两条以上的并行信道上同时传输，如图 1-3-2(a)所示。并行传输的优点是节省传输时间，但需要的传输信道多，设备复杂，成本高，故较少采用，一般适用于计算机和其他高速数字系统，特别适用于设备之间的近距离通信。

(2)串行传输

串行传输是数字信号码元以串行方式一个接一个地在一条信道上传输，如图 1-3-2(b)所示。在传输过程中只占用一条信道，因此串行传输所需的传输时间相对并行传输较长。当数字信号需要实行远距离通信时往往采用这种传输方式。

此外，通信方式还可以按通信的网络形式划分为三种：两点间直通方式、分支方式和交换方式。直通方式是通信网络中最为简单的一种形式，终端 A 与终端 B 之间的线路是专用的；在分支方式中，它的每一个终端($A,B,C,\cdots,N$)经过同一信道与转接站相互连接，此时，终端之间不能直通信息，必须经过转接站转接，此种方式只在数字通信中出现；交换方式是终端之间通过交换设备灵活地进行线路交换的一种方式，即把要求通信和两终端之间的线路接通(自动接通)，或者通过程序控制实现消息交换，即通过交换设备先把发方来的消息储存起来，然后再转发至收方。这种消息转发可以是实时的，也可以是延时的。分支方式及交换方式均属于网通信的范畴，网通信的基础是点与点之间的通信，所以本课程的重点放在点与点之间的通信上。

1.4　信息及其度量

1.4.1　信息与信息量的概念

通信的目的在于传递消息，消息可以有各种各样的形式，但消息的内容可统一用信息来表述。信息可被理解为消息中包含的有意义的内容，因此不同形式的消息，可以包含相同的信息。如分别用电视(语音、图像形式)和报纸(文字、图片形式)发布的新闻，所含信息内容完全相同，而接收者关心的只是其中的信息，因此一条消息中包含信息的多少值得我们讨

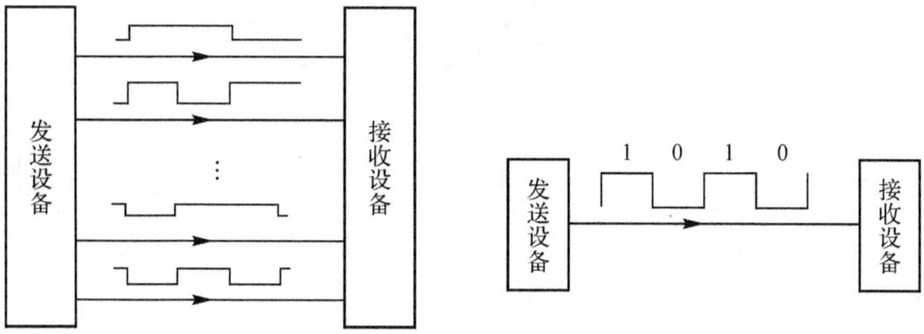

(a) 并行传输 (b) 串行传输

图 1-3-2 并行和串行通信方式

论。那么传输信息的多少究竟如何来衡量呢？如同运输货物的多少采用货运量来衡量一样，传输信息的多少用信息量来衡量。下面，就来讨论信息是如何度量的。

由概率论可知，事件的不确定程度可用事件出现的概率来描述。事件出现（发生）的可能性愈小，则概率愈小；反之，概率愈大。从常识的角度来感觉不同概率的消息所带来的信息量。一条概率几乎为零的消息（如太阳将从西方升起）将会使人感到惊奇和意外，而一个必然事件（如太阳从东方升起），人们不足为奇，也就是说，概率越大的消息几乎没有信息量，相反，概率越小的消息却包含了更多的信息量。可见，消息中包含的信息量与消息发生的概率密切相关。信息论中定义概率为 $P(x)$的消息 x 中包含的信息量 I 为

$$I=\log_a \frac{1}{P(x)}=-\log_a P(x) \tag{1-4-1}$$

信息量的单位与对数底数 a 有关。$a=2$ 时，信息量的单位为比特(bit)；$a=\mathrm{e}$ 时，信息量的单位为奈特(nit)；$a=10$ 时，信息量的单位为十进制单位，叫哈特莱(Hartley)。目前广泛使用的单位为比特。各单位可以相互换算，1 奈特 $=\log_2 \mathrm{e}$ 比特 $=1.443$ 比特，1 哈特莱 $=\log_2 10$ 比特 $=3.322$ 比特。

通过以上分析，得到了单个事件消息的信息量计算，而实际上，一个消息往往由若干个事件组成，那么这样的消息，其信息量又该如何度量呢？

由概率论知识可得，一条消息由若干个事件组成，如果各事件之间相互独立，那么，所有事件同时发生的概率即为各个事件概率的乘积。消息的信息量与事件的概率存在对数关系，因而不难得出，由若干个互相独立事件构成的消息，所含信息量等于各独立事件信息量的和，即

$$I=-\sum_{i=1}^{n}\log_2 P(x_i) \tag{1-4-2}$$

式中，x_i 表示构成消息的第 i 个事件，相应的概率为 $P(x_i)$，且有 $\sum_{i=1}^{n}P(x_i)=1$。

特别地，当相互独立的若干个事件具有相同的概率 $P(x_1)=P(x_2)=\cdots=P(x_n)=P(x)$ 时，式(1-4-2) 可以简化为

$$I=-n\cdot\log_2 P(x) \tag{1-4-3}$$

式中，n 表示构成消息的事件的总数。

1.4.2 平均信息量的概念

平均信息量定义为每个符号所含信息量的统计平均值，即等于各个符号所包含的信息量乘以各自出现的概率再相加，即

$$H = P(x_1)\log_2 \frac{1}{P(x_1)} + P(x_2)\log_2 \frac{1}{P(x_2)} + \cdots + P(x_n)\log_2 \frac{1}{P(x_n)}$$

$$= -\sum_{i=1}^{n} P(x_i)\log_2 P(x_i) \tag{1-4-4}$$

式中：x_i 表示离散信源中包含的第 i 个符号；$P(x_i)$ 为第 i 个符号出现的概率，且有 $\sum_{i=1}^{n} P(x_i) = 1$；$-\log_2 P(x_1)$，$-\log_2 P(x_2)$，…，$-\log_2 P(x_i)$，分别为符号 $x_1, x_2, \cdots, x_n$ 所包含的信息量。

由于 H 同热力学中的熵形式一样，故通常又称它为信源的熵，其单位为 bit/ 符号。

以上介绍了离散消息所含信息的度量方法。对于连续消息，同样可用概率密度函数来描述。信息论中指出连续消息的平均信息量为

$$H = -\int_{-\infty}^{+\infty} f(x)\log_2 f(x)\,\mathrm{d}x \tag{1-4-5}$$

式中，$f(x)$ 表示连续消息出现的概率密度函数。

1.4.3 举例

例 1-4-1 设二进制离散信源以相等的概率发送符号 0 或 1，且相互独立，则信源输出的每个符号所含信息量为多少？

解 符号 0 和 1 的概率均为 1/2，即 $P(1) = P(0) = 1/2$，得

$$I(0) = I(1) = \log_2 \frac{1}{P(0)} = \log_2 2 = 1 \text{ (bit)}$$

可见，传送等概率的二进制符号之一的信息量为 1 比特。

例 1-4-2 设有四进制离散信源，发送符号 0，1，2，3，且等概独立，则信源输出的每个符号所含信息量为多少？

解 符号 0，1，2，3 的概率均为 1/4，即 $P(0) = P(1) = P(2) = P(3) = 1/4$，得

$$I(0) = I(1) = I(2) = I(3) = \log_2 \frac{1}{P(0)} = \log_2 4 = 2 \text{ (bit)}$$

可见，传送等概率的四进制符号之一的信息量为 2 比特。

由上两个例子，我们可以推知，当 M 进制离散信源发送等概独立的 M 个符号时，则每个 M 进制符号的信息量为

$$I = \log_2 \frac{1}{P(M)} = \log_2 M \text{ (bit)} \tag{1-4-6}$$

式中：$P(M)$ 为每一个符号出现的概率；M 为传送的符号数。

若 M 是 2 的整幂次，比如 $M = 2^k (k = 1,2,3,\cdots)$，则式(1-4-6) 可改写为

$$I = \log_2 2^k = k \text{ (bit)} \tag{1-4-7}$$

式中，k 是二进制脉冲数目，也就是说，传送每一个 $M(M = 2^k)$ 进制波形的信息量就等于用

二进制脉冲表示该波形所需的脉冲数目 k。

例 1-4-3 设二进制离散信源发送 0,1 两种符号,已知 1 的概率为 p,则两种符号所含的信息量各为多少?平均信息量又是多少?

解 由题意知

1 和 0 的概率分别为 $P(1)=p, P(0)=1-p$

符号 1 的信息量为 $I(1)=\log_2 \dfrac{1}{P(1)}=-\log_2 p$ (bit)

符号 0 的信息量为 $I(0)=\log_2 \dfrac{1}{P(0)}=-\log_2(1-p)$ (bit)

平均信息量为
$$H=P(x_1)\log_2 \frac{1}{P(x_1)}+P(x_2)\log_2 \frac{1}{P(x_2)}$$
$$=-p\log_2 p-(1-p)\log_2(1-p) \text{ (bit/ 符号)}$$

可见,不等概率时每个符号的信息量不同。而且当每个符号等概独立出现时,信源的熵为最大。

例 1-4-4 一离散信源由 0,1,2,3 四个符号组成,它们出现的概率分别为 3/8,1/4,1/4,1/8,且每个符号的出现都是独立的。试求以下消息的信息量

201020130213001203210100321010023102002010312032100120210

解 此消息中,0 出现 23 次,1 出现 14 次,2 出现 13 次,3 出现 7 次,共有 57 个符号,故该消息的信息量为

$$I=23\log_2 \frac{8}{3}+14\log_2 4+13\log_2 4+7\log_2 8=108 \text{ (bit)}$$

利用平均信息量来计算的总信息量为

$$H=-\frac{3}{8}\log_2 \frac{3}{8}-\frac{1}{4}\log_2 \frac{1}{4}-\frac{1}{4}\log_2 \frac{1}{4}-\frac{1}{8}\log_2 \frac{1}{8}=1.906 \text{ (bit/ 符号)}$$

$$I=57H\approx 108.64 \text{ (bit)}$$

可见,两种算法的结果有一定误差,但当消息很长时,用熵的概念来计算比较方便。而且随着消息序列长度的增加,两种计算误差将趋于零。

1.5 通信系统的主要性能指标

通信的任务是快速、准确地传递消息。因此,从研究消息传输的角度来说,有效性和可靠性是评价一般通信系统优劣的主要性能指标,也是通信技术讨论的重点。通信的有效性是指系统传输消息的效率,即传输一定的信息量所消耗的信道资源数(带宽或时间);通信的可靠性是指系统接收消息的准确程度。既然通信系统按传输信号的不同分为模拟通信系统和数字通信系统两类,那么它们各自的主要性能指标又如何来衡量呢?

1.5.1 模拟通信系统的主要性能指标

模拟通信系统的有效性可用传输消息时所需的有效传输频带来度量,同样的消息用不同的调制方式,需要不同的频带宽度。如占用的频带宽度越窄,则效率越高,有效性也越好。模拟通信系统的可靠性用接收端的最终输出信噪比 S/N(信号的平均功率与噪声的平均功

率之比）来度量。不同调制方式在同样信道条件下所得到的最终解调后的输出信噪比是不同的。输出信噪比大，说明信号的传输质量好，即系统的抗噪声能力强，可靠性高。

1.5.2　数字通信系统的主要性能指标

数字通信系统的有效性可用传输速率或频带利用率来衡量。可靠性可用差错率来衡量。

1. 传输速率

传输速率有两种，一种是码元传输速率，另一种是信息传输速率。

码元传输速率 R_B 简称传码率，又称码元速率或符号速率，它表示每秒钟传输码元的数目，单位为“波特”，常用符号“Baud”表示，简写为“B”。如某系统每秒钟传送 2400 个码元，则该系统的传码率为 2400 波特或 2400B。

码元速率 R_B 与传输的码元宽度 T_S 有关，码元速率 R_B 与码元宽度 T_S 的关系为

$$R_B = 1/T_S \tag{1-5-1}$$

信息传输速率 R_b 又称为信息速率或传信率。它表示单位时间内传递的信息量，单位是比特／秒，可记为 bit/s 或 b/s 或 bps。若某信息源每秒钟传送 1200 个符号，而每一符号的平均信息量为 1 bit，则该信息源的信息速率为 1200 b/s 或 1200 bps。

码元速率与信息速率既有联系，又有区别：在二进制下，码元传输速率与信息传输速率在数值上相等，但是单位不同；在 M 进制下，设信息速率为 R_{bM}(b/s)，码元速率为 R_{BM}(B)，则有

$$R_{bM} = R_{BM}\log_2 M \tag{1-5-2}$$

若某十六进制系统的码元速率 R_B 为 1200 B，则该系统的信息速率 R_b 为 4800 bit/s。

比较不同通信系统的有效性时，单看它们的传输速率是不够的，还应看在这样的传输速率下所占用的信道的频带宽度。所以，真正衡量数字通信系统传输效率的应当是频带利用率，即单位频带内的信息速率，即

$$\eta = \frac{R_b}{B} \tag{1-5-3}$$

数字信号的传输带宽 B 取决于码元速率 R_B，而码元速率 R_B 和信息速率 R_b 有着确定的关系。为了比较不同系统的传输效率，又可定义频带利用率为

$$\eta = \frac{R_B}{B}\log_2 M \tag{1-5-4}$$

2. 差错率

差错率是衡量数字通信系统正常工作时传输消息可靠程度的重要性能指标。差错率有两种表述方法，即误码率和误信率。

误码率（即码元差错率）P_e 是指发生差错的码元数在传输总码元数中所占的比例，更确切地说，误码率是码元在传输系统中被传错的概率，即

$$P_e = \frac{\text{错误码元数}}{\text{传输总码元数}} \tag{1-5-5}$$

误信率（即信息差错率）P_b，又称误比特率，是指发生差错的比特数在传输总比特数中所占的比例，或者说，它是码元的信息量在传输系统中被丢失的概率。即

$$P_b = \frac{\text{错误比特数}}{\text{传输总比特数}} \tag{1-5-6}$$

显然，在二进制中有

$$P_e = P_b$$

1.5.3 有效性与可靠性的矛盾

在实际的通信系统中，不管是模拟通信系统还是数字通信系统，通信的有效性和可靠性都是一对矛盾的统一体，同时做到完美是不现实的。具体表现为若要提高系统的可靠性，可能引起有效性的下降；若要提高系统的有效性，则有可能引起可靠性的下降。因此通常需要根据实际要求有所侧重，互相兼顾达到矛盾的统一。如在满足一定可靠性指标下，尽量提高消息的传输速度；或者，在维持一定有效性指标下，尽量提高消息的传输质量。因此，在实际工程中，设计一个系统时，就需要根据具体情况寻找合适的折中解决方法。

如实际中采用频率调制得到的调频信号其抗干扰能力比调幅信号强，但调频信号所需传输频带却宽于调幅信号的带宽。

本章小结

(1)本章扼要地介绍了通信的历史、概念及通信系统的组成和质量要求，是最基本的知识。

(2)通信系统的作用是将消息从一地传送到另一地，一般由五部分组成，即信源、变换器、信道、反变换器和信宿。信道是传输的媒介。变换器是非电消息变换为电信号并经转换成为适于具体信道中传输的信号。反变换器则是进行相反的作用，使之恢复为非电消息。

(3)根据电信号性质的不同，通信系统一般分为模拟与数字两大类。在模拟通信系统中，调制器和解调器对性能起着决定性的作用。在数字通信系统中，除数字调制和解调外，起重要作用的还有编码器和译码器。有效性和可靠性是评价一般通信系统性能优劣的主要指标，两者互为矛盾，提高一方性能必须以降低另一方性能为代价，因此需根据实际要求互相兼顾达到矛盾的统一。

习 题

1-1 设英文字母 E 出现的概率 P_E 为 0.105，X 出现的概率 P_X 为 0.002。试求字母 E 和 X 的信息量。

1-2 一个离散信号源每毫秒发出 4 种符号中的一个，各相互独立符号出现的概率分别为 0.4，0.3，0.2，0.1，求该信号源的平均信息量与信息速率。

1-3 如果二进制独立等概信号，码元宽度为 0.5 ms，求传码率 R_{B2}；有四进制信号，码元宽度为 0.5 ms，求传码率 R_{B4} 和独立等概时的传信率 R_{b4}。

1-4 设二进制数字信号的码元长度为 833×10^{-6} 秒，如采用 8 电平传送，试求码元速率和信息速率。

1-5 一数字系统传送二进制信号，其码元速率 $R_B=3600$ B，试求该系统的信息速率 R_{b2}。若该系统的码元速率不变，改为传输八进制信号，相应的信息速率 R_{b8} 是多少？

1-6 已知某四进制数字传输系统的传信率为 2400 b/s，接收端在半小时内共收到 216 个错误码元，试计算该系统的误码率。

1-7 某系统经长期测定，它的误码率 $P_e=10^{-5}$，系统码元速率为 1200 B，问在多长时间内可能收到 360 个错误码元。

实践项目

在日常生活中，分别找出模拟通信系统和数字通信系统的例子，并说明各自的组成部分及其作用。

第 2 章　信道与噪声

2.1　信道及其分类

2.1.1　为什么要研究信道

从第 1 章介绍的通信系统模型中可知信道是通信系统中必不可少的重要组成部分，其特性对于通信系统的性能有很大影响。

一般来说，实际信道都不是理想的。首先，信道具有非理想的频率响应特性，另外还有噪声干扰和信号通过信道传输时搀杂进去的其他干扰。例如，有来自邻近信道中所传输信号的串扰；有电子设备（如收音机中的放大器和滤波器）中产生的热噪声；有有线信道中交换瞬间和无线信道中的雷电所引起的脉冲干扰和噪声等。这些噪声和干扰在本章中统称为噪声，噪声损害了发送信号并使接收的信号波形产生失真或使接收的数字信号码元产生错误。

研究信道及噪声的目的是弄清它们对信号传输的影响，寻求提高通信有效性与可靠性的方法。

2.1.2　信道的定义

信道一般有两种定义：狭义信道和广义信道。

通常把发送设备和接收设备之间用以传输信号的传输媒介定义为狭义信道。例如架空明线、同轴电缆、双绞线、光缆、自由空间、电离层、对流层等都是狭义信道。

但从研究消息传输的观点看，我们常常所关心的只是通信系统中的基本问题。因而，信道的范围还可以扩大，即除了传输媒介外，还可以包括有关的转换器，如天线、调制器、解调器等。通常将这种扩大了范围的信道称为广义信道。

在讨论通信的一般原理时，通常采用的是广义信道。

2.1.3　信道的分类

狭义信道通常按具体媒介的不同类型可分为有线信道和无线信道。所谓有线信道是指明线、对称电缆、同轴电缆、光缆等能够看得见的传输媒介。有线信道是现代通信网中最常用的信道之一。无线信道的传输媒介比较多，它包括短波电离层、对流层散射等。可以这样认为，凡不属于有线信道的媒介均为无线信道的媒介。无线信道的传输特性没有有线信道的传输特性稳定和可靠，但无线信道有方便、灵活、通信者可以移动等优点。

广义信道也可分为两种：调制信道和编码信道。

调制信道是从研究调制与解调的基本问题出发来定义的，它是指从调制器输出端到解调器输入端的所有电路设备和传输媒介，如图 2-1-1 所示。调制信道可视为传输已调信号的一个整体，它只需知道已调信号经过传输后，在解调器输入端的信号特性，而不必考虑中间的变换过程。调制信道主要用来研究模拟通信系统的调制、解调问题。

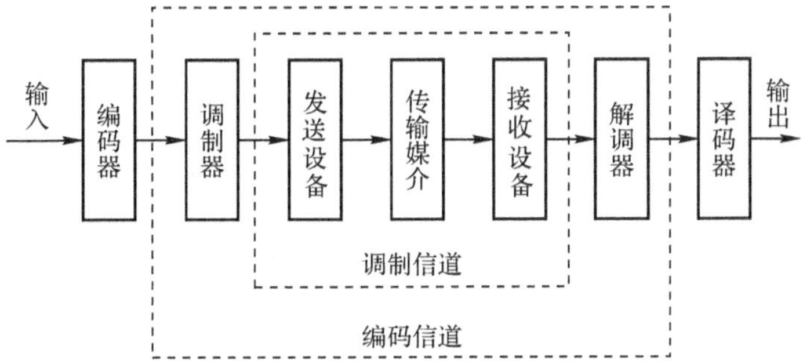

图 2-1-1　调制信道与编码信道

同理，在数字通信系统中，如果仅着眼于研究编码和译码的问题，则可得到另一种广义信道——编码信道。编码信道的范围是从编码器输出端至译码器输入端，如图 2-1-1 所示。编码信道可细分为无记忆编码信道和有记忆编码信道。从编译码的角度来看，编码器的输出和译码器的输入都是数字序列，在此之间的所有变换设备及传输媒介可用编码信道加以概括。

以上分析可以看出，调制信道与编码信道以所传信号为着眼点，又可称连续（信号）信道和离散（信号）信道，前者是传输已调模拟信号的信道，后者是传输已编码数字信号的信道。

上述信道的分类可以总结如下：

- 信道
  - 狭义信道
    - 有线信道：如明线、对称电缆、同轴电缆、光纤等
    - 无线信道：如微波中继、短波电离层反射等
  - 广义信道
    - 调制信道
      - 恒参信道：如明线、对称电缆、同轴电缆、光纤、卫星中继等
      - 随参信道：如短波电离层反射、对流层散射等
    - 编码信道
      - 有记忆信道
      - 无记忆信道

2.2　信道模型

2.2.1　调制信道模型

调制信道传送的是已调信号。经大量考察发现，调制信道具有以下特点：

（1）具有一对（或多对）输入端和输出端；

（2）绝大部分信道是线性的，即满足叠加性和齐次性；

（3）信号通过信道需要一定的延迟时间；

(4)信道对信号有损耗(固定损耗或时变损耗);

(5)即使没有信号输入,在输出端仍有一定的功率输出。

考虑到上述共性,调制信道等效为一个输出端上叠加有噪声的二对端(或多对端)线性时变网络,这个网络就称作调制信道模型。如图 2-2-1 所示,其中图 2-2-1(a)为二对端信道模型,图 2-2-1(b)为多对端信道模型。

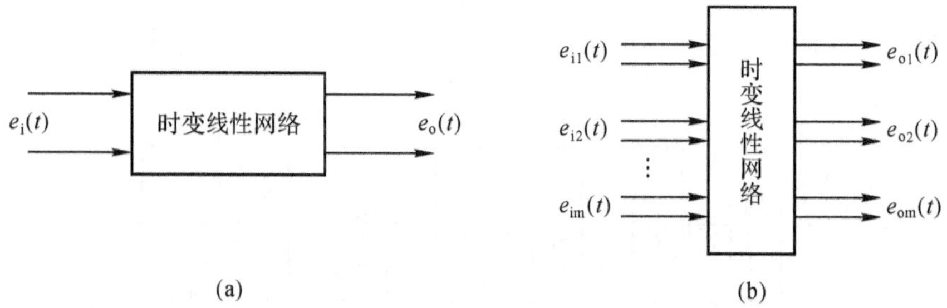

图 2-2-1 调制信道模型

图 2-2-1(a)所示的二对端的信道模型的输入和输出之间的关系式可表示成

$$e_o(t)=f[e_i(t)]+n(t) \tag{2-2-1}$$

式中:$e_i(t)$为输入的已调信号;$e_o(t)$为信道输出信号;$n(t)$为信道噪声;$f[e_i(t)]$为信道对信号影响的某种函数关系,可设想成信号与干扰相乘的形式。因此,式(2-2-1)可写成

$$e_o(t)=k(t)e_i(t)+n(t) \tag{2-2-2}$$

式中:$k(t)$称为乘性干扰,它依赖于网络的特性,对信号 $e_i(t)$影响较大;$n(t)$则称为加性干扰。

因此,信道对信号的影响可归纳为两点:一是乘性干扰 $k(t)$的影响;二是加性干扰 $n(t)$的影响。不同的信道,其 $k(t)$和 $n(t)$是不同的。

理想信道应具有 $e_o(t)=ke_i(t)$的特性,即 $k(t)=$常数,$n(t)=0$。实际信道的 $k(t)$是一个复杂的函数。大量观察表明,有些信道的 $k(t)$基本不随时间变化,或者信道对信号的影响是固定的或变化极为缓慢的;但有的信道的 $k(t)$是随机快变的。因此,可把调制信道分为两大类:一类称为恒参信道,其 $k(t)$可看成不随时间变化或变化缓慢的信道;另一类则称为随参信道,其 $k(t)$是随时间随机变化的信道。这两类信道将在 2.3~2.6 节作更详细介绍。

2.2.2 编码信道模型

编码信道的输入和输出都是离散信号,它是一种离散信道。离散信道的数学模型反映其输出离散信号和输入离散信号之间的关系,通常是一种概率关系,常用输入输出信号的转移概率来描述。

例如,在常见的二进制数字传输系统中,一个简单的编码信道模型如图 2-2-2 所示。

在这里假设解调器每个输出码元的差错发生是相互独立的,或者说,这种信道是无记忆的,即一码元的差错与其前后码元是否发生差错无关。图 2-2-2 中 $P(0/0)$,$P(1/0)$,$P(0/1)$,$P(1/1)$称为信道转移概率,$P(0/0)$,$P(1/1)$称为正确转移概率,而把 $P(1/0)$,$P(0/1)$称为错误转移概率。根据概率性质可知

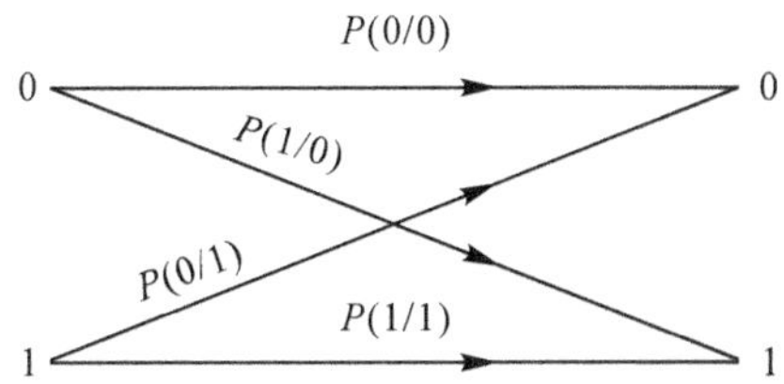

图 2-2-2　二进制编码信道模型

$$P(0/0)=1-P(1/0)$$
$$P(1/1)=1-P(0/1)$$

转移概率完全由编码信道的特性所决定，一个特定的编码信道就会有相应确定的转移概率。应当指出，编码信道的转移概率一般需要对实际编码信道做大量的统计分析才能得到。

由无记忆二进制编码信道模型，容易推出无记忆多进制的模型。图 2-2-3 给出一个无记忆四进制编码信道模型。

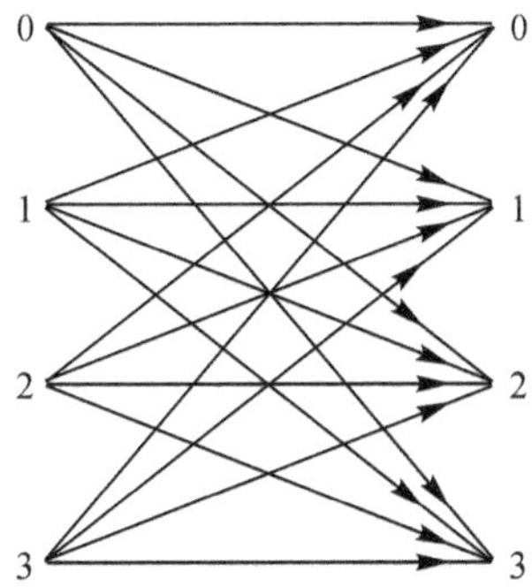

图 2-2-3　四进制编码信道模型

如果编码信道是有记忆的，即信道中码元发生差错的事件是非独立事件，则编码信道模型要复杂得多，信道转移概率表示式也变得很复杂。这些不作讨论。

由于编码信道包含调制信道，且它的特性也紧密地依赖于调制信道，因此我们将进一步讨论调制信道。

2.3　典型的恒参信道

2.3.1　三种有线信道

1. 明线

明线是指平行而相互绝缘的架空线路，其优点是传输损耗较小，但易受气候和天气的影响，并且对外界噪声干扰较敏感。目前，已逐渐被电缆所代替。

2. 双绞线

双绞线是在同一保护套内有许多对相互绝缘的双导线的传输媒介。通常有两种类型：非屏蔽双绞线(Unshield Twisted Pairs，UTP)和屏蔽双绞线(Shield Twisted Pairs，STP)。

导线材料是铝或铜,直径为 0.4～1.4 mm。为了减小各线对之间的相互干扰,每一线对都拧成纽绞状,如图 2-3-1 所示。由于这些结构上的特点,传输损耗比较大,但传输特性比较稳定,并且价格便宜,安装容易。双绞线主要用于市话中继线路和用户线路,在许多局域网如以太网、令牌网中也采用高等级的 UTP 电缆进行连接。STP 电缆的特性与 UTP 的特性相同,由于加入了屏蔽措施,对噪声有更好的屏蔽作用,但是其价格要昂贵一些。

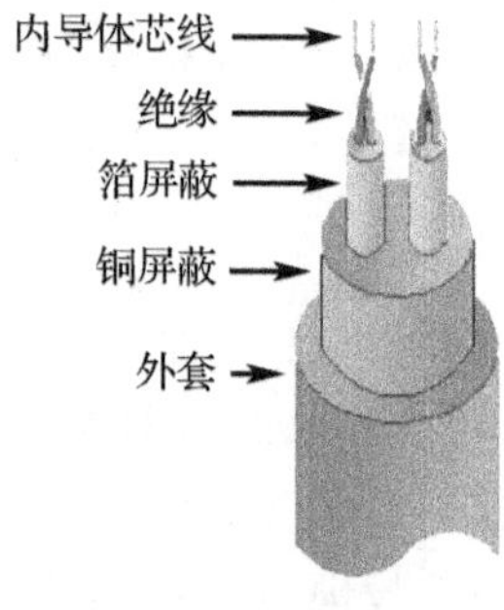

图 2-3-1 双绞线结构

3. 同轴电缆

单根同轴电缆的结构图如图 2-3-2 所示。同轴电缆由同轴的两个导体构成,外导体是一个圆柱形的空管,内导体是金属线,它们之间填充着介质。实际应用中同轴电缆的外导体是接地的,对外界干扰具有较好的屏蔽作用,所以同轴电缆抗电磁干扰性能较好。

为了增大容量,可将几根同轴电缆封装在一个大的保护套内,构成多芯同轴电缆,也可装入一些二芯绞线对或四芯组等。

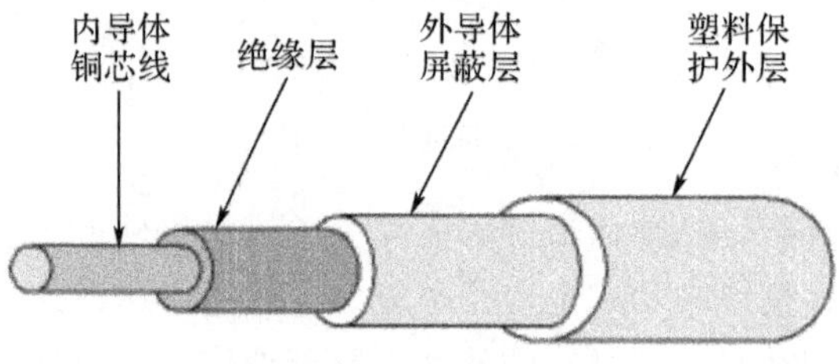

图 2-3-2 单根同轴电缆

2.3.2 光纤信道

光纤信道是以光导纤维(简称光纤)为传输媒介、以光波为载波的信道,具有极宽的通频带,能够提供极大的传输容量。光纤的特点是:损耗低、通频带宽、重量轻、不怕腐蚀以及不受电磁干扰等。利用光纤代替电缆可节省大量有色金属。目前的技术可使光纤的损耗低于 0.2 dB/km,随着科学技术的发展,这个数字还会下降。

实用的光纤通常都是由介质纤芯及包在它外面的用另一种介质材料做成的包层构成。从结构上来说,目前使用的光纤可分为均匀光纤及非均匀光纤两类。均匀光纤纤芯的折射系数为 n_1,包层的折射系数为 n_2,纤芯和包层中的折射系数都是均匀分布的,但两者是不等的,在交界面上呈阶梯形突变,因此均匀光纤又称阶跃光纤。图 2-3-3 示出了均匀光纤的工作原理。

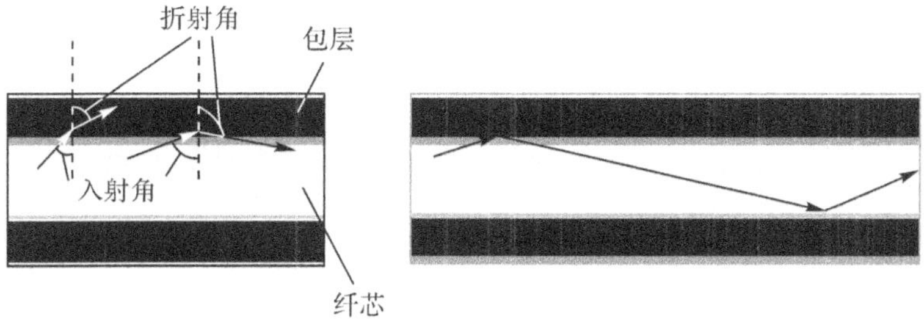

(a) 折射角大于入射角　(b) 光波在纤芯中传播

图 2-3-3　光纤传输光波的原理

由于光纤的物理性质非常稳定，而且不受电磁干扰，因此光纤信道的性质非常稳定，可以看作是典型的恒参信道。

2.3.3　无线视距中继

请参见第 1 章表 1-2 列出的无线电波按不同工作频率的波段划分。从表中可知，无线视距中继是指当电磁波的工作频率在超短波和微波波段时，电磁波基本上沿直线传播。由于直线视距一般为 40～50 km，因此需要以中继方式实现长距离通信，如图 2-3-4 所示。由于中继站之间采用定向天线实现点对点的传输，并且距离很短，因此传播条件比较稳定，可以看作是恒参信道。这种系统具有传输容量大、发射功率小、长途传输质量稳定、节约有色金属、投资少、维护方便等优点，因此，被广泛用来传输多路电话及电视等。

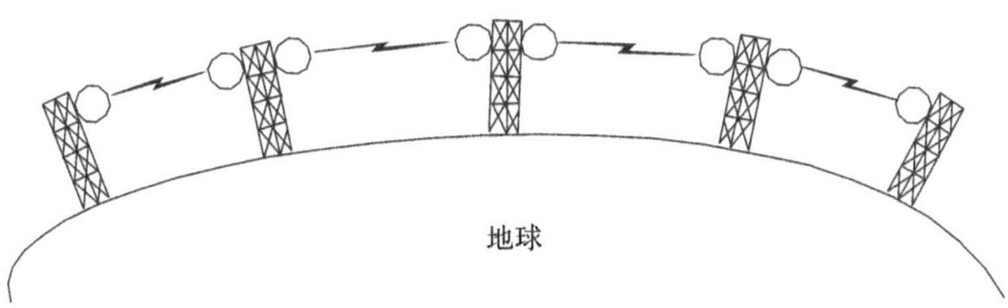

图 2-3-4　无线视距中继

2.3.4　卫星中继信道

卫星中继信道是利用人造地球卫星作为中继转发站实现的通信。当人造地球卫星的运行轨道在赤道平面上、距离地面 35860 km 时，其绕地球一周的时间为 24 h，在地球上看到的该卫星是相对静止的，因此称其为地球同步卫星。

若以同步卫星作为中继站，采用三个相差 120°的同步通信卫星就可以几乎覆盖全球通信(除南北两极盲区外)。图 2-3-5 示出这种卫星中继信道的概貌。卫星中继信道由通信卫星、地球站、上行线路及下行线路构成。其中上行与下行线路是地球站至卫星及卫星至地球站的电波传播路径，而信道设备集中于地球站与卫星中继站中。

同步卫星通信是电磁波直线传播，因此其信道传播性能稳定可靠、传输距离远、容量大、覆盖地域广，广泛应用于传输多路电话、电报、图像数据和电视节目。

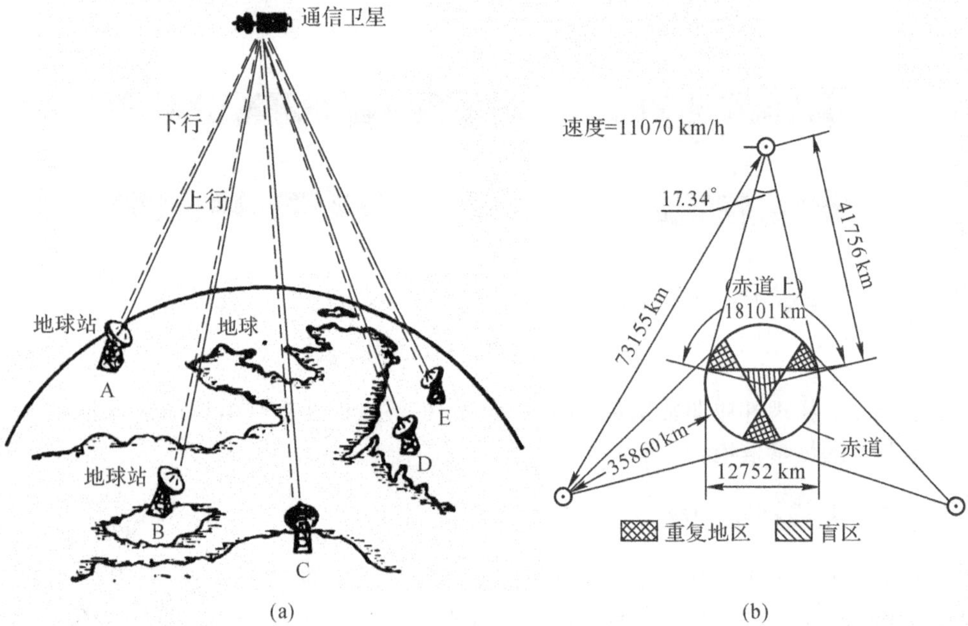

(a) (b)

图 2-3-5 卫星中继信道概貌

2.4 恒参信道特性及其对传输信号的影响

2.4.1 恒参信道的一般特性

前面已经介绍恒参信道对信号传输的影响是确定的或者是变化极其缓慢的，因此，其传输特性可以等效为一个线性时不变网络。线性网络的传输特性可以用幅度—频率特性（简称幅频特性）和相位—频率特性（简称相频特性）来表征，如式(2-4-1)所示。

$$H(\omega)=|H(\omega)|e^{j\varphi(\omega)} \tag{2-4-1}$$

式中：$|H(\omega)|$为幅频特性；$\varphi(\omega)$为相频特性。

2.4.2 理想恒参信道

理想恒参信道是指能使信号无失真传输的信道。所谓信号无失真传输是指系统输出信号与输入信号相比，只有信号幅度大小和出现时间先后的不同，而波形上没有变化。信号通过线性系统不失真的条件是该系统的传输函数 $H(\omega)=|H(\omega)|e^{j\varphi(\omega)}$ 满足下述条件：

$$\begin{cases}|H(\omega)|=k\\ \varphi(\omega)=\omega t_d\end{cases} \tag{2-4-2}$$

式中，k 和 t_d 均为常数。

信道的相频特性通常还采用群迟延—频率特性 $\tau(\omega)$ 来衡量。所谓群迟延—频率特性就是相位—频率特性的导数，即

$$\tau(\omega)=\frac{d\varphi(\omega)}{d\omega} \tag{2-4-3}$$

理想信道的群迟延—频率特性必须满足以下条件：

$$\tau(\omega)=\frac{\mathrm{d}\varphi(\omega)}{\mathrm{d}\omega}=\frac{\mathrm{d}(\omega t_{\mathrm{d}})}{\mathrm{d}\omega}=t_{\mathrm{d}} \tag{2-4-4}$$

理想信道的幅频特性、相频特性和群迟延特性如图 2-4-1 所示。

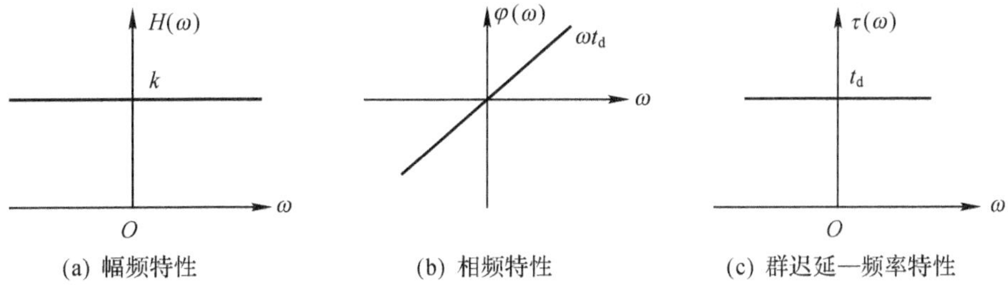

图 2-4-1　理想信道的幅频特性、相频特性和群迟延—频率特性

由此可见，理想恒参信道对信号传输的影响是：

(1)对信号在幅度上产生固定的衰减；

(2)对信号在时间上产生固定的迟延。

以上两条满足了信号无失真传输的条件。

2.4.3　实际恒参信道

由理想的恒参信道特性可知，在整个频率范围内，或者在信号频带范围内，其幅频特性为常数，其相频特性为 ω 的线性函数。但实际信道的幅频特性不是常数，于是使信号产生幅度—频率失真；实际信道的相位—频率特性也不是 ω 的线性函数，所以使信号产生相位—频率失真。

1. 幅度—频率失真

幅度—频率失真是由实际信道的幅度频率特性的不理想所引起的，这种失真又称为幅频失真。例如，在通常的电话信道中可能存在各种滤波器，尤其是带通滤波器，还可能存在混合线圈、串联电容器和分路电感等，因此电话信道的幅度—频率特性总是不理想的。图 2-4-2 示出了典型音频电话信道的总衰耗—频率特性。图中，低频截止频率约从 300 Hz 开始；300～1100 Hz 之间衰耗比较平坦；1100～2900 Hz 内衰耗通常是线性上升的；在 2900 Hz 以上衰耗增加很快。

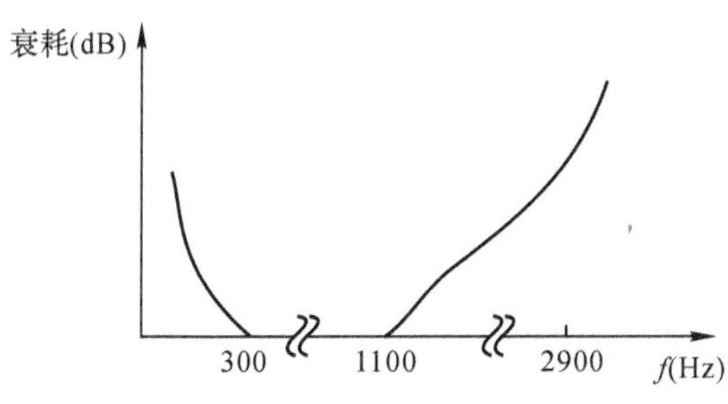

图 2-4-2　典型音频电话信道的总衰耗—频率特性

十分明显，上述不均匀衰耗必然使传输信号的幅度频率发生失真，引起信号波形的

失真。

2. 相位—频率失真

当信道的相位—频率特性偏离线性关系时，将会使通过信道的信号产生相位—频率失真，图 2-4-3 给出了一个典型的电话信道的相频特性和群迟延频率特性。可以看出当非单一频率的信号通过该信道时，信号频谱中的不同频率分量将有不同的群迟延，即它们到达时间不一样，从而引起信号的失真。

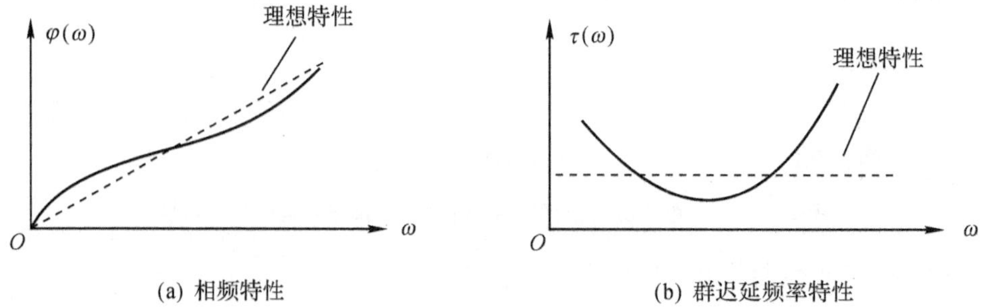

图 2-4-3 典型电话信道相频特性和群迟延频率特性

幅频失真对语音的影响较大，因为人耳对幅度比较敏感。相频失真则对视频的影响较大，人的视觉很容易觉察相位上的变化。比如电视画面上的重影实际上就是信号到达时间不同而造成的。当然不管是幅频失真还是相频失真，最终都反映到时间波形的变化上。对于模拟信号，将造成信号失真，输出信噪比下降；对于数字信号，则会引起判决错误，误码率增高，同样导致通信质量的下降。

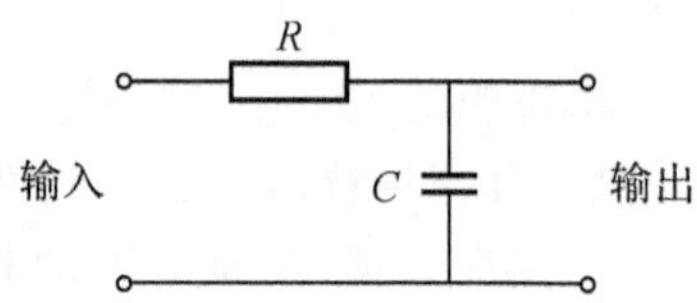

图 2-4-4 例题网络

例 2-4-1 如图 2-4-4 所示网络，求它的频率特性。判断是否存在幅频失真及相频失真。

解 图 2-4-4 所示网络的传输函数可以直接写出：

$$H(\omega)=\frac{\dfrac{1}{\mathrm{j}\omega C}}{R+\dfrac{1}{\mathrm{j}\omega C}}=\frac{1}{1+\mathrm{j}\omega RC}=\frac{1}{\sqrt{1+\omega^2R^2C^2}}\ \mathrm{e}^{-\mathrm{j}\arctan(\omega RC)}$$

$$\tau(\omega)=\frac{\mathrm{d}\varphi(\omega)}{\mathrm{d}\omega}=-\frac{RC}{1+\omega^2R^2C^2}$$

由于 $|H(\omega)|$ 及 $\tau(\omega)$ 均为 ω 的函数，因此该网络存在着幅频失真及相频失真。

2.4.4 其他影响因素

恒参信道通常用它的幅度—频率特性及相位—频率特性来表述。这两个特性的不理想将是损害传输信号的因素。此外，恒参信道中还存在其他一些因素使信道的输出信号产生畸变，如非线性畸变、频率偏移及相位抖动等。非线性畸变主要由信道中元器件振幅特性的非线性引起，它造成谐波失真及若干寄生频率等；频率偏移通常是由于载波电话（单边带）信道中接收端解调载频与发送端调制载频之间有偏差造成的；相位抖动也是由于调制和解调载频的不稳定性造成的。以上的非线性畸变一旦产生，均难以消除。因此，在系统设计时要加以重视。

2.5　典型随参信道

随参信道是指信道传输特性随时间随机快速变化的信道。常见的随参信道有陆地移动信道、短波电离层反射信道、超短波流星余迹散射信道、超短波及微波对流层散射信道、超短波电离层散射以及超短波超视距绕射等信道。在此介绍两种较典型的随参信道。

2.5.1　短波电离层反射信道

短波电离层反射信道是利用地面发射的无线电波在电离层与地面之间的一次反射或多次反射所形成的信道。电离层为距离地面高 60～600 km 的大气层。在太阳辐射的紫外线和 X 射线的作用下，大气分子产生电离而形成电离层。电离层是由分子、原子、离子及自由电子组成。波长为 10～100 m(频率为 30～3 MHz)的无线电波称为短波。短波可以沿地面传播，简称为地波传播；也可以由电离层反射传播，简称为天波传播。由于地面的吸收作用，地波传播的距离较短，约为几十千米。而天波传播由于经电离层一次反射或多次反射，传输距离可达几千千米，甚至上万千米。当短波无线波射入电离层时，由于折射现象会使电波产生反射，返回地面，从而形成短波电离层反射信道。

电离层厚度有数百千米，可分为 D，E，F_1 和 F_2 四层，如图 2-5-1 所示。由于太阳辐射的变化，电离层的密度和厚度也随时间随机变化，因此短波电离层反射信道属于随参信道。白天由于太阳辐射强，所以 D，E，F_1 和 F_2 四层都存在，夜晚由于太阳辐射减弱，D 层和 F_1 层几乎完全消失，因此只有 E 层和 F_2 层存在。由于 D，E 层电子密度小，不能形成反射条件，所以短波电波不会被反射。D，E 层对电波传输的影响主要是吸收电波，使电波能量损耗。F_2 层是反射层，其高度为 250～300km，所以一次反射的最大距离约为 4000km。

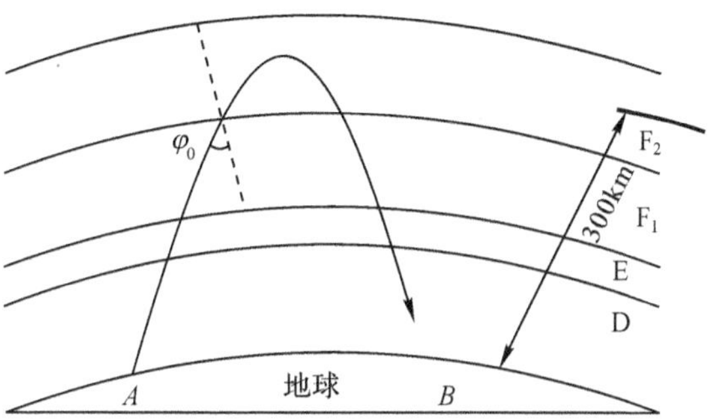

图 2-5-1　电离层结构

由于电离层密度和厚度随时间随机变化，因此短波电波满足反射条件的频率范围也随时间变化。通常用最高可用频率作为工作频率上限。白天电离层较厚，F_2 层的电子密度较大，最高可用频率较高。夜晚电离层较薄，F_2 层的电子密度较小，最高可用频率要比白天低。

短波电离层反射信道最主要的特征是多径传播，多径传播有以下几种形式：

(1)电离层反射区高度不同；

(2)电波从电离层的一次反射和多次反射；

(3)地球磁场引起电磁波束分裂成寻常波与非寻常波;

(4)电离层不均匀引起的漫射现象。

以上四种情况分别对应图 2-5-2 中的(a),(b),(c),(d)所示。

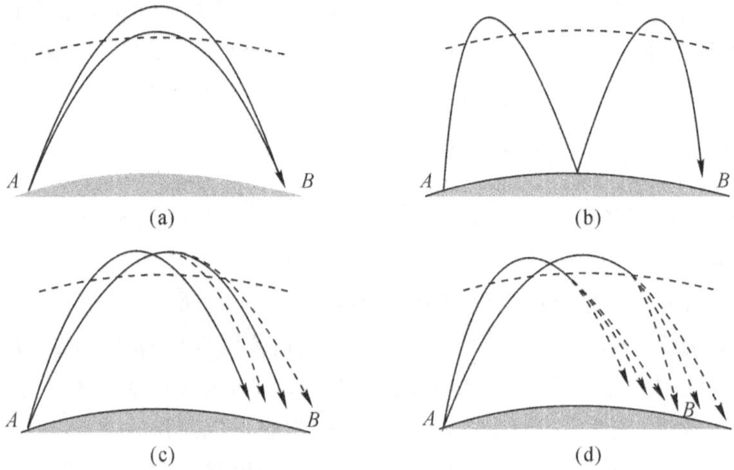

图 2-5-2 多径传播的几种主要形式

2.5.2 对流层散射信道

对流层是离地面 10～12 km 的大气层。在对流层中由于大气湍流运动等原因引起大气层的不均匀性,当电磁波射入对流层时,这种不均匀性就会引起电磁波的散射,也就是漫反射,一部分电磁波向接收端方向散射,起到中继的作用。图 2-5-3 示出了对流层散射传播路径的示意图,图中 $ABCD$ 所表示的收发天线共同照射区,称为散射体积,其中包含许多不均匀气团。通常一跳的通信距离约为 100～500 km,对流层的性质受许多因素的影响而随机变化;另外,对流层不是一个平面,而是一个散体,电波信号经过对流层散射也会产生多径传播,因此对流层散射信道也是随参信道。

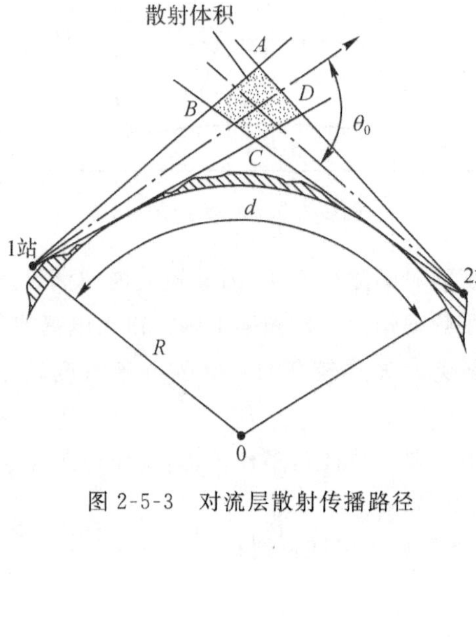

图 2-5-3 对流层散射传播路径

2.6　随参信道特性及其对传输信号的影响

2.6.1　随参信道的特点

由上一节的分析可知，随参信道的传输媒介具有三个特点：

(1)信号的衰耗随时间随机变化；

(2)信号传输的时延随时间随机变化；

(3)多径传播。

由于随参信道比恒参信道要复杂得多，对信号的影响也要严重得多。下面我们将从两个方面讨论随参信道对传输信号的影响。

2.6.2　多径效应的瑞利衰落

具有多径传播的随参信道中，就每条路径的信号而言，它的衰耗和时延都是随机变化的。因此，多径传播后的接收信号将是衰减和时延都随时间变化的各条路径的信号的合成。

我们假设发送信号为单一频率正弦波，即

$$s(t)=A\cos\omega_c t \tag{2-6-1}$$

多径信道一共有 n 条路径，则接收端接收到的合成信号为

$$\begin{aligned} r(t)&=a_1(t)\cos\omega_c[t-\tau_1(t)]+a_2(t)\cos\omega_c[t-\tau_2(t)]+\cdots+a_n(t)\cos\omega_c[t-\tau_n(t)] \\ &=\sum_{i=1}^{n}a_i(t)\cos\omega_c[t-\tau_i(t)]=\sum_{i=1}^{n}a_i(t)\cos[\omega_c t+\varphi_i(t)] \end{aligned} \tag{2-6-2}$$

其中　$\varphi_i(t)=\omega_c\tau_i(t)$

式(2-6-2)中：$a_i(t)$为从第 i 条路径到达接收端的信号振幅；$\tau_i(t)$为第 i 条路径的传输时延；$\varphi_i(t)$为第 i 条路径信号的随机相位。式(2-6-2)可变换为

$$\begin{aligned} r(t)&=\sum_{i=1}^{n}a_i(t)\cos\varphi_i\cos\omega_c t-\sum_{i=1}^{n}a_i(t)\sin\varphi_i\sin\omega_c t=X(t)\cos\omega_c t-Y(t)\sin\omega_c t \\ &=V(t)\cos[\omega_c t+\phi(t)] \end{aligned} \tag{2-6-3}$$

式中

$$X(t)=\sum_{i=1}^{n}a_i(t)\cos\varphi_i$$

$$Y(t)=\sum_{i=1}^{n}a_i(t)\sin\varphi_i$$

$$V(t)=\sqrt{X^2(t)+Y^2(t)}$$

$$\phi(t)=\arctan\frac{Y(t)}{X(t)}$$

由随机信号分析理论可知，包络 $V(t)$的一维分布服从瑞利分布，相位 $\phi(t)$的一维分布服从均匀分布，相对于载波来说，$V(t)$和 $\phi(t)$均为慢变化随机过程，于是 $r(t)$可以看成是一个窄带随机过程。由式(2-6-3)可得出以下两个结论：

(1)多径传播使单一频率的正弦信号变成了包络和相位受调制的窄带信号，这种信号称为衰落信号，即多径传播使信号产生瑞利型衰落。

(2)从频谱上看，多径传播使单一谱线变成了窄带频谱，即多径传播引起了频率弥散。

2.6.3 多径效应的频率选择性衰落

当发送信号具有一定频带宽度时，多径传播除了会使信号产生瑞利型衰落之外，还会产生频率选择性衰落。频率选择性衰落是信号频谱中某些分量的一种衰落现象，这是多径传播的又一重要特征。为了分析方便，我们假设多径传播的路径只有两条，如图 2-6-1 所示，其中 k 为两条路径的衰减系数；$\Delta\tau(t)$为两条路径信号传输的相对时延差。

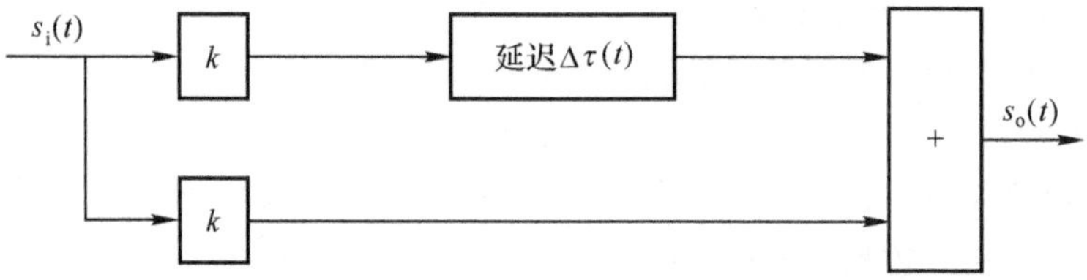

图 2-6-1 两条路径信道模型

当信道输入信号为 $s_i(t)$时，输出信号为

$$s_o(t)=ks_i(t)+ks_i[t-\Delta\tau(t)] \tag{2-6-4}$$

其频域表示式为

$$S_o(\omega)=kS_i(\omega)+kS_i(\omega)\cdot e^{-j\omega\Delta\tau(t)}=kS_i(\omega)[1+e^{-j\omega\Delta\tau(t)}] \tag{2-6-5}$$

信道传输函数为

$$H(\omega)=\frac{S_o(\omega)}{S_i(\omega)}=k[1+e^{-j\omega\Delta\tau(t)}] \tag{2-6-6}$$

$$\begin{aligned}|H(\omega)|&=|k[1+e^{-j\omega\Delta\tau(t)}]|=\left|ke^{-j\frac{\omega\Delta\tau(t)}{2}}[e^{j\frac{\omega\Delta\tau(t)}{2}}+e^{-j\frac{\omega\Delta\tau(t)}{2}}]\right|\\&=2k\left|e^{-j\frac{\omega\Delta\tau(t)}{2}}\cdot\cos\frac{\omega\Delta\tau(t)}{2}\right|\\&=2k\left|\cos\frac{\omega\Delta\tau(t)}{2}\right|\end{aligned} \tag{2-6-7}$$

由此可见，两径传播的信道传输特性的模将取决于$|\cos[\omega\Delta\tau(t)/2]|$。这就是说，对不同的频率，两径传播的结果将有不同的衰减。当 $\omega=2n\pi/\Delta\tau$ 或 $f=n/\Delta\tau$ 时(n 为整数)，出现传播极点；当 $\omega=(2n+1)\pi/\Delta\tau$ 或 $f=(n+1/2)/\Delta\tau$ 时(n 为整数)，出现传输零点。另外，相对时延差 $\Delta\tau$ 是随时间变化的，故传输特性出现的零点和极点在频率轴上的位置也是随时间而变化的。

对于一般的多径传播，信道的传输特性将比两径信道传输特性复杂得多，但同样存在频率选择性衰落现象。多径传播时的相对时延差通常用最大多径时延差来表征。设信道最大多径时延差为 $\Delta\tau_m$，则定义多径传播信道相关带宽为

$$B_C=\frac{1}{\Delta\tau_m} \tag{2-6-8}$$

它表示信道传输特性相邻两个零点之间的频率间隔。如果信号的频谱比相关带宽宽，则将产生严重的频率选择性衰落。为了减小频率选择性衰落，就应使信号的频谱小于相关带宽。在工程设计中，为了保证接收信号质量，通常选择信号带宽 B 为相关带宽的 1/5～1/3，即

$$B=\left(\frac{1}{5}\sim\frac{1}{3}\right)B_C \tag{2-6-9}$$

例 2-6-1　某随参信道的两径时延差 $\Delta\tau$ 为 1 ms，试求该信道在哪些频率上传输衰耗最大？选用哪些频率传输信号最有利？

解　传输衰耗最大的频率为

$$f=\frac{2n+1}{2\Delta\tau}=\left(n+\frac{1}{2}\right)\ (\text{kHz})$$

传输信号最有利的频率为

$$f=\frac{n}{\Delta\tau}=n\ (\text{kHz})$$

式中，n 为正整数。

当在多径信道中传输数字信号时，特别是传输高速数字信号，频率选择性衰落将会引起严重的码间干扰。为了减小码间干扰的影响，就必须限制数字信号传输速率。

2.7　分集接收

短波电离层反射信道等随参信道引起的多径衰落、频率弥散、频率选择性衰落等，会严重影响接收信号质量，使通信系统性能大大降低。为了提高随参信道中信号传输质量，必须采取抗衰落的有效措施。常采用的技术措施有抗衰落性能好的调制解调技术、扩频技术、功率控制技术、与交织结合的差错控制技术、分集接收技术等。其中分集接收技术是一种有效的抗衰落技术，已在短波通信、移动通信系统中得到广泛应用。

2.7.1　基本思想

所谓分集接收是指接收端按照某种方式使收到的携带同一信息的多个信号衰落特性相互独立，并对多个信号进行特定的处理，以降低合成信号的电平起伏，减小各种衰落对接收信号的影响。从广义信道的角度来看，分集接收可看作是随参信道中的一个组成部分，通过分集接收，使包括分集接收在内的随参信道衰落特性得到改善。

分集接收包含有两重含义：一是分散接收，使接收端得到多个携带同一信息的、统计独立的衰落信号；二是合并处理，即接收端把收到的多个统计独立的衰落信号进行适当的合并，从而降低衰落的影响，改善系统性能。

2.7.2　分集方式

互相独立或基本独立的一些接收信号，一般可利用不同路径或不同频率、不同角度、不同极化等接收手段来获取。于是大致有以下几种分集方式。

1. 空间分集

空间分集是用多个天线接收同一信号，即接收端在不同位置上接收同一信号，只要各位置间的距离足够大(一般在 100 个信号波长以上)，所收到信号的衰落就是相互独立的。因此，空间分集的接收端至少架设两副间隔一定距离的天线。

2. 频率分集

频率分集是利用两个以上不同载频的信号传送同一信号，即将发送信息分别调制到不同的载波频率上发送，只要载波频率之间的间隔足够大(大于相关带宽)，则接收端所接收到信号的衰落是相互独立的。实际中，当载波频率间隔大于相关带宽时，可认为接收到信号的衰落是相互独立的。

3. 角度分集

角度分集是利用指向不同的天线波束得到互不相关的衰落信号。例如，在微波面天线上设置若干个照射器，产生相关性很小的几个波束。

4. 极化分集

极化分集是分别接收水平极化和垂直极化波而构成的一种分集方式。一般认为，这两种波是相关性极小的(在短波电离层反射信道中)。

在上述分集方式中，空间分集和频率分集用得较多，当然，还有其他的分集方法，在此不加详述了。实际使用中，各种分集方式可以组合使用。

2.7.3 合并方式

各分散的信号进行合并的方式通常有以下几种。

1. 最佳选择式

最佳选择式是从几个分散信号中设法选择其中信噪比最好的一个作为接收信号。

2. 等增益相加式

等增益相加式是将几个分散信号以相同的支路增益进行直接相加，相加后的信号作为接收信号。

3. 最佳比例相加式

最佳比例相加式是以各支路的信噪比为加权系数，将各支路信号相加后作为接收信号。

不同合并方式的分集效果是不同的，最佳选择式效果最差，但最简单；最佳比例相加式效果最好，但最复杂。

从总的分集效果来说，主要是改善了衰落特性，使信道的衰落平滑了、减小了，因此，采用分集接收方法对随参信道进行改造是十分必要的。

2.8 信道的加性噪声

前面已经指出，调制信道对信号的影响除乘性干扰外，还有加性干扰(即加性噪声)，乘性干扰的影响上面已经详细地分析了，下面讨论信道中的加性噪声。

2.8.1 加性噪声的来源

信道中加性噪声的来源一般可以分为三个方面：人为噪声、自然噪声、内部噪声。人为噪声来源于由人类活动造成的其他信号源，例如外台信号、开关接触噪声、工业的点火辐射及荧光灯干扰等；自然噪声是指自然界存在的各种电磁波源，例如闪电、大气中的电暴、银河系噪声及其他各种宇宙噪声等；内部噪声是系统设备本身产生的各种噪声，例如在电阻一类的导体中自由电子的热运动、真空管中电子的起伏发射和半导体载流子的起伏变化等。

2.8.2 噪声的种类

有些噪声是确知的，例如自激振荡、各种内部谐波干扰等，这类噪声在原理上可消除。

另一些噪声是无法预测的，统称为随机噪声。在此我们只讨论随机噪声。常见随机噪声可分为单频噪声、脉冲噪声和起伏噪声三种。

1. 单频噪声

单频噪声是一种连续波的干扰，其频谱集中在某个频率附近较窄的范围之内，主要是指无线电噪声。干扰的频率可以通过实测来确定，因而只要采取适当的措施便能防止或削弱其对通信的影响。

2. 脉冲噪声

脉冲噪声的特点是突发性、持续时间短，但每个突发的脉冲幅度大，相邻突发脉冲之间有较长的平静期，如工业噪声中的电火化、电路开关噪声、天电干扰中的雷电等。

3. 起伏噪声

起伏噪声是最基本的噪声来源，是普遍存在和不可避免的，其波形随时间作不规则的随机变化，且具有很宽的频谱，主要包括信道内元器件所产生的热噪声、散弹噪声和天电噪声中的宇宙噪声。从它的统计特性看，可认为起伏噪声是一种高斯噪声，且在相当宽的频谱范围内具有平坦的功率谱密度，可称其为白噪声。因此，起伏噪声又可称为高斯白噪声。

以上三种噪声中，单频噪声不是所有的信道中都有的，且较易防止；脉冲噪声虽然对模拟通信的影响不大，但在数字通信中，一旦突发噪声脉冲，由于它的幅度大，会导致一连串误码，造成严重的危害，通常采用纠错编码技术来减轻这一危害；起伏噪声是信道所固有的一种连续噪声，既不能避免，又始终起作用，因此必须加以重视。下面介绍几种主要的起伏噪声。

2.8.3　起伏噪声

1. 热噪声

任何电阻（导体）即使不与电源接通，它的两端也仍有电压，这是由于导体中组成传导电流的自由电子无规则的热运动而引起的。因为，某一瞬间向一个方向运动的电子有可能比向另一个方向运动的电子数目多，也就是说，在任何时刻通过导体每个截面的电子数目的代数和是不等于零的，即自由电子的随机热骚动带来一个大小和方向都不确定（随机）的电流——起伏电流（噪声电流）。但在没有外加电场的情况下，这些起伏电流（或电压）相互抵消，使净电流（或电压）的平均值为零。

实验结果表明，电阻中热噪声电压始终存在，而且，热噪声具有极宽的频谱，热噪声电压在从直流到 10^{13} Hz 频率的范围内具有均匀的功率谱密度。

2. 散弹噪声

散弹噪声出现在电子管和半导体器件中。电子管中的散弹噪声是由阴极表面发射电子的不均匀性引起的。在半导体二极管和三极管中的散弹噪声则是由载流子扩散的不均匀性与电子空穴对产生和复合的随机性引起的。

散弹噪声的性质可用平板型二极管的热阴电子发射来说明。二极管的电流是由阴极发射的电子飞到阳极而形成的。每个电子带有一个负电荷，到达阳极时产生小的电流脉冲，所有电流脉冲之和产生了二极管的平均阳极电流。但是，阴极在单位时间内所发射的电子数并不恒定，它随时间作不规则的随机变化。电子的发射是一个随机过程，因而二极管电流中包含着时变分量。

3. 宇宙噪声

宇宙噪声是指天体辐射波对接收机形成的噪声，它在整个空间的分布是不均匀的，最强的来自银河系的中部，其强度与季节、频率等因素有关。实测表明，在 20～300 MHz 的频率范围内，它的强度与频率的三次方成反比。因而，当工作频率低于 300MHz 时，就要考虑到它的影响。

实践证明，宇宙噪声也是服从高斯分布的。在一般的工作频率范围内，它也具有平坦的功率谱密度。

需要注意的是，信道模型中的噪声源是分散在通信系统各处的噪声的集中表示。在以后的讨论中，将不再区分散弹噪声、热噪声或宇宙噪声，而集中表示为起伏噪声，并一律定义为高斯白噪声。

2.9 信道容量的概念

2.9.1 定义

信道容量是指信道中信息无差错传输的最大速率。在信道模型中，我们定义了两种广义信道：调制信道和编码信道。调制信道是一种连续信道，可以用连续信道的信道容量来表征；编码信道是一种离散信道，可以用离散信道的信道容量来表征。下面分别讨论离散信道的信道容量和连续信道的信道容量。

2.9.2 离散信道的信道容量

当信道输入和输出符号都是离散符号时，该信道称为离散信道。当信道中不存在干扰时，离散信道的输入符号 X 与输出符号 Y 之间有一一对应的确定关系。但若信道中存在干扰，则输入符号与输出符号之间存在某种随机性，它们已不存在一一对应的确定关系，而具有一定的统计相关性。这种统计相关性取决于转移概率 $P(y_j/x_i)$ 或 $P(x_i/y_j)$。$P(y_j/x_i)$ 是信道输入符号为 x_i 而信道输出符号为 y_j 的条件概率，$P(x_i/y_j)$ 是信道输出符号为 y_j 的情况下输入符号为 x_i 的条件概率。在讨论离散信道的信道容量之前，先介绍几个概念。

1. 互信息量

在通信系统中，发送端信源符号集合 X 的概率 $P(x_i)$ 通常是已知的，$P(x_i)$ 称为先验概率。接收端每收到离散信源 Y 中的一个符号 y_j 以后，接收者要重新估计发送端各符号 x_i 的出现概率分布，条件概率 $P(x_i/y_j)$ 又称为后验概率。

定义后验概率与先验概率之比的对数为互信息量：

$$I(x_i, y_j)=\log \frac{P(x_i/y_j)}{P(x_i)} \tag{2-9-1}$$

互信息量反映了两个随机事件 x_i 与 y_j 之间的统计关联程度。在通信系统中其物理意义也就是接收端所能获取的关于 X 的信息。由上式可知，当 x_i 与 y_j 统计独立时，互信息量为零；当后验概率为 1 时，互信息量等于信源 X 的信息量。

2. 条件平均信息量(条件熵)

一般情况下，发送符号集 $X=\{x_i\}$，$x_i=1,2,\cdots,L$，有 L 种符号；接收符号集 $Y=\{y_i\}$，

$y_j=1,2,\cdots,M$，有 M 种符号。信道的转移概率可用下列矩阵表示：

$$P(y_j/x_i)=\begin{bmatrix} P(y_1/x_1) & P(y_2/x_1) & \cdots & P(y_M/x_1) \\ P(y_1/x_2) & P(y_2/x_2) & \cdots & P(y_M/x_2) \\ \vdots & \vdots & \vdots & \vdots \\ P(y_1/x_L) & P(y_2/x_L) & \cdots & P(y_M/x_L) \end{bmatrix} \tag{2-9-2}$$

或

$$P(x_i/y_j)=\begin{bmatrix} P(x_1/y_1) & P(x_2/y_1) & \cdots & P(x_L/y_1) \\ P(x_1/y_2) & P(x_2/y_2) & \cdots & P(x_L/y_2) \\ \vdots & \vdots & \vdots & \vdots \\ P(x_1/y_M) & P(x_2/y_M) & \cdots & P(x_L/y_M) \end{bmatrix} \tag{2-9-3}$$

当信道转移概率矩阵中各行和各列分别具有相同集合的元素时，这类信道称为对称信道。基于对称信道这一特点，各行的

$$-\sum_{j=1}^{M}P(y_j/x_i)\log P(y_j/x_i) = \text{常数} \tag{2-9-4}$$

即上述求和结果与 i 无关。因此，可推得对称信道的输入、输出符号集合之间的条件熵

$$\begin{aligned} H(Y/X) &= -\sum_{i=1}^{L}P(x_i)\sum_{j=1}^{M}P(y_j/x_i)\log P(y_j/x_i) \\ &= -\sum_{i=1}^{L}\sum_{j=1}^{M}P(x_i)P(y_j/x_i)\log P(y_j/x_i) \\ &= -\sum_{j=1}^{M}P(y_j/x_i)\log P(y_j/x_i)\Big[\sum_{i=1}^{L}P(x_i)\Big] \\ &= -\sum_{j=1}^{M}P(y_j/x_i)\log P(y_j/x_i) \end{aligned} \tag{2-9-5}$$

上式表明，对称信道的条件熵 $H(Y/X)$ 与输入符号的概率($P(x_i)$ 无关，而仅与信道转移概率 $P(y_j/x_i)$ 有关。

同理可得

$$H(X/Y) = -\sum_{i=1}^{L}P(x_i/y_j)\log P(x_i/y_j) \tag{2-9-6}$$

3. 离散信道的信道容量

根据熵、条件熵和平均互信息量的定义，不难证明它们之间有如下关系：

$$I(X,Y) = H(X) - H(X/Y) = H(Y) - H(Y/X) \tag{2-9-7}$$

其中：$H(X)$ 为信源发出的符号 X 所含平均信息量；$H(X/Y)$ 为收到 Y 的前提下符号 X 所含的平均信息量；$H(Y)$ 为接收符号 Y 所含平均信息量；$H(Y/X)$ 为发出 X 的前提下符号 Y 所含的平均信息量。$H(X/Y)$ 和 $H(Y/X)$ 取决于信道特性。

由式(2-9-7) 可知，互信息量 $I(X,Y)$ 既与信道特性有关，也与 X 的概率分布 $P(x_i)$ 有关。对于一定的信道，其 $H(X/Y)$ 是一定的，而不同的 $P(x_i)$ 将对应不同的 $I(X,Y)$，其中某一种概率分布 $P(x_i)$ 对应的 $I(X,Y)$ 将最大，表示为

$$C = \max_{P(x_i)} I(X,Y) \tag{2-9-8}$$

C 是每个符号平均能够传送的最大信息量，定义为信道容量。

信道容量的另一种常用的定义是单位时间信道能传输的最大信息量 C_0。若 X 的符号速率为 R_B(符号 / 秒)，则

$$C_0 = R_B \cdot C = R_B \max_{P(x_i)} I(X,Y) \tag{2-9-9}$$

例 2-9-1 设信息源由符号 0 和 1 组成，顺次选择两符号构成所有可能的消息。如果消息传输速率是每秒 1000 符号，且两符号出现的概率相等。传输中，平均每 100 符号中有一个符号不正确，试问这时传输信息的速率是多少？

解 由题意知

$$H(X) = -\left(\frac{1}{2}\log_2\frac{1}{2} + \frac{1}{2}\log_2\frac{1}{2}\right) = 1\ (\text{bit/ 符号})$$

$$H(X/Y) = -(0.99\log_2 0.99 + 0.011\log_2 0.01) = 0.081\ (\text{bit/ 符号})$$

$$I(X,Y) = 1 - 0.081 = 0.919\ (\text{bit/ 符号})$$

$$R_b = R_B \cdot I(X,Y) = 1000(\text{符号 / 秒}) \times 0.919(\text{bit/ 符号}) = 919 \quad (\text{bit/ 秒})$$

2.9.3 连续信道的信道容量

设信道带宽为 B(Hz)，信道输出信号功率为 S(W)，输出加性高斯噪声功率为 N(W)，则可以证明该信道的信道容量为

$$C = B\log_2\left(1 + \frac{S}{N}\right)\ (\text{b/s}) \tag{2-9-10}$$

上式就是著名的香农(Shannon) 公式。它表明当信号与信道加性高斯噪声的平均功率给定时，在具有一定频带宽度 B 的信道上单位时间内可能传输的信息量的极限数值。只要传输速率小于等于信道容量，则总可以找到一种信道编码方法，实现无差错传输；若传输速率大于信道容量，则不可能实现无差错传输。

由于噪声功率 N 与信道带宽 B 有关，故若信道中噪声的单边功率谱密度为 n_0，则在信道带宽 B 内的噪声功率 $N = n_0 B$。因此，香农公式的另一形式为

$$C = B\log_2\left(1 + \frac{S}{n_0 B}\right) \tag{2-9-11}$$

由香农公式可得出以下结论：

(1) 增大信号功率 S 可以增加信道容量，若信号功率趋于无穷大，则信道容量也趋于无穷大。

(2) 减小噪声功率 N(或减小噪声功率谱密度 n_0)，可以增加信道容量，若噪声功率趋于零，则信道容量趋于无穷大。

(3) 增大信道带宽 B 可以增加信道容量，但不能使信道容量无限地增大。利用数学关系式

$$\lim_{x\to 0}\frac{1}{x}\log_2(1+x) = \log_2 e \approx 1.44$$

信道带宽 B 趋于无穷大时，信道容量的极限值为

$$\begin{aligned}\lim_{B\to\infty} C &= \lim_{B\to\infty} B\log_2(1 + S/n_0 B) \\ &= \frac{S}{n_0}\lim_{B\to\infty}\frac{n_0 B}{S}\log_2\left(1 + \frac{S}{n_0 B}\right)\end{aligned}$$

$$= \frac{S}{n_0}\log_2 e \approx 1.44\frac{S}{n_0} \tag{2-9-12}$$

上式表明，保持 S/n_0 一定，即使信道带宽 B 趋于无穷大，信道容量 C 也是有限的，这是因为信道带宽 B 趋于无穷大时，噪声功率 N 也趋于无穷大。

香农公式给出了通信系统所能达到的极限信息传输速率。达到极限信息速率的通信系统称为理想通信系统。但是，香农公式只证明了理想通信系统的"存在性"，却没有指出这种通信系统的实现方法。因此，理想通信系统的实现还需要我们不断努力。

例 2-9-2　电视图像可以大致认为由 300000 个小像元组成。对于一般要求的对比度，每一像元大约取 10 个可辨别的亮度电平(例如对应黑色、深灰色、浅灰色、白色等)。现假设对于任何像元，10 个亮度电平是等概率出现的，每秒发送 30 帧图像；还已知，为了满意地重现图像，要求信噪比为 1000(即 30 dB)。在这种条件下，我们来计算传输上述信号所需的带宽。

解　首先计算每一像元所含的信息量。因为每一像元能以等概率取 10 个亮度电平，所以每个像元的信息量为 $\log_2 10 = 3.32$(bit)；每帧图像的信息量为 $300000 \times 3.32 = 996000$(bit)；又因为每秒有 30 帧，所以每秒内传送的信息量为 $996000 \times 30 = 29.9 \times 10^6$(bit)。显然，这就是所需的信息速率。为了传输这个信号，信道容量至少必须等于是 29.9×10^6 b/s。且 S/N 已知，因此

$$B = \frac{C}{\log_2\left(1+\frac{S}{N}\right)} = \frac{29.9\times 10^6}{\log_2 1000} \approx 3.02\times 10^6 (\text{Hz})$$

可见，所求带宽 B 约为 3MHz。

本章小结

(1) 信道是通信系统的主要组成部分。它的特性会影响信号传输质量。它是通信系统中噪声的主要来源。信道有狭义信道和广义信道之分。

(2) 狭义信道是指信号的传输媒介，一般可分为有线信道和无线信道两种。

有线信道包括明线、电缆和光纤。明线传输损耗较小，但易受外界干扰；电缆通信具有传输性能稳定、噪声低和易保密等优点；光纤通信具有重量轻、频带宽和不受电磁干扰等优点。

无线信道包括中长波地面传输、短波传输、超短波和微波(包括人造卫星中继)的视频传输等途径组成的信道。短波无线电传播，由于衰落较大，目前只在一些特殊的场合得到应用。超短波和微波需要采用中继接力的方式来延伸距离，它主要用于干线通信，目前广泛用来传输多路电话和电视，具有传输容量大、通信稳定和所需功率小等优点。

(3) 广义信道是指从研究消息传输的观点出发，把信道范围加以扩大后的信道。一般可分为调制信道和编码信道。

调制信道是指从调制器输出端到解调器输入端的所有电路设备和传输媒介。调制信道内传输的是已调连续信号，它是一种模拟信道，可等效为线性时变网络。

编码信道是指从编码器输出端到解码器输入端的所有电路设备和传输媒介。编码信道内传输的是编码后的数字序列，它是一种数字信道，可用转移概率来描述。

(4) 按信道参数特点的不同，调制信道可分为恒参信道和随参信道。

恒参信道是指信道传输参数恒定不变或变化缓慢的信道，它可以等效为线性时不变网络，因此可用线性系统分析的方法来进行分析。理想恒参信道的幅频特性是水平直线，相频特性应是直线。在实际恒参信道中，由于存在电感、电容等元件，导致传输特性与频率有关，出现频率失真和相位失真。在通信系统设计中，可采用均衡技术来减少这些失真。

随参信道是指信道传输参数随时间随机变化的信道。它有两个特点：信道传输特性随机变化和多径传播，从而使传输信号产生瑞利型衰落和频率弥散，当传输信号的频带宽度较宽时，还会产生频率选择性衰落。在随参信道中，可采用分集接收技术来对抗衰落。

(5) 加性噪声是叠加在传输信号上的噪声。起伏噪声是加性噪声的典型代表，主要包括热噪声、散弹噪声和宇宙噪声，它们均是高斯白噪声。信道中的加性噪声经过接收端带通滤波器的滤波后，成为加性高斯窄带噪声，如果它的单边功率谱密度为 n_0，则解调器输入端的噪声功率为 $N_i = n_0 B$，式中 B 的大小随调制系统的不同而不同。

(6) 信道容量是指信道中信息无差错传输的最大速率。

离散信道的信道容量是

$$C=\max_{P(x_i)} I(X,Y)=\max_{P(x_i)}[H(X)-H(X/Y)]$$

或

$$C_0=R_B \cdot C=R_B \max_{P(x_i)} I(X,Y)$$

连续信道的信道容量由香农公式给出：

$$C=B\log_2\left(1+\frac{S}{N}\right)$$

香农公式给出了通信系统所能达到的极限信息传输速率，但没有指出如何达到这个理想极限传输速率，因此还需我们不断努力。

习 题

2-1 什么是调制信道？什么是编码信道？说明调制信道和编码信道的关系。

2-2 什么是恒参信道？什么是随参信道？目前常见的信道中，哪些属于恒参信道？哪些属于随参信道？

2-3 设一恒参信道的幅频特性和相频特性分别为

$$|H(\omega)|=k_0$$

$$\varphi(\omega)=-\omega t_d$$

其中，k_0 和 t_d 都是常数。试确定信号 $s(t)$ 通过该信道后的输出信号的时域表示式，并讨论之。

2-4 设某恒参信道的传输特性为 $H(\omega)=(1+\cos\omega T_0)e^{j\omega t_d}$，其中，$t_d$ 为常数。试确定信号 $s(t)$ 通过该信道后的输出信号表达式，并讨论之。

2-5 今有两个恒参信道，其等效模型分别如题 2-5 图(a)，(b)所示。试求这两个信道的群时延特性并画出它们的群迟延曲线，并说明信号通过它们时有无群时延失真。

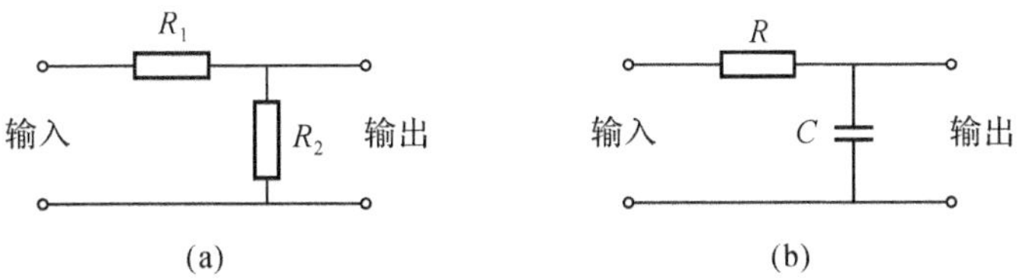

题 2-5 图

2-6　什么是相关带宽？如果传输信号的带宽宽于相关带宽，对信号有什么影响？

2-7　试根据随参信道的传输特性，定性解释快衰落和频率选择性衰落现象。

2-8　试定性说明采用频率分集技术可以改善随参信道传输特性的原理。

2-9　某随参信道的两径时延差 $\Delta\tau$ 为 0.5 ms，试问该信道在哪些频率上传输损耗最小？哪些频率上传输损耗最大？

2-10　设某随参信道的最大多径时延差等于 3 ms，为了避免发生选择性衰落，试估算在该信道上传输的数字信号的码元脉冲宽度。

2-11　信道中常见的起伏噪声有哪些？它们的主要特点是什么？

2-12　二进制无记忆编码信道模型如题 2-12 图所示，如果信息传输速率是每秒 1000 符号，且 $P(x_1)=P(x_2)=1/2$，试求：

(1)信源熵及损失熵；

(2)信道传输信息的速率。

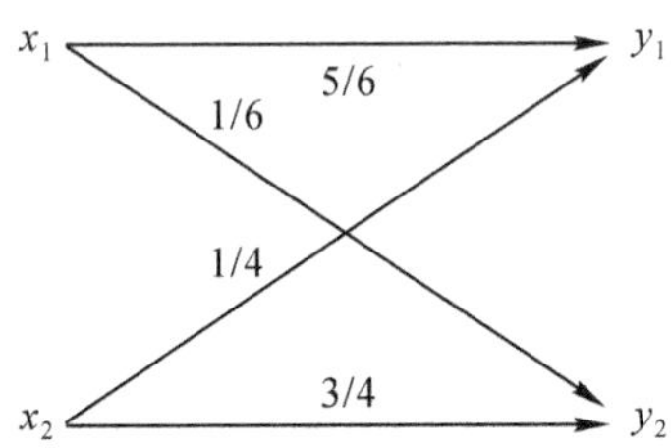

题 2-12 图

2-13　设高斯信道的带宽为 4 kHz，信号与噪声的功率比为 63，试确定利用这种信道的理想通信系统之传信率和差错率。

2-14　具有 6.5 MHz 的带宽的某高斯信道，若信道中信号功率与噪声功率谱密度之比为 45.5 MHz，试求其信道容量。

2-15　已知电话信道的带宽为 3.4 kHz，试求：

(1)接收信噪比 $S/N=30$ dB 时的信道容量；

(2)若要求该信道能传输 4800 b/s 的数据，则要求接收端最小信噪比为多少 dB？

2-16　已知彩色电视图像由 5×10^5 个像素组成。设每个像素有 64 种彩色度，每种彩色度有 16 个亮度等级。如果所有彩色度和亮度等级的组合机会均等，并统计独立。

(1)试计算每秒传送 100 个画面所需要的信道容量；

(2)如果接收信噪比为 30dB，为了传送彩色图像所需信道带宽为多少？

实践项目

1. 在传输线长度、工作频率、速度系数、特性阻抗以及负载阻抗等条件都给定的情况下，利用MATLAB表现出有损耗线路内的阻抗变化情况。
2. 根据收发信号双方距离的变化以及用户的不同要求利用MATLAB显示出接收功率与发射功率的比值变化。考虑自由空间损耗，接收机距发射机20～100 km。

第3章　模拟调制系统

从信号传输的角度看，调制与解调是通信系统中的重要环节，它使信号发生了本质性的变化。本章主要介绍各种线性调制（AM，DSB，SSB，VSB）与非线性调制（FM，PM）信号产生（调制）与接收（解调）的基本原理、方法、技术以及调制系统的性能分析方法。调制系统不仅包括发送端信号的调制，而且包括接收端信号的解调。在详细讨论各种调制方式以前，首先介绍调制的一般概念、调制在通信系统中的作用与分类等。

3.1 引　言

3.1.1　模拟调制的概念

我们知道一般对语音、音乐、图像等信息源直接转换得到的电信号，其频率是很低的。这类信号的频谱特点是低频成分非常丰富，有时还包括直流分量，如电话信号的频率范围在0.3～3.4 kHz，通常称这种信号为基带信号。模拟基带信号可以直接通过明线、电缆等有线信道传输，但不可能直接在无线信道中传输。另外，模拟基带信号在有线信道传输时，一对线路只能传输一路信号，其信道利用率非常低，很不经济。为了使模拟基带信号能够在无线信道中进行频带传输，同时也为了实现单一信道传输多路模拟基带信号，就需要采用调制解调技术。

在发送端把具有较低频率分量（频谱分布在零频附近）的低通基带信号搬移到信道通带（处在较高频段）内的过程称为调制，而在接收端把已搬到给定信道通带内的频谱还原为基带信号频谱的过程称为解调。调制和解调是通信系统中的一个极为重要的组成部分，采用什么样的调制与解调方式将直接影响通信系统的性能。虽然目前数字通信得到迅速发展，而且有逐步替代模拟通信的趋势，但目前，模拟通信的使用仍然非常多，在相当一段时间内还将继续使用，而且模拟调制是其他调制的基础，因此本章将介绍模拟调制。

3.1.2　模拟调制的功能

调制解调过程从频域角度看是一个频谱搬移过程。它具有以下几个重要功能。

1. 适合信道传输

将基带信号转换成适合于信道传输的已调信号（频带信号）。

2. 实现有效辐射

为了充分发挥天线的辐射能力，一般要求天线的尺寸和发送信号的波长为同一个数量级。一般天线的长度应为所传信号波长的1/4。如果把语音基带信号(0.3～3.4 kHz)直接通过天线发射，那么天线的长度应为

$$l=\frac{\lambda}{4}=\frac{c}{4f}=\frac{3\times10^8}{4\times3.4\times10^3}\approx22\ (\text{km})$$

长度(高度)为22 km的天线显然是不可能的，也是无法实现的。但是如果把语音信号的频率首先进行频谱搬移，搬移到较高频段处，则天线的高度可降低。因此调制是为了使天线容易辐射。

3. 实现频率分配

为使各个无线电台发出的信号互不干扰，每个电台都分配有不同的频率。这样利用调制技术把各种话音、音乐、图像等基带信号调制到不同的载频上，以便用户任意选择各个电台，收听所需节目。

4. 实现多路复用

如果传输信道的通带较宽，可以用一个信道同时传输多路基带信号，只要把各个基带信号分别调制到不同的频带内，然后将它们合到一起送入信道传输即可。这种在频域上实行的多路复用称为频分复用(FDM)。

5. 提高系统抗噪声性能

通过本章的学习将会看到，不同的调制系统会具有不同的抗噪声性能。例如FM系统抗噪声性能要优于AM系统抗噪声性能。

3.1.3 模拟调制的分类

调制器的模型通常可用一个三端非线性网络来表示，如图3-1-1所示。图中$m(t)$为输入调制信号，即基带信号；$c(t)$为载波信号；$s(t)$为输出已调信号。调制的本质是进行频谱变换，它把携带消息的基带信号的频谱搬移到较高的频带上。经过调制后的已调信号应该具有两个基本特性：一是仍然携带有原来基带信号的消息，二是具有较高的频谱，适合于信道传输。

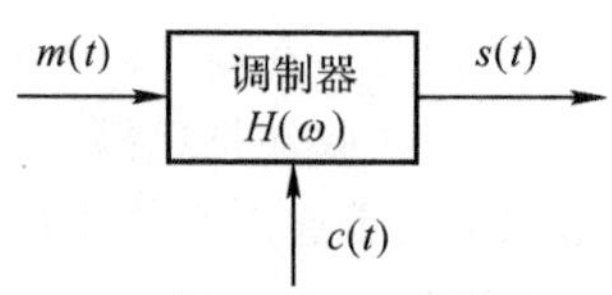

图3-1-1 调制器模型

根据不同的$m(t)$，$c(t)$和不同的调制器功能，可将调制分成如下几类。

1. 根据载波 $c(t)$ 的不同分类

载波通常有连续波和脉冲波之分，因此调制可以分为：

(1)连续波调制。载波信号$c(t)$为一个连续波形，通常用单频余弦波或正弦波。

(2)脉冲波调制。载波信号$c(t)$为一个脉冲序列，通常用矩形周期脉冲序列，此时调制器输出的已调信号为脉冲振幅调制(PAM)信号、脉冲宽度调制(PWM)信号或脉冲相位调制(PPM)信号，其中PAM调制最常见。

2. 根据所调载波参数不同分类

载波的参数有幅度、频率和相位，因此调制可以分为

(1)幅度调制。载波信号 $c(t)$ 的振幅随调制信号 $m(t)$ 的大小而变化。如调幅(AM)、脉冲振幅调制(PAM)等。

(2)频率调制。载波信号 $c(t)$ 的频率随调制信号 $m(t)$ 的大小而变化。如调频(FM)、脉冲频率调制(PFM)等。

(3)相位调制。载波信号 $c(t)$ 的相位随调制信号 $m(t)$ 的大小而变化。如调相(PM)、脉冲相位调制(PPM)等。

3. 根据调制器频谱特性 $H(\omega)$ 的不同分类

调制器的频谱特性 $H(\omega)$ 对调制信号的影响，表现在已调信号与调制信号频谱之间的关系，因此根据两者之间的关系可以分为

(1)线性调制。输出已调信号 $s(t)$ 的频谱和调制信号 $m(t)$ 的频谱之间呈线性搬移关系。即调制信号 $m(t)$ 与已调信号 $s(t)$ 的频谱之间没有发生变化，仅是频率的位置发生了变化。如振幅调制(AM)、双边带(DSB)、单边带(SSB)、残留边带(VSB)等。

(2)非线性调制。输出已调信号 $s(t)$ 的频谱和调制信号 $m(t)$ 的频谱之间呈非线性关系。即输出已调信号的频谱与调制信号频谱相比，发生了根本性变化，出现了频率扩展或增生，如 FM，PM 等。

3.2　线性调制(幅度调制)原理

如果输出已调信号的频谱和输入调制信号的频谱之间满足线性搬移关系，则称为线性调制，通常也称为幅度调制，因此线性调制和幅度调制是指同一概念。线性调制的主要特征是调制前后的信号频谱从形状上看没有发生根本变化，仅仅是频谱的幅度和位置发生了变化。在线性调制中，余弦载波的幅度参数随输入基带信号的变化而变化。线性调制具体有振幅调制(AM)、双边带调制(DSB)、单边带调制(SSB)及残留边带调制(VSB)四种。在具体介绍这四种线性调制以前，我们首先介绍一下线性调制的一般原理。

3.2.1　线性调制的一般原理

线性调制是用调制信号去控制载波的振幅，使其按调制信号的规律而变化的过程。幅度调制器的模型如图 3-2-1 所示。

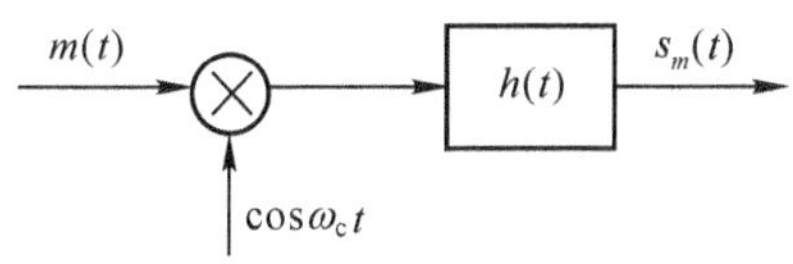

图 3-2-1　幅度调制器的一般模型

设调制信号 $m(t)$ 的频谱为 $M(\omega)$，滤波器传输特性为 $H(\omega)$，其冲激响应为 $h(t)$，输出已调信号的时域和频域表达式为

$$s_m(t)=[m(t)\cdot\cos\omega_c t]*h(t) \tag{3-2-1}$$

$$s_m(\omega)=\frac{1}{2}[M(\omega+\omega_c)+M(\omega-\omega_c)]\cdot H(\omega) \tag{3-2-2}$$

式中，ω_c 为载波角频率，$H(\omega) \Leftrightarrow h(t)$。

由以上表示式可见，对于幅度调制信号，在波形上，它的幅度随基带信号而变化；在频谱结构上，它的频谱完全是基带信号频谱在频域内的简单搬移。由于这种搬移是线性的，因此幅度调制常称为线性调制。

在图 3-2-1 中的一般模型中，适当选择滤波器的特性 $H(\omega)$，便可得到各种幅度调制信号。例如 AM，DSB，SSB 及 VSB 等。

3.2.2 振幅调制

振幅调制(Amplitude Modulation，AM)信号产生的原理图，可以直接由其数学表达式来得到，如图 3-2-2 所示。AM 信号调制器由加法器、乘法器和带通滤波器(BPF)组成。图中带通滤波器的作用是让处在该频带范围内的调幅信号顺利通过，同时抑制带外噪声和各次谐波分量进入下级系统。

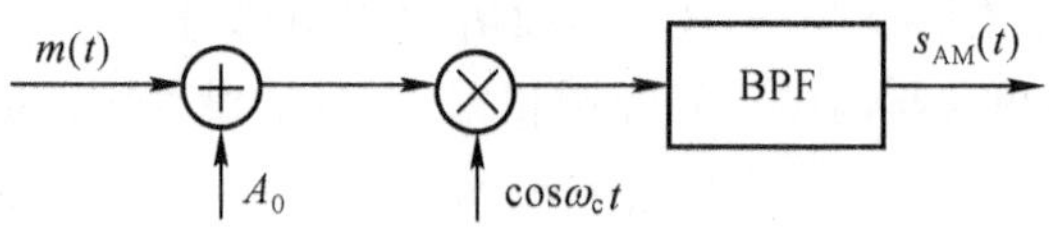

图 3-2-2 AM 信号的产生

1. AM 信号的时域表达式

$$s_{AM}(t)=[A_0+m(t)]\cos\omega_c t \tag{3-2-3}$$

式中：A_0 为外加的直流分量；$m(t)$为输入调制信号，它的最高频率为 f_m，无直流分量；ω_c 为载波的角频率。为了实现线性调幅，必须要求

$$|m(t)|_{max}\leqslant A_0 \tag{3-2-4}$$

否则将会出现过调幅现象，在接收端采用包络检波法解调时，会产生严重的失真。常定义调幅指数为：

$$\beta_{AM}=\frac{|m(t)|_{max}}{A_0}\leqslant 1$$

2. AM 信号的波形

AM 信号的波形如图 3-2-3 所示，图中认为调制信号是单频正弦信号，可以清楚地看出 AM 信号的包络完全反映了调制信号的变化规律。

用 MATLAB 来画 AM 信号波形的程序代码和仿真图如下：

```
%AM.m
%单音调制常规调幅波形
clear
t=0：0.01：2;%波形的时间长度
Ac=1;%载波幅度
Beta=0.5;%调制指数
fm=1;%调制信号频率
```

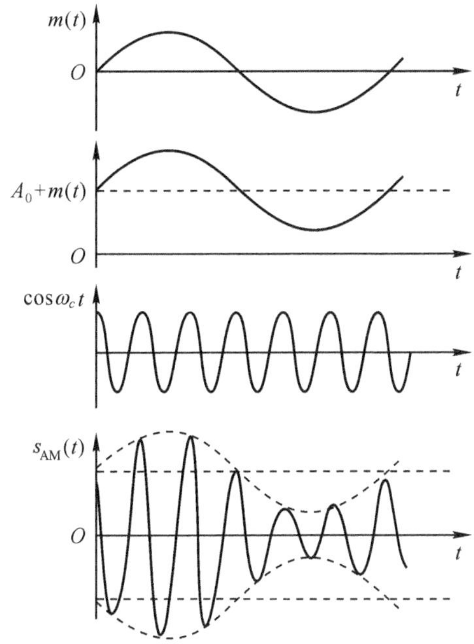

图 3-2-3　AM 信号波形

```
fc=8;%载波频率
wmt=2*pi*fm*t;
wct=2*pi*fc*t;
SAM=Ac*(1+Beta*cos(wmt)).*cos(wct);%常规调幅信号
plot(t,SAM,'g');
```

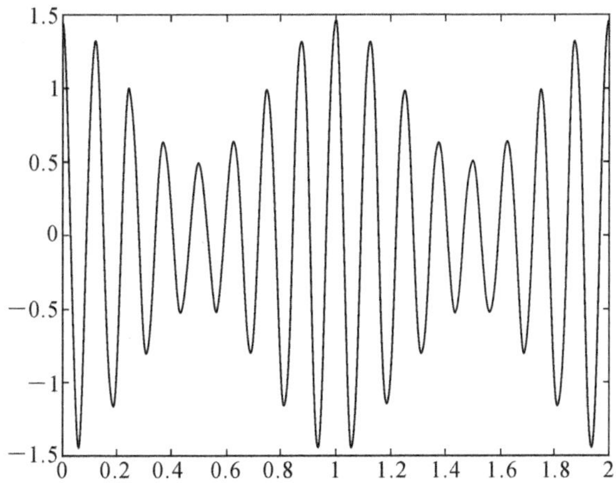

3. AM 信号的频谱

对式(3-2-3)进行傅里叶变换，就可以得到 AM 信号的频谱 $S_{AM}(\omega)$ 如下：

$$S_{AM}(\omega)=\mathscr{F}[s_{AM}(t)]$$

$$=\frac{1}{2}[M(\omega+\omega_c)+M(\omega-\omega_c)]+\pi A_0[\delta(\omega+\omega_c)+\delta(\omega-\omega_c)] \quad (3\text{-}2\text{-}5)$$

式中，$M(\omega)$ 是调制信号 $m(t)$ 的频谱。

4. AM 信号的频谱图

AM 信号的频谱图如图 3-2-4 所示，通过 AM 信号的频谱图可以得出以下结论：

(1)调制前后信号的频谱形状没有变化，仅仅是信号频谱的位置发生了变化。

(2) AM 信号的频谱由位于$\pm\omega_c$处的线谱和分布在$\pm\omega_c$处两边的边带频谱组成。

(3)调制前的基带信号的频带宽度为f_m，调制后 AM 信号的频带宽度变为

$$B_{AM}=2f_m \tag{3-2-6}$$

(4)一般我们把频率的绝对值大于载波频率的信号频谱称为上边带(Up Side Band, USB)，把频率的绝对值小于载波频率的信号频谱称为下边带(Low Side Band, LSB)。

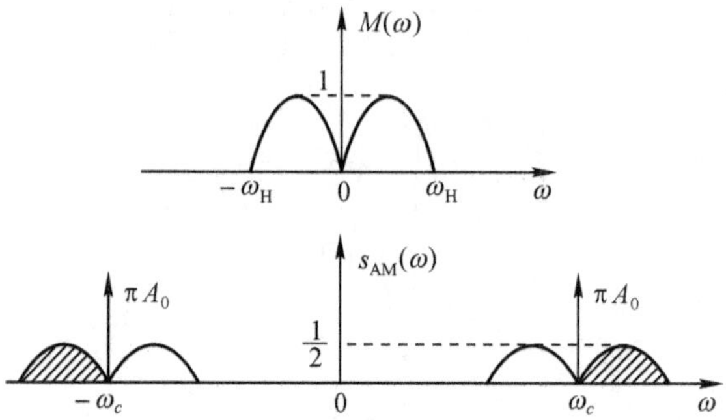

图 3-2-4 振幅调制频谱

5. AM 信号平均功率

AM 信号在 1Ω 电阻上的平均功率等于$s_{AM}(t)$的均方值。

$$\begin{aligned}P_{AM}&=\overline{s_{AM}^2(t)}=\overline{[A_0+m(t)]^2\cos^2\omega_c t}\\&=\overline{A_0^2\cos^2\omega_c t}+\overline{m^2(t)\cos^2\omega_c t}+\overline{2A_0m(t)\cos^2\omega_c t}\end{aligned}$$

通常假设调制信号没有直流分量，即$\overline{m(t)}=0$，因此

$$P_{AM}=\frac{A_0^2}{2}+\frac{\overline{m^2(t)}}{2}=P_c+P_s \tag{3-2-7}$$

式中：$P_c=A_0^2/2$为载波功率；$P_s=\overline{m^2(t)}/2$为边带功率。

由此可见，AM 信号的总功率包括载波功率和边带功率两部分，其中只有边带功率才与调制信号有关，也就是说，载波分量不携带信息。

6. AM 信号的调制效率

通常把边带功率P_s与信号的总功率P_{AM}的比值称为调制效率，用符号η_{AM}表示，有

$$\eta_{AM}=\frac{P_s}{P_{AM}}=\frac{\overline{m^2(t)}}{A_0^2+\overline{m^2(t)}} \tag{3-2-8}$$

在不出现过调幅的情况下，如果$m(t)$为正弦波时，$\beta_{AM}=1$可以得到$\eta_{AM}=33.3\%$。一般情况下，β_{AM}不一定都能达到 1，因此η_{AM}是比较低的，这是振幅调制的最大缺点。

7. AM 信号的接收(解调)

AM 信号的解调一般有两种方法，一种是相干解调法，也叫同步解调法；另一种是非相干解调法，也叫包络检波法。由于包络检波法电路很简单，而且又不需要本地提供同步载波，因此，对 AM 信号的解调大都采用包络检波法。

(1)相干解调法

用相干解调法接收 AM 信号的原理方框图如图 3-2-5 所示。相干解调法一般由带通滤波器(BPF)、乘法器、低通滤波器(LPF)组成。相干解调法的工作原理是:AM 信号经信道传输后,必定叠加有噪声,进入 BPF 后,BPF 一方面使 AM 信号顺利通过,另一方面,抑制带外噪声。AM 信号 $s_{AM}(t)$通过 BPF 后与本地载波 $\cos\omega_c t$ 相乘,进入 LPF。LPF 的截止角频率设定为 ω_H,通常取 $\omega_H=\omega_m$,因此 LPF 的输出仅为需要的信号。

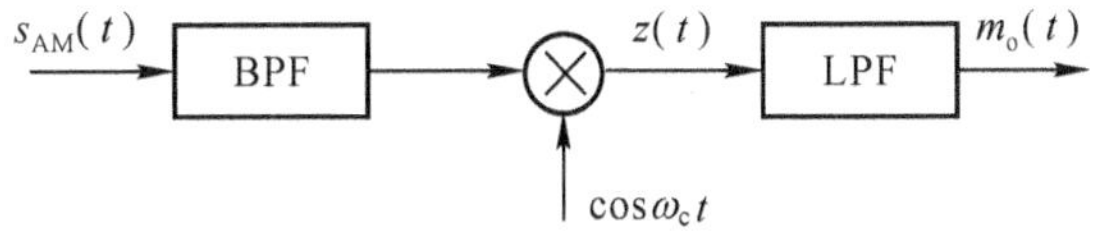

图 3-2-5　AM 信号的相干解调法

图中各点信号表达式分别如下:

$$s_{AM}(t)=[A_0+m(t)]\cos\omega_c t$$

$$z(t)=s_{AM}(t)\cdot\cos\omega_c t=[A_0+m(t)]\cos\omega_c t\cdot\cos\omega_c t$$

$$=\frac{1}{2}[A_0+m(t)](1+\cos2\omega_c t)$$

$$m_o(t)=\frac{A_0}{2}+\frac{1}{2}m(t) \tag{3-2-9}$$

式中,常数 $A_0/2$ 为直流成分,可以方便地用一个隔直电容除去。

相干解调中的本地载波 $\cos\omega_c t$ 是通过对接收到的 AM 信号进行同步载波提取而获得的。本地载波必须与发送端的载波保持严格的同频同相。如何进行同步载波提取将在第 7 章中介绍。

相干解调法的优点是接收性能好,但要求在接收端提供一个与发送端同频同相的载波。

(2)非相干解调法

AM 信号非相干解调法的原理方框如图 3-2-6 所示,它由 BPF、线性包络检波器(Linear Envelope Detector,LED)和 LPF 组成。图中 BPF 的作用与相干解调法中的 BPF 作用完全相同;LED 把 AM 信号的包络直接提取出来,即把一个高频信号直接变成低频信号;LPF 起平滑作用。

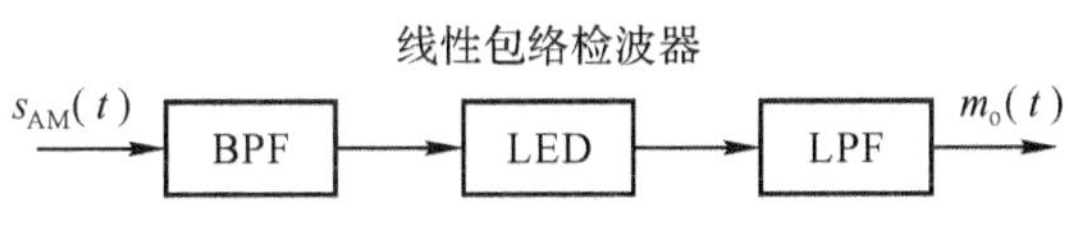

图 3-2-6　AM 信号的非相干解调法

包络检波法的优点是实现简单、成本低、不需要同步载波,但系统抗噪声性能较差(存在门限效应)。

AM 信号的调制效率低,主要原因是 AM 信号中有一个载波,它消耗了大部分发射功率。下面介绍抑制载波双边带调制(Double Side Band-Suppressed Carrier,DSB-SC)系统。具体应用如 AM 调幅广播。

3.2.3 抑制载波双边带调制

DSB 信号产生的原理图如图 3-2-7 所示。DSB 信号调制器由乘法器和 BPF 组成。图中 BPF 的中心角频率应在 ω_c 处，频带宽度应为 $2f_m$。

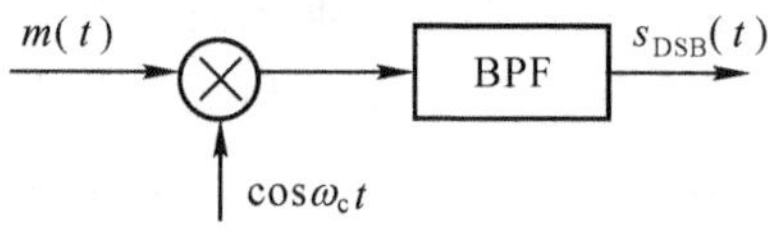

图 3-2-7 DSB 信号的产生

1. DSB 信号的时域表达式

$$s_{DSB}(t)=m(t)\cos\omega_c t \tag{3-2-10}$$

2. DSB 信号的波形图

DSB 信号的时域波形如图 3-2-8 所示，DSB 信号与 AM 信号波形的区别是，DSB 信号在调制信号极性变化时会出现反向点。

3. DSB 信号的频域表达式

对式(3-2-10)进行傅里叶变换，可以得到 DSB 信号的频域表达式：

$$S_{DSB}(\omega)=\mathscr{F}[s_{DSB}(t)]=\frac{1}{2}[M(\omega+\omega_c)+M(\omega-\omega_c)] \tag{3-2-11}$$

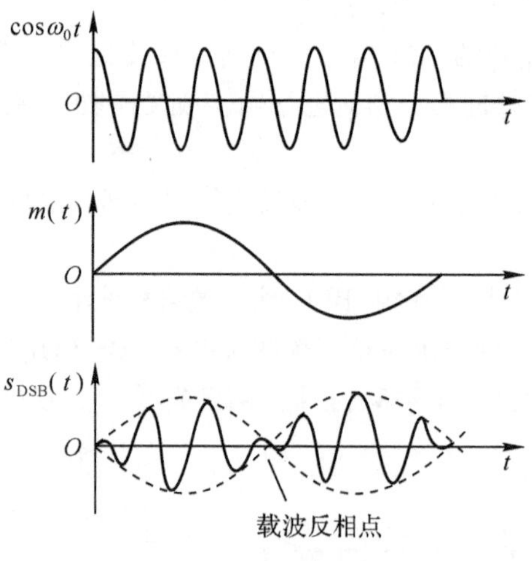

图 3-2-8 DSB 信号波形

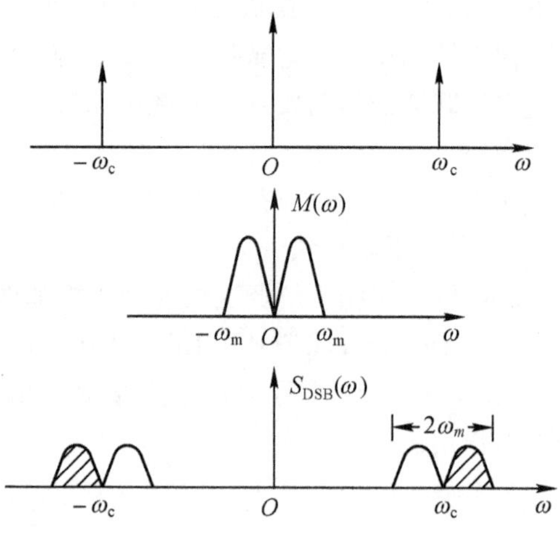

图 3-2-9 DSB 信号频谱

4. DSB 信号频谱图

DSB 信号频谱图如图 3-2-9 所示。由图可知，DSB 信号的频谱是由位于载频 $\pm\omega_c$ 处两边的边带(上边带和下边带)组成。DSB 与 AM 信号的频谱区别是 DSB 在 $\pm\omega_c$ 处没有载频线谱。DSB 信号的频带宽度为

$$B_{DSB}=2f_m \tag{3-2-12}$$

5. DSB 信号的平均功率

DSB 信号的平均功率 P_{DSB} 可以用下式计算：

$$P_{\mathrm{DSB}}=\overline{s_{\mathrm{DSB}}^2(t)}=\overline{[m(t)\cos\omega_c t]^2}=\frac{1}{2}\overline{m^2(t)}=P_s \tag{3-2-13}$$

DSB 信号的平均功率只有边带功率 P_s，没有载波功率 P_c，因此 DSB 调制效率 η_{DSB} 为

$$\eta_{\mathrm{DSB}}=\frac{P_s}{P_{\mathrm{DSB}}}=\frac{\overline{m^2(t)}/2}{\overline{m^2(t)}/2}=100\% \tag{3-2-14}$$

6. DSB 信号的解调

DSB 信号的解调只能采用相干解调法，不能用非相干解调法，这是因为包络检波器取出的信号严重失真。相干解调法接收 DSB 信号的原理图与 AM 信号相干接收法原理图一样，见图 3-2-5。但此时解调器的输入信号是 DSB 信号，而不再是 AM 信号。

$$s_{\mathrm{DSB}}(t)=m(t)\cdot\cos\omega_c t$$

$$z(t)=s_{\mathrm{DSB}}(t)\cdot\cos\omega_c t=m(t)\cdot\cos^2\omega_c t=\frac{1}{2}m(t)(1+\cos 2\omega_c t)$$

$$m_o(t)=\frac{1}{2}m(t) \tag{3-2-15}$$

DSB 调制效率虽然达到了 100%，但 DSB 调制信号的频谱由上、下两个边带组成，而且上、下边带携带的信息完全一样，因此，只需选择其中一个边带传输即可。如果只传输一个边带，则可以节省一半的发射功率。其典型应用如立体声 FM 调频广播。

3.2.4 单边带调制

单边带(Single Side Band，SSB)就是指在传输信号的过程中，只传输上边带或下边带部分，而达到节省发射功率和系统频带的目的。

1. SSB 信号的滤波法产生

产生 SSB 信号最直观的方法是让双边带信号通过一个边带滤波器，保留所需要的一个边带，滤除不要的边带。原理框图如图 3-2-10 所示。其中 $H_{\mathrm{SSB}}(\omega)$ 是单边带滤波器，其传输特性如图 3-2-11 所示。

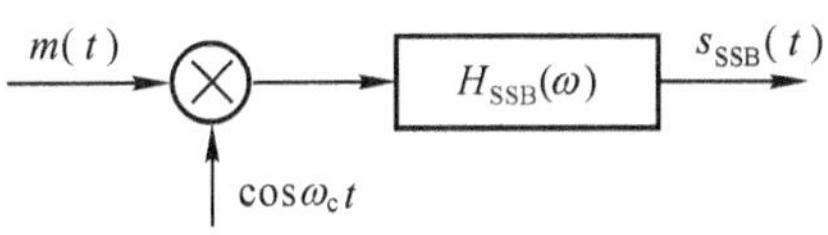

图 3-2-10　SSB 信号滤波法产生

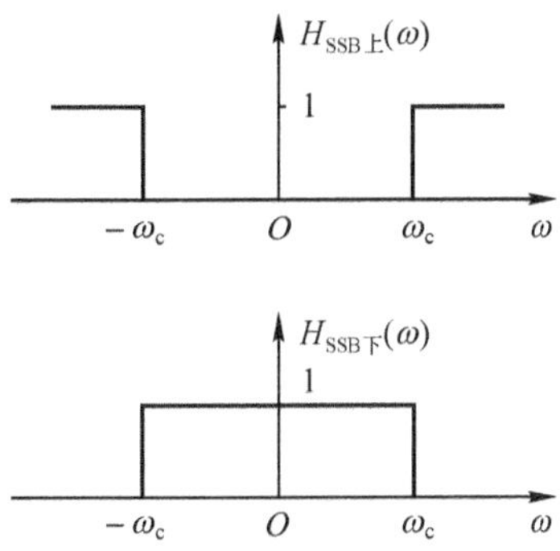

图 3-2-11　$H_{\mathrm{SSB}}(\omega)$传输特性

2. SSB 信号的频域表达式

由 SSB 信号的滤波产生法可得到 SSB 信号的频域表达式如下：

$$S_{\mathrm{SSB}}(\omega)=S_{\mathrm{DSB}}(\omega)\cdot H_{\mathrm{SSB}}(\omega)=\frac{1}{2}[M(\omega+\omega_c)+M(\omega-\omega_c)]\cdot H_{\mathrm{SSB}}(\omega) \tag{3-2-16}$$

对上边带调制来讲，有

$$H_{SSB上}(\omega)=\begin{cases}1 & |\omega|>\omega_c \\ 0 & |\omega|\leqslant\omega_c\end{cases} \tag{3-2-17}$$

对下边带调制来讲，有

$$H_{SSB下}(\omega)=\begin{cases}0 & |\omega|\geqslant\omega_c \\ 1 & |\omega|<\omega_c\end{cases} \tag{3-2-18}$$

3. SSB 信号的频谱图

由 SSB 信号的频域表达式可得 SSB 信号的频谱图如图 3-2-12 所示。

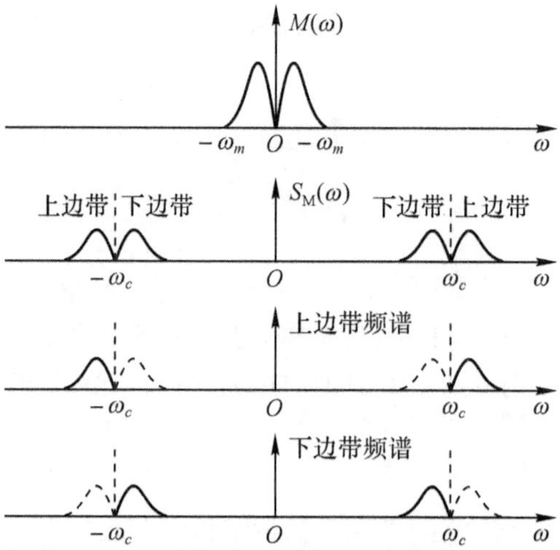

图 3-2-12　SSB 信号频谱

4. SSB 信号的时域表达式

直接得到一般信号的 SSB 信号是比较困难的。我们可以先求得单频正弦信号的单边带调制信号，然后把一般信号表示成许多正弦信号之和，将所有正弦信号的单边带调制信号相加就是一般调制信号的单边带调制信号，用此方法就可以求得一般信号的 SSB 信号时域表达式。

容易求得单频信号 $m(t)=A\cos\omega_m t$ 的单边带调制信号的时域表达式为

$$s_{SSB}(t)=\frac{A}{2}\cos(\omega_c\pm\omega_m)t=\frac{A}{2}\cos\omega_m t\cdot\cos\omega_c t\mp\frac{A}{2}\sin\omega_m t\cdot\sin\omega_c t \tag{3-2-19}$$

式中：上面的符号表示传输上边带信号；下面的符号表示传输下边带信号。进一步可以得到一般信号的单边带调制信号的时域表达式为

$$s_{SSB}(t)=\frac{1}{2}m(t)\cdot\cos\omega_c t\mp\frac{1}{2}\hat{m}(t)\cdot\sin\omega_c t \tag{3-2-20}$$

式中，$\hat{m}(t)$是将 $m(t)$中所有频率成分均相移 90°后得到的结果。实际上 $\hat{m}(t)$是调制信号 $m(t)$通过一个宽带滤波器的输出，这个宽带滤波器叫做希尔伯特滤波器，也就是 $\hat{m}(t)$是 $m(t)$的希尔伯特变换。关于希尔伯特变换的相关知识参阅其他文献资料。

5. SSB 信号波形图

在此只画单频信号上边带调制后的信号波形图，如图 3-2-13 所示。

6. SSB 信号的相移法产生

根据 SSB 信号的时域表达式，可以构成相移法产生单边带信号的原理方框图，如图

3-2-14所示，它由希尔伯特滤波器、乘法器、合路器组成。

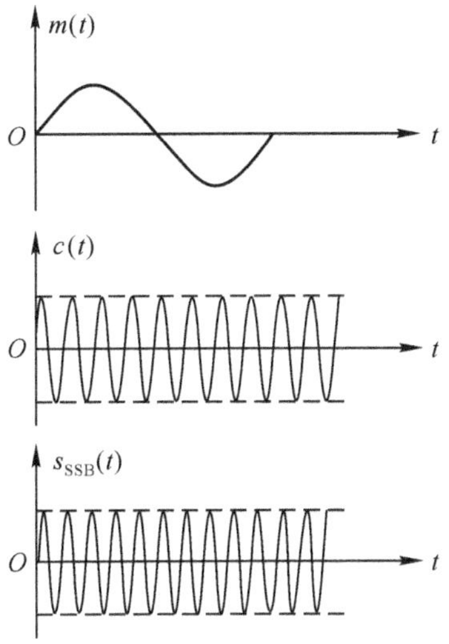

图 3-2-13　单频信号上边带调制波形

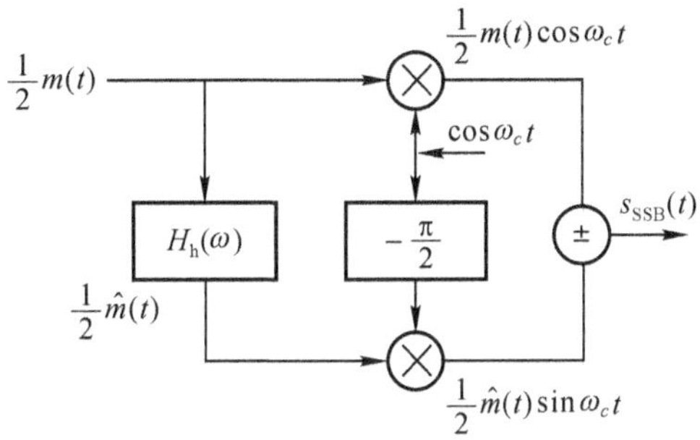

图 3-2-14　相移法产生单边带信号

边带滤波器由于其陡峭特性，在实际设计中难以实现，而相移法产生单边带信号，可以不用边带滤波器，因此，可以避免滤波法带来的缺点。其缺点是宽带移相网络比较难实现。

7. SSB 信号的平均功率和频带宽度

由以上分析可知，单边带信号产生的工作过程是将双边带调制中的一个边带完全抑制掉，所以它的发射功率和传输带宽都应该是双边带调制时的一半，即单边带发送功率为

$$P_{SSB}=\frac{1}{2}P_{DSB}=\frac{1}{4}\overline{m^2(t)} \tag{3-2-21}$$

频带宽度为

$$B_{SSB}=f_m \tag{3-2-22}$$

8. SSB 信号的接收

因为 SSB 信号的包络没有直接反映出基带调制信号的波形，所以单边带信号的解调只能用相干解调法。相干解调法的原理框图与 AM 的相干解调法一样，只是现在接收到的是 SSB 信号，而不再是 AM 信号。参见图 3-2-5，可得

$$s_{SSB}(t)=\frac{1}{2}[m(t)\cdot\cos\omega_c t\mp\hat{m}(t)\sin\omega_c t]$$

$$z(t)=s_{SSB}(t)\cdot\cos\omega_c t=\frac{1}{2}[m(t)\cdot\cos\omega_c t\mp\hat{m}(t)\sin\omega_c t]\cdot\cos\omega_c t$$

$$=\frac{1}{4}m(t)(1+\cos2\omega_c t)\mp\frac{1}{4}\hat{m}(t)\sin2\omega_c t$$

$$m_o(t)=\frac{1}{4}m(t) \tag{3-2-23}$$

3.2.5　残留边带调制

残留边带调制(Vestigial Side Band，VSB)是介于 SSB 与 DSB 之间的一种调制方式，它既克服了 DSB 信号占用频带宽的缺点，又解决了 SSB 滤波器难以实现的问题。

1. VSB 调制与解调原理

残留边带信号调制与解调的方框图如图 3-2-15 所示。

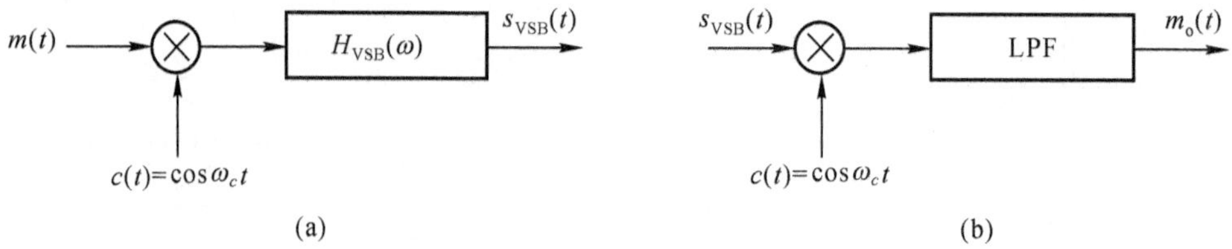

图 3-2-15 VSB 调制和解调原理

VSB 信号的调制器与双边带、单边带调制器一样,不同的只是乘法器后面的滤波器。如后面接双边带滤波器,则得到双边带输出信号;接单边带滤波器,则得到单边带输出信号;接残留边带滤波器,则得到残留边带输出信号。双边带、单边带滤波器的传输特性前面已经给定,而残留边带滤波器的传输特性如图 3-2-16 所示。

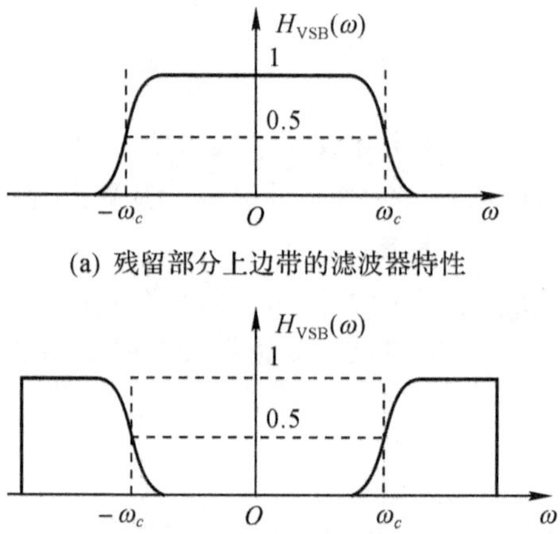

(a) 残留部分上边带的滤波器特性

(b) 残留部分下边带的滤波器特性

图 3-2-16 残留边带滤波器特性

由图 3-2-16 中可以看到,残留边带滤波器的特性是让一个边带的绝大部分通过,仅衰减靠近 ω_c 附近的一小部分信号,同时抑制另一个边带的绝大部分信号,只保留靠近 ω_c 附近的一小部分。

残留边带这种残留一个边带的一小部分信号,又衰减另一个边带的一小部分信号的特性,会不会导致信号的失真呢? 如果在解调中,让残留的那部分边带来补偿衰减的那部分边带,那么解调后的输出信号是不会失真的。

残留边带信号的解调也采用相干解调法,解调原理与 DSB,SSB 信号解调法相同。

2. VSB 滤波器的传输特性

设残留边带滤波器的传输特性为 $H_{\text{VSB}}(\omega)$,则残留边带信号的频谱为

$$S_{\text{VSB}}(\omega)=\frac{1}{2}[M(\omega-\omega_c)+M(\omega+\omega_c)]\cdot H_{\text{VSB}}(\omega) \tag{3-2-24}$$

在接收端解调残留边带信号时,将 VSB 信号 $s_{\text{VSB}}(t)$和本地载波信号 $\cos\omega_c t$ 相乘,它的频谱为

$$\begin{aligned}\mathscr{F}[s_{VSB}(t)\cdot\cos\omega_c t]&=S_{VSB}(\omega)*C(\omega)\\&=\frac{1}{2}[S_{VSB}(\omega+\omega_c)+S_{VSB}(\omega-\omega_c)]\\&=\frac{1}{4}\{[M(\omega-2\omega_c)+M(\omega)]\cdot H_{VSB}(\omega-\omega_c)\\&\quad+[M(\omega)+M(\omega+2\omega_c)]H_{VSB}(\omega+\omega_c)\}\end{aligned}\tag{3-2-25}$$

经过 LPF 后，滤除上式中的二次谐波 $M(\omega-2\omega_c)$ 和 $M(\omega+2\omega_c)$ 部分，得到的输出信号频谱为

$$\begin{aligned}M_o(\omega)&=\frac{1}{4}[M(\omega)\cdot H_{VSB}(\omega-\omega_c)+M(\omega)\cdot H_{VSB}(\omega+\omega_c)]\\&=\frac{1}{4}M(\omega)\cdot[H_{VSB}(\omega-\omega_c)+H_{VSB}(\omega+\omega_c)]\end{aligned}\tag{3-2-26}$$

因此只要

$$H_{VSB}(\omega-\omega_c)+H_{VSB}(\omega+\omega_c)=C,\quad C\text{ 为常数}\tag{3-2-27}$$

则

$$M_o(\omega)=\frac{C}{4}M(\omega),\quad \text{且 } m_o(t)=\frac{C}{4}m(t)\tag{3-2-28}$$

这就是要恢复的基带信号 $m(t)$ 的频谱。式(3-2-27)就是残留边带滤波器的传输特性，即具有互补对称特性。

3. VSB 信号的发送功率和频带宽度

VSB 信号的功率值和频带宽度介于单边带和双边带信号功率与频带宽度之间。

$$\begin{aligned}&P_{SSB}\leqslant P_{VSB}\leqslant P_{DSB}\\&B_{SSB}\leqslant B_{VSB}\leqslant B_{DSB}\end{aligned}\tag{3-2-29}$$

其应用：广播电视：一个离散的大载波随同视频信号的 USB 信号，其接收机用包络校波解调。

例 3-2-1　已知调制信号 $m(t)=\cos(2000\pi t)$，载波为 $2\cos10^4\pi t$，外加直流分量为 A_0，分别写出 AM，DSB，USB，LSB 信号的表示式，并画出频谱图。

解　AM 信号为

$$\begin{aligned}s_{AM}(t)&=2[A_0+\cos(2000\pi t)]\cdot\cos(10^4\pi t)\\&=2A_0\cos(10^4\pi t)+\cos(1.2\times10^4\pi t)+\cos(0.8\times10^4\pi t)\end{aligned}$$

DSB 信号为

$$\begin{aligned}s_{DSB}(t)&=2\cos(2000\pi t)\cdot\cos(10^4\pi t)\\&=\cos(1.2\times10^4\pi t)+\cos(0.8\times10^4\pi t)\end{aligned}$$

USB 信号为

$$s_{USB}(t)=\cos(1.2\times10^4\pi t)$$

LSB 信号为

$$s_{LSB}(t)=\cos(0.8\times10^4\pi t)$$

其频谱图分别如图 3-2-17 中的(a)，(b)，(c)，(d)所示。

3.3　线性调制系统的抗噪声性能

上一章已经指出，信道加性噪声主要取决于起伏噪声，而起伏噪声又可视为高斯白噪

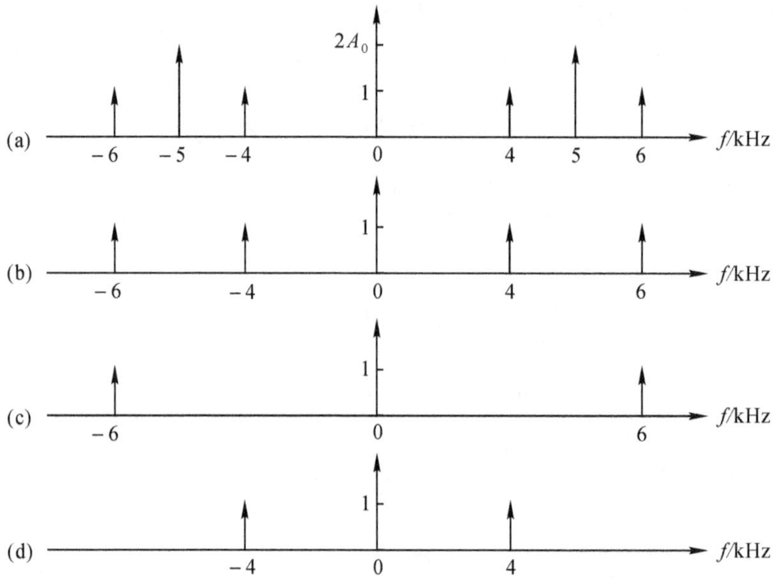

图 3-2-17　例题频谱图

声。因此,本节将要讨论的问题是信道存在加性高斯白噪声时,各种线性调制系统的抗噪声性能。

3.3.1　抗噪声性能分析模型

由于加性噪声只对已调信号的接收产生影响,因而调制系统的抗噪声性能可以用解调器的抗噪声性能来衡量。分析解调器的抗噪声性能的模型如图 3-3-1 所示。图中,s_m 为已调信号,$n(t)$为传输过程中叠加的高斯白噪声。带通滤波器的作用是滤除已调信号频带以外的噪声,因此,经过 BPF 后,到达解调器输入端的信号仍可认为是 $s_m(t)$,噪声为 $n_i(t)$。解调器输出的有用信号为 $m_o(t)$,输出噪声为 $n_o(t)$。

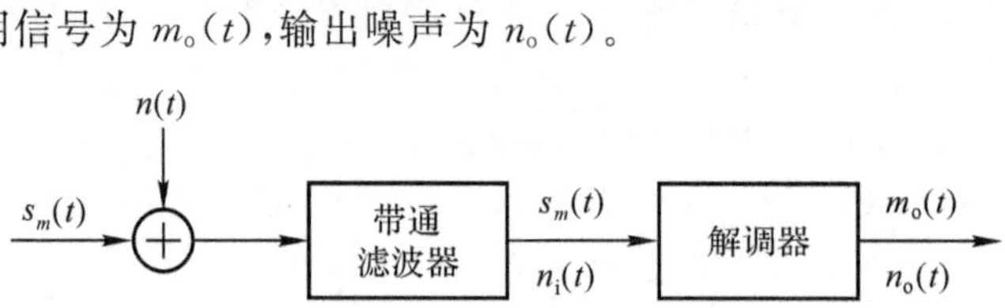

图 3-3-1　解调器一般模型

对于不同的调制系统,将有不同的 $s_m(t)$,但 $n_i(t)$形式是相同的,它是由均值为零的平稳高斯白噪声经过带通滤波器而得到的。带通滤波器带宽即为已调信号的带宽,中心频率即为载波的中心频率,这样带通滤波器常常满足窄带条件:带宽远小于其中心频率,因此 $n_i(t)$即为平稳高斯窄带噪声。由随机过程知识可知,$n_i(t)$可以表示为

$$n_i(t)=n_c(t)\cos\omega_c t-n_s(t)\sin\omega_c t$$

或

$$n_i(t)=V(t)\cos[\omega_c t+\theta(t)]$$

其中

$$n_c(t)=V(t)\cos\theta(t)$$
$$n_s(t)=V(t)\sin\theta(t) \tag{3-3-1}$$

$n_c(t)$和$n_s(t)$分别为$n_i(t)$的同相分量和正交分量；$V(t)$和$\theta(t)$分别为$n_i(t)$的随机包络和随机相位。由随机信号分析理论可知，窄带噪声$n_i(t)$及$n_c(t)$，$n_s(t)$的均值都为0，且具有相同的平均功率，即

$$\overline{n_i^2(t)}=\overline{n_c^2(t)}=\overline{n_s^2(t)}=N_i \tag{3-3-2}$$

式中，N_i为解调器输入噪声$n_i(t)$的平均功率。若白噪声的双边功率谱密度为$n_0/2$，则

$$N_i=2\times\frac{n_0}{2}\times B=n_0B \tag{3-3-3}$$

评价一个模拟通信系统抗噪声性能的好坏，最终是要看解调器的输出信噪比。输出信噪比定义为

$$\frac{S_o}{N_o}=\frac{\text{解调器输出有用信号的平均功率}}{\text{解调器输出噪声的平均功率}}=\frac{\overline{m_o^2(t)}}{\overline{n_o^2(t)}} \tag{3-3-4}$$

输出信噪比与调制方式有关，也与解调方式有关。因此在已调信号平均功率相同，信道噪声功率谱密度也相同的情况下，输出信噪比反映了系统的抗噪声性能。

也可用输出信噪比和输入信噪比的比值G来衡量模拟调制系统的抗噪声性能，有

$$G=\frac{S_o/N_o}{S_i/N_i} \tag{3-3-5}$$

G称为调制制度增益。式中S_i/N_i为输入信噪比，定义为

$$\frac{S_i}{N_i}=\frac{\text{解调器输入已调信号的平均功率}}{\text{解调器输入噪声的平均功率}}=\frac{\overline{s_m^2(t)}}{\overline{n_i^2(t)}} \tag{3-3-6}$$

显然，G越大，表明解调器的抗噪声性能越好。

下面我们在给出已调信号$s_m(t)$和单边噪声功率谱密度n_0的情况下，推导各种解调器的输入及输出信噪比，并在此基础上对各种调制系统的抗噪声性能作出评价。

3.3.2 相干解调输出端的信噪比

各种线性调制系统相干解调器的模型如图 3-3-2 所示。相干解调属于线性解调，故在解调过程中，输入信号及噪声可以分别单独解调。

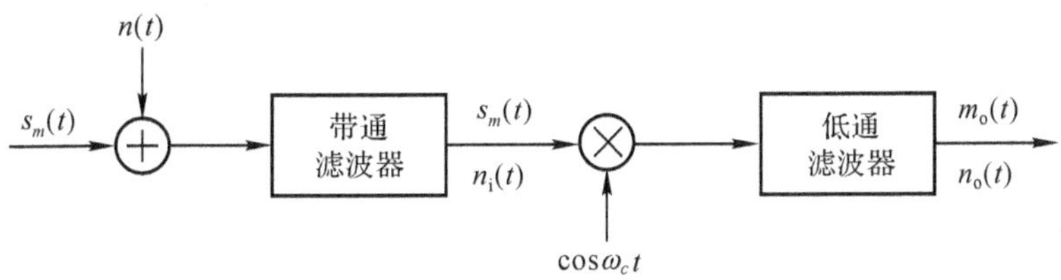

图 3-3-2 相干解调器模型

1. DSB 调制系统性能

(1)输入信噪比

解调器输入信号$s_m(t)$为

$$s_m(t)=m(t)\cos\omega_c t$$

由此可得输入信号功率S_i为

$$S_i=\overline{s_m^2(t)}=\frac{1}{2}\overline{m^2(t)} \tag{3-3-7}$$

解调器输入噪声 $n_i(t)$ 是均值为零、单边带功率谱密度为 n_0 的窄带平稳高斯噪声，因此输入噪声功率 N_i 为

$$N_i = n_0 B_{DSB}$$

由上两式可得解调器输入信噪比为

$$\frac{S_i}{N_i} = \frac{\frac{1}{2}\overline{m^2(t)}}{n_0 B_{DSB}} = \frac{\overline{m^2(t)}}{2n_0 B_{DSB}} \tag{3-3-8}$$

(2)输出信噪比

由上节中的"DSB 信号的解调"可知解调器输出信号为

$$m_o(t) = \frac{1}{2}m(t)$$

由此可得输出信号功率为

$$S_o = \frac{1}{4}\overline{m^2(t)} \tag{3-3-9}$$

解调 DSB 时，接收机的带通滤波器的中心频率与调制载频相同，因此输入噪声的表达式为

$$n_i(t) = n_c(t)\cos\omega_c t - n_s(t)\sin\omega_c t \tag{3-3-10}$$

它与本地载波 $\cos\omega_c t$ 相乘后得

$$\begin{aligned} n_i(t)\cdot\cos\omega_c t &= [n_c(t)\cos\omega_c t - n_s(t)\sin\omega_c t]\cdot\cos\omega_c t \\ &= \frac{1}{2}n_c(t) + \frac{1}{2}[n_c(t)\cos 2\omega_c t - n_s(t)\sin 2\omega_c t] \end{aligned} \tag{3-3-11}$$

经低通滤波器后，得解调器输出噪声为

$$n_o(t) = \frac{1}{2}n_c(t) \tag{3-3-12}$$

由此可得输出噪声功率为

$$N_o = \frac{1}{4}\overline{n_c^2(t)} = \frac{1}{4}\overline{n_i^2(t)} = \frac{1}{4}n_0 B_{DSB} \tag{3-3-13}$$

由上两式可求得解调器输出信噪比为

$$\frac{S_o}{N_o} = \frac{\frac{1}{4}\overline{m^2(t)}}{\frac{1}{4}n_0 B_{DSB}} = \frac{\overline{m^2(t)}}{n_0 B_{DSB}} \tag{3-3-14}$$

(3)调制制度增益

由输入信噪比和输出信噪比可得调制制度增益 G 为

$$G_{DSB} = \frac{S_o/N_o}{S_i/N_i} = \frac{\overline{m^2(t)}/n_0 B}{\overline{m^2(t)}/2n_0 B} = 2 \tag{3-3-15}$$

DSB 调制系统的调制制度增益为 2，这就是说，DSB 信号的解调器使信噪比改善一倍。这是因为采用同步解调，使输入噪声中的一个正交分量 $n_s(t)$ 被消除的缘故。

例 3-3-1　对抑制载波的双边带信号进行相干解调，设接收端输入信号功率为 2 mW，载波为 100 kHz，并设调制信号 $m(t)$ 的频带限制在 4 kHz，信道噪声双边功率谱密度 $\frac{n_0}{2} = 2\times10^{-3}\ \mu\text{W/Hz}$。

(1)求该理想带通滤波器的传输特性 $H(f)$；

(2)求解调器输入端的信噪功率比；

(3)求解调器输出端的信噪功率比；

(4)求解调器输出端的噪声功率谱密度，并用图表示出来。

解　(1)为了保证信号顺利通过及尽可能地滤除噪声，带通滤波器的带宽应等于已调信号的带宽，即 $B=2f_m=2\times4=8$ kHz，其中心频率为 100 kHz，故有

$$H(f)=\begin{cases}K & 96\text{kHz}\leqslant|f|\leqslant104\text{kHz}\\0 & \text{其他}\end{cases}$$

其中，K 为常数。

(2)已知解调器的输入信号功率 $S_i=2\text{mW}=2\times10^{-3}\text{W}$，输入噪声功率为

$$N_i=2\times\frac{n_0}{2}B=2\times2\times10^{-3}\times10^{-6}\times8\times10^3=32\times10^{-6}(\text{W})$$

故输入信噪比为

$$\frac{S_i}{N_i}=62.5$$

(3)因为 DSB 调制制度增益 $G_{DSB}=2$，故解调器的输出信噪比为

$$\frac{S_o}{N_o}=2\times\frac{S_i}{N_i}=125$$

(4)根据相干解调器的输出噪声与输入噪声功率关系

$$N_o=\frac{1}{4}N_i=8\times10^{-6}(\text{W})$$

又因解调器中低通滤波器的截止频率 f_H 等于调制信号的最高频率，即 $f_H=4$ kHz，故输出噪声的功率谱密度为

$$n_o(f)=\frac{N_o}{2f_H}=\frac{8\times10^{-6}}{8\times10^3}=1\times10^{-3}(\mu\text{W/Hz})\ (\text{双边})$$

其功率谱如图 3-3-3 所示。

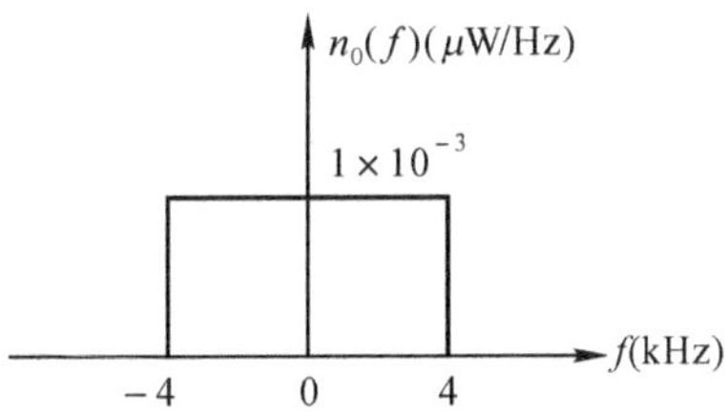

图 3-3-3　例题输出噪声功率谱

2. AM 调制系统性能

AM 调制系统性能分析方法与 DSB 调制系统性能分析方法一样。在此不再详细介绍分析过程，只给出分析结果如下：

(1)输入信噪比

$$S_i=\overline{s_m^2(t)}=A_0^2/2+\overline{m^2(t)}/2$$

$$N_i=n_0B_{AM}\tag{3-3-16}$$

$$\frac{S_i}{N_i}=\frac{\dfrac{A_0^2}{2}+\dfrac{\overline{m^2(t)}}{2}}{n_0B_{AM}}=\frac{A_0^2+\overline{m^2(t)}}{2n_0B_{AM}}$$

(2)输出信噪比

$$S_o=\overline{m^2(t)}/4$$

$$N_o=n_0B_{AM}/4 \tag{3-3-17}$$

$$\frac{S_o}{N_o}=\frac{\overline{m^2(t)/4}}{n_0B_{AM}/4}=\frac{\overline{m^2(t)}}{n_0B_{AM}}$$

(3)调制制度增益

$$G_{AM}=\frac{S_o/N_o}{S_i/N_i}=\frac{\overline{m^2(t)}/n_0B_{AM}}{[A_0^2+\overline{m^2(t)}]/2n_0B_{AM}}=\frac{2\,\overline{m^2(t)}}{A_0^2+\overline{m^2(t)}} \tag{3-3-18}$$

如果调制信号为单频信号 $A_m\cos\omega_m t$，那么$\overline{m^2(t)}=A_m^2/2$，如果采用百分百调制，即 $A_0=A_m$，此时 G_{AM}为最大

$$G_{max}=\frac{2A_m^2/2}{A_0^2+A_m^2/2}=\frac{2}{3} \tag{3-3-19}$$

上式表明了 AM 调制系统的调制制度增益在单频调制时最大为 2/3。因此 AM 系统的抗噪声性能没有 DSB 系统的抗噪声性能好。

3. SSB 调制系统性能

同理给出 SSB 调制系统的抗噪声性能分析结果如下：

(1)输入信噪比

$$S_i=\overline{s_m^2(t)}=\overline{m^2(t)}/4$$

$$N_i=n_0B_{SSB}$$

$$\frac{S_i}{N_i}=\frac{\overline{m^2(t)/4}}{n_0B_{SSB}}=\frac{\overline{m^2(t)}}{4n_0B_{SSB}} \tag{3-3-20}$$

(2)输出信噪比

$$S_o=\overline{m^2(t)}/16$$

$$N_o=n_0B_{SSB}/4$$

$$\frac{S_o}{N_o}=\frac{\overline{m^2(t)/16}}{n_0B_{SSB}/4}=\frac{\overline{m^2(t)}}{4n_0B_{SSB}} \tag{3-3-21}$$

(3)调制制度增益

$$G_{SSB}=\frac{S_o/N_o}{S_i/N_i}=\frac{m^2(t)/4n_0B_{SSB}}{m^2(t)/4n_0B_{SSB}}=1 \tag{3-3-22}$$

SSB 调制系统的调制制度增益为 1，这是因为在 SSB 系统中，信号和噪声的表示形式中均有正交分量，所以，在相干解调过程中，信号和噪声的正交分量均被抑制掉了，所以信噪比没有改善。

由以上分析可知，DSB 系统的制度增益是 SSB 系统的 2 倍，这能否说明双边带系统的抗噪声性能比单边带系统好呢？回答是否定的。因为双边带已调信号的平均功率是单边带信号的 2 倍，所以两者的输出信噪比是在不同的输入信号功率情况下得到的。如果我们在相同的输入信号功率、相同输入噪声功率谱密度、相同基带信号带宽条件下，对这两种调制方式进行比较，可以发现它们的输出信噪比是相等的。因此两者的抗噪声性能是相等的。

但双边带信号所需的传输带宽是单边带的 2 倍。

4. VSB 调制系统性能

VSB 调制系统的抗噪声性能的分析方法与上面的相似。但是，由于采用的残留边带滤波器的频率特性形状不同，所以抗噪声性能的计算是比较复杂的。当残留边带不是太大时，可近似认为与 SSB 调制系统的抗噪声性能相同。

3.3.3　非相干解调输出端的信噪比

由于非相干解调只适用于 AM 信号，因此非相干解调系统性能分析的实质就是 AM 信号的性能分析。AM 信号非相干解调系统模型如图 3-3-4 所示。

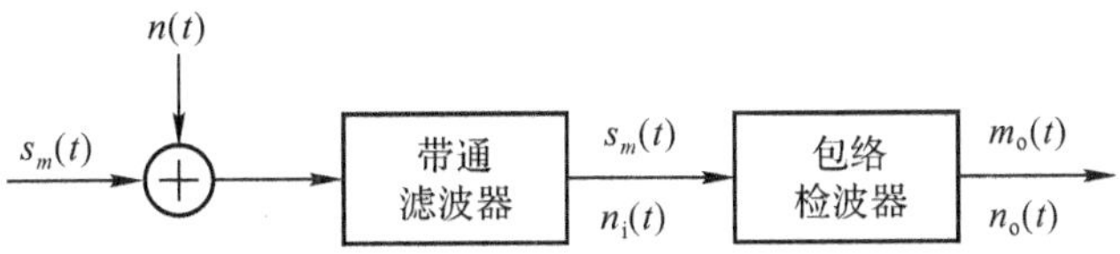

图 3-3-4　非相干解调器模型

1. 输入信噪比

AM 信号非相干解调与相干解调时的输入信噪比是一样的。

$$\frac{S_i}{N_i}=\frac{[A_0^2+\overline{m^2(t)}]/2}{n_0 B_{AM}}=\frac{A_0^2+\overline{m^2(t)}}{2n_0 B_{AM}} \tag{3-3-23}$$

2. 输出信噪比

为了计算包络检波器的输出信噪比，首先得求出包络检波器的输出信号(包括有用信号及噪声信号)，而包络检波器的输出信号就是输入信号的包络，所以，首先得求出包络检波器输入端有用信号与噪声信号合成以后的信号包络。输入端的合成信号为

$$\begin{aligned}s_m(t)+n_i(t)&=[A_0+m(t)]\cos\omega_c t+n_c(t)\cos\omega_c t-n_s(t)\sin\omega_c t\\&=[A_0+m(t)+n_c(t)]\cos\omega_c t-n_s(t)\sin\omega_c t\\&=E(t)\cos[\omega_c t+\Psi(t)]\end{aligned} \tag{3-3-24}$$

其中合成包络

$$E(t)=\sqrt{[A_0+m(t)+n_c(t)]^2+n_s^2(t)} \tag{3-3-25}$$

合成相位

$$\Psi(t)=\arctan\left[\frac{n_s(t)}{A_0+m(t)+n_c(t)}\right] \tag{3-3-26}$$

这个合成信号输入给包络检波器，包络检波器就能把合成信号的包络 $E(t)$ 提取出来。所以包络检波器的输出信号就是 $E(t)$。由上式可知 $E(t)$ 中既有有用信号，又有噪声信号，两者不是简单的线性相加，所以无法完全分开。因此，计算输出信噪比是件困难的事。为简化分析过程，我们考虑两种特殊情况，一种是大输入信噪比情况；另一种是小输入信噪比情况。

(1)大输入信噪比情况

在输入信噪比条件下，输入信号幅度远大于噪声幅度，即

$$[A_0+m(t)]\gg n_i(t)$$

$$[A_0+m(t)]\gg n_c(t)$$
$$[A_0+m(t)]\gg n_s(t) \tag{3-3-27}$$

把上式条件用于式(3-3-24)，$E(t)$可近似变换成

$$E(t)\approx A_0+m(t)+n_c(t) \tag{3-3-28}$$

式中 A_0 是直流，可以滤除；第二项是有用信号；第三项是噪声。因此在大输入信噪比情况下，解调器输出端信号平均功率为

$$S_o=\overline{m^2(t)} \tag{3-3-29}$$

解调器输出端噪声平均功率为

$$N_o=\overline{n_c^2(t)}=\overline{n_i^2(t)}=n_0B_{AM} \tag{3-3-30}$$

故解调器输出信噪比为

$$\frac{S_o}{N_o}=\frac{\overline{m^2(t)}}{n_0B_{AM}} \tag{3-3-31}$$

调制制度增益为

$$G_{AM}=\frac{S_o/N_o}{S_i/N_i}=\frac{\overline{m^2(t)}/n_0B_{AM}}{[A_0^2+\overline{m^2(t)}]/2n_0B_{AM}}=\frac{2\overline{m^2(t)}}{A_0^2+\overline{m^2(t)}} \tag{3-3-32}$$

此结果与相干解调时的结果相同。这说明在大信噪比情况下，采用包络检波法对 AM 信号进行解调和采用相干解调法对 AM 信号进行解调的抗噪声性能近乎相同。

(2)小输入信噪比情况

小信噪比条件下，输入信号幅度远小于噪声幅度，即

$$[A_0+m(t)]\ll n_i(t)=\sqrt{n_c^2(t)+n_s^2(t)}$$
$$[A_0+m(t)]\ll n_i(t)=n_c(t)$$
$$[A_0+m(t)]\ll n_i(t)=n_s(t) \tag{3-3-33}$$

把上式条件用于式(3-3-25)，可近似变换成

$$E(t)\approx R(t)+[A_0+m(t)]\cos\theta(t) \tag{3-3-34}$$

式中

$$R(t)=\sqrt{n_c^2(t)+n_s^2(t)}$$
$$\theta(t)=\arctan\left[\frac{n_s(t)}{n_c(t)}\right] \tag{3-3-35}$$

这个结果表明，在解调器输出端没有单独的信号项，只有受到 $\cos\theta(t)$调制的 $m(t)\cos\theta(t)$项，而 $\cos\theta(t)$是一个依赖于噪声的随机函数，因而，有用信号 $m(t)$已被噪声扰乱，致使 $m(t)\cos\theta(t)$也只能看作噪声。因此，输出信噪比急剧下降，这种现象称为“门限效应”。进一步说，所谓门限效应，就是当非线性解调器(包括包络检波器)的输入信噪比降低到一个特定的数值后，非线性解调器输出信噪比出现急剧恶化的一种现象，该特定的输入信噪比值称为“门限值”。

有必要指出，用同步解调法解调各种线性调制信号时，由于解调过程可视为信号与噪声分别解调，故解调器输出端总是单独存在有用信号项的，因而，同步解调法不存在门限效应。

由以上分析可知：在大信噪比情况下，AM 信号包络检波器的性能几乎与同步检测器相同。但随着输入信噪比的减小，包络检波器将在一个特定输入信噪比值上出现门限效应。一旦出现门限效应，解调器的输出信噪比将急剧下降。

3.4　非线性调制(角度调制)的原理和抗噪声性能

线性调制是通过改变载波的幅度来实现基带调制信号的频谱搬移，而非线性调制除了进行频谱搬移之外，它所形成的信号频谱不再保持原来基带信号频谱形状。也就是说，已调信号频谱与基带信号频谱之间存在着非线性变换关系。非线性调制通常是通过改变载波的频率或相位来达到的，而频率或相位的变化都可以看成是载波角度的变化，故这种调制又称角度调制。角度调制就是频率调制(FM)和相位调制(PM)的统称。

3.4.1　角度调制的概念

角度调制信号的一般表示式为

$$s_m(t)=A\cos[\omega_c t+\varphi(t)] \tag{3-4-1}$$

式中，A 是载波的恒定振幅；$[\omega_c t+\varphi(t)]$是已调信号的瞬时相位，而 $\varphi(t)$ 为瞬时相位偏移；$\mathrm{d}[\omega_c t+\varphi(t)]/\mathrm{d}t$为信号的瞬时角频率，$\mathrm{d}\varphi(t)/\mathrm{d}t$ 为瞬时角频率偏移，即相对于 ω_c 的瞬时角频率偏移 $\Delta\omega$。

1. 频率调制

所谓频率调制(Frequency Modulation，FM)，是指载波的振幅不变，用基带调制信号 $m(t)$去控制载波的瞬时频率的一种调制方法。调频信号的瞬时频率随着调制信号的大小变化，或者说调频信号的瞬时频偏与 $m(t)$呈正比关系，即

$$\mathrm{d}\varphi(t)/\mathrm{d}t = k_f m(t),\quad \varphi(t) = k_f\int_{-\infty}^{t} m(\tau)\mathrm{d}\tau \tag{3-4-2}$$

式中，k_f 称为调频灵敏度。

调频波的表示式为

$$s_{\mathrm{FM}}(t) = A\cos[\omega_c t + \varphi(t)] = A\cos[\omega_c t + k_f\int_{-\infty}^{t} m(\tau)\mathrm{d}\tau] \tag{3-4-3}$$

式中：$\omega_c t + k_f\int_{-\infty}^{t} m(\tau)\mathrm{d}\tau$—— 瞬时相位；

$\omega_c + k_f m(t)$—— 瞬时角频率；

$k_f\int_{-\infty}^{t} m(\tau)\mathrm{d}\tau$—— 瞬时相位偏移；

$k_f m(t)$—— 瞬时角频率偏移；

$k_f\left|\int_{-\infty}^{t} m(\tau)\mathrm{d}\tau\right|_{\max}$—— 最大相位偏移；

$k_f\,|m(t)|_{\max}$—— 最大角频率偏移。

2. 相位调制

所谓相位调制(Phase Modulation，PM)，是指载波的振幅不变，载波的瞬时相位随着基带调制信号的大小而变化，或者说载波瞬时相位偏移与调制信号呈比例关系。即

$$\varphi(t) = k_p m(t) \tag{3-4-4}$$

式中，k_p 为调相灵敏度。调相信号的表示式为

$$s_{\mathrm{PM}}(t) = A\cos[\omega_c t + k_p m(t)] \tag{3-4-5}$$

式中：$\omega_c t + k_p m(t)$—— 瞬时相位；

$\omega_c + k_p[\mathrm{d}m(t)/\mathrm{d}t]$—— 瞬时角频率；

$k_p m(t)$—— 瞬时相位偏移；

$k_p[\mathrm{d}m(t)/\mathrm{d}t]$—— 瞬时角频率偏移；

$k_p\,|\,m(t)\,|_{\max}$—— 最大相位偏移；

$k_p\,|\,\mathrm{d}m(t)/\mathrm{d}t\,|_{\max}$—— 最大角频率偏移。

现在我们研究调制信号为单频余弦信号的情况。调制信号为

$$m(t) = A_m \cos\omega_m t \tag{3-4-6}$$

当它对载波进行相位调制时，由式(3-4-5)可得调相信号表达式为

$$\begin{aligned} s_{\mathrm{PM}}(t) &= A\cos[\omega_c t + k_p A_m \cos\omega_m t] \\ &= A\cos[\omega_c t + m_p \cos\omega_m t] \end{aligned} \tag{3-4-7}$$

式中 $m_p = k_p \cdot A_m$ 称为调相指数。

由于 FM 用得比较多，下面主要讨论 FM。

3.4.2 调频信号带宽

为求得调频信号带宽，需求调频信号的频谱，但直接从调频信号的时域表达式求频域表达式比较困难。如果对调频信号的最大相位偏移加以限制，问题就会简单得多。

在调频信号中，如果满足以下条件，则调频信号的频谱宽度比较窄，称为窄带调频(NBFM)。

$$|\,\varphi(t)\,|_{\max} = \left| k_f \int_{-\infty}^{t} m(\tau)\mathrm{d}\tau \right|_{\max} \leqslant \frac{\pi}{6}(\text{或 } 0.5) \tag{3-4-8}$$

如果最大相位偏移比较大，相应的最大角频率偏移也比较大，这时调频信号的频谱比较宽，属于宽带调频(WBFM)。

下面分别讨论 NBFM(Narrow Band FM) 和 WBFM(Wide Band FM) 的频谱宽度。

1. NBFM 频带宽度

把窄带调频的条件应用于式(3-4-3)，则 FM 信号的表达式可近似变为

$$s_{\mathrm{NBFM}}(t) = A\cos\omega_c t - k_f A \int_{-\infty}^{t} m(\tau)\mathrm{d}\tau \cdot \sin\omega_c t \tag{3-4-9}$$

由上式可知，窄带调频信号由同相分量和正交分量组成。对上式进行傅里叶变换，可得

$$S_{\mathrm{NBFM}}(\omega) = \pi A[\delta(\omega+\omega_c) + \delta(\omega-\omega_c)] + \frac{Ak_f}{2}\left[\frac{M(\omega-\omega_c)}{(\omega-\omega_c)} - \frac{M(\omega+\omega_c)}{(\omega+\omega_c)}\right] \tag{3-4-10}$$

可以看出，NBFM 信号的频谱由 $\pm\omega_c$ 处的载频和位于载频两侧的边频组成。与 AM 信号的频谱很相似，所不同的是 NBFM 的两个边频在正频域内乘了一个系数 $1/(\omega-\omega_c)$，在负频域内乘了一个系数 $1/(\omega+\omega_c)$，而负频域的边带频谱相位倒转 180°。

NBFM 信号的频带宽度与 AM 信号一样，为

$$B_{\mathrm{NBFM}} = 2f_m \tag{3-4-11}$$

2. WBFM 频带宽度

宽带调频信号的频谱分析比较困难，在此我们只讨论单频信号宽带调频时的带宽。设单频调制信号为 $m(t) = A_m\cos\omega_m t$，则

$$\varphi(t)=k_f\int_{-\infty}^{t}m(\tau)\mathrm{d}\tau=\frac{k_fA_m}{\omega_m}\sin\omega_m t=m_f\sin\omega_m t \tag{3-4-12}$$

式中，$m_f=k_fA_m/\omega_m$ 是调频信号的最大相位偏移，又称调频指数。把式(3-4-12)代入式(3-4-3)，并利用三角公式对式(3-4-3)进行展开，可得调频信号为

$$s_{\mathrm{FM}}(t)=A[\cos\omega_c t\cdot\cos(m_f\sin\omega_m t)-\sin\omega_c t\cdot\sin(m_f\sin\omega_m t)] \tag{3-4-13}$$

将上式中的两个因子 $\cos(m_f\sin\omega_m t)$ 和 $\sin(m_f\sin\omega_m t)$ 分别展开成傅里叶级数形式，并用三角公式变换式(3-4-13)可得

$$s_{\mathrm{FM}}(t)=A\sum_{-\infty}^{\infty}J_n(m_f)\cos(\omega_c+n\omega_m)t \tag{3-4-14}$$

式中，$J_n(m_f)$ 称为第一类 n 阶贝塞尔(Bessel)函数，它是调频指数 m_f 的函数，其展开式为

$$J_n(m_f)=\sum_{j=0}^{\infty}\frac{(-1)^j(m_f/2)^{2j+n}}{j!(n+j)!} \tag{3-4-15}$$

由式(3-4-15)可见，即使在单频调制情况下，调频波也是由无限多个频率分量所组成，即调频信号的频谱可以扩展到无限宽。但如果把幅度小于 0.1 倍载波幅度的边频忽略不计，则可以得到调频信号的带宽为

$$B_{\mathrm{WBFM}}\approx2(m_f+1)f_m=2(\Delta f+f_m) \tag{3-4-16}$$

式中，$\Delta f=m_f\cdot f_m$ 称为最大频偏。

例 3-4-1　已知某单频调频波的振幅是 10V，瞬时频率为 $f(t)=10^6+10^4\cos(2\pi\times10^3t)$ (Hz)，试求：

(1) 此调频波的表达式；

(2) 此调频波的最大频率偏移、调频指数和频带宽度；

(3) 若调制信号频率提高到 2×10^3 Hz，调频波的频偏、调频指数和频带宽度如何变化？

解　(1) 该调频波的瞬时角频率为

$$\omega(t)=2\pi f(t)=2\pi\times10^6+2\pi\times10^4\cos(2\pi\times10^3t)\ (\mathrm{rad/s})$$

此时，该调频波的总相位 $\theta(t)$ 为

$$\theta(t)=\int_{-\infty}^{t}\omega(t)\mathrm{d}\tau=2\pi\times10^6t+10\sin(2\pi\times10^3t)$$

因此，调频波的时域表达式 s_{FM} 为

$$s_{\mathrm{FM}}(t)=A\cos\theta(t)=10\cos[(2\pi\times10^6t)+10\sin(2\pi\times10^3t)]\ (\mathrm{V})$$

(2) 根据频率偏移的定义

$$\Delta f=|\Delta f|_{\max}=|10^4\cos(2\pi\times10^3t)|_{\max}=10(\mathrm{kHz})$$

调频指数为

$$m_f=\frac{\Delta f}{f_m}=\frac{10^4}{10^3}=10$$

满足 $m_f\gg1$，认为是宽带调频，因此由式(3-4-16)可得该调频波的带宽为

$$B\approx2(\Delta f+f_m)=2(10+1)\times10^3=22(\mathrm{kHz})$$

(3) 若调制信号频率 f_m 由 10^3 Hz 提高到 2×10^3 Hz，且频率调制时已调波频率偏移与调制信号频率无关，故这时调频信号的频率偏移仍然是 $\Delta f=10\mathrm{kHz}$，而这时调频指数变为

$$m_f=\frac{\Delta f}{f_m}=\frac{10^4}{2\times10^3}=5$$

相应调频信号的带宽为

$$B \approx 2(\Delta f + f_m) = 2(10+2)\times 10^3 = 24(\text{kHz})$$

由上述结果可知，由于 $\Delta f \gg f_m$，带宽主要依赖于最大频偏，所以，虽然调制信号频率 f_m 增加了一倍，但调频信号的带宽 B 变化很小。

3.4.3 调频信号解调输出性能

调频信号的解调有相干解调和非相干解调两种。相干解调仅适用于窄带调频信号，因为窄带调频信号可近似表示成同相分量和正交分量。由于同步解调的原理与前面所述的线性调制同步解调法相同，在此不再详细讨论。调频信号另一种解调法是非相干解调法，它适用于窄带和宽带调频信号，而且不需要同步信号，因而是 FM 系统的主要解调方法。下面我们先讨论非相干解调原理，再分析其抗噪声性能。

1. 调频信号非相干解调原理

调频信号解调的目的是产生正比于输入信号频率的输出电压，或者说产生正比于基带调制信号的输出电压，因为调频信号频率是正比于基带调制信号的。

最简单的非相干解调器是具有频率 — 电压转换特性的鉴频器。如图 3-4-1 所示。

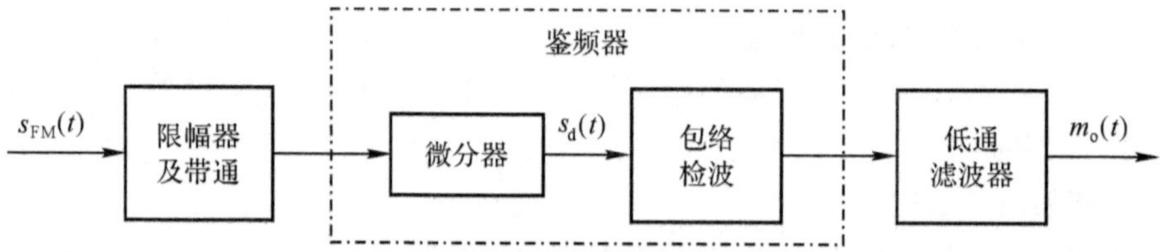

图 3-4-1　调频信号非相干解调模型

理想鉴频器可看成是带微分器的包络检波器。因为当输入信号为正弦波时，经微分后，其频率信息就会提到振幅中，再通过包络检波，就可把所需频率信息提取出来，过程如下：输入调频信号为

$$s_{FM}(t) = A\cos[\omega_c t + k_f\int_{-\infty}^{t} m(\tau)\mathrm{d}\tau] \tag{3-4-17}$$

对输入信号微分后得

$$s_d(t) = -A[\omega_c + k_f m(t)]\sin[\omega_c t + k_f\int_{-\infty}^{t} m(\tau)\mathrm{d}\tau] \tag{3-4-18}$$

用包络检波器将其振幅取出，并滤去直流后的输出信号为

$$m_o(t) = k_d k_f m(t) \tag{3-4-19}$$

式中，k_d 称为鉴频器灵敏度。

2. 调频系统抗噪声性能

调频系统抗噪声性能的分析方法和分析模型与线性调制系统相似，如图 3-4-2 所示。

图 3-4-2 中限幅器是为了消除接收信号在幅度上可能出现的畸变。带通滤波器的作用是抑制信号带宽以外的噪声，$n(t)$ 是均值为零、单边功率谱密度为 n_0 的高斯白噪声，经过带通滤波器变为窄带高斯噪声。

(1) 输入信噪比

输入调频信号为

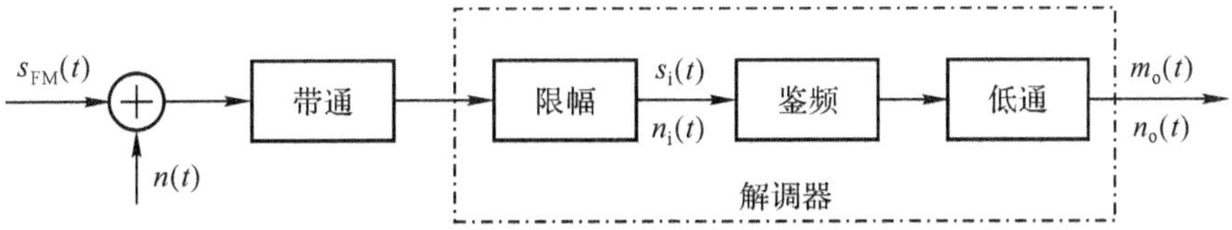

图 3-4-2　调频系统抗噪声性能分析模型

$$s_{FM}(t) = A\cos[\omega_c t + k_f\int_{-\infty}^{t} m(\tau)d\tau] \tag{3-4-20}$$

因而输入信号功率为

$$S_i = \overline{s_{FM}^2(t)} = A^2/2 \tag{3-4-21}$$

输入噪声功率为

$$N_i = n_0 B_{FM}$$

此处的 B 是调频信号带宽。

所以输入信噪比为

$$S_i/N_i = A^2/2n_0 B_{FM} \tag{3-4-22}$$

(2) 输出信噪比

由于非相干解调不满足叠加性，无法分别计算信号与噪声功率，因此，也和 AM 信号的非相干解调一样，考虑两种极端情况，即大信噪比情况和小信噪比情况。分析思路如下：将调频信号与窄带高斯白噪声相加，用三角公式化成余弦波合成信号，经微分将频率信息提到振幅处，再经包络提取振幅信息，去直流后就可得到所需的输出有用信号和输出噪声信号，进一步可求得输出信号功率和输出噪声功率。

1) 大信噪比情况

经过分析可知，如果在大信噪比情况下，可得输出信号为

$$m_o(t) = \frac{k_f}{2\pi}m(t) \tag{3-4-23}$$

所以输出信号功率为

$$S_o = \overline{m_o^2(t)} = \frac{k_f^2}{4\pi^2}\overline{m^2(t)} \tag{3-4-24}$$

解调器输出噪声为

$$n_o(t) = \frac{1}{2\pi A}\cdot\frac{dn_s(t)}{dt} = \frac{1}{2\pi A}n_s'(t) \tag{3-4-25}$$

从随机过程的知识可知，随机过程通过线性系统，其输出功率谱密度为输入功率谱密度与功率传输函数取模的平方的乘积，即 $P_o(\omega) = |H(\omega)|^2 P_i(\omega)$。由于 $dn_s(t)/dt$ 实际上就是 $n_s(t)$ 通过微分电路后的输出，故它的功率谱密度应等于 $n_s(t)$ 的功率谱密度乘以理想微分电路的功率传输函数。

设 $n_s(t)$ 的功率谱密度为 $P_i(f)$，则 $P_i(f)$ 为

$$P_i(f) = \begin{cases} n_0 & |f| \leqslant \dfrac{B}{2} \\ 0 & 其他 \end{cases}$$

理想微分电路的功率传输函数为

$$|H(\omega)|^2 = |j\omega|^2 = \omega^2$$

则 $dn_s(t)/dt$ 的功率谱密度 $P_o(f)$ 为

$$P_o(f) = \omega^2 n_0 = (2\pi f)^2 n_0$$

$$|f| \leqslant \frac{B_{FM}}{2}$$

如图 3-4-3 所示。

由此可见，$dn_s(t)/dt$ 的功率谱密度在频带内不再是均匀的，而是与 f^2 成正比。现假设解调器中的低通滤波器的截止频率为 f_m，且有 $f_m < \frac{B_{FM}}{2}$，此时再利用式(3-4-25) 可求得输出噪声功率为

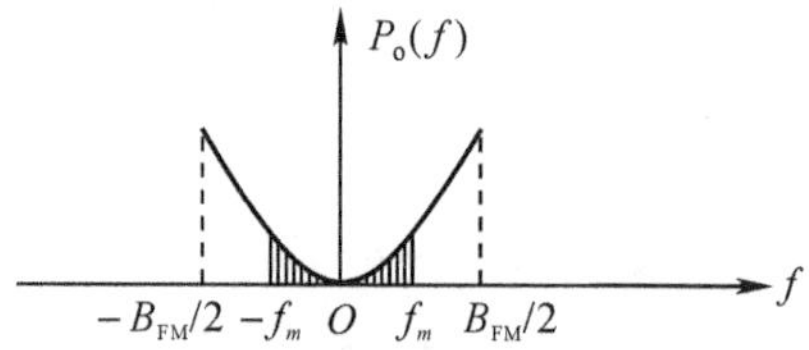

图 3-4-3 非相干解调时的输出噪声功率谱

$$N_o = \overline{n_o^2(t)} = \frac{\overline{n_s'^2(t)}}{4\pi^2 A^2} = \frac{1}{4\pi^2 A^2}\int_{-f_m}^{f_m} P_o(f)\,df = \frac{2n_o}{3A^2}f_m^3 \tag{3-4-26}$$

所以解调器输出信噪比为

$$\frac{S_o}{N_o} = \frac{3A^2 k_f^2 \overline{m^2(t)}}{8\pi^2 n_o f_m^3} \tag{3-4-27}$$

如果调制信号为单频余弦波，即 $m(t) = \cos\omega_m t$，则输出信噪比为

$$\frac{S_o}{N_o} = \frac{3}{2}m_f^2 \frac{A^2/2}{n_o f_m} \tag{3-4-28}$$

制度增益为

$$G_{FM} = \frac{S_o/N_o}{S_i/N_i} = \frac{3}{2}m_f^2 \frac{B_{FM}}{f_m} \tag{3-4-29}$$

式中，$B_{FM} = 2(m_f + 1)f_m$，代入上式得

$$G_{FM} = 3m_f^2(m_f + 1) \approx 3m_f^3 \tag{3-4-30}$$

上式表明，大信噪比时调频系统的制度增益是很高的，它与调频指数的立方成正比。

2）小信噪比情况

经过分析可知，当输入信噪比减小到一定程度时，解调器的输出中不存在单独的有用信号项，信号被噪声扰乱，因而输出信噪比急剧下降，这种情况与 AM 包络检波时相似，称为“门限效应”。

综合以上分析可知，调频系统的抗噪声性能比较好，但付出的代价是系统占据的带宽比较宽，而且带宽越宽，即 m_f 越大，输出信噪比也越大，也就是所谓的用带宽换取信噪比。但这种以带宽换取输出信噪比并不是无止境的。随着带宽的增加，输入噪声功率将增大，在输入信号功率不变的条件下，输入信噪比下降，当输入信噪比降到一定程度时，就会出现门限效应，输出信噪比将急剧恶化。

在实际中，改善门限效应有许多种方法，目前用得较多的有锁相环解调器和反馈解调器等。

另外也可采用“预加重”和“去加重”技术来改善解调器输出信噪比。

例 3-4-2 设一宽带频率调制系统，载波振幅为 100 V，频率为 100 MHz，调制信号 $m(t)$ 的频带限制于 5 kHz，$\overline{m^2(t)} = 5000\text{V}^2$，$k_f = 500\pi$ rad/(s·V)，最大频偏 $\Delta f = 75$ kHz，

并设信道中噪声功率谱密度是均匀的，n_0 为 10^{-3} W/Hz（单边谱），试求：

(1) 接收机输入端理想带通滤波器的传输特性 $H(f)$；

(2) 解调器输入端的信噪功率比；

(3) 解调器输出端的信噪功率比；

(4) 若 $m(t)$ 以振幅调制方法传输，并以包络检波器检波，试比较在输出信噪比和所需带宽方面与频率调制系统有何不同？

解　(1)FM 信号带宽为

$$B_{FM} = 2(\Delta f + f_m) = 2(75 + 5) = 160(\text{kHz})$$

接收机输入端理想带通滤波器的传输特性为

$$H(f) = \begin{cases} 1 & 99.92\text{MHz} \leqslant |f| \leqslant 100.08\ \text{MHz} \\ 0 & \text{其他} \end{cases}$$

(2) 解调器输入信号功率为

$$S_i = \frac{1}{2}A^2 = \frac{1}{2} \times 100^2 = 5000(\text{W})$$

解调器输入噪声功率为

$$N_i = n_0 B_{FM} = 10^{-3} \times 160 \times 10^3 = 160(\text{W})$$

解调器输入信噪比为

$$S_i/N_i = 5000/160 = 31.25$$

(3) 由式(3-4-24) 可得解调器输出信号功率为

$$S_o = \frac{k_f^2}{4\pi^2}\overline{m^2(t)} = \frac{(500\pi)^2}{4\pi^2} \times 5000 = 3125 \times 10^5(\text{W})$$

由式(3-4-26) 解调器输出噪声功率为

$$N_o = \frac{2n_0}{3A^2}f_m^3 = \frac{2 \times 10^{-3}}{3 \times 100^2} \times (5 \times 10^3)^3 = 83.3 \times 10^2(\text{W})$$

解调器输出信噪比为

$$(S_o/N_o)_{FM} = 3125 \times 10^5/(83.3 \times 10^2) = 37500$$

(4) 由式(3-3-31) 可得 AM 信号包络检波输出信噪比为

$$(S_o/N_o)_{AM} = \frac{\overline{m^2(t)}}{\overline{n_c^2(t)}} = \frac{\overline{m^2(t)}}{n_0 B_{AM}} = \frac{5000}{2 \times 10^{-3} \times 5 \times 10^3} = 500$$

$$\frac{(S_o/N_o)_{FM}}{(S_o/N_o)_{AM}} = 75, \qquad \frac{B_{FM}}{B_{AM}} = 16$$

这说明，频率调制系统抗噪性能的提高是以增加传输带宽（降低有效性）作为代价的。

3.5　模拟调制系统的性能比较

3.5.1　有效性比较

在第 1 章中已经指出模拟通信系统的有效性是用有效传输频带来度量的，而各种模拟调制系统的频带宽度分别为

$$B_{AM} = 2f_m$$

$$B_{\mathrm{DSB}} = 2f_m$$
$$B_{\mathrm{SSB}} = f_m \tag{3-5-1}$$
$$B_{\mathrm{VSB}} = (1 \sim 2)f_m$$
$$B_{\mathrm{FM}} = 2(m_f + 1)f_m$$

式中，f_m 为基带调制信号的带宽。

3.5.2 可靠性比较

在第 1 章中也已经指出模拟通信系统的可靠性是用接收端最终输出信噪比来度量的。在此我们给出在相同的解调器输入信号功率 S_i、相同噪声功率谱密度 n_0、相同基带信号带宽 f_m 的条件下，各种模拟调制系统的输出信噪比。

$$(S_o/N_o)_{\mathrm{AM}} = \frac{1}{3} \cdot \frac{S_i}{n_0 f_m}$$
$$(S_o/N_o)_{\mathrm{DSB}} = \frac{S_i}{n_0 f_m}$$
$$(S_o/N_o)_{\mathrm{SSB}} = \frac{S_i}{n_0 f_m} \tag{3-5-2}$$
$$(S_o/N_o)_{\mathrm{VSB}} \approx \frac{S_i}{n_0 f_m}$$
$$(S_o/N_o)_{\mathrm{FM}} = \frac{3}{2} m_f^3 \cdot \frac{S_i}{n_0 f_m}$$

3.5.3 结论

就有效性来看，SSB 的带宽最窄，其频带利用率最高；其次是 VSB；接下来是 DSB 和 AM；WBFM 的带宽最宽。但就可靠性来看，WBFM 的输出信噪比最大，抗噪声性能最好；其次是 DSB，SSB，VSB；AM 抗噪声性能最差。图 3-5-1 示出了各种模拟调制系统的性能曲线，图中的圆点表示门限点。门限点以下，曲线迅速下跌；门限点以上，DSB，SSB 的信噪比比 AM 高 4.7dB，而 FM(m_f = 6) 的信噪比比 AM 高 22dB。从图中也可看出：FM 的调频指数 m_f 越大，抗噪声性能越好，但占据的带宽将越宽，频带利用率也将越低。

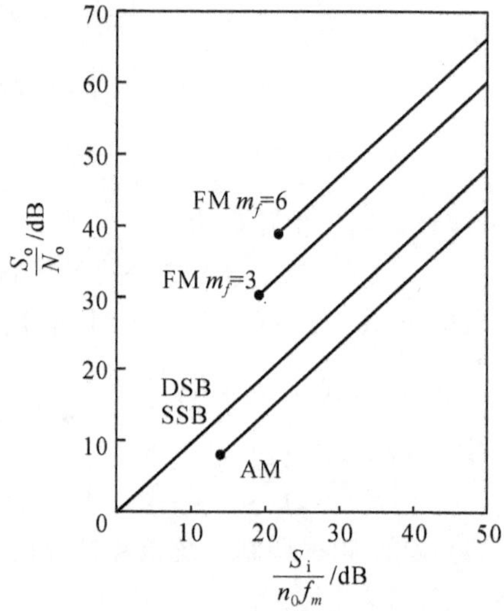

图 3-5-1 各种模拟调制系统性能

3.5.4 应用

AM 调制的优点是接收设备简单；缺点是功率利用率低，抗干扰能力差，在传输中如果载波受到信道的选择性衰落，则在包络检波时会出现过调失真，信号频带较宽，频带利用率不高。因此 AM 制式用于通信质量要求不高的场合，目前主要用于中波和短波的调幅广播中。

DSB 调制的优点是功率利用率高，但带宽与 AM 相同，接收要求同步解调，设备较复杂。

只用于点对点的专用通信，运用不太广泛。

SSB 调制的优点是功率利用率和频带利用率都较高，抗干扰能力和抗选择性衰落能力均优于 AM，而带宽只有 AM 的一半；缺点是发送和接收设备都复杂。鉴于这些特点，SSB 制式普遍用在频带比较拥挤的场合，如短波波段的无线电广播和频分复用系统中。

VSB 调制的优点在于部分抑制了发送边带，同时又利用平缓滚降滤波器补偿了被抑制部分。VSB 的性能与 SSB 相当。VSB 解调原则上也需要同步解调，但在某些 VSB 系统中，附加一个足够大的载波，就可用包络检波法解调，这种方式综合了 AM，SSB 和 DSB 三者的优点。所有这些特点，使 VSB 对商用电视广播系统特别具有吸引力。

宽带 FM 的抗干扰能力强，可以实现带宽与信噪比的互换，因而宽带 FM 广泛应用于长距离高质量的通信系统中，如空间和卫星通信、调频立体声广播、超短波电台等。窄带 FM 具有良好的抗快衰落能力，对微波中继系统颇有吸引力。宽带 FM 的缺点是频带利用率低，存在门限效应，因此在接收信号弱、干扰大的情况下宜采用窄带 FM，这就是小型通信机常采用窄带调频的原因。另外，窄带 FM 采用相干解调时不存在门限效应。

各种调制方式的用途总结参见第 1 章的表 1-1。

3.6 频分复用与多级调制

3.6.1 频分复用

前面介绍的线性调制和非线性调制都是针对单路信号而言的，在实际应用中为了充分发挥信道的传输能力，往往把多路信号合在一起在信道内同时传输，这种把在一个信道上同时传输多路信号的技术称为复用技术。

实现信号多路复用的基本途径之一是采用调制技术，它通过调制把不同路信号搬移到不同载频上来实现复用，这种技术称为频分复用(Frequency Division Multiplexing，FDM)。另一类是时分复用(Time Division Multiplexing，TDM)，这是利用不同的时间间隙来传输不同的话路信号的。关于 TDM 的内容将在后面章节介绍。

频分复用是将信道带宽分割成互不重叠的许多小频带，每个小频带能顺利通过一路信号。这样可以利用前面介绍的调制技术，把不同的信号搬移到相应的频带上，随后把它们合在一起发送出去。图 3-6-1 示出了一个实现 n 路信号频分复用的系统组成方框图，图中各路信号调制采用 SSB 方式，也可以采用 DSB，VSB，FM 等调制方式。发送端每路信号调制前的 LPF 的作用是限制基带信号的频带宽度，避免信号在合路后产生频率相互重叠。

n 路信号复用后的合路信号的频谱如图 3-6-2 所示。通过 FDM 后的合路信号的频谱可以看出，合路后的每路信号的频谱互不重叠，合路后的频带宽度为

$$B_{\mathrm{FDM}} = n \cdot B_{\mathrm{SSB}} + (n-1)B_g \tag{3-6-1}$$

如果采用 DSB 调制，那么 B_{SSB} 应替换成 B_{DSB}。B_g 是为防止相邻两路信号频谱之间重叠而增加的防护频带。

在频分复用系统的接收端，可以利用相应的带通滤波器(BPF)来区分开各路信号频谱，然后通过各自的相干解调器便可恢复各路调制信号。

频分复用系统的最大优点是信道复用率高，容许复用的路数多，同时分路也很方便。因

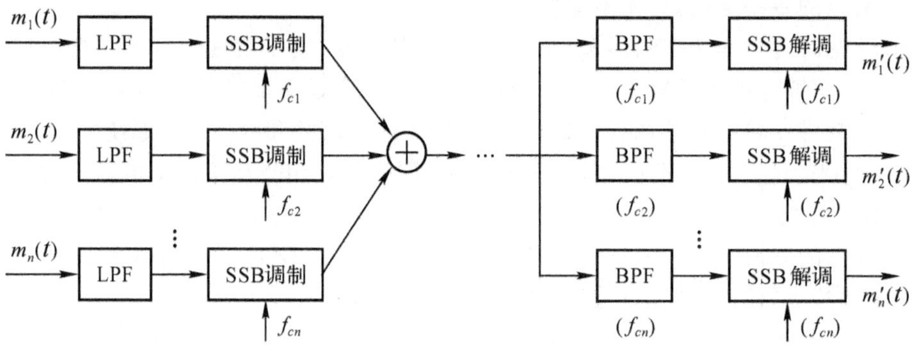

图 3-6-1 频分复用系统

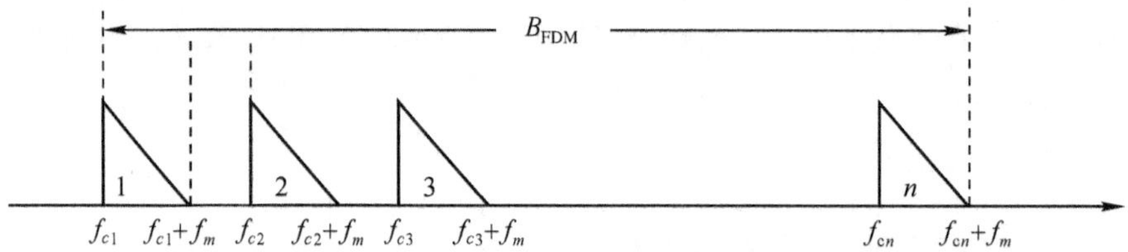

图 3-6-2 频分复用信号频谱

此，它成为目前模拟通信中主要的一种复用方式，特别是在有线和微波通信系统中，应用十分广泛。频分复用系统的主要缺点是设备生产较为复杂。另一缺点是滤波器特性不够理想和信道内存在非线性而产生路间干扰。

频分复用后的信号原则上可以在信道中传输，但有时为了更好地利用信道的传输特性，也可以再进行一次或多次调制，这就是下面要介绍的复合调制和多级调制。

3.6.2 复合调制和多级调制

在实际通信系统中，除单独采用前面讨论过的各种幅度调制和频率调制外，还会遇到复合调制和多级调制。例如在模拟调制系统中，为了解决边带滤波器的设计困难，可采用多次调制；在数字通信系统中，常常采用复合调制系统。

所谓复合调制就是对同一载波进行两种或更多种的调制。例如，对一个调频波再进行一次振幅调制，所得结果就变成了调频调幅波。

所谓多级调制是将同一基带信号实施两次或更多次的调制过程，前后级的调制方式可以是相同的，也可以是不同的。

例 3-6-1 设有一个频分多路复用系统，副载波用 SSB 调制，主载波用 FM 调制。如果有 60 路等幅的音频输入通路，且每路频带限制在 3.3 kHz 以下，防护频带为 0.7 kHz。

(1) 如果最大频偏为 800 kHz，试求传输信号的带宽；

(2) 试分析与第 1 路相比，第 60 路输出信噪比降低的程度（假定鉴频器输入的噪声是白噪声，且解调器中无去加重电路）。

解 (1)60 路 SSB 信号的带宽为

$$B=[60\times(3.3+0.7)]=240(\text{kHz})$$

调频器输入信号的最高频率为

$$f_H = f_L + B$$

当频分复用 SSB 信号的最低频率 $f_L = 0$ 时，$f_H = B = 240$ kHz，即 $f_m = 240$ kHz，所以 FM 信号带宽为

$$B_{FM} = 2(\Delta f + f_m) = [2 \times (800 + 240)] = 2080(\text{kHz})$$

(2) **思路**　因为鉴频器输出噪声功率谱密度与频率平方成正比，可简单表示成 kf^2，所以接收端各个带通滤波器输出噪声功率不同，带通滤波器的通频带越高，输出噪声功率越大。鉴频器输出的各路 SSB 信号功率与它们所处的频率位置无关，因此，各个 SSB 解调器输出信噪比不同。第 1 路 SSB 信号位于整个频带的最低端，第 60 路 SSB 信号处于频带的最高端。故第 60 路 SSB 解调器输出信噪比最小，而第 1 路信噪比最高。

对第 1 路，频率范围为 $0 \sim 4$ kHz，因而噪声功率为

$$N_{o1} = k\int_0^4 f^2 \mathrm{d}f$$

对第 60 路，频率范围为 $236 \sim 240$ kHz，因而噪声功率为

$$N_{o60} = k\int_{236}^{240} f^2 \mathrm{d}f$$

第 60 路输出信噪比与第 1 路相比，其比值为

$$\frac{S_{o60}/N_{o60}}{S_{o1}/N_{o1}} = \frac{N_{o1}}{N_{o60}} = \frac{4^3}{240^3 - 236^3} = \frac{64}{679744}$$

换成分贝数为：

$$10\ \lg\frac{64}{679744} = -10\ \lg 10621 \approx -40(\text{dB})$$

说明与第 1 路相比，第 60 路输出信噪比降低 40 dB。

本章小结

(1) 调制即按基带调制信号的变化规律去改变载波参数的过程。基带调制信号可以是模拟信号，也可以是数字信号；载波可以是连续波，也可以是脉冲波，组合后就有 4 种调制方式。其中模拟信号的连续波调制是本章研究的内容。

(2) 模拟调制包括幅度调制和角度调制。幅度调制就是按基带调制信号的变化规律去改变载波的幅度。这种调制方式基带调制信号的频谱和已调信号的频谱形状是一样的，只是位置不同而已，因此称线性调制。

角度调制就是按基带调制信号的变化规律去改变载波的相角，包括频率调制和相位调制两种。这种调制方式已调信号的频谱已不再是基带调制信号频谱的简单搬移，而是发生了根本性变化，出现了频率扩展或增生，因此是非线性调制。

(3) 线性调制方式有 AM，DSB，SSB，VSB 四种，见表 3-1。

表 3-1 线性调制方式

类型	时域表达式	解调方法	带宽	用途
AM	$s_{AM}(t)=[A_0+m(t)]\cos\omega_c t$	包络检波 相干解调	$2f_m$	广播
DSB	$s_{DSB}(t)=m(t)\cos\omega_c t$	相干解调	$2f_m$	立体声广播
SSB	$s_{SSB}(t)=m(t)\cdot\cos\omega_c t\mp\hat{m}(t)\cdot\sin\omega_c t$	相干解调	f_m	短波无线电话通信
VSB		相干解调	$(1\sim2)f_m$	电视广播、传真

(4) 非线性调制包括频率调制和相位调制两种，见表 3-2。

表 3-2 非线性调制方式

参数	频率调制 FM	相位调制 PM
关键点	$\Delta\omega(t)=k_f m(t)$	$\varphi(t)=k_p m(t)$
时域表达式	$s_{FM}(t)=A\cos[\omega_c t+k_f\int_{-\infty}^{t}m(\tau)d\tau]$	$s_{PM}(t)=A\cos[\omega_c t+k_p m(t)]$
相偏	$\varphi(t)=k_f\int_{-\infty}^{t}m(\tau)d\tau$	$\varphi(t)=k_p m(t)$
最大相偏	$\varphi_{max}=k_f\left\|\int_{-\infty}^{t}m(\tau)d\tau\right\|_{max}$	$\varphi_{max}=k_p\|m(t)\|_{max}$
频偏	$\Delta\omega(t)=k_f m(t)$	$\Delta\omega(t)=k_p[dm(t)/dt]$
最大频偏	$\Delta\omega=k_f\|m(t)\|_{max}$	$\Delta\omega=k_p\|dm(t)/dt\|_{max}$

(5)模拟调制系统性能可用解调器输出信噪比来衡量。在相同解调器输入信号功率 S_i，相同噪声功率谱密度 n_0，相同基带信号带宽 f_m 的条件下，各种模拟调制系统的输出信噪比分别为

$$(S_o/N_o)_{AM}=\frac{1}{3}\cdot\frac{S_i}{n_0 f_m}$$

$$(S_o/N_o)_{DSB}=\frac{S_i}{n_0 f_m}$$

$$(S_o/N_o)_{SSB}=\frac{S_i}{n_0 f_m}$$

$$(S_o/N_o)_{VSB}\approx\frac{S_i}{n_0 f_m}$$

$$(S_o/N_o)_{FM}\approx\frac{3}{2}m_f^3\cdot\frac{S_i}{n_0 f_m}$$

(6)对各种模拟调制系统的有效性和可靠性进行比较可知：SSB 带宽最窄，有效性最好，其次是 VSB，接下来是 DSB，AM，而 FM 的带宽最宽；但 FM 的输出信噪比最大，可靠性最好，其次是 DSB，SSB，VSB，而 AM 的抗噪声性能最差。

(7)当 AM，FM 采用非相干解调时，存在门限效应，相干解调不存在门限效应。门限效

应一旦出现,输出信噪比将急剧恶化。

习　题

3-1　填空题

(1)在模拟通信系统中,有效性与已调信号带宽的定性关系是(　　),可靠性与解调器输出信噪比的定性关系是(　　)。

(2)鉴频器输出噪声的功率谱密度与频率的定性关系是(　　),采用预加重和去加重技术的目的是(　　)。

(3)在 AM,DSB,SSB,FM 等 4 个通信系统中,可靠性最好的是(　　),有效性最好的是(　　),有效性相同的是(　　),可靠性相同的是(　　)。

(4)在 VSB 系统中,无失真传输信息的两个条件是:(　　)、(　　)。

(5)某调频信号的时域表达式为 $10\cos(2\pi\times10^6t+5\sin10^3\pi t)$,此信号的载频是(　　)Hz,最大频偏是(　　)Hz,信号带宽是(　　)Hz,当调频灵敏度为 5kHz/V 时,基带信号的时域表达式为(　　)。

3-2　根据题 3-2 图所示的调制信号波形,试画出 DSB 及 AM 信号的波形图,并比较它们分别通过包络检波器后的波形差别。

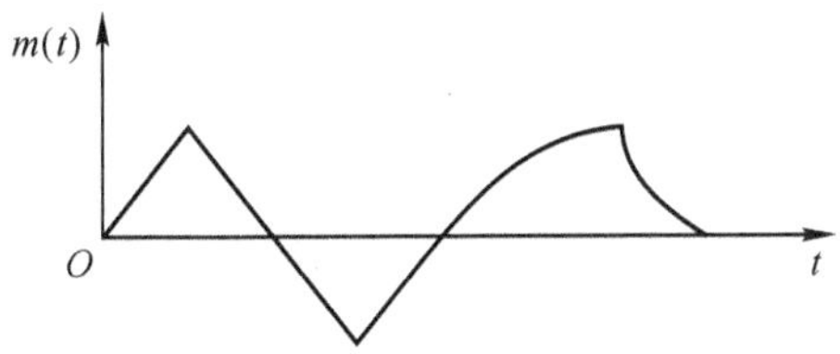

题 3-2 图

3-3　已知调制信号 $m(t)=\cos2000\pi t+\cos4000\pi t$,载波为 $\cos10^4\pi t$,进行单边带调制,试确定该单边带信号的表示式,并画出频谱图。

3-4　已知 $m(t)$的频谱如题 3-4 图,试画出单边带调制相移法中各点频谱变换关系。

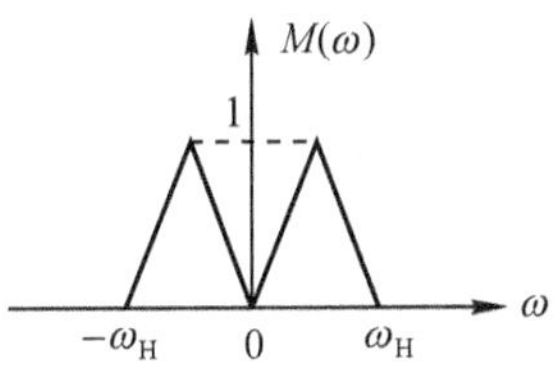

题 3-4 图

3-5　将调幅波通过残留边带滤波器产生残留边带信号。若此滤波器的传输函数 $H(\omega)$如题 3-5 图所示(斜线段为直线)。当调制信号为 $m(t)=A(\sin100\pi t+\sin6000\pi t)$时,试确定所得残留边带信号的表达式。

3-6　设某信道具有均匀的双边噪声功率谱密度 0.5×10^{-3} W/Hz,在该信道中传输抑制载波的双边带信号,并设调制信号 $m(t)$的频带限制在 5 kHz,而载波为 100 kHz,已调信号的功率为 10kW。若接收机的输入信号在加至解调器之前,先经过一理想带通滤波

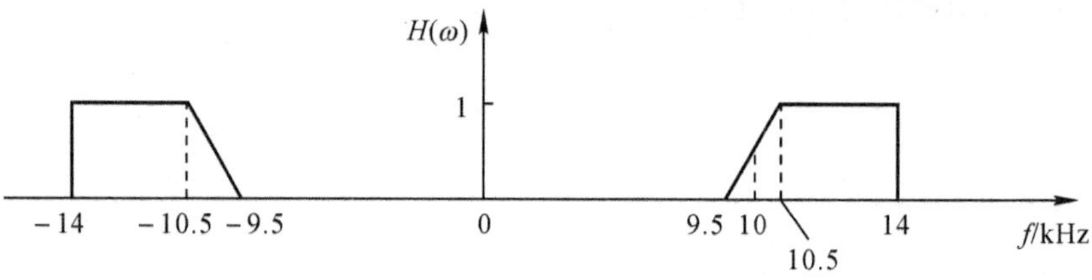

题 3-5 图

器滤波，试问：

(1)该理想带通滤波器应具有怎样的传输特性 $H(\omega)$？

(2)解调器输入端的信噪功率比为多少？

(3)解调器输出端的信噪功率比为多少？

(4)求出解调器输出端的噪声功率谱密度，并用图形表示出来。

3-7 若对某一信号用 DSB 进行传输，设加至接收机的调制信号 $m(t)$ 的功率谱密度为

$$P_m(f)=\begin{cases}\dfrac{n_m}{2}\cdot\dfrac{|f|}{f_m} & |f|\leqslant f_m\\ 0 & |f|>f_m\end{cases}$$

试求：

(1)接收机的输入信号功率；

(2)接收机的输出信号功率；

(3)若叠加于 DSB 信号的白噪声具有双边功率谱密度为 $n_0/2$，设解调器的输出端接有截止频率为 f_m 的理想低通滤波器，那么，输出信噪功率比为多少？

3-8 设某信道具有均匀的双边噪声功率谱密度 0.5×10^{-3} W/Hz，在该信道中传输振幅调制信号，并设调制信号 $m(t)$ 的频带限制在 5 kHz，而载频是 100 kHz，边带功率为 10 kW。载波功率为 40 kW。若接收机的输入信号先经过一个合适的理想带通滤波器，然后再加至包络检波器进行解调。试求：

(1)解调器输入端的信噪功率比；

(2)解调器输出端的信噪功率比；

(3)调制制度增益 G。

3-9 设某信道具有均匀的双边噪声功率谱密度 0.5×10^{-3} W/Hz，在该信道中传输抑制载波的单边(上边带)带信号，并设调制信号 $m(t)$ 的频带限制在 5 kHz，而载频是 100 kHz，已调信号功率是 10 kW。若接受机的输入信号在加至解调器之前，先经过一理想带通滤波器滤波，试问：

(1)该理想带通滤波器应具有怎样的传输特性 $H(\omega)$？

(2)解调器输入端的信噪功率比为多少？

(3)解调器输出端的信噪功率比为多少？

3-10 某线性调制系统的输出噪声功率为 10^{-9} W，该机的输出信噪比为 20 dB，由发射机输出端到解调器输入端之间总的传输损耗为 100 dB，试求：

(1)双边带发射机输出功率；

(2)单边带发射机输出功率。

3-11 某角调波为 $s_m(t)=10\cos[(2\times10^6\pi t)+10\cos2000\pi t]$,

(1)计算其最大频偏,最大相偏和带宽;

(2)试确定该信号是 FM 信号还是 PM 信号。

3-12 设调制信号 $m(t)=\cos4000\pi t$,对载波 $c(t)=2\cos(2\times10^6\pi t)$ 分别进行调幅和窄带调频。

(1)写出已调信号的时域和频域表示式;

(2)画出频谱图;

(3)讨论两种方式的主要异同点。

3-13 已知调频信号 $s_m(t)=10\cos(10^6\pi t+8\cos10^3\pi t)$,调制器的频偏 $k_f=200$ Hz/V,试求:

(1)载频 f_c、调频指数和最大频偏;

(2)调制信号 $m(t)$。

3-14 有一宽带调频系统,相应参数如下:$n_0=10^{-6}$ W/Hz,$f_c=1$ MHz,$f_m=5$ kHz,$S_i=1$ kW,此外,$\overline{m^2(t)}=50\text{V}^2$,$k_f=1.5\pi\times10^4$ rad/(s·V),$\Delta f=75$ kHz,试求:

(1)带通滤波器的中心频率与带宽;

(2)解调器输入端信噪比;

(3)调制制度增益;

(4)解调器输出端信噪比。

3-15 已知调制信号是 8 MHz 的单频余弦信号,若要求输出信噪比为 40 dB,试比较制度增益为 2/3 的 AM 系统和调频指数为 5 的 FM 系统的带宽和发射功率。设信道噪声单边功率谱密度 $n_0=5\times10^{-15}$ W/Hz,信道损耗为 60 dB。

3-16 设有某两级调制系统,共有 60 路音频信号输入,每路信号功率相同,带宽为 4 kHz(含防护带)。这 60 路信号先对副载波作单边带调制(取上边带,且第一副载波频率为312 kHz),形成频分复用信号后再对主载波作 FM 调制。若系统未采用预加重技术,接收机采用时域微分鉴频器解调,且鉴频器输入噪声为白噪声,试计算:在接收机解调输出端,第 60 路信噪比相对于第 1 路信噪比的比值。

实践项目

1. 利用 MATLAB 软件及其相关程序 SIMULINK 可以对各种系统进行建模和仿真。在这里要求大家利用 SIMULINK 对如下方程式进行仿真。

$$s_{\text{AM}}(t)=[A_0+m(t)]\cos\omega_c t=(A_0+A_m\cos\omega_m t)\cos\omega_c t=A_0(1+\beta_{\text{AM}}\cos\omega_m t)\cos\omega_c t$$

式中调幅指数 $\beta_{\text{AM}}\leqslant1$。

2. 利用 MATLAB 实现如下 FM 调制方程式,然后仿真:

$$s_{\text{FM}}(t)=A\cos[\omega_c t+\varphi(t)]=A\cos(\omega_c t+m_f\sin\omega_m t)$$

3. DSB 信号的产生实际是完成一次乘法运算,因此一般的乘法器就能用来产生 DSB 信号。常用的模拟乘法器集成电路和 MC1496,MC1596 等。要求用乘法器 MC1496 产生 DSB 信号。

4. 相移法 SSB 调制目前已有专用的集成电路芯片,例如美国 Maxim 公司的 MAX2452。要求用该芯片产生 SSB 信号。

5. 低功耗调频调制器芯片 MC2831A 和 MC2833 是用于无线电话和调频通信设备的单片调频单元。两种芯片的功能相近。调频解调器芯片有 MC3357，MC3359，MC3361 等。要求用 MC2833 构成一种实际调频电路，用 MC3357 构成调频解调器。

第 4 章　数字信号基带传输系统

4.1　基带信号及基带传输

4.1.1　何谓基带信号及基带传输

数字通信系统中按波形的传输方式，可分为数字基带传输和数字频带传输。数字基带传输系统是指不经过调制、解调过程而直接在信道上传输数字基带信号的系统。所谓数字基带信号是未经调制的数字信号，通常是指来自计算机、数据终端等信源输出的低频信号。例如在二进制编码中，码元“1”和“0”用相应的电脉冲波形的“正”和“负”或脉冲的“有”和“无”表示，这些都属于数字基带信号，如在第 6 章将要提到的 PCM 和 ΔM 等信号。我们将这种信号直接在信道中传输的方式称为基带传输方式。而如果将“0”和“1”调制到高频载波上，改变载波的幅度、相位或频率诸状态后再进行传输的方式称为数字频带传输。

本章讨论基带传输系统，其原因：一是在一些实际系统中采用的就是基带传输，比如局域网、数字用户环路或者利用中继方式在长距离上直接传输 PCM 信号等；二是因为它是频带传输基础，是数字通信中不可缺少的环节。

4.1.2　基带传输系统模型

数字基带系统的结构框图如图 4-1-1 所示。

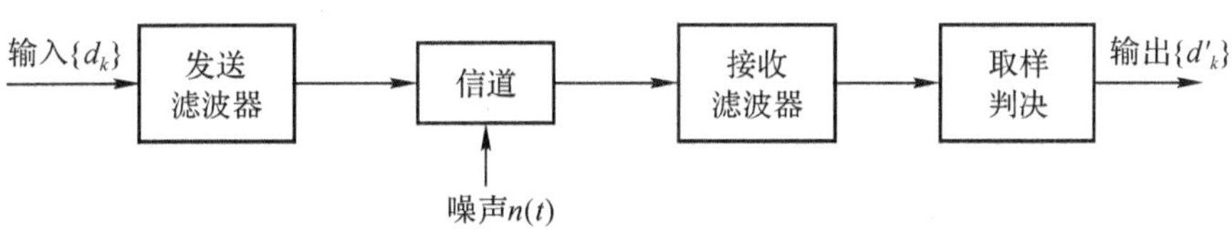

图 4-1-1　数字基带传输系统结构框图

数字基带信号传输系统在发送端输入数字基带脉冲序列（二进制或多进制），用符号$\{d_k\}$表示。为了使信号的频谱和信道的传输特性相匹配，需要经过发送滤波器（基带信号形成器），变换成适合在信道中传输的某种脉冲波形，将其带宽限制在信道要求的范围内。在信道中还会引入各种噪声 $n(t)$，在接收端有个接收滤波器，用于抵消接收信号波形的失真和滤除带外噪声。最后进行抽样判决，恢复出原始序列$\{d_k'\}$。

4.2　数字基带信号码波形及传输码型

4.2.1　数字基带信号码常用波形

假如待传输的数字信号采用二进制信号，它在原理上可以用“0”和“1”表示，这些数字在电路中是用电压等参量表示的，它在实际传输中可能采用不同的传输波形，如矩形脉冲、升余弦脉冲、高斯脉冲、三角波等。现以矩形电压脉冲表示为例，给出几种常用的表示方法。

1. 单极性不归零码波形(单极性 NRZ)

单极性 NRZ 码波形见图 4-2-1(a)。此方法中“1”和“0”分别对应为正电压和零电压，或负电压和零电压。而且在一个码元时间内信号电压的取值表示不变，只有取零或正(负)电压两种可能。单极性码波形只适合用导线连接的各点之间作近距离传输，例如在印刷电路板内和机箱内部之间的传输。

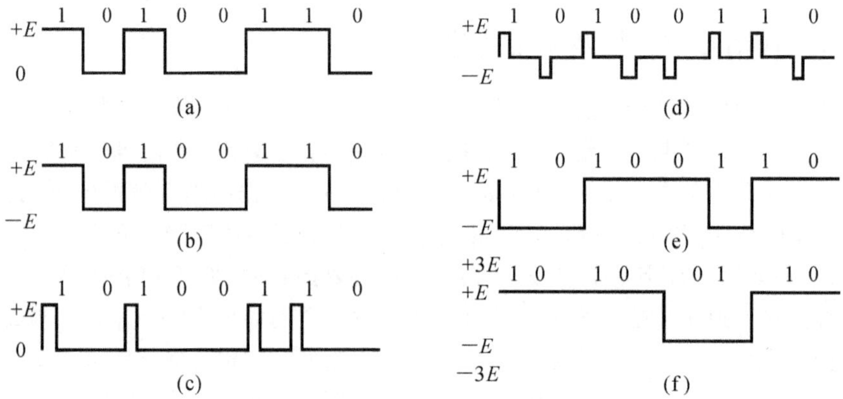

图 4-2-1　几种最基本的基带信号波形

2. 双极性不归零码波形(双极性 NRZ)

双极性 NRZ 码波形见图 4-2-1(b)。它与单极性 NRZ 码的波形形状很相像，只是其“1”和“0”分别对应为正电压和负电压，没有零电压。它的电脉冲之间无间隔。双极性 NRZ 码和单极性 NRZ 码相比，有一些重要的优点。

(1)单极性 NRZ 码有直流成分，不适合在交流信道中传输(例如有变压器时直流就无法通过)。而双极性波形在“0”和“1”等概出现时，不含直流成分。

(2)双极性 NRZ 码节约能源。单极性 NRZ 码的瞬时功率等于 E^2，而双极性 NRZ 码的瞬时功率为 $E^2/4$。当“0”和“1”等概出现时，单极性 NRZ 码的平均功率为 $E^2/2$，而双极性 NRZ 码的平均功率仍为 $E^2/4$。

(3)在接收端对每个码元做判决时，对于单极性 NRZ 码，判决电平一般应取“1”码电平的一半。由于接收波形的振幅随信道衰减特性的变化而变，因此判决电平不能稳定在最佳电平上，抗噪声性能不好。而双极性 NRZ 码判决电平为 0，容易设定且稳定，因此抗干扰能力强。

(4)单极性 NRZ 码传输是需要信道一端接地，这样就不能用两根芯线均不接地的电缆等传输线。而双极性 NRZ 码可以在电缆等无接地的传输线上传输，因此双极性 NRZ 码应用极广。

单极性 NRZ 码和双极性 NRZ 码的共有的缺点是都不能从中提取同步信号。

3. 单极性归零码波形(单极性 RZ)

为了克服单极性 NRZ 码的缺点，将其作些改进，就提出了单极性归零码。单极性归零码波形见图 4-2-1(c)。在传输“1”码时发送一个宽度小于码元宽度的归零脉冲，传输“0”码时不发送脉冲。其特征是所用脉冲宽度比码元宽度窄，即还没到一个码元的终止时刻就回到零值。脉冲宽度 τ 与码元宽度 T_s 之比 τ/T_s 叫占空比。单极性归零码除具有与单极性码相同的缺点外，其主要优点是可以直接提取同步信号。它是其他码型提取同步信号时需要采取的一个过渡码型，即其他适合信道传输，但不能直接提取同步信号的码型，可将其变换为单极性归零码后提取同步信号。

4. 双极性归零码波形(双极性 RZ)

同理，为了克服双极性 NRZ 码的缺点，提出了双极性 RZ。双极性归零码波形见图 4-2-1(d)。双极性归零码波形在传输“1”和“0”时分别对应正、负脉冲，且相邻脉冲间必有零电平区域存在，即正负电平持续时间宽度小于一个码元宽度。这种码型除了具有双极性码的一般优点外，主要优点是可以通过简单变换电路(全波整流电路)，变换为单极性归零码，从而可以提取同步信号。因此，双极性归零码得到广泛应用。

5. 差分波形

差分波形见图 4-2-1(e)。这种码的特点是用码元序列中的“1”和“0”来反映相邻码元的相对电压极性变化，是一种相对码。由图可见，当“1”出现时，电压发生跳变；当“0”出现时，电压不发生变化。当然，此规定也可相反，即“0”出现时电压发生跳变，“1”出现时电压不变。

这种码型的波形与码元本身的极性无关，因此即使接收端接收到的码元极性与发送端的完全相反，也能正确判决。这种波形的应用在第 5 章讨论相位调制时将详细介绍。

6. 多电平波形

前面讨论的几种波形都是二进制信号的基本波形。即一个二进制符号对应一个脉冲码元。实际上还存在一个多进制符号对应一个脉冲码元的情形。如图 4-2-1(f)所示，采用四电平码波形，其电压的可能取值为：$-3E$，$-E$，$+E$，$+3E$，分别表示为 00，01，10 和 11。每个码元含有 2bit 的信息量。由于多电平波形的每个码元携带的信息量多，所以适合用于高速数字通信系统中。

以上各种基带信号波形，还可以用 MATLAB 来仿真实现，由于篇幅有限，这里以双极性 NRZ 为例，首先输入如下程序源代码，然后进行仿真，在命令窗口中键入“t=[1 0 0 1 1 0 0 0 0 1 0 1]；dnrz(t)；”，即得到仿真波形如图 4-2-2。其他几个波形不妨课后自己动手试试。

```
function y=dnrz(x)
%本函数实现将输入的一段二进制代码编为相应的双极性非归零码输出
%输入 x 为二进制码，输出 y 为编出的双极性非归零码
t0=300;
t=0:1/t0:length(x);
for i=1:length(x)            %计算码元的值
```

```
    if(x(i)==1)            %如果信息为 1
        for j=1:t0         %该码元对应的点值取 1
            y((i-1)*t0+j)=1;
        end
    else
        for j=1:t0         %反之,信息为 0,码元对应点值取-1
            y((i-1)*t0+j)=-1;
        end
    end
end
y=[y,x(i)];                %为了画图,注意要将 y 序列加上最后一位
M=max(y);
m=min(y);
subplot(2,1,1)
plot(t,y);grid on;
axis([0,i,m-0.1,M+0.1]);
%使用 title 命令标记各码元对应的二元信息
title('1 0 0 1 1 0 0 0 0 1 0 1');
```

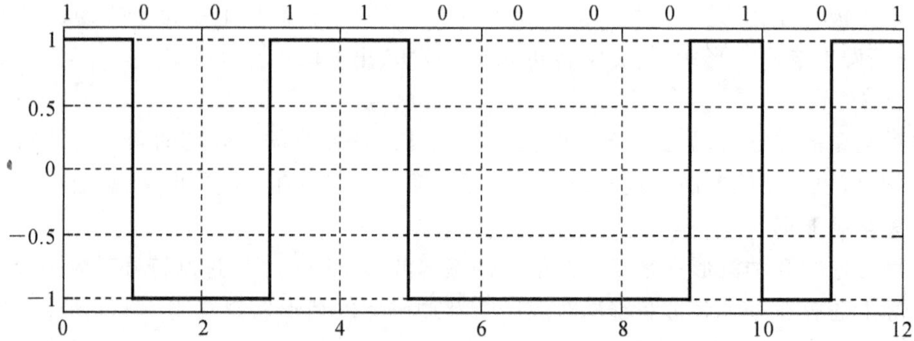

图 4-2-2 双极性 NRZ 的 MATLAB 仿真结果

4.2.2 基带传输常用码型

为了适合信道传输,除了前一节讨论的各种波形外,还要在发送端进行码型变换,使编码后的消息码变成适合信道传输要求的传输码(又叫线路码)。当然在接收端最终还是要将它们转换成原来的消息码序列。

传输码的结构将取决于实际信道特性和系统工作的条件。在较为复杂一些的基带传输系统中,传输码的结构应具有下列主要特性:

(1)能从其相应的基带信号中获取定时信息;

(2)不受信源统计特性的影响,即能适应于信源的变化;

(3)相应的基带信号无直流成分和只有很小的低频成分;

(4)尽可能提高传输码型的传输效率;

(5)具有内在的检错能力。

实际系统中使用的码型有很多种，下面仅介绍二进制系统中一些常用的码型。

1. AMI 码

AMI 码的全称是传号交替反转码(Alternative Mark Inverse)。“1”码通常称为传号，“0”码则为空号，这是沿用了早期电报通信中的叫法。其编码规则是传号“1”码极性交替反转变成+1，-1，而“0”码保持不变。例如：

消息码序列	0	1	1	0	1	0	0	1
AMI 码	0	+1	-1	0	+1	0	0	-1

上述的+1，-1 分别表示正负电压，0 则表示 0 电压。由于+1 和-1 交替出现，因此其直流分量为 0，低频分量也很小，而且不受信源统计特性的影响。在传输过程中如果发生错码，很容易发现，其编码方法也很简单，因此它是一种基本的线路码型。

当“1”码相连时，AMI 码含有较多的交变信息，有利于定时时钟信号的提取，但当出现较多连“0”码时，就会影响到定时时钟信号的提取。为此，在 AMI 码的基础上又提出了 HDB_3 码。

2. HDB_3 码

HDB_3 码的全称是三阶高密度双极性码(High Density Bipolar 3)。所谓三阶高密度是指其连 0 个数最多不能超过 3 个。它是在 AMI 码基础上，除了保持 AMI 码的优点外，还增加了使连“0”串减少到最多三个的优点，即有利于时钟信号的提取。它的编码规则概括如下：

(1) 连“0”数≤3 个，按 AMI 编码；

(2) 若连“0”数>3 个，则按“0000”分节，第 4 个“0”变为“1”码，发“V”脉冲，则“0000”变为“000V”，称为破坏节，V 脉冲称为破坏码。V 脉冲的极性与前一个“1”码相同；

(3) 相邻的 V 脉冲要极性相反；

(4) 补奇变“1”：当 V 脉冲之间为偶数个“1”时，在后一个破坏节中的第一个“0”变为“1”，发 B 脉冲，该 B 脉冲也称为补偿码，且 B 脉冲的极性与后一个破坏节的 V 脉冲极性一致。

于是得到 HDB_3 码为“+1 0 0 0 +V -1 0 0 0 -V +1 -1 +B 0 0 +V -1 +1”。

虽然 HDB_3 码的编码规则很复杂，但译码很简单，只要找到与前一非 0 码极性相同的，即为破坏码，则可断定该位及其前面三位均为 0，再将所有-1 变成+1 即可恢复原码元。

HDB_3 码除了保持 AMI 码的优点外，由于它的连零个数减少到最多 3 个，且与信源的统计特性无关，因此对定时信号的提取十分有利。HDB_3 码是 CCITT 推荐使用的码型之一。

例 4-2-1　给出二进制序列 01000001100001011，请分别画出相应的 AMI 码和 HDB3 码的波形图。

见图 4-2-3。

3. 双相码

双相码(Biphase Code)又称曼彻斯特码(Manchester)。它的编码规则是“1”用 10 表示，“0”用 01 表示，它将每个二进制代码变换成相位不同的一个方波周期。消息码“1”对应相位为 0，“0”对应相位为 π，如图 4-2-2 所示。双相码的优点是没有直流分量，而且包含丰

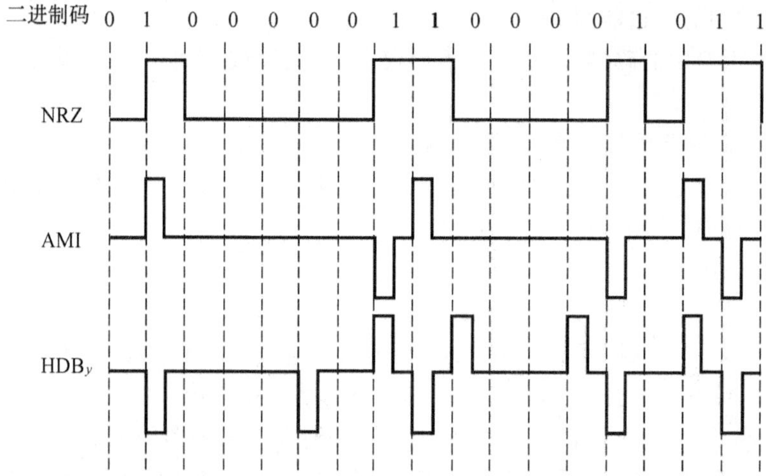

图 4-2-3 AMI 码和 HDB3 码的波形图

富的定时信息,编码方法也很简单。缺点是占用的频带宽度加倍了。双相码常应用于本地局域网中。

4. 密勒码

密勒码(Miller)的编码规则如下:

码元“1”用在码元宽度中点处的电压的突变表示,即用在中点由正电位变负电位或由负电位变正电位表示,或者说用 10 或 01 表示。码元“0”的编码则分为两种情况处理:单个码元“0”不产生电位变化,对于连“0”码元则在相邻“0”码的边界使电平突变,由正变负或由负变正,或者说用“11”或“00”表示,如图 4-2-2 所示。由图 4-2-2 不难看出,当两个码元“1”之间有一个码元“0”时,将出现持续时间最长的码元宽度,它等于两倍码元的长度。这一性质也可以用来检测误码。

比较图中的双相码和密勒码的波形还可以看出,双相码的下降沿正好对应密勒码的突变沿。因此用双相码的下降沿去触发一个双稳态触发器就可以得到密勒码。

5. CMI 码

CMI 码的全称是传号反转码(Coded Mark Inversion)。其编码规则是:码元“1”交替用正和负电压表示,或者说交替用“11”和“00”表示;码元“0”用“01”表示,如图 4-2-4 所示。

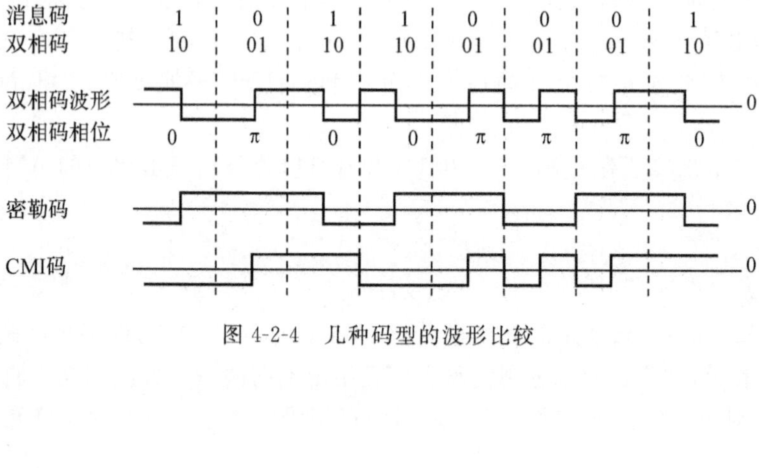

图 4-2-4 几种码型的波形比较

6. nBmB 码

这是一类分组码，它把消息码的 n 位二进制码元编为一组，并变换成为 m 位二进制的码组，其中 $m>n$。后者有 2^m 种不同组合。由于 $m>n$，所以后者多出(2^m-2^n)种组合。在 2^m 种组合中，可以选择特定部分为可用码组，其余部分为禁用码组，以获得好的编码特性。

上述双相码、密勒码和 CMI 码等都可以看作 1B2B 码。在光纤通信系统中，常选用 $m=n+1$，例如 5B6B 码等。

除了 nBmB 码外，还可以有 nBmT 码等。nBmT 码表示将 n 个二进制码元变成 m 个三进制码元。

4.3　数字基带信号的功率谱

分析数字基带信号的频谱对研究数字基带系统是非常重要的。通过基带信号的频谱分析可以了解到如信号中有无直流成分、有无可供提取同步信号用的离散分量和信号占据的带宽等问题。

在通信中数字基带信号通常都是随机脉冲序列（只有测试信号等特殊情况才是确知信号），其无法用确切的函数表述，因此，分析数字基带信号的频谱特性要从统计分析的角度出发，研究它的功率谱密度。

4.3.1　数字基带信号的波形和一般表示式

1. 波形

假设数字基带信号 $s(t)$的“1”码和“0”码的波形分别用 $g_1(t)$和 $g_2(t)$表示，如图 4-3-1(a)所示。码元宽度为 T_s，码元速率为 $f_s=\frac{1}{T_s}$，且 $s(t)$是一个宽平稳随机过程。“1”码和“0”码出现的概率分别为 p 和 $1-p$，两者统计独立。因此 $s(t)$的波形图是由 $g_1(t)$和 $g_2(t)$波形组成的随机脉冲序列，由于每个码元宽度内的波形都是随机出现的，因此我们不可能画出它确切的波形，只能画出其中某一个实现，如图 4-3-1(b)所示。

2. 数学表示式

图 4-3-1(b)中的 $s(t)$可以用下面的数学式表示：

$$s(t)=\sum_{n=-\infty}^{\infty} s_n(t) \tag{4-3-1}$$

其中

$$s_n(t)=\begin{cases} g_1(t-nT_s) & \text{以概率 } p \text{ 出现} \\ g_2(t-nT_s) & \text{以概率}(1-p)\text{出现} \end{cases} \tag{4-3-2}$$

3. $s(t)$的稳态项 $v(t)$和交变项 $u(t)$

为了使频谱分析的物理概念清楚、推导过程简化，将 $s(t)$分解为稳态项和交变项。

(1)稳态项 $v(t)$

稳态项 $v(t)$可以看作 $s(t)$的平均分量，由于“1”，“0”码出现的概率分别是 p 和$(1-p)$，因此在每一个码元脉冲宽度内“1”码（即波形 $g_1(t)$）平均出现的概率为 p，“0”码（即波形 $g_2(t)$）平均出现的概率为$(1-p)$。从统计平均来看，在任意一个码元宽度内其平均分量均为 $pg_1(t)+(1-p)g_2(t)$。因此，稳态项 $v(t)$的表示式为

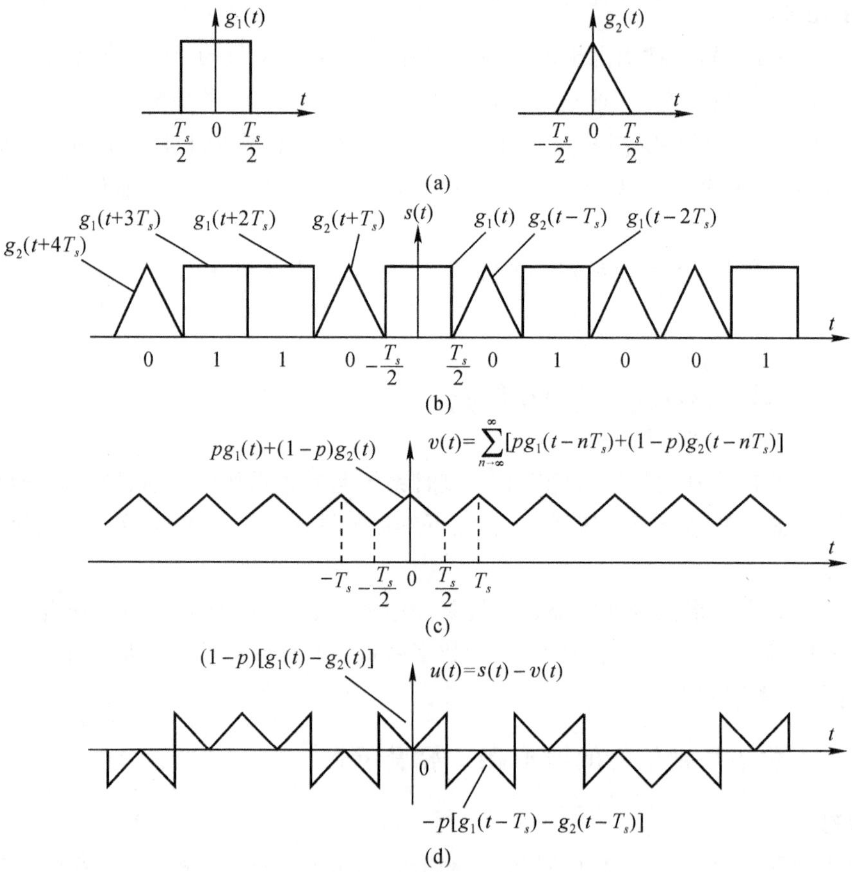

图 4-3-1 数字基带信号的波形图

$$v(t)=\sum_{n=-\infty}^{\infty}\left[pg_1(t-nT_s)+(1-p)g_2(t-nT_s)\right] \tag{4-3-3}$$

其波形如图 4-3-1(c)所示。

(2)交变项 $u(t)$

$u(t)$是 $s(t)$中的随机成分,非周期出现,可看成是 $s(t)$减去 $v(t)$后留下来的部分,即

$$u(t)=s(t)-v(t) \tag{4-3-4}$$

在某一码元宽度内 $u(t)$可能出现两种波形,以$(-T_s/2,T_s/2)$这个码元宽度为例,一种是当 $s(t)$在此码元宽度内出现的是 $g_1(t)$(出现的概率为 p),此时

$$\begin{aligned}u(t)&=g_1(t)-v(t)=g_1(t)-\left[pg_1(t)+(1-p)g_2(t)\right]\\&=(1-p)\left[g_1(t)-g_2(t)\right]\qquad 以概率\ p\ 出现\end{aligned} \tag{4-3-5}$$

另一种是当 $s(t)$在此码元宽度内出现的是 $g_2(t)$,出现的概率为$(1-p)$,此时

$$\begin{aligned}u(t)&=g_2(t)-v(t)=g_2(t)-\left[pg_1(t)+(1+p)g_2(t)\right]\\&=-p\left[g_1(t)-g_2(t)\right]\qquad 以概率(1-p)出现\end{aligned} \tag{4-3-6}$$

写成普遍式得

$$u(t)=\sum_{n=-\infty}^{\infty}u_n(t) \tag{4-3-7}$$

其中

$$u_n(t)=\begin{cases}(1-p)[g_1(t-nT_s)-g_2(t-nT_s)] & \text{以概率 } p \text{ 出现}\\ -p[g_1(t-nT_s)-g_2(t-nT_s)] & \text{以概率}(1-p)\text{出现}\end{cases} \tag{4-3-8}$$

或者写成

$$u_n(t)=a_n[g_1(t-nT_s)-g_2(t-nT_s)] \tag{4-3-9}$$

其中

$$a_n=\begin{cases}(1-p) & \text{以概率 } p \text{ 出现}\\ -p & \text{以概率}(1-p)\text{出现}\end{cases} \tag{4-3-10}$$

$u(t)$是随机脉冲序列(非周期的),因此交变项 $u(t)$中没有离散分量,只有连续频谱。图 4-3-1(d)画出了 $u(t)$的一个实现。

4.3.2　数字基带信号的功率谱密度

根据 $s(t)$的一般表达式可以分解为稳态项和交变项,这样通过分别求解稳态分量和交变量的功率谱密度,最后把两者相加,即可得 $s(t)$的总功率谱密度。

1. 稳态项 $v(t)$的功率谱密度 $P_v(f)$

从上面的分析可知,$v(t)$是一个以码元宽度 T_s 为周期的周期函数,它是一个确知信号,因此 $v(t)$可以展开为傅里叶级数,即

$$v(t)=\sum_{m=-\infty}^{\infty}V_m e^{j2\pi mf_s t} \tag{4-3-11}$$

式中

$$V_m=\frac{1}{T_s}\int_{-\frac{T_s}{2}}^{\frac{T_s}{2}}v(t)e^{-j2\pi mf_s t}dt \tag{4-3-12}$$

$$\begin{aligned}V_m&=\frac{1}{T_s}\int_{-\frac{T_s}{2}}^{\frac{T_s}{2}}e^{-j2\pi mf_s t}\sum_{n=-\infty}^{\infty}[pg_1(t-nT_s)+(1-p)g_2(t-nT_s)]dt\\&=f_s\sum_{n=-\infty}^{\infty}\int_{-nT_s-\frac{T_s}{2}}^{-nT_s+\frac{T_s}{2}}[pg_1(t)+(1-p)g_2(t)]e^{-j2\pi mf_s(t+nT_s)}dt\\&=f_s\int_{-\infty}^{\infty}[pg_1(t)+(1-p)g_2(t)]e^{-j2\pi mf_s t}dt\\&=f_s[pG_1(mf_s)+(1-p)G_2(mf_s)]\end{aligned} \tag{4-3-13}$$

其中

$$G_1(mf_s)=\int_{-\infty}^{\infty}g_1(t)e^{-j2\pi mf_s t}dt$$

$$G_2(mf_s)=\int_{-\infty}^{\infty}g_2(t)e^{-j2\pi mf_s t}dt \tag{4-3-14}$$

再根据周期信号功率谱密度与 V_m 的关系,得到 $v(t)$ 的功率谱密度为

$$P_v(f)=\sum_{m=-\infty}^{\infty}|f_s[pG_1(mf_s)+(1-p)G_2(mf_s)]|^2\delta(f-mf_s) \tag{4-3-15}$$

式(4-3-15) 就是稳定态项的双边功率谱率度。

2. 交变项 $u(t)$ 的功率谱密度 $P_u(f)$

由于 $u(t)$ 是功率型的随机信号,所以求它的功率谱密度 $P_u(f)$ 时要采用截短函数求统计平均的方法,有

$$P_u(f)=\lim_{T\to\infty}\frac{E[\mid U_T(f)\mid^2]}{T} \tag{4-3-16}$$

其中 T 是对 $u(t)$ 进行任意截取的时间间隔，假设 $T=(2N+1)T_s$，N 是一个任意的整数，E 表示求数学期望，$U_T(f)$ 是 $u(t)$ 中截取的 $u_T(t)$ 的频谱函数。因此有

$$u_T(t)=\sum_{n=-N}^{N}u_n(t) \tag{4-3-17}$$

$$\begin{aligned}U_T(f)&=\int_{-\infty}^{\infty}u_T(t)\mathrm{e}^{-\mathrm{j}2\pi ft}\mathrm{d}t\\&=\sum_{n=-N}^{N}a_n\int_{-\infty}^{\infty}[g_1(t-nT_s)-g_2(t-nT_s)]\mathrm{e}^{-\mathrm{j}2\pi ft}\mathrm{d}t\\&=\sum_{n=-N}^{N}a_n\mathrm{e}^{-\mathrm{j}2\pi fnT_s}[G_1(f)-G_2(f)]\end{aligned} \tag{4-3-18}$$

式中

$$G_1(f)=\int_{-\infty}^{\infty}g_1(t)\mathrm{e}^{-\mathrm{j}2\pi ft}\mathrm{d}t$$

$$G_2(f)=\int_{-\infty}^{\infty}g_2(t)\mathrm{e}^{-\mathrm{j}2\pi ft}\mathrm{d}t$$

$$\begin{aligned}\mid U_T(f)\mid^2&=U_T(f)U_T^*(f)\\&=\sum_{m=-N}^{N}\sum_{n=-N}^{N}a_ma_n\mathrm{e}^{\mathrm{j}(n-m)2\pi/T}[G_1(f)-G_2(f)][G_1^*(f)-G_2^*(f)]\end{aligned} \tag{4-3-19}$$

其统计平均值

$$E[\mid U_T(f)\mid^2]=\sum_{m=-N}^{N}\sum_{n=-N}^{N}E(a_ma_n)\mathrm{e}^{\mathrm{j}(n-m)2\pi fT}[G_1(f)-G_2(f)][G_1^*(f)-G_2^*(f)] \tag{4-3-20}$$

当 $m=n$ 时

$$a_ma_n=a_m^2=\begin{cases}(1-p)^2 & \text{以概率 } p \text{ 出现}\\ p^2 & \text{以概率 } 1-p \text{ 出现}\end{cases} \tag{4-3-21}$$

所以 $$E[a_n^2]=p(1-p)^2+(1-p)p^2=p(1-p) \tag{4-3-22}$$

当 $m\neq n$ 时

$$a_ma_n=\begin{cases}(1-p)^2 & \text{以概率 } p^2 \text{ 出现}\\ p^2 & \text{以概率}(1-p)^2 \text{ 出现}\\ -p(1-p) & \text{以概率 } 2p(1-p) \text{ 出现}\end{cases} \tag{4-3-23}$$

所以

$$E[a_ma_n]=p^2(1-p)^2+(1-p)^2p^2+2p(1-p)(p-1)p=0 \tag{4-3-24}$$

$$E[\mid U_T(f)\mid^2]=(2N+1)p(1-p)\mid G_1(f)-G_2(f)\mid^2 \tag{4-3-25}$$

$$\begin{aligned}P_u(f)&=\lim_{T\to\infty}\frac{E[\mid U_T(f)\mid^2]}{T}\\&=\lim_{N\to\infty}\frac{(2N+1)p(1-p)\mid G_1(f)-G_2(f)\mid^2}{(2N+1)T_s}\\&=\frac{p(1-p)\mid G_1(f)-G_2(f)\mid^2}{T_s}\end{aligned} \tag{4-3-26}$$

式(4-3-26)是交叉变项的双边功率谱密度。

3. 总功率谱密度 $P_s(f)$

$u(t)$产生的是连续谱，$v(t)$产生的是离散谱，两者的功率谱密度相加就是总的功率谱密度，由此得 $s(t)$ 的双边功率谱密度

$$\begin{aligned}P_s(f) &= P_u(f) + P_v(f)\\ &= f_s(1-p)p\mid G_1(f) - G_2(f)\mid^2 + \\ &\sum_{m=-\infty}^{\infty}\left| f_s[pG_1(mf_s) + (1-p)G_2(mf_s)]\right|^2\delta(f-mf_s)\end{aligned} \tag{4-3-27}$$

它是交变项 $u(t)$ 的双边功率谱密度和稳态项 $v(t)$ 的双边功率谱密度之和。它也可以用单边功率谱密度表示：

$$\begin{aligned}P_s(f) = &2f_sp(1-p)\mid G_1(f) - G_2(f)\mid^2 + f_s^2\mid pG_1(0) + (1-p)G_2(0)\mid^2\delta(f)\\ &+ 2f_s^2\sum_{m=1}^{\infty}\mid pG_1(mf_s) + (1-p)G_2(mf_s)\mid^2\delta(f-mf_s)\quad f\geqslant 0\end{aligned} \tag{4-3-28}$$

从式(4-3-27)可以得出以下两条结论：

(1) 基带信号功率谱密度包括连续谱分量和离散谱分量。

(2) 当 $g_1(t)$，$g_2(t)$，p 及 T_s 给定后，基带信号功率密度就确定了。

下面我们由式(4-3-28)分析一下 $P_s(f)$ 公式中各项的物理意义。

第一项 $2f_sp(1-p)\mid G_1(f)-G_2(f)\mid^2$：它是由交变项 $u(t)$ 产生的连续频谱，对于实际应用的数字信号，总满足 $p\neq 0$，$p\neq 1$，$G_1(f)\neq G_2(f)$，因此这一项总是存在的。由连续频谱我们可以了解到它的频谱分布规律、能量主要集中的频率范围，并由此确定信号的带宽。

第二项 $f_s^2p\mid pG_1(0)+(1-p)G_2(0)\mid^2\delta(f)$：它是由稳态项 $v(t)$ 产生的直流成分的功率谱密度，这一项不一定都存在。当 $pG_1(0)+(1-p)G_2(0)=0$ 时，直流成分不存在。

第三项 $2f_s^2\sum_{m=1}^{\infty}\mid pG_1(mf_s)+(1-p)G_2(mf_2)\mid^2\delta(f-mf_s)$：它是由稳态项 $v(t)$ 产生的离散频谱，这一项对位同步信号的提取特别重要(即是否存在 mf_s 离散频谱)。这一项也不一定都存在，当 $G_1(f)=-G_2(f)$，且 $p=0.5$ 时，这一项就不存在，即不含同步信息。

4. 常用数字基带信号的功率谱密度

为了进一步理解数字基带信号功率谱密度和熟悉常用数字基带信号的功率谱密度，我们先举几个例子，然后给出常用数字基带信号功率谱密度的曲线。

(1) 以矩形脉冲为基础的二进制码

1) 单极性不归零码

设代表“1”码的 $g_1(t)$ 是高度为 1，宽度为 T_s 的矩形脉冲，$g_2(t)=0$，即

$$G_1(f) = T_sSa(\pi T_sf)$$

$$G_2(f) = 0$$

则 $G_1(0)=T_s$。由公式计算得

$$P_v(f) = f_s^2\mid pG_1(0)\mid^2\delta(f) = f_s^2p^2T_s^2\delta(f) = p^2\delta(f) \tag{4-3-29}$$

$$P_u(f) = 2f_sp(1-p)\mid G_1(f)\mid^2 = 2p(1-p)T_sSa^2(\pi T_sf)\quad (f>0) \tag{4-3-30}$$

一般可认为"0","1"等概率出现,即 $p=0.5$,这时有

$$P_v(f)=0.25\delta(f) \tag{4-3-31}$$

$$P_u(f)=0.5T_sSa^2(\pi T_sf) \quad (f>0) \tag{4-3-32}$$

从稳态波和交变波的功率谱密度可以得知:它含有直流成分的离散频谱和连续频谱,而不含 mf_s 离散频谱,即不含定时信息。

2) 单极性归零码

假设占空比 $\gamma=\tau/T_s<1$,$g_1(t)$ 是宽度为 τ,幅度为1的矩形脉冲,$G(f)=\tau Sa(f\tau/2)=\gamma T_sSa^2(\gamma\pi T_sf)$,当 $p=0.5$ 时,经计算得

$$P_v(f)=\frac{\gamma^2}{4}\delta(f)+\frac{\gamma^2}{2}\sum_{m=1}^{\infty}Sa^2(\gamma m\pi)\delta(f-mf_s) \tag{4-3-33}$$

$$P_u(f)=\frac{\gamma^2}{2}T_sSa^2(\gamma\pi T_sf) \quad (f>0) \tag{4-3-34}$$

由此可见,它不但有直流成分,而且有 mf_s 的离散频谱成分。因此单极性归零码是可以直接提取同步信号的,它是其他码型提取同步信号时的一个过渡码型。

3) 双极性不归零码和双极性归零码

一般应用时都满足 $g_1(t)=-g_2(t)$,$p=0.5$,此时不论归零码还是不归零码,稳态项 $v(t)$ 都是0,因此没有直流成分和离散频谱。当 $g_1(t)$ 为矩形脉冲,幅度为1时,经计算得双极性不归零码的功率谱密度为

$$P_s(f)=P_u(f)=2f_s\mid G_1(f)\mid^2=2T_sSa^2(\pi T_sf) \quad (f>0) \tag{4-3-35}$$

而双极性归零码的功率谱密度为

$$P_s(f)=P_u(f)=2f_s\mid G_1(f)\mid^2=2\gamma^2T_sSa^2(\gamma\pi T_sf) \quad (f>0) \tag{4-3-36}$$

以上面四种最常见的以矩形脉冲为基础的二进制码的功率谱密度曲线如图4-3-2所示。假设归零码的占空比 $\gamma=0.5$,$p=0.5$。

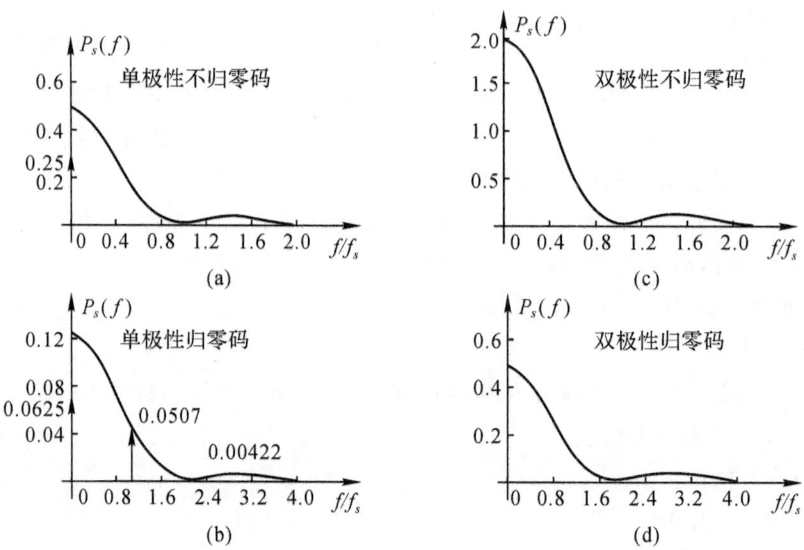

图4-3-2 以矩形脉冲为基础的常用码型的单边功率谱密度曲线

图 4-3-2(a) 表示单极性不归零矩形脉冲码的 $P_s(f)\sim f$ 曲线，有直流成分，无 mf_s 离散分量，连续谱在 $f=f_s$ 出现第一个零点，$f=2f_s$ 出现第二个零点；$P_u(f)$ 总的趋势随(f/f_s)上升而下降，能量主要集中在低频区域，越靠近零频率功率谱密度越大。

图 4-3-2(b) 所示为单极性归零矩形脉冲码的 $P_s(f)\sim f$ 曲线，它与不归零码的区别在于有了 mf_s 的离散频谱(当 $m=1,3,5,\cdots$ 时)，另外连续功率谱密度展宽了，第一个零点出现在 $f=2f_s$ 处，$P_s(f)\sim f$ 的形状与全占空的是一样的。

图 4-3-2(c)，(d) 分别画出了双极性不归零和双极性归零矩形脉冲码的 $P_s(f)\sim f$ 曲线，从连续谱来看分布规律与图 4-3-2(a)，(b) 相同，只是离散谱没有了。

(2) 以升余弦脉冲为基础的二进制码

上面举的例子都是以矩形脉冲为基础的，从图 4-3-2 可以看到，$P_s(f)\sim f$ 在第一个零点以后，还有不少的部分能量，如果信道带宽限制在 0 到第一个零点范围，势必引起波形传输的较大失真。如果采用以升余弦脉冲为基础的二进制码，把宽度为 T_s 的矩形脉冲用宽度 $2T_s$ 的升余弦脉冲代替，如 4-3-3 所示，此时经分析计算，可以作出以升余弦脉冲为基础的单极性不归零二进制码的功率谱密度曲线，如图 4-3-4(a) 所示，以升余弦脉冲为基础的双极性不归零二进制码的功率谱密度曲线如图 4-3-4(b) 所示。显然它们的功率谱密度分布比矩形脉冲的更集中在连续功率谱密度的第一个零点以内。如果信道带宽限制在第一个零点范围以内，传输波形就不会引起多大的失真。

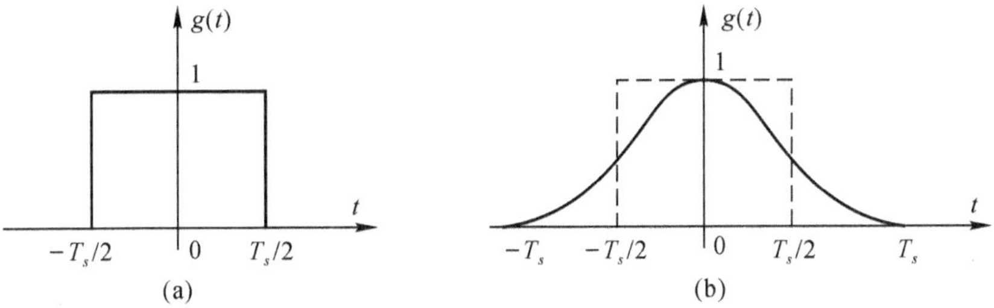

图 4-3-3　宽度为 T_s 的矩形脉冲和宽度为 $2T_s$ 的升余弦脉冲

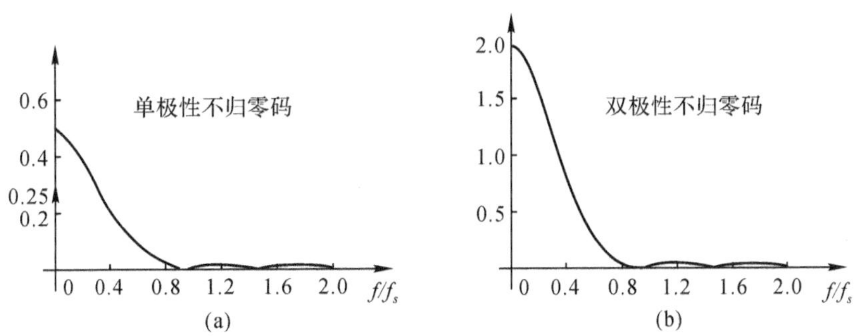

图 4-3-4　以升余弦脉冲为基础的两种码型的单边功率谱密度曲线

因此我们由功率谱密度可以了解信号中有无直流成分，有无可供位同步信号提取用的离散频谱分量(对于没有离散线谱分量的信号，在接收端则需要对其进行某种变换，使其频谱中含有离散分量)、信号频谱分布规律(功率主要集中在什么频率范围)、信号带宽等问题。

4.4 数字基带传输系统与码间干扰

4.4.1 数字基带传输系统的组成

由基本电路理论得知，信号经过一个纯电阻网络传输后，只受到衰减，其波形保持不变；只有经过一个含电抗的网络传输后才发生波形失真，以及失真造成的相邻码元互相干扰，由于实际信道并非是一个理想的，而是可以把它等效成一个含有电抗元件的带宽有限的滤波器(例如电缆，通常有分布电容和电感)。图 4-4-1 给出了一个典型的数字基带传输系统的组成模型。

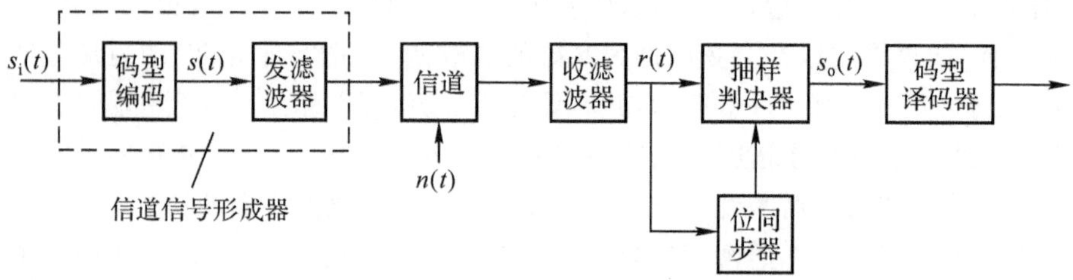

图 4-4-1 数字基带传输系统模型

在数字基带传输系统发送端，$s_i(t)$ 可以是来自于信源编码、加密或信道编码的信号，它经过码型变换器，将其变换为适合于信道传输的码型。$s(t)$ 的基本波形是矩形脉冲，其功率谱密度的范围很宽，经过发送滤波器后，将其带宽限制在信道要求的范围内，变成适合在信道中传输的某种脉冲波形。一般都是相同波形的随机序列(二进制或多进制)，其基本波形为 $g(t)$，$\{a_n\}$ 表示代码序列，不同代码对应的信号强度不同。我们用 $G(\omega)$ 表示 $g(t)$ 的傅氏变换。

信道中还会引入各种噪声，在接收端也有一个滤波器，它除了滤除带外噪声外，用于抵消接收信号波形的失真，使信号能正确恢复。码型反变换输出数字终端所需要的原始码元序列。在下面分析数字基带传输系统特性时，可以不考虑码型变换和码型反变换。图 4-4-2 是数字基带系统数学模型。

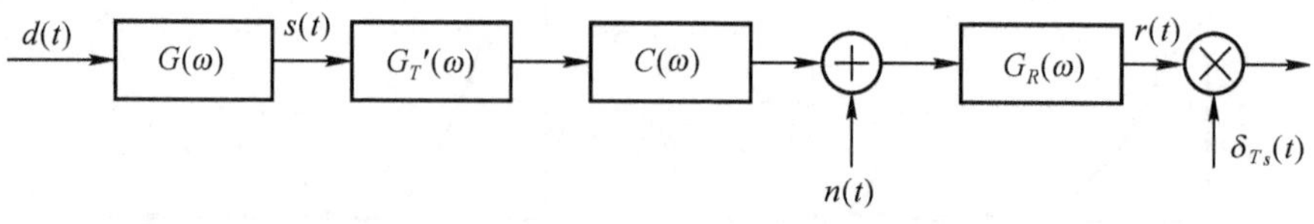

图 4-4-2 数字基带系统数学模型 I

图中
$$d(t)=\sum_{n=-\infty}^{\infty}a_n\delta(t-nT_s) \tag{4-4-1}$$

$$s(t)=\sum_{n=-\infty}^{\infty}a_n g(t-nT_s) \tag{4-4-2}$$

$$\delta_{T_s}(t)=\sum_{n=-\infty}^{\infty}\delta(t-nT_s) \tag{4-4-3}$$

$G_T'(\omega)$,$C(\omega)$,$G_R(\omega)$ 分别是发滤波器、信道、收滤波器的频率特性,$\delta_{T_s}(t)$ 是指间隔为 T_s 的抽样脉冲。

令 $G_T(\omega) = G_T'(\omega)G(\omega)$,可得基带系统数学模型的另一种表示方式,如图 4-4-3 所示。

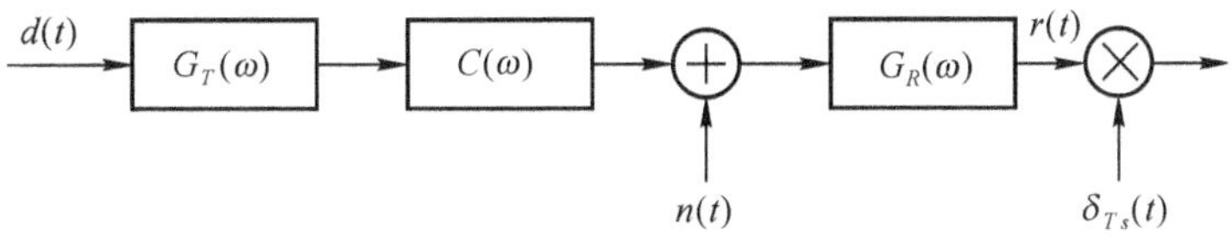

图 4-4-3　数字基带系统数学模型 Ⅱ

设基带数字信号传输系统是一个线性系统,信道信号形成器的传输函数为 $G_T(\omega)$,接收滤波器的传输函数为 $G_R(\omega)$,信道传输函数 $C(\omega)$,我们把这三个传输函数合成一个总的传输函数 $H(\omega)$,即 $H(\omega) = G_T(\omega)C(\omega)G_R(\omega)$。$h(t) = \mathscr{F}^{-1}[H(\omega)]$ 为基带系统的冲激响应。

对数字通信而言我们关注的是对接收到的信号波形在抽样时刻是否能进行正确判决。为此我们要讨论数字基带传输系统必须满足怎样的条件才能实现接收端能正确恢复原始数字信号,以及码间干扰对传输系统的影响。当然除了码间干扰外,信道中还会引入各种噪声,这里暂不考虑噪声对信号接收的影响。

4.4.2　码间干扰的概念

我们假定发送端采用双极性码,当输入二进制码元序列中的“1”码时,经过信道信号形成器后,输出一个正的基带波形,而当输入“0”码时,则输出负的基带波形,分别如图 4-4-4(a),(b) 所示。当输入一串二进制码元序列,经过实际信道以后,信号将有延迟和失真,在不考虑噪声影响下,接收滤波器输出端得到的波形如图 4-4-4(c) 所示,最大值出现在 t_1 时刻,而且波形拖得很宽,这个时候对这个码元的抽样判决时刻应选择在 $t = t_1$ 时刻。那么对下一个(第二个)码元判决时刻应选在$(t_1 + T_s)$。从图中可以看到 $t = (t_1 + T_s)$ 时刻第一码元的 $y(t)$ 还没有消失,这样势必影响第二个码元的判决,即接收端接收到前一个码元的波形串到后一个码元抽样判决的时刻,影响后一个码元的抽样判决。当波形失真比较严重时,可能出现前面几个码元的波形同时串到后面,对后面某一个码元的抽样判决产生影响。这种影响就叫做码间干扰。

4.5　无码间干扰的基带传输系统

4.5.1　无码间干扰系统

由上述可知,码间干扰是由于系统总传输特性 $H(\omega)$ 不良引起的。通常,信道的传输特性 $C(\omega)$ 是由线路媒质确定的,而发送和接收滤波器的传输特性 $G_T'(\omega)$ 和 $G_R(\omega)$ 在设计时是有灵活性的。因此我们下面就来讨论如何设计这两个滤波器,使总传输特性 $H(\omega)$ 产生的码间干扰尽量小,甚至消失。

假设系统输入一个单位脉冲 $\delta(t)$,经过系统传输后(为简化分析,我们假设传输无延迟)输出 $h(t)$。经间隔 T_s 后再输入一个单位脉冲,即 $\delta(t - T_s)$,其对应的输出为$h(t - T_s)$,其波

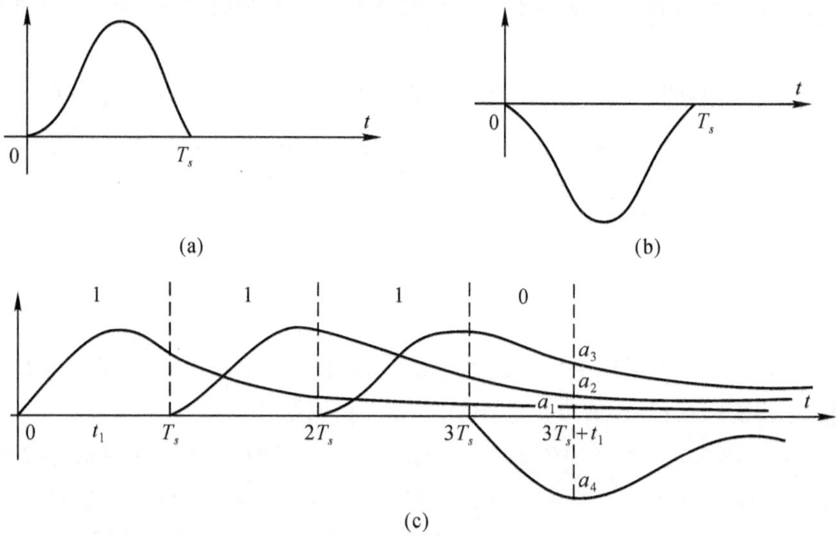

图 4-4-4　码间干扰示意图

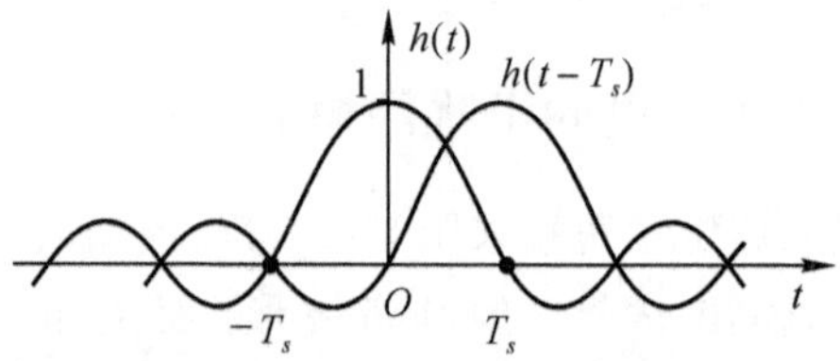

图 4-5-1　$h(t)$ 和 $h(t-T_s)$ 无码间干扰示意图

形如图 4-5-1 所示。经过抽样判决器 $\delta_{T_s}(t)=\sum\limits_{n=-\infty}^{\infty}\delta(t-nT_s)$，以间隔 T_s 进行抽样。那么，只要使在本码元内的抽样时刻的脉冲响应最大而在相邻的前后码元的抽样时刻的响应恰好为零，就满足无码间干扰。由图 4-5-1 可见，显然 $h(t)$ 必须满足下式：

$$h(kT_s)=\begin{cases}1 & k=0\\ 0 & k\text{ 为其他整数}\end{cases} \tag{4-5-1}$$

也就是说，$h(t)$ 的值除 $t=0$ 时不为零外，在其他所有抽样点上均为零。这样，我们就可以用最大码元速率 $R_{B\max}=1/T_s$（波特）进行传输。式(4-5-1) 就是无码间干扰的时域条件。

下面我们由无码间干扰的时域条件推导出其频域条件。由 $h(t)=\dfrac{1}{2\pi}\displaystyle\int_{-\infty}^{\infty}H(\omega)e^{j\omega t}d\omega$ 可得

$$h(kT_s)=\frac{1}{2\pi}\int_{-\infty}^{\infty}H(\omega)e^{j\omega kT_s}d\omega \tag{4-5-2}$$

把上式的积分区间用角频率间隔 $2\pi/T_s$ 分割，则可得

$$h(kT_s)=\frac{1}{2\pi}\sum_i\int_{(2i-1)\pi/T_s}^{(2i+1)\pi/T_s}H(\omega)e^{j\omega kT_s}d\omega$$

作变量代换：令 $\omega'=\omega-\dfrac{2i\pi}{T_s}$，则有 $d\omega'=d\omega$，$\omega=\omega'+\dfrac{2i\pi}{T_s}$，且当 $\omega=\dfrac{(2i\pm1)\pi}{T_s}$ 时，$\omega'=\pm\dfrac{\pi}{T_s}$，于是有

$$h(kT_s)=\frac{1}{2\pi}\sum_i\int_{-\pi/T_s}^{\pi/T_s}H\left(\omega'+\frac{2i\pi}{T_s}\right)e^{j\omega' kT_s}e^{j2\pi ik}d\omega'$$

$$= \frac{1}{2\pi}\sum_i \int_{-\pi/T_s}^{\pi/T_s} H\left(\omega' + \frac{2i\pi}{T_s}\right) e^{j\omega' kT_s} d\omega'$$

设求和与积分的次序可以互换(当上式之和为一致收敛时),上式即可写成为

$$h(kT_s) = \frac{1}{2\pi}\int_{-\pi/T_s}^{\pi/T_s} \sum_i H\left(\omega + \frac{2i\pi}{T_s}\right) e^{j\omega kT_s} d\omega \tag{4-5-3}$$

这里,我们已把变量 ω' 重新记为 ω。

由傅里叶级数可知,若 $F(\omega)$ 是周期为 ω_0 的频率可得

$$\begin{cases} F(\omega) = \sum_n f_n e^{-j\frac{2\pi n\omega}{\omega_0}} \\ f_n = \frac{1}{\omega_0}\int_{-\omega_0/2}^{\omega_0/2} F(\omega) e^{\frac{j2\pi n\omega}{\omega_0}} d\omega \end{cases}$$

令 $\omega_0 = 2\pi/T_s$,则

$$f_n = \frac{T_s}{2\pi}\int_{-\pi/T_s}^{\pi/T_s} F(\omega) e^{jn\omega T_s} d\omega \tag{4-5-4}$$

将式(4-5-4)与式(4-5-3)对照,我们发现,$h(kT_s)$ 是 $\frac{1}{T_s}\sum_i H\left(\omega + \frac{2\pi i}{T_s}\right)$ 的指数型傅里叶级数的系数,即有

$$h(kT_s) = \frac{T_s}{2\pi}\int_{-\pi/T_s}^{\pi/T_s} \frac{1}{T_s}\sum_i H\left(\omega + \frac{2\pi i}{T_s}\right) e^{j\omega kT_s} d\omega$$

而

$$\frac{1}{T_s}\sum_i H\left(\omega + \frac{2\pi i}{T_s}\right) = \sum_k h(kT_s) e^{-j\omega kT_s} \tag{4-5-5}$$

在式(4-5-1)的要求下,我们得到无码间干扰时的基带传输特性应满足

$$\frac{1}{T_s}\sum_i H\left(\omega + \frac{2\pi i}{T_s}\right) = 1 \qquad |\omega| \leqslant \frac{\pi}{T_s} \tag{4-5-6}$$

即

$$\sum_i H\left(\omega + \frac{2i\pi}{T_s}\right) = T_s \qquad |\omega| \leqslant \frac{\pi}{T_s} \tag{4-5-7}$$

或

$$H_{eq}(\omega) = \sum_i H\left(\omega + \frac{2i\pi}{T_s}\right) = \text{常数} \qquad |\omega| \leqslant \frac{\pi}{T_s} \tag{4-5-8}$$

基带系统的总特性 $H(\omega)$ 凡是能符合此要求的,均可消除码间干扰。这就为我们检验一个给定的系统特性 $H(\omega)$ 是否会引起码间干扰提供了一种准则。由于该准则是奈奎斯特(Nyquist)提出的,故将式(4-5-7)或式(4-5-8)称为奈奎斯特第一准则。

上面给出的是满足无码间干扰的 $H(\omega)$-ω 关系式,为了使用方便起见,用频率坐标代替角频率坐标,我们把其转化为 $H(f)$-f 关系式,即

$$\sum_i H(f + if_s) = T_s \qquad |f| \leqslant \frac{f_s}{2} \tag{4-5-9}$$

式中,$f_s = 1/T_s$(Hz)为码元重复频率,数值上等于码元速率。该式的含义是:将基带系统的频率特性 $H(f)$ 在频率轴上以 f_s 为间隔切开,然后分段沿频率轴平移到区间$(-f_s/2, f_s/2)$内,叠加出一根水平直线(即为某常数),至于是否为 T_s 不是必需的。图 4-5-2 为其示意图。

令 $W_1 = 1/2T_s = f_s/2$,它相当于角频率为 π/T_s 时的频率。我们可以看出 $H(f)$-f 特性

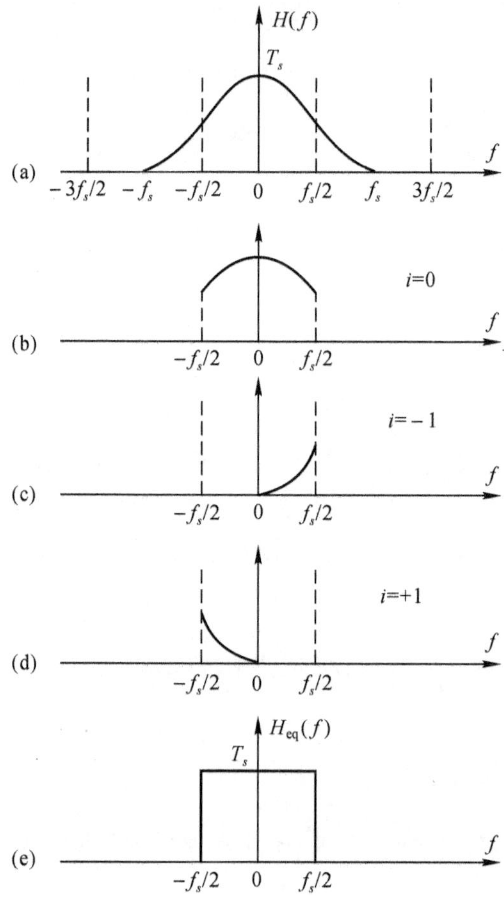

图 4-5-2 $H(f)$ 等效过程的示意图

曲线是以 W_1 为互补对称点的。因此，当 $H(f)$-f 满足上述条件时，只要找到其互补对称点的频率值，就可以得出该基带系统实现无码间干扰的最大码元速率，即 $R_{B\max}=f_s=2W_1$。当然实际码元速率 R_B 取值为$\frac{R_{B\max}}{k}$（k 取 1,2,… 为非零正整数）时，均能实现无码间干扰。

4.5.2 两种无码间干扰的基带传输系统

1. 理想低通系统

首先，我们来观察系统总传输函数 $H(\omega)$ 具有理想矩形特性的情况，如图 4-5-3(a) 所示，即

$$H(\omega)=\begin{cases}T_s & |\omega|\leqslant \pi/T_s\\ 0 & \text{其他}\end{cases}\tag{4-5-10}$$

式中，T_s 为码元脉冲宽度。它满足式(4-5-7)，即奈奎斯特第一准则。其傅里叶逆变换为

$$h(t)=\frac{1}{2\pi}\int_{-\pi/T_s}^{\pi/T_s}H(\omega)\mathrm{e}^{\mathrm{j}\omega t}\mathrm{d}\omega=\frac{\sin(t\pi/T_s)}{(t\pi/T_s)}\tag{4-5-11}$$

由式(4-5-11) 可知该 $h(t)$ 是函数 $\sin x/x$，它相邻零点间隔等于 T_s，只有原点左右第一

个零点之间的间隔等于 $2T_s$，其曲线图如图 4-5-3(b) 所示。当系统输入 $d(t)=\sum_{n=-\infty}^{\infty}a_n\delta(t-nT_s)$，即间隔等于 T_s 的冲激序列时，输出 $r(t)=\sum_{n=-\infty}^{\infty}a_nh(t-nT_s)$。在第 n 时刻抽样点上的抽样值等于本时刻的码元值 a_n，相邻码元的脉冲的抽样值均为 0，它满足式(4-5-1) 无码间干扰的时域条件。

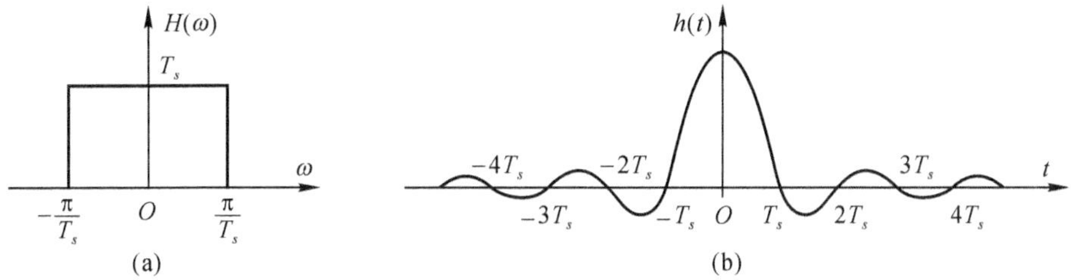

图 4-5-3　理想低通系统的 H(ω) 和 h(t) 波形

该理想低通特性的基带传输系统传输占用的频带宽度，由图 4-5-3(a) 可知，等于 $1/(2T_s)$ Hz。也就是说，可以用 $B=1/(2T_s)$ Hz 的传输带宽得到 $R_B=1/T_s$ Baud 的传输速率。

因此理想低通特性的基带传输系统频带利用率为 $\eta=2$ Baud/Hz。它是最高可以达到的极限频带利用率。

实际上，上述的理想低通传输函数的矩形特性是物理不可实现的，而且如图 4-5-3(b) 所示，波形的“尾巴”起伏振荡较大，因为 $h(t)\propto\frac{1}{t}$，收敛太慢，一旦接收端的抽样时刻稍有偏差，就会有一长串码元的许多“尾巴”的残值在一个抽样点上叠加，从而严重影响抽样值的正确判决。

2. 等效理想低通型

为了解决上述问题，奈奎斯特第一准则，即式(4-5-8) 给出了一条解决途径。系统传输函数可以不必具有理想低通矩形特性，而允许有缓慢下降边沿的过渡带，只要此传输函数在 $f=W_1$ 处互补对称，就可以实现无码间干扰传输。

定义滚降系数 $\alpha=W_2/W_1$，其中 W_1 是无滚降时的截止频率(即等效成理想低通型的截止频率)，W_2 为滚降部分的截止频率，α 越大，过渡带越宽。

下面给出一个在实际数字通信系统中常用的符合奈奎斯特准则的例子，即具有余弦滚降特性的传输函数。

当 α 取一般值时($0<\alpha<1$)，按余弦滚降的 $H(\omega)$ 可表示成

$$H(\omega)=\begin{cases}T_s & 0\leqslant|\omega|<\dfrac{(1-\alpha)\pi}{T_s}\\ \dfrac{T_s}{2}\left[1+\sin\dfrac{T_s}{2\alpha}\left(\dfrac{\pi}{T_s}-\omega\right)\right] & \dfrac{(1-\alpha)\pi}{T_s}\leqslant|\omega|<\dfrac{(1+\alpha)\pi}{T_s}\\ 0 & |\omega|\geqslant\dfrac{(1+\alpha)\pi}{T_s}\end{cases}\tag{4-5-12}$$

而相应的 $h(t)$ 为

$$h(t)=\frac{\sin\frac{\pi}{T_s}t}{\frac{\pi}{T_s}t}\cdot\frac{\cos\frac{\alpha\pi}{T_s}t}{1-\frac{4\alpha^2t^2}{T_s^2}} \tag{4-5-13}$$

实际的 $H(\omega)$ 可按不同的 α 来选取。

对于 $\alpha=0,0.5,0.75$ 和 1.0 四种情况，由以上两式计算出的曲线画在图 4-5-4 中。当 $\alpha=1.0$ 时，在图 4-5-4(a) 中 $H(\omega)$ 曲线具有升余弦形，称为升余弦特性。此时其波形 $r(t)$ 的旁瓣很小，小于 31.5 dB。因此，即使抽样时刻有误差也不会使码间干扰很大。

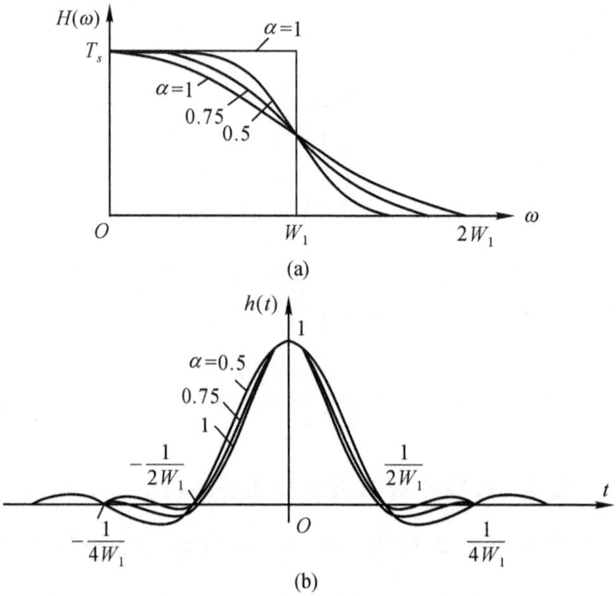

图 4-5-4 滚降特性的构成及示例(仅画正频率部分)

当码元速率 R_B 一定时，该传输特性需要的带宽 B 比理想低通时的大，其频带利用率也比理想低通时小。为便于比较，这些数值的大小将在 4.5.3 节中给出。

由式(4-5-13)可以看出，采用余弦滚降特性时 $h(t)\propto\frac{1}{t^3}$，尾巴衰减快，当定时不准时对码间干扰的影响比较小，而且 $H(\omega)$ 频谱是缓慢截止的，容易实现。

由上述讨论可知，当码元速率 R_B 给定时，衡量一个数字基带系统传输特性的好坏主要是从三个方面来看：(1) 频带利用率的大小；(2) 从 $h(t)$ 时域看收敛速度的快慢；(3) 从 $H(\omega)$ 频域看易实现程度。

4.5.3 归纳

1. 各种传输特性的带宽和频带利用率的比较

我们在相同码元速率 R_B 或相同码元重复频率 f_s 的前提下，对各种传输特性的带宽和频带利用率作一比较，见表 4-1。

表 4-1　几种传输特性比较

传输特性	带　　宽(Hz)	频带利用率(Band/Hz)
理想低通传输特性	$B = W_1 = \frac{f_s}{2}$	$\eta = 2$
余弦滚降和直线滚降特性	$B = (1+\alpha)W_1 = \frac{1+\alpha}{2}f_s$	$\eta = \frac{2}{1+\alpha}$
升余弦和三角形特性($\alpha = 1$)	$B = 2W_1 = f_s$	$\eta = 1$

注意：这里带宽 B 是传输特性 $H(\omega)$ 的频率宽度，它是指传输特性的整个频率范围，而不是等效带宽。

2. 特例

我们可以把理想低通传输特性看成是滚降系数 $\alpha = 0$，能实现无码间干扰的传输系统的特例。它的传输带宽 $B = W_1$，码元速率 $f_s = 2W_1$，这个速率是极限的传输速率。因为如果 $f_s > 2W_1$ 时，当遇到"1"，"0" 码以 T_s 为间隔连续交替出现的双极性码时，这个波形是周期为 $2T_s$ 的周期信号，用傅氏级数展开得最低频率(基波) 为 $f_1 = 1/2T_s = f_s/2$，其余为它的谐波 mf_1，当码元速率 $f_s > 2W_1$ 时，$f_1 > W_1$，这样整个波形没有一个频率成分能通过此理想低通滤波器。因此 $f_s = 2W_1$ 是极限传输速率。

通常把 $f_s = 2W_1$ 这个极限速率称为奈奎斯特速率，此时的码元宽度 $T_s = 1/2W_1$ 称为奈奎斯特间隔，而带宽 W_1 称为奈奎斯特带宽。把在理想低通条件下得到的这些结论统称为奈奎斯特定理。

此时 2Band/Hz 也是最高频带利用率，而码元速率为 f_s 时得到的带宽 $B = f_s/2$ 是所需要的最小传输带宽。

3. 模拟基带传输和数字基带传输的比较

在模拟基带信号传输系统中，要求传输信号的波形不失真或者失真很小，而为了使传输信号的波形不失真，要求信道的带宽大于或等于信号的最高频率成分。例如，通电话信号时，要求信道带宽大于或等于话音最高频率 f_m(3400 Hz)。在数字基带信号的传输系统中，前面分析中用的是冲激脉冲序列，其频谱由 0 到 ∞，信号的带宽是无穷大，但我们对传输特性 $H(\omega)$ 的带宽要求却是有限的，例如用升余弦特性时，传输特性的带宽 $B = 2W_1 = f_s$，这个时候升余弦特性只能让冲激脉冲序列 $\mathrm{d}(t)$ 的频谱通过一小部分，因此就信号波形来说要产生很大的失真。

数字基带信号传输时要求的是无码间干扰，波形的失真不但是允许的，而且可以允许有很大的失真。只要没有码间干扰(或者码间干扰足够小) 和噪声足够小，抽样判决时不发生错误判决，那么就可以通过码元再生电路恢复需要的(与发送端相同) 波形。

总之，数字基带信号的传输是从无码间干扰的角度出发提出对传输特性以及其带宽的要求的。而模拟基带信号则是从信号波形不失真的角度提出对传输系统带宽的要求的。这是两个完全不同的概念和方法。

4.6 部分响应系统

4.6.1 问题的提出

在前面的讨论中，为了消除码间干扰总是要求把基带系统的总特性 $H(\omega)$ 设计成理想低通特性，或者等效的理想低通特性。然而，对于理想低通特性的系统而言，其冲激响应为 $\sin x/x$ 波形。这个波形的特点是频谱窄，而且能达到理论上的极限频带利用率(2 Baud/Hz)。但其缺点是第一个零点以后的尾巴振荡幅度大、收敛慢，从而对定时要求十分严格。若定时稍有偏差，则极易引起严重的码间干扰。于是，又提出了采用等效理想低通传输特性，例如采用升余弦频率特性。此时虽然减小了尾巴的振幅，对定时也可放松些要求，可是所需的频带却加宽了，故就达不到 2 Baud/Hz 的频带利用率(升余弦特性时为 1 Baud/Hz)，即降低了系统的频带利用率。由此可见，高的频带利用率与收敛快是互相矛盾的，这对于高速率的传输尤其不利。

下面我们给出的部分响应波形就可以解决两者的矛盾。部分响应系统就是在抽样点上有目的地引入码间干扰，它利用传输码元的相邻脉冲，经过适当组合，使引入的码间干扰成为固定的格式，它是受人为控制的。由于一个码元的持续时间内的波形只是整个波形的一部分，因此利用这种波形进行传输的基带传输系统称为部分响应系统。它既能使频带利用率达到极限值 $\eta=2\text{Band/Hz}$，又能降低对抽样时刻的精度要求。

4.6.2 第Ⅰ类部分响应系统

我们将两个时间上相隔一个码元宽度 T_s 的具有理想矩形频谱的 $\sin x/x$ 波形相加，如图 4-6-1(a) 所示，合成的波形使“拖尾”正负相消，“拖尾”变小。合成的波形 $g(t)$ 为

$$g(t)=\frac{\sin 2\pi Wt}{2\pi Wt}+\frac{\sin 2\pi W(t-T_s)}{2\pi W(t-T_s)}=\frac{\sin\dfrac{\pi t}{T_s}}{\dfrac{\pi t}{T_s}}+\frac{\sin\dfrac{\pi}{T_s}(t-T_s)}{\dfrac{\pi}{T_s}(t-T_s)} \tag{4-6-1}$$

式中，W 为奈奎斯特带宽，即有 $W=\dfrac{1}{2T_s}$。

不难求得 $g(t)$ 的频谱函数 $G(\omega)$ 为

$$G(\omega)=\begin{cases}2T_s\cos\dfrac{\omega T_s}{2} & |\omega|\leqslant\dfrac{\pi}{T_s}\\ 0 & |\omega|>\dfrac{\pi}{T_s}\end{cases} \tag{4-6-2}$$

显然，这个 $G(\omega)$ 是呈余弦形的，如图 4-6-1(b) 所示(只画出了正频率部分)，频谱限制在 $(-\dfrac{1}{2T_s},\dfrac{1}{2T_s})$ 内，即带宽 $B=W=\dfrac{1}{2T_s}$，与 4.5.2 节所述的无码间干扰的理想低通系统的带宽相等。

$g(t)$ 的实现原理框图如图 4-6-2 所示。其中相关编码器 $h_1(t)=\delta(t)+\delta(t-T_s)$，理想

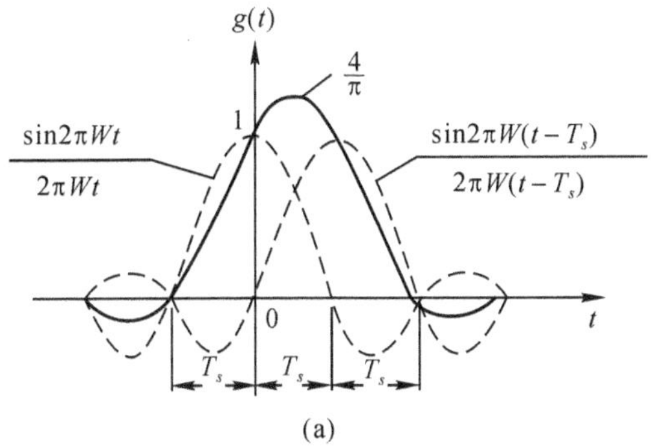

图 4-6-1　$g(t)$ 及其频谱

低通单元 $h_L(t)=\dfrac{\sin\pi t/T_s}{\pi t/T_s}$。因此整个级联系统即为 $g(t)=h_1(t)*h_L(t)$，符合式(4-6-1)。

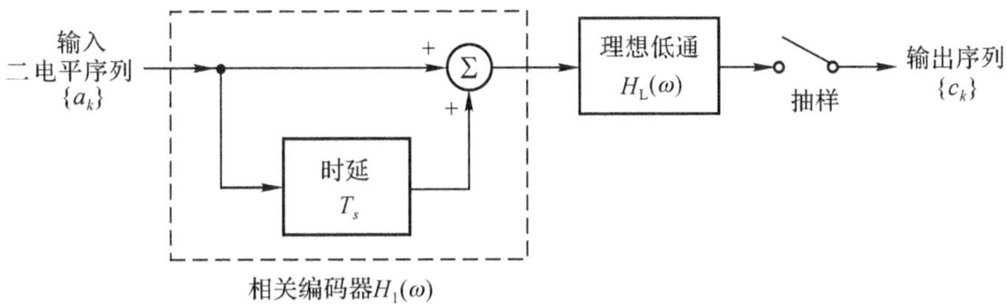

图 4-6-2　第 Ⅰ 类部分响应系统的原理框图

由式(4-6-1)并结合图 4-6-1 可知 $g(t)$ 的波形特点，即

$$\left.\begin{aligned}&g\left(\frac{T_s}{2}\right)=\frac{4}{\pi}\\&g(0)=g(T_s)=1\\&g(kT_s)=0,\ k=\pm 3,\pm 5,\cdots\end{aligned}\right\}\tag{4-6-3}$$

在 $t=\dfrac{T_s}{2}$ 处是 $g(t)$ 波形的峰值，它是前后相邻码元冲激响应波形的重叠交叉点。也就是说在此处抽样的值是前后相邻两个码元在该时刻的响应波形的叠加。因此，当系统输入的二进制码元序列为 $\{a_k\}$ 时，设 a_k 的取值为 $+1$ 和 -1，经过冲激响应为 $g(t)$ 的部分响应系统后，输出波形如图 4-6-3 所示。然后经过抽样判决器，在 $t=kT_s+\dfrac{T_s}{2}$ 处进行抽样判决，可得

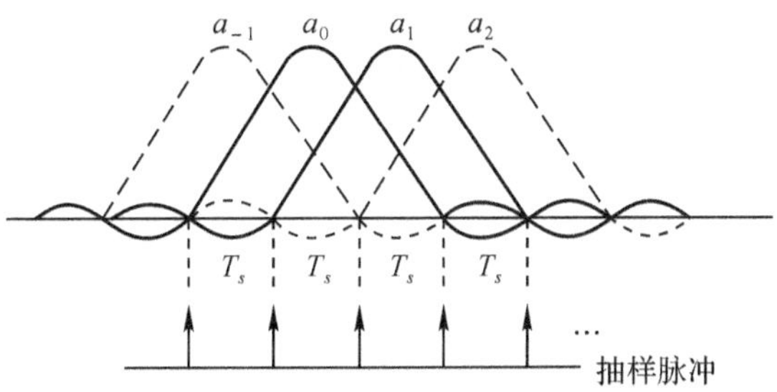

图 4-6-3　码元发生干扰的示意图

$$c_k=a_k+a_{k-1}\tag{4-6-4}$$

式中，a_{k-1} 表示 a_k 前一码元在第 k 个时刻上的抽样值。它的作用就是把不相关的二电平序列 $\{a_k\}$ 变成相关的三电平序列 $\{c_k\}$，c_k 可能的取值为 0，±2。我们把式(4-6-4)叫做相关编码。

式(4-6-4)可写成

$$a_k = c_k - a_{k-1} \tag{4-6-5}$$

由式(4-6-5)可见，接收端判决得到 c_k 时，还要减去前一码元 a_{k-1} 的判决值，才能得到 a_k。因此它的缺点是，若 a_{k-1} 出错，则后面的码元全错，或者说只要一个码元出错，则相继的码元都错。把这种现象称为误码扩散，这是由于本码元的值依赖于前一码元的判决值造成的。

因此，如果解除前后码元的相关性，接收端就不必先知道前一码元的判定值，也就不存在误码扩散现象。这就需要采用预编码，它是对 a_k 进行下列模 2 运算：

$$b_k = a_k \oplus b_{k-1} \tag{4-6-6}$$

这里，$\oplus$ 表示模 2 和。实际上式(4-6-6)就是差分编码，a_k 是绝对码，b_k 是差分码或相对码。

然后，把 $\{b_k\}$ 作为部分响应系统 $g(t)$ 的输入码元序列，参照式(4-6-4)得到

$$c_k = b_k + b_{k-1} \tag{4-6-7}$$

式(4-6-7)也称为相关编码。若对该式作模 2[mod 2]处理，则有

$$[c_k]_{\text{mod } 2} = [b_k + b_{k-1}]_{\text{mod } 2} = b_k \oplus b_{k-1} = a_k \tag{4-6-8}$$

这表明只要对抽样判决的值作 c_k 模 2 处理后即可直接还原出 a_k，它与前一码元的判决正确与否无关，因此克服了误码扩散现象。

概括上述处理过程为“预编码 — 相关编码 — 模 2 判决”。

下面举一个具体的例子来说明上述过程。设发送序列 $\{a_k\}$ 为 11101001，则编译码过程如表 4-2 所示。

表 4-2 编译码过程

	初始状态 $b_{k-1}=0$								初始状态 $b_{k-1}=1$							
二进制序列 $\{a_k\}$	1	1	1	0	1	0	0	1	1	1	1	0	1	0	0	1
二进制序列 $\{b_{k-1}\}$	0	1	0	1	1	0	0	0	1	0	1	0	0	1	1	1
二进制序列 $\{b_k\}$	1	0	1	1	0	0	0	1	0	1	0	0	1	1	1	0
序列 $\{c_k\}$	1	1	1	2	1	0	0	1	1	1	1	0	1	2	2	1
二进制序列 $\{[c_k]_{\text{mod}}\}$	1	1	1	0	1	0	0	1	1	1	1	0	1	0	0	1
双极性输入序列 $\{a_k\}$	+	+	+	−	+	−	−	+	+	+	+	−	+	−	−	+
双极性信号序列 $\{b_k\}$	+	−	+	+	−	−	−	+	−	+	−	−	+	+	+	−
双极性信号序列 $\{b_{k-1}\}$	−	+	−	+	+	−	−	−	+	−	+	−	−	+	+	+
序列 $\{c_k\}$	0	0	0	2	0	−2	−2	0	0	0	0	−2	0	2	2	0

在上面的表中，分别给出了用二进制数字和用双极性波形表示的编译码过程。前者便于理论分析，后者便于说明电路中的物理过程。在用双极性波形描述时，接收端的判决准则是：若 $c_k = 0$，则判为 $a_k = +1$；若 $c_k = \pm 2$，则判为 $a_k = -1$。

由上例可以看出，无论第一个 b_{k-1}（即初始状态）等于什么，译码结果 $[c_k]_{\text{mod } 2}$ 总是正确的。

单独的相关编码器和理想低通单元并不存在，故 $G(\omega)$ 应是整个系统的频率特性。系统的原理方框图如图 4-6-4 所示。两条虚线之间的系统即为第 Ⅰ 类部分响应系统 $G(\omega)$。

由上述讨论可见，相关编码器的作用使系统的频带利用率达到 2 Baud/Hz，而且系统的时域响应 $g(t)$ 比 $\sin x/x$ 波形收敛快，降低了对定时抖动的要求。另外，频率响应 $G(\omega)$ 频谱

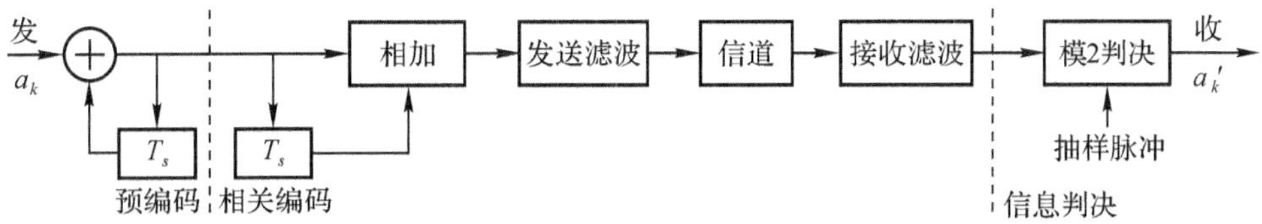

图 4-6-4　第 Ⅰ 类部分响应系统方框图

是缓慢截止的，在实际应用中易于进行近似。但它的缺点是在发送端将二电平的 a_k 变成三电平的 c_k 后，在输入信噪比相同条件下，抗噪声性能会有所下降。

4.6.3　部分响应波形的一般形式

现在把上述例子推广到一般的部分响应系统中去。一般地，部分响应波形是式(4-6-1)形式的推广，即

$$g(t)=R_1\frac{\sin\frac{\pi}{T_s}t}{\frac{\pi}{T_s}t}+R_2\frac{\sin\frac{\pi}{T_s}(t-T_s)}{\frac{\pi}{T_s}(t-T_s)}+\cdots+R_N\frac{\sin\frac{\pi}{T_s}[t-(N-1)T_s]}{\frac{\pi}{T_s}[t-(N-1)T_s]}\tag{4-6-9}$$

这是 N 个相继间隔 T_s 的 $\sin x/x$ 波形之和，其中，$R_1,R_2,\cdots,R_N$ 为 N 个冲激响应波形的加权系数，其取值可为正、负整数(包括取 0 值)。由式(4-6-9) 可得 $g(t)$ 的频谱函数 $G(\omega)$ 为

$$G(\omega)=\begin{cases}T_s\sum\limits_{m=1}^{N}R_m\mathrm{e}^{-\mathrm{j}\omega(m-1)T_s} & |\omega|\leqslant\frac{\pi}{T_s}\\ 0 & |\omega|>\frac{\pi}{T_s}\end{cases}\tag{4-6-10}$$

可见，$G(\omega)$ 在频域仍限制在$(-\pi/T_s,\pi/T_s)$之内。

显然，不同的 $R_m(m=1,2,\cdots,N)$，将有不同的相关编码形式。若设输入数据序列为$\{a_k\}$，相应的相关编码电平为$\{c_k\}$，则

$$c_k=R_1a_1+R_2a_{k-1}+\cdots+R_Na_{k-(N-1)}\tag{4-6-11}$$

由此看出，c_k 的电平数将依赖于 a_k 的进制数 L 及 R_m 的取值，一般 c_k 的电平数将要超过 a_k 的进制数。

为了从 c_k 重新获得 a_k，一般要经过类似于前面介绍的“预编码 — 相关编码 — 模 L 判决”过程。首先进行预编码，有

$$a_k=R_1b_k\oplus R_2b_{k-1}\oplus\cdots\oplus R_Nb_{k-(N-1)}\tag{4-6-12}$$

注意，这里的“$\oplus$”是指“模 L 相加”，因为 a_k 和 b_k 已假设为 L 进制。

然后，将 b_k 进行相关编码，有

$$c_k=R_1b_k+R_2b_{k-1}+\cdots+R_Nb_{k-(N-1)}\quad(算术加)\tag{4-6-13}$$

再对 c_k 模 L 判决，则有

$$[c_k]_{\mathrm{mod}\,L}=[R_1b_k+R_2b_{k-1}+\cdots+R_Nb_{k-(N-1)}]_{\mathrm{mod}\,L}=a_k\tag{4-6-14}$$

由此看出，此时不存在误码扩散问题，而且接收端的译码也十分简单，只需对 c_k 按模 L 判决即可得 a_k。

采用部分响应波形，除了能实现 2 Baud/Hz 的频带利用率、“尾巴”衰减快的优点外，还可实现基带频谱结构的变化。目前，常见的部分响应波形有五类，其定义及各类波形、频谱示于表 4-3。为便于比较，我们将 $\sin x/x$ 的理想抽样函数也列入表内，并称其为 0 类。

表 4-3　五类响应波形的比较

类别	R_1	R_2	R_3	R_4	R_5	$g(t)$	$\lvert G(f)\rvert,\ \lvert f\rvert \leqslant \frac{1}{2T_s}$	二进制输入时 c_N 的电平数
0	1					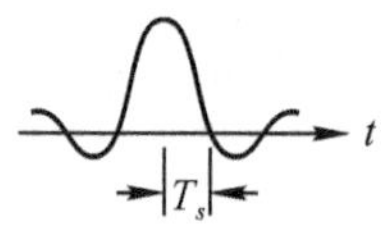	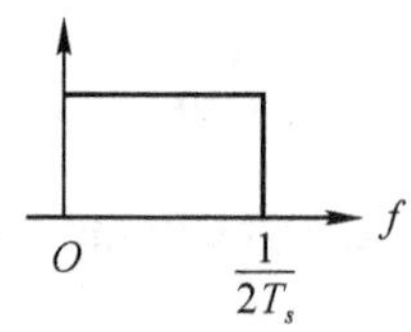	2
Ⅰ	1	1				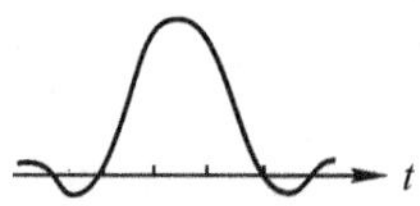	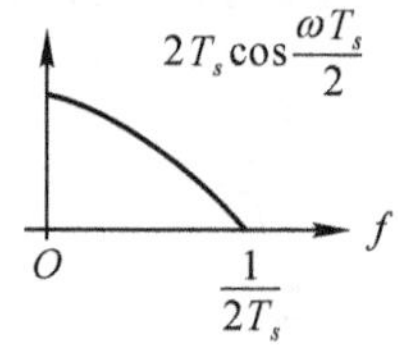	3
Ⅱ	1	2	1			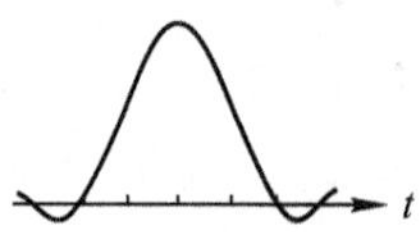	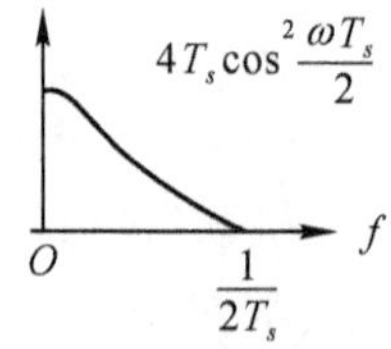	5
Ⅲ	2	1	−1			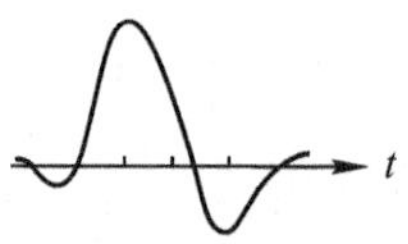	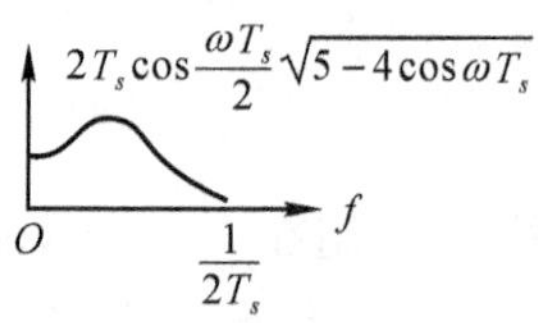	5
Ⅳ	1	0	−1			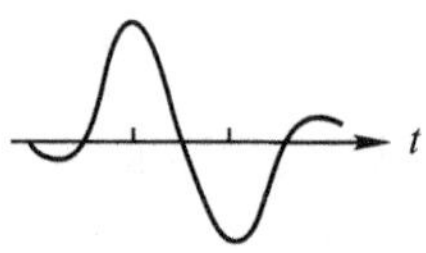	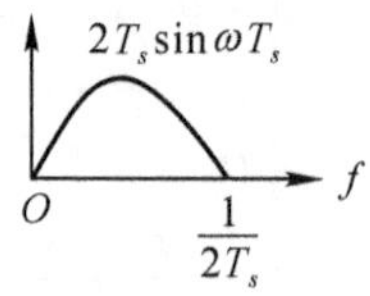	3
Ⅴ	−1	0	2	0	−1	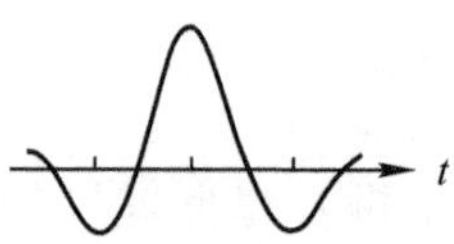	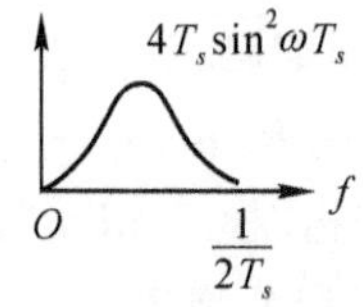	5

从表 4-3 可看出，各类 $g(t)$ 的频谱都限制在 $\frac{1}{2T_s}$ 带宽内。第 Ⅰ 类和第 Ⅳ 类的 c_k 的电平数最少，在输入信噪比相同条件下，它们的抗噪声性能要比其他类的要好。从频谱上看，第 Ⅰ 类的频谱集中在低频段，它适用于信道频带高频严重受限的场合。第 Ⅳ 类的频谱无直流

分量，且低频、高频分量小，因而便于通过载波线路，便于边带滤波以实现单边带调制，频谱的零点可插入携带同步信息的导频等。

实际应用中第 Ⅳ 类部分响应应用得最多，它的实现框图与第 Ⅰ 类的部分响应的原理框图（图 4-6-4）相似，只是时延改为 $2T_s$，它的当前码元只对后面第二个码元产生码间干扰。

部分响应系统的缺点是，因为输出电平数的增加，使得在输入信噪比相同的条件下，部分响应系统的抗噪声性能要比零类响应系统差。因此，为获得部分响应系统的优点，就需要花费一定的代价（可靠性下降）。

4.7　无码间干扰基带传输系统的抗噪声性能

4.7.1　信号的传输和噪声

上一节讨论了无噪声影响时能够消除码间干扰的基带传输特性。现在来讨论在这样的基带系统中叠加噪声后的抗噪声性能，即在无码间干扰时，由于加性高斯噪声造成的错误判决的概率。

如果基带传输系统无码间干扰又无噪声，则通过连接在接收滤波器之后的判决电路，就能无差错地恢复出原发送的基带信号。但当存在加性噪声时，即使无码间干扰，判决电路也很难保证"无差错"恢复。图 4-7-1 分别示出了无噪声及有噪声时判决电路的输入波形（图中以双极性波形画出）。其中，图 4-7-1(a) 是既无码间干扰又无噪声影响时的信号波形，而图 4-7-1(b) 则是图 4-7-1(a) 波形叠加上噪声后的混合波形。显然，这时的判决门限应选择在 0 电平，而抽样判决的规则应是：若抽样值大于 0 电平，则为"1"码；若抽样值小于 0 电平，则判为"0"码。不难看出，对图 4-7-1(a) 波形能够毫无差错地恢复基带信号，但对图 4-7-1(b) 的波形就可能出现判决错误（图中带"×"的码元就是错码，即原"1"错成"0"或原"0"错成"1"）。

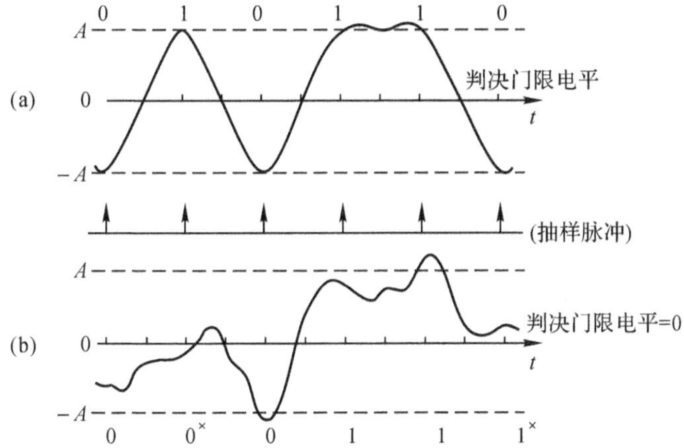

图 4-7-1　无噪声及有噪声时判决电路之输入波形

4.7.2 误码率公式推导

现在来计算图 4-7-1(b) 所示波形在抽样判决时所造成的错误概率(或称误码率)。大家知道,判决电路输入端的随机噪声就是信道加性噪声通过接收滤波器后的输出噪声。因为信道噪声通常被假设成平稳高斯白噪声,而接收滤波器又是一个线性网络,故判决电路输入噪声 $n_R(t)$ 也是平稳高斯随机噪声,且它的功率谱密度 $P_n(\omega)$ 为

$$P_n(\omega)=\frac{n_0}{2}\mid G_R(\omega)\mid^2$$

式中:$\frac{n_0}{2}$ 为信道白噪声的双边功率谱密度;$G_R(\omega)$ 为接收滤波器的传输特性。

由此看出,只要给定了 n_0 及 $G_R(\omega)$,则判决器输入端的噪声特性就可以确定。为简明起见,我们把这个噪声特性假设为均值为零、方差为 σ_n^2。于是,这个噪声的瞬时值 V 的统计特性,可由下述一维高斯概率密度函数描述:

$$f(V)=\frac{1}{\sqrt{2\pi}\sigma_n}e^{-\frac{V^2}{2\sigma_n^2}} \tag{4-7-1}$$

图 4-7-1 已经表明,在噪声影响下发生误码将有两种差错形式:发送的是“1”码,却被判为“0”码;发送的是“0”码,却被判为“1”码。下面我们来求这两种情况下码元错判的概率。

对于双极性基带信号,在一个码元宽度内,抽样判决器输入端得到的波形可表示为

$$x(t)=\begin{cases}A+n_R(t) & \text{发送“1”时}\\ -A+n_R(t) & \text{发送“0”时}\end{cases} \tag{4-7-2}$$

由于 $n_R(t)$ 是高斯过程,故当发送“1”时,过程 $A+n_R(t)$ 的一维概率密度函数为

$$f_1(x)=\frac{1}{\sqrt{2\pi}\sigma_n}e^{-\frac{(x-A)^2}{2\sigma_n^2}} \tag{4-7-3}$$

而当发送“0”时,过程 $-A+n_R(t)$ 的一维概率密度函数为

$$f_0(x)=\frac{1}{\sqrt{2\pi}\sigma_n}e^{-\frac{(x+A)^2}{2\sigma_n^2}} \tag{4-7-4}$$

与它们相应的曲线分别示于图 4-7-2 中。这时,若令判决门限为 V_d,则得“1”错判为“0”的概率 P_{e1} 及将“0”错判为“1”的概率 P_{e2} 可以分别表示为

$$P_{e1}=P(x<V_d)=\int_{-\infty}^{V_d}f_1(x)\mathrm{d}x=\int_{-\infty}^{V_d}\frac{1}{\sqrt{2\pi}\sigma_n}e^{-\frac{(x-A)^2}{2\sigma_n^2}}\mathrm{d}x$$

$$=\frac{1}{2}+\frac{1}{2}\mathrm{erf}\left(\frac{V_d-A}{\sqrt{2}\sigma_n}\right) \tag{4-7-5}$$

$$P_{e2}=P(x>V_d)=\int_{V_d}^{\infty}f_0(x)\mathrm{d}x=\int_{V_d}^{\infty}\frac{1}{\sqrt{2\pi}\sigma_n}e^{-\frac{(x+A)^2}{2\sigma_n^2}}\mathrm{d}x$$

$$=\frac{1}{2}-\frac{1}{2}\mathrm{erf}\left(\frac{V_d+A}{\sqrt{2}\sigma_n}\right) \tag{4-7-6}$$

它们分别如图 4-7-2 中的阴影部分所示。若发送“1”码的概率为 $P(1)$,发送“0”码的概率为 $P(0)$,则基带传输系统总的误码率可表示成

$$P_e=P(1)P_{e1}+P(0)P_{e2} \tag{4-7-7}$$

由式(4-7-5)、式(4-7-6) 及式(4-7-7) 可以看出,基带传输系统的总误码率与判决门限

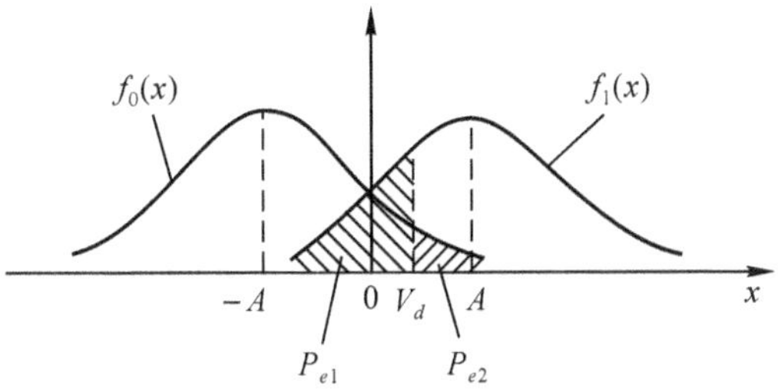

图 4-7-2　$x(t)$ 的概率密度曲线

电平 V_d 有关。通常，把使总误码率最小的判决门限电平称为最佳门限电平。若令

$$\frac{\mathrm{d}P_e}{\mathrm{d}V_d}=0$$

则可求得最佳门限电平为

$$V_d^* = \frac{\sigma_n^2}{2A}\ln\frac{P(0)}{P(1)} \tag{4-7-8}$$

若 $P(1)=P(0)=1/2$，则最佳判决门限电平为

$$V_d^* = 0$$

这时，基带传输系统总误码率为

$$P_e = \frac{1}{2}P_{e1}+\frac{1}{2}P_{e2} = \frac{1}{2}\left[1-\mathrm{erf}\left(\frac{A}{\sqrt{2}\sigma_n}\right)\right] = \frac{1}{2}\mathrm{erfc}\left(\frac{A}{\sqrt{2}\sigma_n}\right) \tag{4-7-9}$$

这就是发送“1”码与“0”码的概率相等、且在最佳判决门限电平下，基带传输系统总的误码率表示式。从该式可见，系统的总误码率依赖于信号峰值 A 与噪声均方根值 σ_n 之比，而与采用什么样的信号形式无关（当然，这里的信号形式必须是能够消除码间干扰的）。比值 A/σ_n 越大，则 P_e 就越小。显然，这是符合客观实际的。

但应注意，式(4-7-8) 与式(4-7-9) 是在采用双极性基带波形的情况下得到的。如果采用单极性基带波形，则它们将分别变成

$$V_d^* = \frac{A}{2}+\frac{\sigma_n^2}{A}\ln\frac{P(0)}{P(1)} \tag{4-7-10}$$

$$P_e = \frac{1}{2}\left[1-\mathrm{erf}\left(\frac{A}{2\sqrt{2}\sigma_n}\right)\right] = \frac{1}{2}\mathrm{erfc}\left(\frac{A}{2\sqrt{2}\sigma_n}\right) \tag{4-7-11}$$

式中，A 是单极性基带波形的峰值。

将式(4-7-9) 与式(4-7-11) 比较可见，在单极性与双极性基带波形的峰值 A 相等、噪声均方根值 σ_n 也相同时，单极性基带系统的抗噪声性能不如双极性基带系统。

作为另一个例子，下面讨论 AMI 码基带译码器的抗干扰性能。该系统如图 4-7-3 所示。系统输入为 AMI 码和高斯加性白噪声。白噪声经低通滤波器后输出噪声功率为 σ_n^2。低通滤波器输出的 AMI 信号在 kT_s 时刻的可能取值为 $+A,0,-A$。图中判决器的判决电平为 $-A/2$ 和 $A/2$。当 $x(kT_s)>A/2$ 或 $x(kT_s)<-A/2$ 时，判决器输出“1”电平；当 $-A/2<x(kT_s)<A/2$ 时，判决器输出“0”电平，至此，恢复出原始二进制信号。若发端二进制信号源为独立等概信源，求该系统传输误码率 P_e。

根据所给条件，显然有 $P(0)=1/2, P(A)=P(-A)=1/4$。该系统的总误码率可表示成

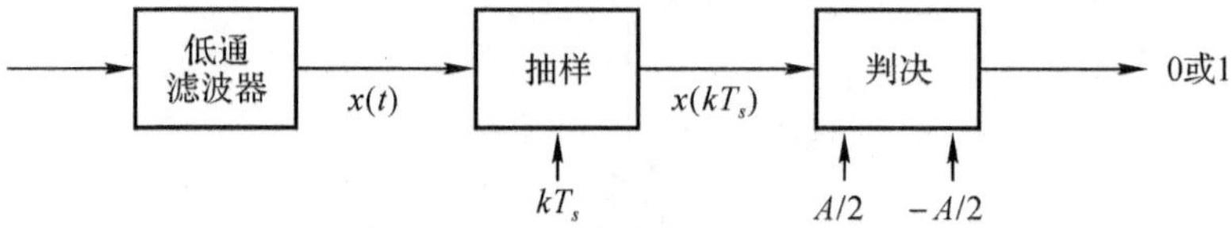

图 4-7-3 AMI 码译码

$$P_e = P(1)P_{e1} + P(0)P_{e2} \tag{4-7-12}$$

类同前面的分析方法，有

$$P_{e1} = \frac{1}{2}\text{erfc}\left(\frac{A}{2\sqrt{2}\sigma_n}\right) - \frac{1}{2}\text{erfc}\left(\frac{3A}{2\sqrt{2}\sigma_n}\right) \tag{4-7-13}$$

$$P_{e2} = \text{erfc}\left(\frac{A}{2\sqrt{2}\sigma_n}\right) \tag{4-7-14}$$

所以

$$P_e = \frac{3}{4}\text{erfc}\left(\frac{A}{2\sqrt{2}\sigma_n}\right) - \frac{1}{4}\text{erfc}\left(\frac{3A}{2\sqrt{2}\sigma_n}\right) \tag{4-7-15}$$

此式即为 AMI 码译码误码率。

4.8 眼图

在实际中应用的基带数字信号传输系统，由于滤波器性能不可能设计得完全符合要求、线路传输特性不固定（线路长度变化）和不稳定（线路周围环境的不断变化）等原因，不可能完全做到无码间干扰的要求。因此，在实际应用时要通过实验的方法估计和通过调整可调元件，以改善传输系统的性能，使码间干扰的影响尽量减小。眼图正是实验方法的一个有用的工具。

4.8.1 什么是眼图

眼图是指利用实验的方法估计和改善（通过调整）传输系统性能时在示波器上观察到的像人的眼睛一样的图形。

实验时的连接如图 4-8-1 所示，基带传输系统接收滤波器的输出信号加到示波器的垂直轴，调示波器的水平扫描周期，使它与信号码元的周期同步。此时可以从示波器上显示出一个像人眼一样的图形，从这个称为眼图的图形上可以估计出系统的性能（指码间串扰和噪声的大小）。另外也可以用此图形对接收滤波器的特性加以调整，以减小码间干扰和改善系统的传输性能。

4.8.2 眼图的基本原理

我们先讨论无噪声、无码间干扰的理想情况时的眼图。假设在 0 到 $8T_s$ 时间内发送一个二进制代码 11010001，采用双极性升余弦脉冲波形，即在 0 到 T_s 间的“1”码经过理想的信道传输后在接收滤波器输出一个正的升余弦脉冲波形，而“0”码在接收滤波器输出一个负的升余弦脉冲，如图 4-8-2(a) 所示，合成后实际输出的波形和眼图如图 4-8-2(b) 所示。从波

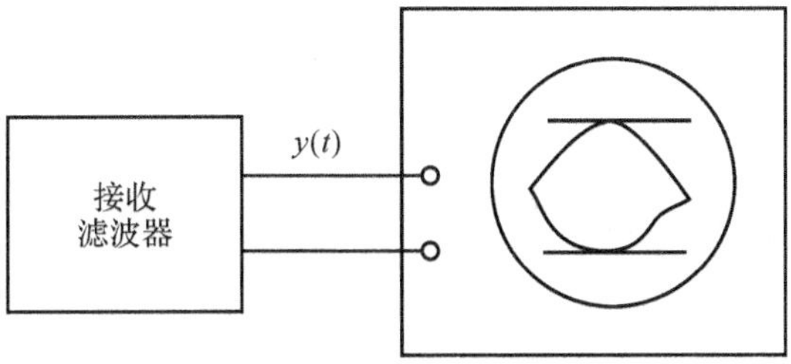

图 4-8-1　示波器连接示意图

形来看,收到连"1"码时,有一个持续的正电平,而收到连"0"码时有一个持续的负电平。当"1","0"码交替时不会出现持续的正负电平。而从眼图看,上面的一根水平线由连"1"码引起的持续的正电平产生,下面的一根水平线由连"0"码引起的持续的负电平产生,中间部分由"1","0"交替码产生。

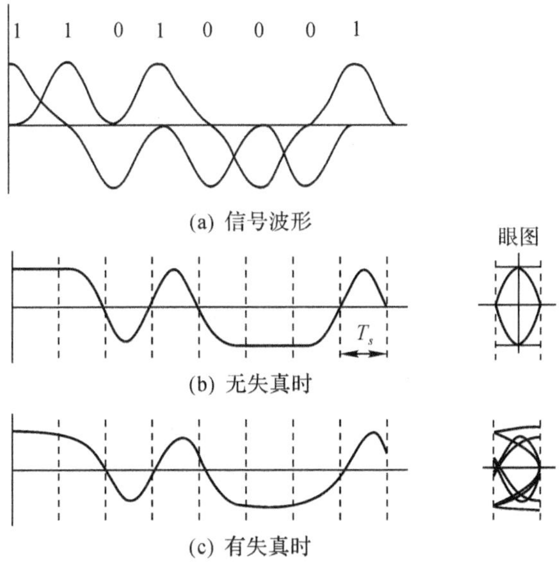

图 4-8-2　信号波形和眼图

如果我们收到的是经过码型变换后得到的 AMI 码(或 HDB_3 码),由于 AMI 码具有三个电平,此时没有连"1"(指正电平) 和连"0"(指负电平),但有持续的 0 电平。则得到的眼图与图 4-8-2(b) 的眼图相比将是没有上下两根水平线,而中间出现了一根代表连续 0 电平的水平线。

图 4-8-2(b) 的波形是理想情况的波形和眼图。若存在码间干扰,则信号波形和眼图将如图 4-8-2(c) 所示,它的眼图是由好几条线交织在一起组成,不如无码间干扰时只有一根迹线组成那样清晰。眼图越端正,表示码间干扰越小,反之几条迹线越分散,且眼图越不端正,表示码间干扰越大。

而噪声的影响则会使原来清晰端正的细线,变成比较模糊的带状的线,而且不很端正。噪声越大,线条越宽,越模糊。

图 4-8-3 是两张眼图照片,图 4-8-3(a) 是在几乎无噪声和无码间干扰下得到的,而图

4-8-3(b) 则是在一定噪声和码间干扰下得到的。

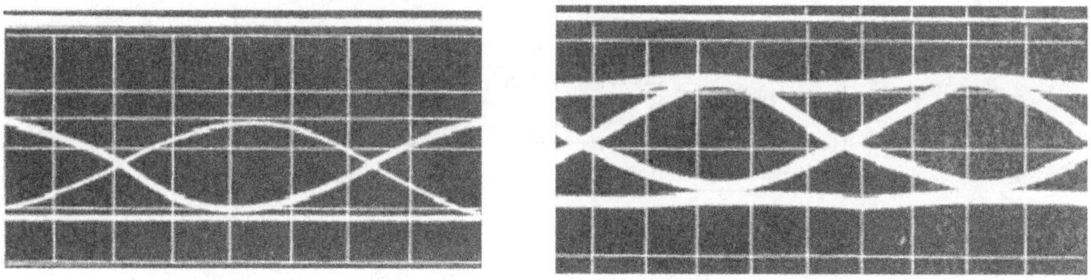

(a) 无噪声　　(b) 有噪声

图 4-8-3　眼图照片

当示波器的水平扫描周期为 nT_s（n 为正整数）时，可以得到并排的 n 只眼睛。

4.8.3　眼图的模型

眼图对数字基带信号传输系统的性能给出了很多有用的情况，可以从中看出码间干扰和噪声的大小。眼图可以用来指示接收滤波器的调整，以减小码间干扰。为了说明眼图和系统性能的关系，可以把眼图简化为图 4-8-4 所示的形状，称为眼图的模型。

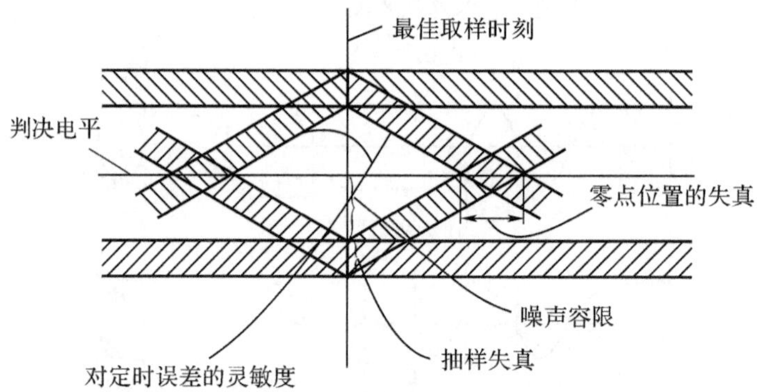

图 4-8-4　眼图的模型

从图中可以得出：

(1) 最佳抽样时刻应选择在眼图中“眼睛”张开的最大处；

(2) 中间水平横线表示最佳判决门限电平；

(3) 阴影区的垂直高度表示接收信号失真范围；

(4) 对定时误差的灵敏度，由斜边斜率决定，斜率越大，对定时误差就越灵敏；

(5) 在无噪声情况下，“眼睛”张开的程度，即离门限电平最近的一根线迹至门限的距离，也就是在抽样时刻上下两阴影区间的距离之半，为噪声容限，噪声瞬时值超过它就可能发生错误判决。

4.9　时域均衡器

在 4.5 节中我们讨论了无码间干扰。理论上只要合理设计发送滤波器和接收滤波器使整个基带传输特性满足奈奎斯特准则，就可以实现无码间干扰。然而实际传输的信道一般情况下是不能准确知道的，例如，在交换网络中收发两点之间的信道路径可能不一样。而且即使是同一条线路，由于环境的变化，信道的参数不可能绝对保持不变。不能总是通过调节接收滤波器来消除码间干扰。如果能插入一个可调的均衡器，特别是能自动适应信道变化而自动调整，就能使系统总特性一直保持符合无码间干扰的条件。

在基带系统中，均衡器置于接收滤波器和抽样判决器之间，在数字调制系统中均衡器则置于解调器的低通滤波器和抽样判决器之间。

均衡可分为频域均衡(包括幅度均衡、相位或时延均衡) 和时域均衡。前者用于校正频率特性，后者则直接校正畸变波形。按调节的方法还可分为固定均衡和可变均衡。可变均衡又可分为手动均衡和自适应(自动) 均衡。由于目前数字信号基带传输系统中主要采用时域均衡，因此本节主要讨论时域均衡的基本原理。

4.9.1　理想的时域均衡器

在 4.5 节给出了基带数字系统总的传输特性 $H(\omega)=G_T(\omega)C(\omega)G_R(\omega)$，当它因为信道特性 $C(\omega)$ 的变化而不满足奈奎斯特准则时，我们在接收滤波器和抽样判决器之间接入时域均衡器。令时域均衡器传输特性为 $T(\omega)$，其冲激响应为 $h_T(t)=\mathscr{F}^{-1}[T(\omega)]$。合理设计 $T(\omega)$，使 $H'(\omega)=H(\omega)T(\omega)$ 新的传输特性满足式(4-5-8) 的奈奎斯特准则，图 4-9-1(a) 为其结构方框图。

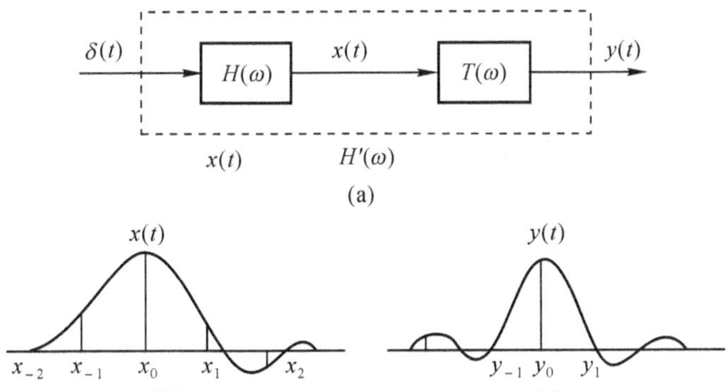

图 4-9-1　时域均衡原理示意图

假设其输入端发送一个单脉冲 $\delta(t)$，经过 $H(\omega)$ 传输后，输出单脉冲响应波形 $x(t)=h(t)$，如图 4-9-1(b) 所示。对于数字通信系统来说，我们只对各抽样时刻上的抽样值感兴趣，$x(t)$ 各抽样点的抽样值为 x_i，i 取整数，由图可见，在 $i\neq 0$ 处 x_i 不为 0，这是由于 $H(\omega)$ 传输特性的不理想造成的码间干扰。因此如果通过均衡器 $T(\omega)$ 后能得到的波形 $y(t)$ 如图 4-9-1(c) 所示，此时各抽样点除 $y_0\neq 0$ 外，其余都为零，即码间干扰被消除。

由于信道参数不是恒定的，因此实际的均衡器要能对信号 $x(t)$ 各抽样时刻的值进行灵活调节，即它能随信道参数的变化而使该码元时刻的抽样值最大，而其余抽样时刻的抽样值为零。为此采用如图 4-9-2 所示的均衡器，其冲激响应为

$$h_T(t)=\sum_{n=-\infty}^{\infty}C_n\delta(t-nT_s) \tag{4-9-1}$$

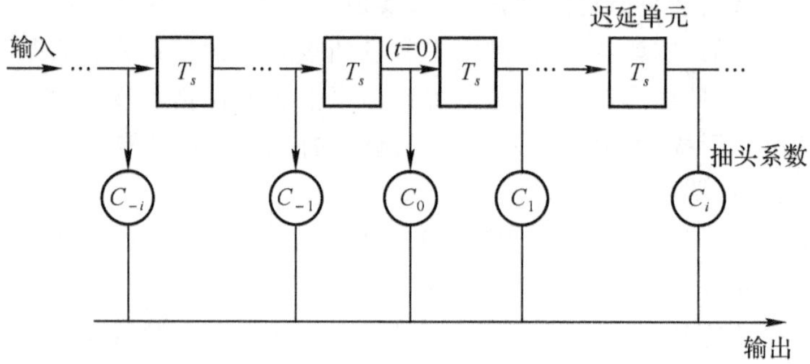

图 4-9-2　横向滤波器

该网络是由无限多个横向排列的延迟单元和抽头系数组成的，因此称为横向滤波器。它的功能是将输入端抽样时刻上有码间干扰的响应波形变换成（利用它产生的无限多响应波形之和）抽样时刻上无码间干扰的响应波形。由于横向滤波器的均衡原理是建立在响应波形上的，故把这种均衡称为时域均衡。

该横向滤波器的抽头系数是可调的，相邻抽头间的时延是 T_s，即一个码元脉冲宽度。在各个抽头上得到经过不同时延的接收信号码元，在它们经过系数 $\{C_n\}$ 加权后的这些信号中，中央的那个信号，即经过 C_0 加权的信号，是主要的输出电压。在它两边的各个抽头的输出信号电压很小，是用于克服码间干扰的。这些小的经过不同时延的电压也可以看作经过不同时延的"回波"。这些加权后的抽头电压相加后被送到一个判决电路，去控制各加权系数 $\{C_n\}$ 的调整，使相邻码元产生的干扰减小或消除。

下面证明为了使系统总特性满足无码间干扰，在接收滤波器后面插入的横向滤波器的冲激响应即为式(4-9-1)。

要使 $H'(\omega) = H(\omega)T(\omega)$ 满足式(4-5-8)，即

$$H'_{eq}(\omega) = \sum_{i=-\infty}^{\infty} H'\left(\omega + \frac{2\pi}{T_s}i\right) = \text{常数(或 } T_s\text{)} \qquad |\omega| \leqslant \frac{\pi}{T_s} \tag{4-9-2}$$

对于式(4-9-2)，因为

$$\sum_i H'\left(\omega + \frac{2\pi}{T_s}i\right) = \sum_i H\left(\omega + \frac{2\pi}{T_s}i\right) T\left(\omega + \frac{2\pi}{T_s}i\right) \tag{4-9-3}$$

于是，如果 $T\left(\omega + \frac{2\pi}{T_s}i\right)$ 对不同的 i 有相同的函数形式，即 $T(\omega)$ 为以 $\frac{2\pi}{T_s}$ 为周期的周期函数，则当 $T(\omega)$ 在 $(-\pi/T_s, \pi/T_s)$ 内时有

$$T(\omega) = \frac{T_s}{\sum_i H\left(\omega + \frac{2\pi}{T_s}i\right)} \qquad |\omega| \leqslant \frac{\pi}{T_s} \tag{4-9-4}$$

就有

$$\sum_i H'\left(\omega + \frac{2\pi}{T_s}i\right) = T_s \tag{4-9-5}$$

也就是式(4-9-2) 成立。

既然 $T(\omega)$ 是按式(4-9-4) 开拓的周期为 $\frac{2\pi}{T_s}$ 的周期函数，则 $T(\omega)$ 可用傅里叶级数表示，即

$$T(\omega) = \sum_{n=-\infty}^{\infty} C_n \mathrm{e}^{-\mathrm{j}nT_s\omega} \tag{4-9-6}$$

式中

$$C_n = \frac{T_s}{2\pi}\int_{-\pi/T_s}^{\pi/T_s} T(\omega)\mathrm{e}^{+\mathrm{j}nT_s\omega}\,\mathrm{d}\omega \tag{4-9-7}$$

或

$$C_n = \frac{T_s}{2\pi}\int_{-\pi/T_s}^{\pi/T_s} \frac{T_s}{\sum\limits_i H\left(\omega + \frac{2\pi}{T_s}i\right)}\mathrm{e}^{\mathrm{j}nT_s\omega}\,\mathrm{d}\omega \tag{4-9-8}$$

由上式可见，傅里叶系数 C_n 由 $H(\omega)$ 决定。

再对式(4-9-6)进行傅氏反变换，则可求出其单位冲击响应 $h_T(t)$ 为

$$h_T(t) = \mathscr{F}^{-1}[T(\omega)] = \sum_{n=-\infty}^{\infty} C_n\delta(t - nT_s) \tag{4-9-9}$$

这就是需要证明的式(4-9-1)。

由上述证明过程可知，给定一个系统的传输函数 $H(\omega)$ 就可以惟一地确定 $T(\omega)$。于是就找到清除码间干扰的新的总传输函数 $H'(\omega)$（即包括了 $T(\omega)$ 的基带系统）。

以上分析表明，借助横向滤波器实现时域均衡是可能的，并指出只要用无限长的横向滤波器，就能做到（至少在理论上）消除码间干扰的影响。然而，使横向滤波器的抽头无限多是不现实的。实际上，均衡器的长度不仅受经济条件的限制，并且还受每一系数 C_i 调整的准确度的限制。如果 C_i 的调整准确度得不到保证，则增加长度所获得的效益也不会显示出来。因此，实际应用的都是有限长横向滤波器。下面我们对有限长横向滤波器进行讨论。

4.9.2　有限长时域均衡器

设在基带系统接收滤波器与判决电路之间插入一个具有 $2N+1$ 个抽头的横向滤波器，如图 4-9-3 所示。设它的输入波形为如图 4-9-1(b) 所示的 $x(t)$，$x(t)$ 被认为是被均衡的对象，并设它不附加噪声。

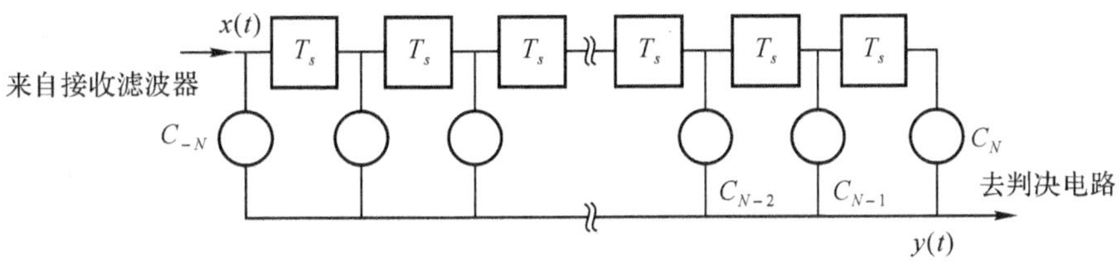

图 4-9-3　有限长横向滤波器

若设有限长横向滤波器的单位冲激响应为 $e(t)$，相应的频率特性为 $E(\omega)$，则

$$e(t) = \sum_{i=-N}^{N} C_i\delta(t - iT_s) \tag{4-9-10}$$

其相应的频率特性为

$$E(\omega) = \sum_{i=-N}^{N} C_i \mathrm{e}^{\mathrm{j}iT_s\omega} \tag{4-9-11}$$

由此可见，$E(\omega)$ 被 $2N+1$ 个 C_i 所确定。显然，不同的 C_i 将对应有不同的 $E(\omega)$。

现在考察均衡器的输出波形。因为横向滤波器的输出 $y(t)$ 便是 $x(t)$ 和 $e(t)$ 的卷积，故利用式(4-9-10) 的特点，不难看出

$$y(t) = x(t) * e(t) = \sum_{i=-N}^{N} C_i x(t - iT_s)$$

于是，在抽样时刻 $kT_s + t_0$（t_0 即是如图 4-9-1(b) 所示的 x_0 出现的时刻）就有

$$y(kT_s + t_0) = \sum_{i=-N}^{N} C_i x(kT_s + t_0 - iT_s) = \sum_{i=-N}^{N} C_i x[(k-i)T_s + t_0]$$

或者简写为

$$y_k = \sum_{i=-N}^{N} C_i x_{k-i} \tag{4-9-12}$$

上式说明，均衡器在第 k 抽样时刻上得到的样值 y_k 将由 $2N+1$ 个 C_i 与 x_{k-i} 乘积之和来确定。

当采用有限抽头数的横向滤波器时，就不可能达到理想情况的码间干扰被完全消除。那么，此时的均衡效果如何去衡量呢?这时一般采用所谓峰值畸变准则和均方畸变准则来衡量。如果均衡器按最小峰值畸变准则或最小均方畸变准则来设计，则认为这时的均衡效果是最佳的。

这两种准则都是根据均衡器输出的单脉冲响应来规定的(见图 4-9-1(b))。峰值畸变被定义为

$$D = \frac{1}{y_0} {\sum_{k=-\infty}^{\infty}}' |y_k| \tag{4-9-13}$$

式中，符号 ${\sum\limits_{k=-\infty}^{\infty}}'$ 即表示 $\sum\limits_{\substack{k=-\infty \\ k\neq 0}}^{\infty}$。由上式看出，峰值畸变 D 表示所有抽样时刻上得到的码间干扰最大可能值(峰值) 与 $k=0$ 时刻上的样值之比。显然，对于完全消除码间干扰的均衡器而言，由于除 $k=0$ 外有 $y_k=0$，故有 D 等于零；对于码间干扰不为零的场合，D 有最小值自然是我们所希望的。

所谓均方畸变准则定义为

$$\varepsilon^2 = \frac{1}{y_0^2} {\sum_{k=-\infty}^{\infty}}' y_k^2 \tag{4-9-14}$$

这一准则所指出的物理意义与峰值畸变准则的非常相似，这里就不再赘述。

例 4-9-1 设有一个三抽头的横向滤波器，如图 4-9-4 所示，其抽头系数依次为 $C_{-1} = -1/4$，$C_0 = 1$，$C_{+1} = -1/2$；$x(t)$ 的各抽样值依次为 $x_{-1} = 1/4$，$x_0 = 1$，$x_{+1} = 1/2$，其余都为零。求输出波形 $y(t)$ 在各抽样时刻的值、峰值畸变 D 和均方畸变 ε^2。

解 由公式(4-9-12) 可得 $y(t)$ 在各抽样时刻的值为

$$y_{-2} = \left(-\frac{1}{4}\right) \times \frac{1}{4} = -\frac{1}{16}$$

$$y_{-1} = \left(-\frac{1}{4}\right) \times 1 + \frac{1}{4} = 0$$

$$y_0 = \left(-\frac{1}{4}\right) \times \frac{1}{2} + 1 \times 1 + \left(-\frac{1}{2}\right) \times \frac{1}{4} = \frac{3}{4} \quad (t = 0)$$

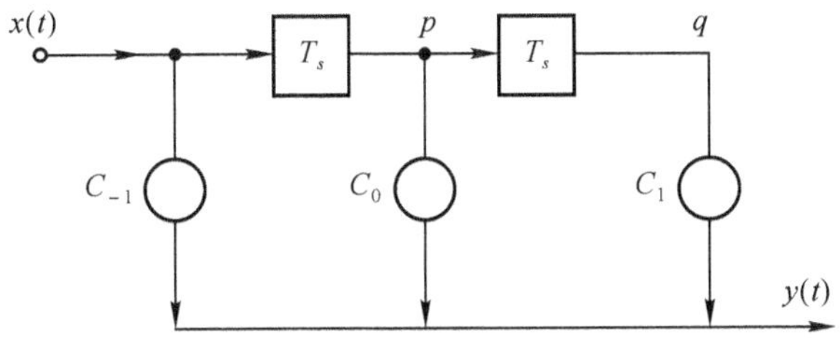

图 4-9-4　三抽头横向滤波器

$$y_{+1} = 1 \times \frac{1}{2} - \frac{1}{2} \times 1 = 0$$

$$y_{+2} = \left(-\frac{1}{2}\right) \times \frac{1}{2} = -\frac{1}{4}$$

由公式(4-9-13) 和公式(4-9-14) 可得

$$D = \left(\frac{1}{16} + \frac{1}{4}\right) \Big/ \frac{3}{4} = \frac{5}{12}$$

$$\varepsilon^2 = \left[\left(\frac{1}{16}\right)^2 + \left(\frac{1}{4}\right)^2\right] \Big/ \left(\frac{3}{4}\right)^2 = \frac{17}{144}$$

在分析横向滤波器时，我们均把输出波形的时间原点($t = 0$) 假设在滤波器中心点处(即 C_0 处)。如果时间参考点选择在别处，则滤波器的波形的形状是相同的，所不同的仅仅是整个波形的提前或推迟。

由例 4-9-1 可见，除 y_0 外，得到的 y_{-1} 及 y_1 为零，但 y_{-2} 及 y_2 不为零。这说明，用有限长的横向滤波器减小码间干扰是可能的，但完全消除是不可能的。

4.9.3　实际应用的时域均衡器

在实际系统中，常常通过调整抽头系数 C_n 来迫使码间干扰 y_k 趋于零，这种均衡算法称为迫零算法(最小峰值畸变算法)。迫零算法有很多种。一种最简单的算法称为预置式自动均衡，其原理如图 4-9-5 所示，其中各 C_n 值在系统投入使用前预置。具体做法是：逐个发送单脉冲信号，以后根据 y_k 的极性方向在原有的 C_n 值基础上增加或减少一个增量 Δ。即 y_k 为正值时，相应的 C_n 减小一个 Δ；反之则增大一个 Δ，并对所有 $2N+1$ 个抽头同时进行。

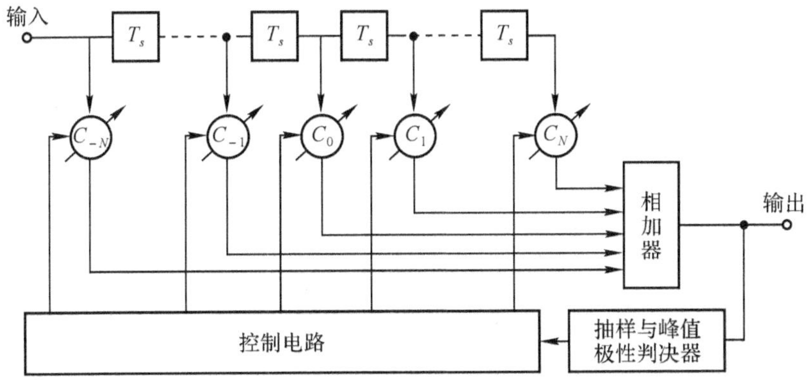

图 4-9-5　预置式自动均衡器的原理方框图

另一种方法就是自适应均衡器。它是在传输过程中实时地调整 C_n 大小。自适应均衡器通常采用最小均方畸变准则，即

$$e_k = y_k - x_k \tag{4-9-15}$$

$$\overline{e_k^2} = E(y_k - x_k)^2 = E\Big(\sum_{i=-N}^{N} C_i x_{k-i} - x_k\Big)^2 \tag{4-9-16}$$

式中，x_k 为信号幅值；$\overline{e_k^2}$ 为统计均方误差，用时间平均值代替，并以最小均方畸变为准则，也就是

$$\frac{\partial \overline{e_k^2}}{\partial C_i} = 0 \tag{4-9-17}$$

依照上述思路建立的自适应均衡器原理框图如图 4-9-6 所示。实验表明，最小均方误差算法比最小峰值畸变算法的收敛性好，调整时间短。

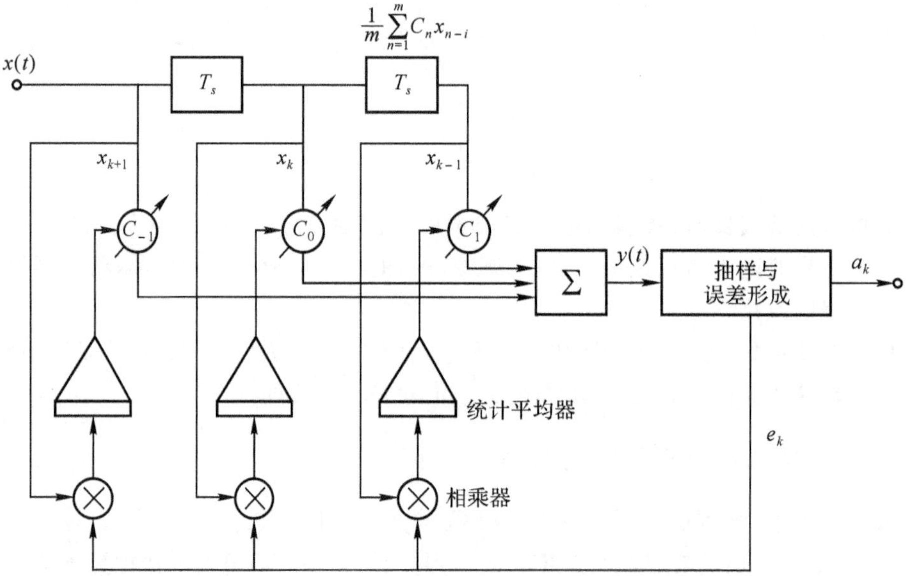

图 4-9-6 自适应均衡器

4.10 扰码和解码

在设计数字通信系统时，通常假定信源序列是随机序列，而实际信源发出的序列不一定满足这个条件，特别是出现长 0 串时，给接收端提取定时信号带来一定的困难。解决这个问题的办法，除了前面介绍的码型编码方法以外，也常用 m 序列对信源序列进行“加乱”处理，有时也称为扰码，以使信源序列随机化。在接收端再把“加乱”了的序列，用同样的 m 序列“解乱”，即进行解扰，恢复原有的信源序列。

从更广泛的意义来说，扰码能使数字传输系统对各种数字信息具有透明性。这不但因为扰码能改善定时恢复的质量，而且它还能使信号频谱分布均匀，能改善有关子系统的性能。

由于扰码的原理基于 m 序列的伪随机性。因此本节先介绍正交编码的基本概念，然后再讨论 m 序列的产生和性质，最后介绍扰码和解码的原理。

4.10.1　正交编码

在数字通信技术中，正交编码是十分重要的技术。正交编码不仅可用作纠错码，而且可用来实现码分多址通信等。

先来看看什么是正交。若两个周期为 T 的模拟信号 $s_1(t)$ 和 $s_2(t)$ 互相正交，那么

$$\int_0^T s_1(t)s_2(t)dt = 0 \tag{4-10-1}$$

同理，若 M 个周期为 T 的模拟信号 $s_1(t), s_2(t), \cdots, s_M(t)$ 构成一个正交信号集合，就有

$$\int_0^T s_i(t)s_j(t)\mathrm{d}t = 0 \quad i \neq j; \quad i,j = 1,2,\cdots,M \tag{4-10-2}$$

对于二进制数字信号，也有上述模拟信号这种正交性。由于数字信号是离散的，可以把它看成是一个码组，并且用数字序列来表示这个码组。这样的码组种类很多，这里只讨论码长相同的二进制码组集合。这时，两个码组的正交性可用互相关系数来表述。

设长为 n 的码组集合中码元取值为 $+1$ 和 -1，以及 x 和 y 是其中两个码组，即

$$x = (x_1, x_2, \cdots, x_n) \tag{4-10-3}$$

$$y = (y_1, y_2, \cdots, y_n) \tag{4-10-4}$$

其中 x_i 和 y_i 取值为 $+1$ 和 -1，$i = 1,2,\cdots,n$，则 x 和 y 间的互相关系数定义为

$$\rho(x,y) = \frac{1}{n}\sum_{i=1}^{n} x_i y_i \tag{4-10-5}$$

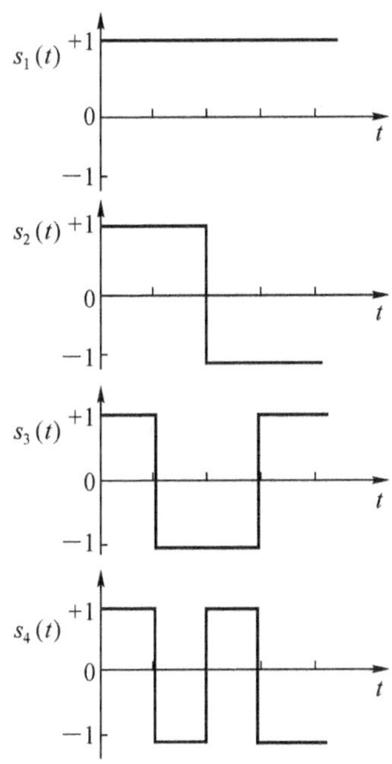

图 4-10-1　正交编码信号

若码组 x 和 y 正交，则必有 $\rho(x,y) = 0$。例如图 4-10-1 所示的 4 个数字信号可以看作是如下 4 个码组：

$$\left.\begin{array}{l} s_1(t):(+1,+1,+1,+1) \\ s_2(t):(+1,+1,-1,-1) \\ s_3(t):(+1,-1,-1,+1) \\ s_4(t):(+1,-1,+1,-1) \end{array}\right\} \tag{4-10-6}$$

按式(4-10-5)计算可知，这4个码组中任意两者之间的相关系数都为零，也就是说这4个码组两两正交，这种两两正交的编码就称为正交编码。

类似上述互相关系数的定义，还可以对于一个长为 n 的码组 x 定义其自相关系数为

$$\rho_x(j)=\frac{1}{n}\sum_{i=1}^{n}x_i x_{i+j} \quad j=0,1,\cdots,n-1 \tag{4-10-7}$$

式中 x 的下标按模 n 运算，即有 $x_{n+k}\equiv x_k$。

在二进制编码理论中，经常采用二进制数字"0"和"1"表示码元的可能取值，这时，若规定用二进制数字"0"代替上述码组中的"+1"，用二进制数字"1"代替"−1"，则上述互相关系数定义式(4-10-5)将变为

$$\rho(x,y)=\frac{A-D}{A+D} \tag{4-10-8}$$

式中，A 为 x 和 y 中对应位码元相同的个数；D 为 x 和 y 中对应位码元不同的个数。这样式(4-10-6)可以写成

$$\left.\begin{array}{l} s_1(t):(0,0,0,0) \\ s_2(t):(0,0,1,1) \\ s_3(t):(0,1,1,0) \\ s_4(t):(0,1,0,1) \end{array}\right\} \tag{4-10-9}$$

将其代入式(4-10-8)，计算出的互相关系数仍为零。

式(4-10-8)中，若用 x 的 j 次循环移位代替 y，就得到 x 的自相关系数 $\rho_x(j)$。即令

$$x=(x_1,x_2,\cdots,x_n)$$

$$y=(x_{1+j},x_{2+j},\cdots,x_n,x_1,x_2,\cdots,x_j)$$

代入式(4-10-8)，就得到自相关系数 $\rho_x(j)$。

有了正交编码的概念，可以引入超正交码和双正交码的概念。前面讲过，相关系数 ρ 的取值范围在 ±1 之间。若两个码组间的相关系数 $\rho<0$，则称这两个码组互相超正交。如果一种编码中任意两码组间都是超正交的，则称这种编码为超正交编码。例如，在式(4-10-9)中，若仅取后3个码组，并且删去其第一位，构成如下新的编码：

$$\left.\begin{array}{l} s_1'(t):(0,1,1) \\ s_2'(t):(1,1,0) \\ s_3'(t):(1,0,1) \end{array}\right\} \tag{4-10-10}$$

不难验证，由这三个码组所构成的编码是超正交码。

由正交编码和其反码便可以构成所谓的双正交编码。例如，式(4-10-9)中正交码的反码为

$$\left.\begin{array}{l} (1,1,1,1) \\ (1,1,0,0) \\ (1,0,0,1) \\ (1,0,1,0) \end{array}\right\} \tag{4-10-11}$$

式(4-10-9)和式(4-10-11)共同构成如下双正交码：

$$\left.\begin{matrix}(0,0,0,0) & (1,1,1,1)\\(0,0,1,1) & (1,1,0,0)\\(0,1,1,0) & (1,0,0,1)\\(0,1,0,1) & (1,0,1,0)\end{matrix}\right\} \tag{4-10-12}$$

这种码中共有 8 种码组，码长为 4，任两码组间的相关系数为 0 或 -1。

4.10.2　*m* 序列的产生和性质

随机噪声在通信技术中首先是作为有损通信质量的因素受到人们重视的。在许多章节中都已指出，信道中存在的随机噪声会使模拟信号产生失真，或使数字信号解调后出现误码；同时它还是限制信道容量的一个重要因素。因此，人们最早是企图设法消除或减少通信系统中的随机噪声。但是，有时人们也希望获得随机噪声。例如，在实验室中对通信设备或系统进行测试时，有时要故意加入一定的随机噪声，这时则需要产生它。

在 20 世纪 40 年代末，香农(Shannon)指出，在某些情况下，为了实现有效的通信，应采用具有白噪声统计特性的信号。另外，为了实现高可靠的保密通信，也希望利用随机噪声。但是，利用随机噪声的最大困难是它难以重复产生和处理。直到 60 年代，伪随机噪声的出现才使这一困难得到解决。

伪随机噪声具有类似于随机噪声的一些统计特性，同时又便于重复产生和处理。由于它具有随机噪声的优点，又避免了随机噪声的缺点，因此得到了广泛的实际应用。被广泛应用的伪随机噪声都是由数字电路产生的周期序列得到的，这种周期序列称为伪随机序列。

通常产生伪随机序列的电路为一反馈移存器。它又分为线性反馈移存器和非线性反馈移存器两类。由线性反馈移存器产生的周期最长的二进制数字序列称为最大长度线性反馈移存器序列，通常简称为 m 序列。由于它的理论比较成熟，实现比较简便，实际应用也较广泛，所以这里主要讨论 m 序列。

m 序列是由带线性反馈的移位寄存器产生的序列，并且具有最长的周期。

由 n 级串接的移位寄存器和反馈逻辑线路可组成动态移位寄存器，如果反馈逻辑线路只用模 2 和构成，则称为线性反馈移位寄存器；如果反馈线路中包含“与”、“或”等运算，则称为非线性反馈移位寄存器。

带线性反馈逻辑的移位寄存器设定初始状态后，在时钟的触发下，每次移位后各级寄存器状态会发生变化。其中任何一级寄存器的输出，随着时钟节拍的推移都会产生一个序列，该序列称为移位寄存器序列。

以图 4-10-2 所示的 4 级移位寄存器为例，图中线性反馈逻辑服从以下递归关系式：

$$a_4 = a_1 \oplus a_0 \tag{4-10-13}$$

即第 3 级与第 4 级输出的模 2 和运算结果反馈到第 1 级去，假设这 4 级移位寄存器的初始状态为 0001，即第 4 级为 1 状态，其余 3 级均为 0 状态。随着移位时钟节拍，各级移位寄存器的状态转移流程图如表 4-10-1 所示。在第 15 节拍时，移位寄存器的状态与第 0 拍的状态(即初始状态)相同，因而从第 16 拍开始必定重复第 1 至第 15 节拍的过程。这说明该移位寄存器的状态具有周期性，其周期长度为 15。如果从末级输出，选择 3 个 0 为起点，便可得到如下序列：

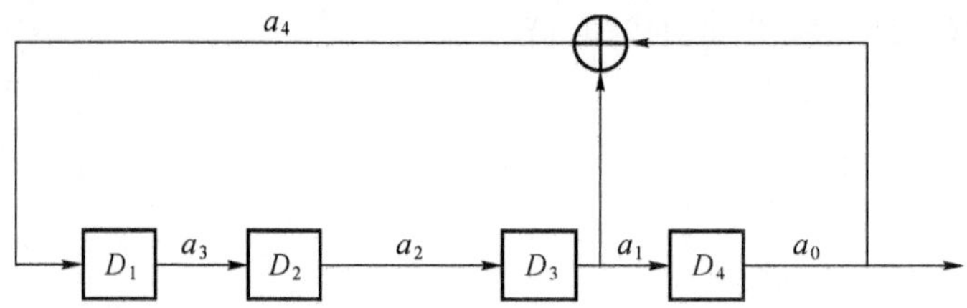

图 4-10-2 式(4-10-13)对应的 4 级移位寄存器

$a_0 = 000100110101111$

表 4-10-1 *m* 序列发生器状态转移流程图

移位时钟节拍	第 1 级 a_3	第 2 级 a_2	第 3 级 a_1	第 4 级 a_0	反馈值 $a_4 = a_1 \oplus a_0$
0	0	0	0	1	1
1	1	0	0	0	0
2	0	1	0	0	0
3	0	0	1	0	1
4	1	0	0	1	1
5	1	1	0	0	0
6	0	1	1	0	1
7	1	0	1	1	0
8	0	1	0	1	1
9	1	0	1	0	1
10	1	1	0	1	1
11	1	1	1	0	1
12	1	1	1	1	0
13	0	1	1	1	0
14	0	0	1	1	0
15	0	0	0	1	1
16	1	0	0	0	0

由上例可以看出，对于 $n=4$ 的移位寄存器共有 $2^4=16$ 种不同的状态，上述序列中出现了除全 0 以外所有状态，因此可能得到的最长周期的序列。只有移位寄存器的初始状态不是全 0，就能得到周期长度为 15 的序列。其实，从任何一级寄存器的输出所得到的序列都是周期为 15 的序列，只是节拍不同，这些序列都是最长线性反馈移位寄存器序列。

将图 4-10-2 中线性逻辑反馈改为

$$a_4 = a_2 \oplus a_0 \tag{4-10-14}$$

如图 4-10-3 所示。如果 4 级移位寄存器的初始状态仍为 0001，可得末级输出序列为

$a_0 = 000101$

其周期为 6。如果将初始状态改为 1011，输出序列是周期为 3 的循环序列，即

$a_0 = 011$

当初始状态为 1111 时，输出序列是周期为 6 的循环序列，其中的一个周期为

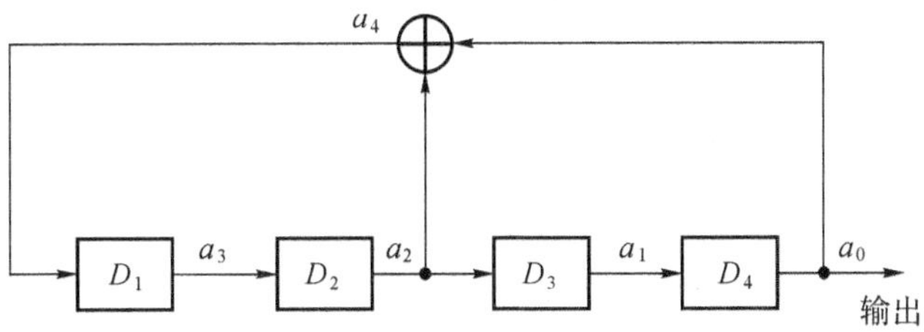

图 4-10-3　式(4-10-14)对应的 4 级移位寄存器

$a_0 = 111100$

以上 4 种不同的输出序列说明,n 级线性反馈移位寄存器的输出序列是一个周期序列,其周期长短由移位寄存器的级数、线性反馈逻辑和初始状态决定。但在产生最长线性反馈移位寄存器序列时,只要初始状态非全 0 即可,关键要有合适的线性反馈逻辑。

n 级线性反馈移位寄存器如图 4-10-4 所示。图中 c_i 表示反馈线的两种可能连接状态,$c_i = 1$ 表示连接线接通,第 $n-i$ 级输出加入反馈中;$c_i = 0$ 表示连接线断开,第 $n-i$ 级输出未参加反馈。

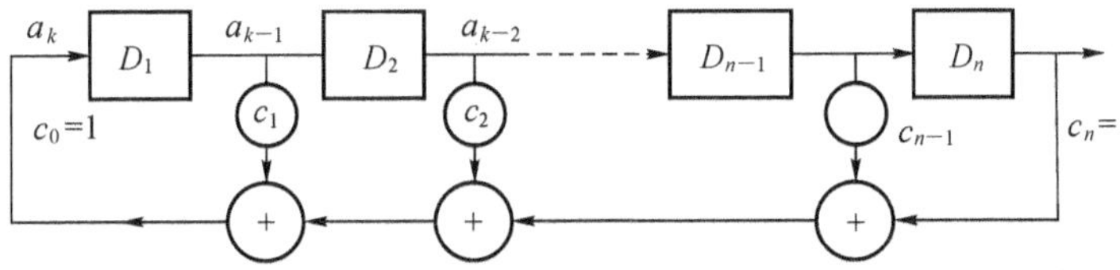

图 4-10-4　n 级线性反馈移位寄存器

设已知序列的前 n 个元素 $a_1a_2a_3\cdots a_n$,或 n 级 D 触发器的初态和反馈系数 c_i,就可以用公式来计算下一个状态序列的输出 a_k(即 $k = n+1$)。设第一级触发器 D_1 的反馈输入为 a_k,则 D_1 输出为 a_{k-1},D_2 输出 a_{k-2},D_n 输出为 a_{k-n}。则求 a_k 的递推公式为

$$a_k = \sum_{i=1}^{n} c_i a_{k-i} \pmod 2 \tag{4-10-15}$$

定义一个与上式相对应的多项式

$$F(x) = \sum_{i=1}^{n} c_i x^i \tag{4-10-16}$$

其中 x 的幂次表示元素相应的位置。式(4-10-16)称为线性反馈移位寄存器的特征多项式,特征多项式与输出序列的周期有密切关系。可以证明,当 $F(x)$ 满足下列 3 个条件时,就一定能产生 m 序列:

(1)$F(x)$ 是不可约的,即不能再分解因式;

(2)$F(x)$ 可整除 x^p+1,这里 $p = 2^n - 1$;

(3)$F(x)$ 不能整除 x^q+1,这里的 $q < p$。

满足上述条件的多项式称为本原多项式。这样,产生 m 序列的充要条件就变成如何寻找本原多项式了。以前面提到的 4 级移位寄存器为例。4 级移位寄存器所能产生的 m 序列,其周期为 $2^4 - 1 = 15$,其特征多项式 $F(x)$ 应能整除 $x^{15}+1$。将 $x^{15}+1$ 进行因式分解,有

$$x^{15}+1 = (x^4+x+1)(x^4+x^3+1)(x^4+x^3+x^2+x+1)(x^2+x+1)(x+1)$$

以上共得到 5 个不可约因式,其中有 3 个 4 阶多项式,而 $x^4+x^3+x^2+x+1$ 可整除 x^5+1,

即

$$x^5+1=(x^4+x^3+x^2+x+1)(x+1)$$

故不是本原多项式。其余 2 个是本原多项式，而且是互逆多项式，只要找到其中的一个，另一个就可以写出。例如 $F_1(x)=x^4+x^3+1$ 就是图 4-10-2 对应的特征多项式，另一个 $F_2(x)=x^4+x+1$ 是与其互逆的多项式。

表 4-10-2　本原多项式系数表

n	本原多项式系数的八进制表示	代数式	n	本原多项式系数的八进制表示	代数式
2	7	x^2+x+1	12	10123	$x^{12}+x^6+x^4+x+1$
3	13	x^3+x+1	13	20033	$x^{13}+x^4+x^3+x+1$
4	23	x^4+x+1	14	42103	$x^{14}+x^{10}+x^6+x+1$
5	45	x^5+x^2+1	15	100003	$x^{15}+x+1$
6	103	x^6+x+1	16	210013	$x^{16}+x^{12}+x^3+x+1$
7	211	x^7+x^3+1	17	400011	$x^{17}+x^3+1$
8	435	$x^8+x^4+x^3+x^2+1$	18	1000201	$x^{18}+x^7+1$
9	1021	x^9+x^4+1	19	2000047	$x^{19}+x^5+x^2+x+1$
10	2011	$x^{10}+x^3+1$	20	4000011	$x^{20}+x^3+1$
11	4005	$x^{11}+x^2+1$			

寻求本原多项式是一件繁琐的工作，计算得到的结果列于表 4-10-2。表中给出其中部分结果，每一个 n 只给出一个本原多项式。为了使 m 序列发生器尽量简单，常用的是只有 3 项的本原多项式，此时发生器只需要一个模 2 和加法器。但对于某些 n 值，不存在 3 项的本原多项式。表中列出的本原多项式都是项数最少的，为简便起见，用八进制数字表示本原多项式的系数，由系数写出本原多项式非常方便。例如 $n=4$ 时，本原多项式系数的八进制数字表示为 23，将 23 写成二进制数字 010 和 011，从左向右第一个 1 对应于 c_0，按系数可写出 $F_1(x)$；从右向左的第一个 1 对应于 c_0，按系数可写出 $F_2(x)$，其过程如下：

$$\begin{array}{cccccccl} & 2 & & & 3 & & & \\ 0 & 1 & 0 & 0 & 1 & 1 & & \\ & c_0 & c_1 & c_2 & c_3 & c_4 & & F_1(x)=x^4+x^3+1 \\ & c_4 & c_3 & c_2 & c_1 & c_0 & & F_2(x)=x^4+x+1 \end{array}$$

$F_1(x)$ 和 $F_2(x)$ 为互逆多项式。

m 序列具有如下性质：

(1) 由 n 级移位寄存器产生的 m 序列，其周期为 2^n-1。

(2) 除全 0 状态外，n 级移位寄存器可能出现的各种不同状态都在 m 序列的一个周期内出现，而且只出现一次。因此，m 序列中 1 和 0 的出现概率大致相同，1 码只比 0 码多 1 个。

(3) 在一个序列中连续出现的相同码称为一个游程，连码的个数称为游程的长度。m 序列中共有 2^{n-1} 个游程，其中长度为 1 的游程占 1/2，长度为 2 的游程占 1/4，长度为 3 的游程占 1/8，依此类推，长度为 k 的游程占 2^{-k}。其中最长的游程是 n 个连 1 码，次长的游程是 $n-1$ 个连 0 码。

(4) m 序列的自相关函数只有两种取值。周期为 p 的 m 序列的自相关函数为

$$R(j)=\frac{A-D}{A+D}=\frac{A-D}{p} \tag{4-10-17}$$

式中，A、D 分别是 m 序列与其 j 次移位的序列在一个周期中对应元素相同和不相同的数目。可以证明，一个周期为 p 的 m 序列与其任意次移位后的序列模 2 相加，其结果仍是周期为 p 的 m 序列，只是原序列某次移位后的序列。所以对应元素相同和不相同的数目就是移位相加后 m 序列中 0 和 1 的数目。由于一个周期中 0 比 1 的个数少 1，因此 j 为非零整数时 $A-D=-1$；j 为零时 $A-D=p$，这样可得到

$$R(j)=\begin{cases}1, & j=0\\ -\dfrac{1}{p}, & j=\pm1,\pm2,\cdots,\pm(p-1)\end{cases} \tag{4-10-18}$$

m 序列的自相关函数在 j 为整数的离散点上只有两种取值，所以它是一种双值自相关序列。$R(j)$ 是周期长度 m 序列周期 p 相同的周期性函数。将自相关函数的离散值用虚线连接起来，便得到图 4-10-5 所示的图形。

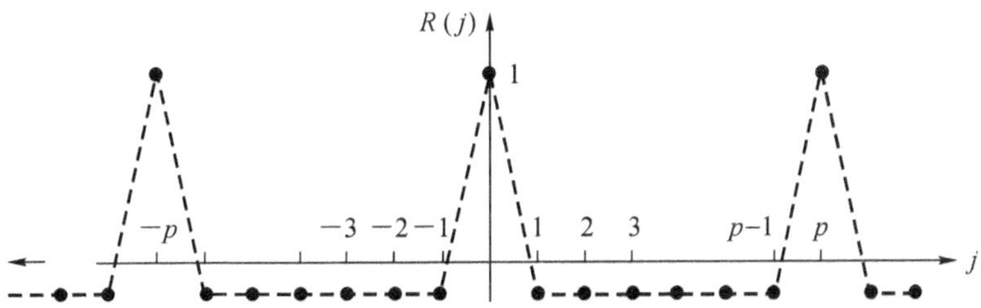

图 4-10-5　m 序列的自相关函数

由以上特性可知，m 序列是一个周期性确定序列，又具有类似随机二元序列的特性，故常把 m 序列称为伪随机序列或伪噪声序列，记作 PN 序列。由于 m 序列有很强的规律性和伪随机性，因此得到了广泛的应用。

4.10.3　扰码和解码原理

扰码原理是以线性反馈移位寄存器理论作为基础的。以 5 级线性反馈移位寄存器为例，在反馈逻辑输出与第一级寄存器输入之间引入一个模 2 和相加电路，以输入序列作为模 2 和相加电路的另一个输入端，即可得到图 4-10-6(a) 所示的扰码电路，相应的解扰电路如图 4-10-6(b) 所示。

若输入序列 $\{c_n\}$ 是信源序列，扰码电路输出序列为 $\{b_n\}$，则 b_n 可以表示为

$$b_n=c_n\oplus a_{n-3}\oplus a_{n-5} \tag{4-10-19}$$

经过信道传输，接收序列为 $\{\hat{b}_n\}$，解扰电路输出序列为 $\{\hat{c}_n\}$，$\{\hat{c}_n\}$ 可表示为

$$\hat{c}_n=\hat{b}_n\oplus a_{n-3}\oplus a_{n-5} \tag{4-10-20}$$

当传输无差错时，有 $b_n=\hat{b}_n$，由式(4-10-19) 和(4-10-20) 可得 $\hat{c}_n=c_n$，这说明扰码和解码是互逆运算。

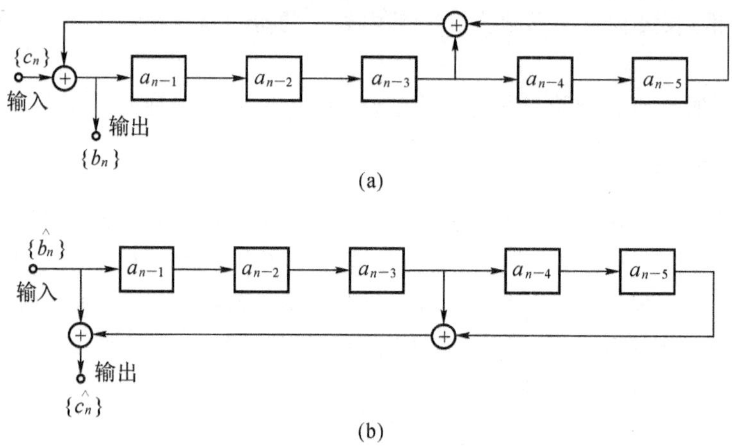

图 4-10-6 5 级移位寄存器构成的扰码器和解扰器

以图 4-10-6 构成的扰码器为例，假设移位寄存器初始状态除 $a_{n-3}=1$ 外其余均为 0，设输入序列 c_n 是周期为 6 的序列 000111000111…，则各反馈抽头处 a_{n-3}、a_{n-5} 及输出序列 b_n 如下所示：

c_n 000111000111000111…

a_{n-3} 000100010010001101…

a_{n-5} 100001000100100011…

b_n 100010010001101001…

b_n 是周期为 186 的序列，这里只列出开头的一段。由此例可知，输入周期性序列经扰码器后变为周期较长的伪随机序列。如果输入序列中有连 1 或连 0 串时，输出序列也会呈现出伪随机性。如果输入序列为全 0，只要移位寄存器初始状态不为全 0，扰码器就是一个线性反馈移位寄存器序列发生器，当有合适的反馈逻辑时，就可以得到 m 序列为随机码。

扰码器和相应的解码器的一般形式分别如图 4-10-7(a)，(b) 所示。接收端采用的是一种前馈移位寄存器结构，可以自动地将扰码后的序列恢复为原始的数据序列。

由于扰码器能使包括连 0 或连 1 在内的任何输入序列变为伪随机码，所以在基带传输系统中作为码型变换使用时，能限制连 0 码的个数。

采用扰码方法的主要缺点是对系统的误码性能有影响。在传输扰码序列过程中产生的单个误码会在接收端解扰器的输出端产生多个误码，这时因为解扰时会导致误码的增值。误码增值是由反馈逻辑引入的，反馈项数越多，差错扩散也越多。

m 序列是周期的伪随机序列。在调试数字设备时，m 序列可作为数字信号源使用。如果 m 序列经过发送设备、信道和接收设备后仍为原序列，则说明传输是无误的；如果有错误，则需要进行统计。在接收设备的末端，由同步信号控制，产生一个与发送端相同的本地 m 序列。将本地 m 序列与接收端解调出的 m 序列逐位进行模 2 加运算，一旦有错，就会出现 1 码，用计数器计数，便可统计错误码元的个数和比率。发送端 m 序列发生器及接收端的统计部分组成的成套设备称为误码测试仪。

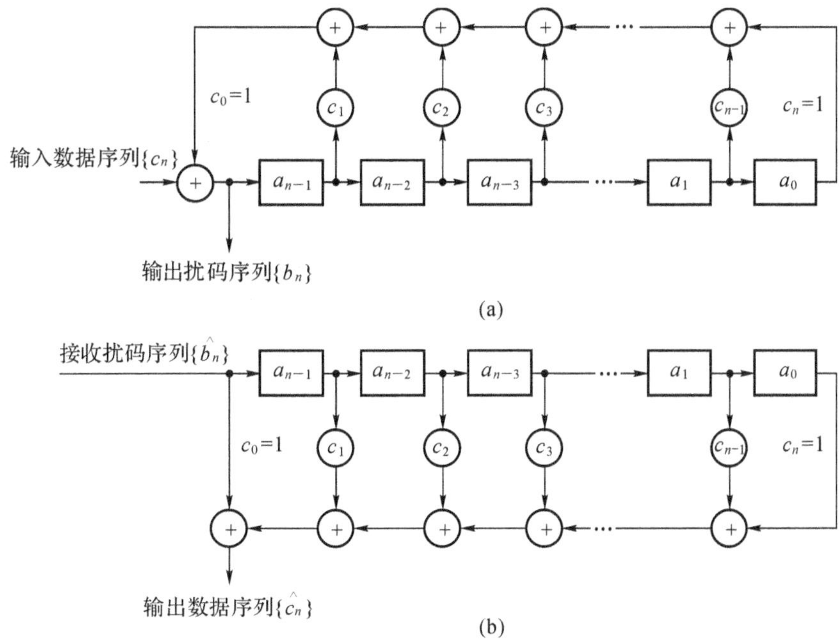

图 4-10-7　扰码器和解码器的一般形式

本章小结

(1) 本章讨论基带数字信号的特性和基带传输系统。未经调制的信号统称为基带信号。基带数字信号在传输前需要经过一些处理才能送入信道传输。处理的目的主要是使信号的特性和信道的特性相匹配,以及在接收端容易识别码元的起止时刻。由于多数信道的特性通常不适合传输信号的直流分量和很低的频率分量,所以如何消除信号的直流分量和低频分量是要着重考虑的问题。此外,应该使识别码元起止时刻的能力和码元序列的统计特性无关。

(2) 从单个码元的波形考虑时,码元波形可以有不同的表示方法。按电压极性区分,可以有单极性和双极性波形。按持续时间区分,有归零和不归零之分。此外,还可以不用电压值,而是用电压变化与否来表示码元的取值。

(3) 从码元序列考虑时,可以设计多种传输码型。常见的码型有 AMI 码、HDB3 码、双相码、密勒码、CMI 码和 nBmB 码。

(4) 对于基带数字信号的功率谱密度分析,不仅能够从中获得信号的带宽信息,还可以从有无离散谱分量得知其中是否包含码元定时信息。对于没有离散谱分量的信号,在接收端则需要对其进行某种变换,使其谱中含有此离散分量,才能从中提取码元定时。

(5) 基带传输系统设计中考虑的最重要问题之一就是如何消除或降低码间干扰。在实际中码间干扰的大小通常是用眼图测量的。在理论上,可以证明,基带系统的传输特性若满足奈奎斯特准则的要求就可以消除码间干扰。但是,由于信道特性不稳定且难于预计,实际中为了消除或减小码间干扰必须用均衡器进行补偿。实用的均衡器都是由横向滤波器构成的时域均衡器。

习　题

4-1　设二进制符号序列为110010001110,试以矩形脉冲为例,分别画出相应的单极性码波形、双极性码波形、单极性归零码波形、双极性归零码波形、二进制差分码波形及八电平码波形。

4-2　设随机二进制序列中的0和1分别由$g(t)$和$-g(t)$组成,它们的出现概率分别为p及$(1-p)$:

(1) 求其功率谱密度及功率;

(2) 若$g(t)$为如题4-2图(a)所示波形,T_s为码元宽度,问该序列是否存在离散分量$f_s=1/T_s$?

(3) 若$g(t)$改为题4-2图(b),回答题(2)所问。

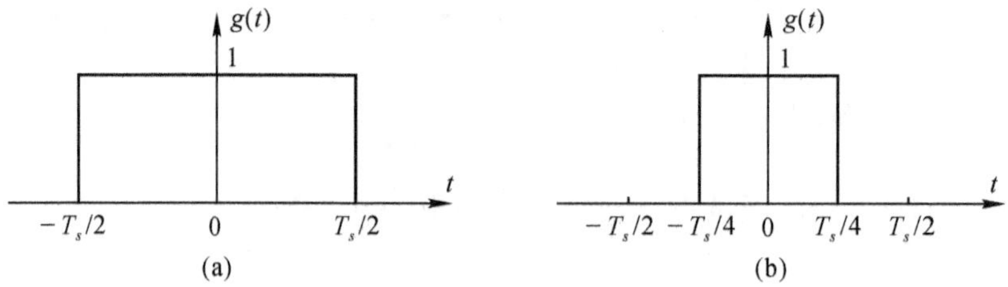

题4-2图

4-3　设某二进制数字基带信号的基本脉冲为三角形脉冲,如题4-3图所示。图中T_s为码元宽度,数字信息“1”和“0”分别用$g(t)$的有无表示,且“1”和“0”出现的概率相等:

(1) 求该数字基带信号的功率谱密度,并画出功率谱密度图;

(2) 能否从该数字基带信号中提取码元同步所需的频率$f_s=1/T_s$分量?若能,试计算该分量的功率。

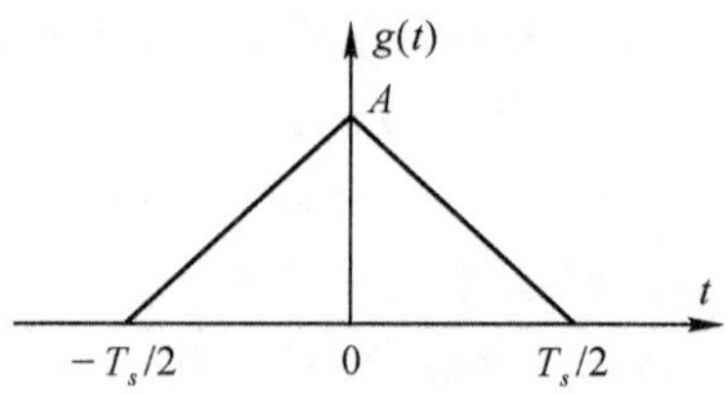

题4-3图

4-4　设某二进制数字基带信号中,数字信息“1”和“0”分别由$g(t)$及$-g(t)$表示,且“1”与“0”出现的概率相等,$g(t)$是升余弦频谱脉冲,即

$$g(t)=\frac{1}{2}\frac{\cos\left(\frac{\pi t}{T_s}\right)}{1-\frac{4t^2}{T_s^2}}Sa\left(\frac{\pi t}{T_s}\right)$$

(1) 写出该数字基带信号的功率谱密度表示式,并画出功率谱密度图;

(2) 从该数字基带信号中能否直接提取频率$f_s=1/T_s$的分量?

(3) 若码元间隔$T_s=10^{-3}(\mathrm{s})$,试求该数字基带信号的传码率及频带宽度。

4-5　设某双极性数字基带信号的基本脉冲波形如题4-5图所示。它是高度为1、宽度为$\tau=T_s/3$的矩形脉冲。且已知数字信息“1”的出现概率为3/4,“0”的出现概率为1/4:

(1) 写出该双极信号的功率谱密度的表示式,并画出功率谱密度图;

(2) 由该双极性信号中能否直接提取频率为 $f_s = 1/T_s$ 的分量?若能,试计算该分量的功率。

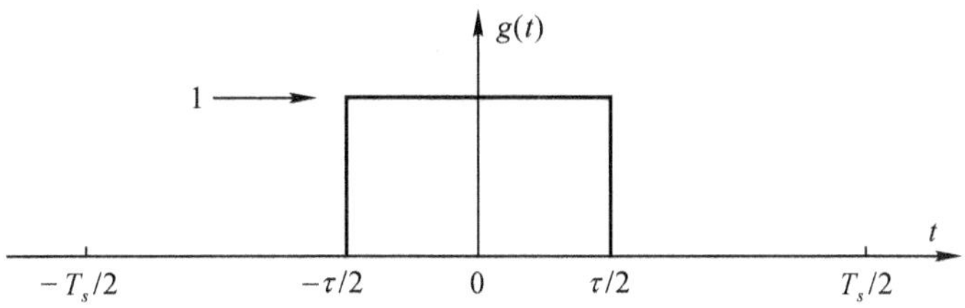

题 4-5 图

4-6　已知信息代码为 100000000011,求相应的 AMI 码、HDB_3 码及双相码。

4-7　已知信息代码为 1010000011000011,试确定相应的 AMI 码及 HDB_3 码,并分别画出它们的波形图。

4-8　某基带传输系统接收滤波器输出信号的基本脉冲为如题 4-8 图所示的三角形脉冲:

(1) 求该基带传输系统的传输函数 $H(\omega)$;

(2) 假设信道的传输函数 $C(\omega) = 1$,发送滤波器和接收滤波器具有相同的传输函数,即 $G_T(\omega) = G_R(\omega)$,试求这时 $G_T(\omega)$ 或 $G_R(\omega)$ 的表示式。

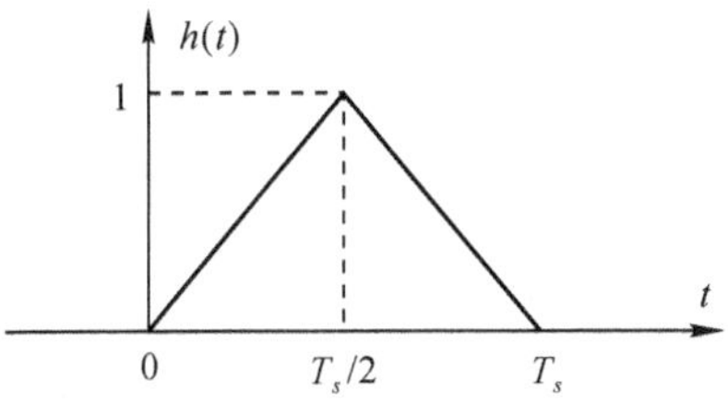

题 4-8 图

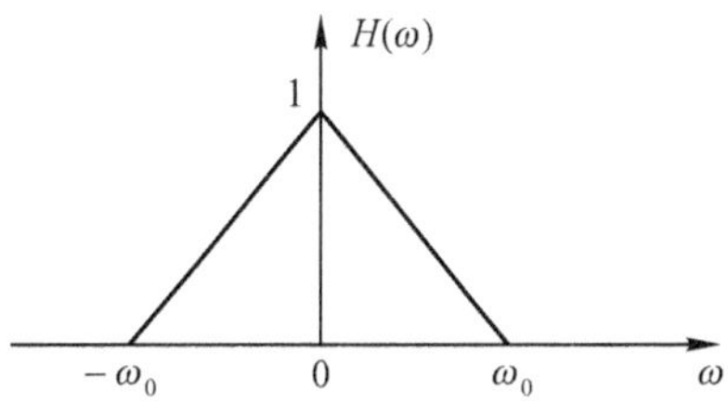

题 4-9 图

4-9　设某基带传输系统具有如题 4-9 图所示的三角形传输函数:

(1) 求该系统接收滤波器输出基本脉冲的时间表示式;

(2) 当数字基带信号的传码率 $R_B = \omega_0/\pi$ 时,用奈奎斯特准则验证该系统能否实现无码间干扰传输?

4-10　设基带传输系统的发送滤波器、信道及接收滤波器组成总特性为 $H(\omega)$,若要求以 $2/T_s$ 波特的速率进行数据传输,试检验题 4-10 图中各种 $H(\omega)$ 是否满足消除抽样点上码间干扰的条件?

4-11　设某数字基带传输的传输特性 $H(\omega)$ 如题 4-11 图所示,其中 α 为某个常数($0 \leqslant \alpha \leqslant 1$):

(1) 试检验该系统能否实现无码间干扰传输?

(2) 试求该系统的最大码元传输速率为多少?这时的系统频带利用率为多大?

4-12　为了传送码元速率 $R_B = 10^3$(B) 的数字基带信号,试问系统采用题 4-12 图中所画的哪一种传输特性较好?并简要说明其理由。

4-13　设二进制基带系统的分析模型如题 4-13 图所示,现已知

$$H(\omega) = \begin{cases} \tau_0(1+\cos\omega\tau_0) & |\omega| \leqslant \dfrac{\pi}{\tau_0} \\ 0 & \text{其他 } \omega \end{cases}$$

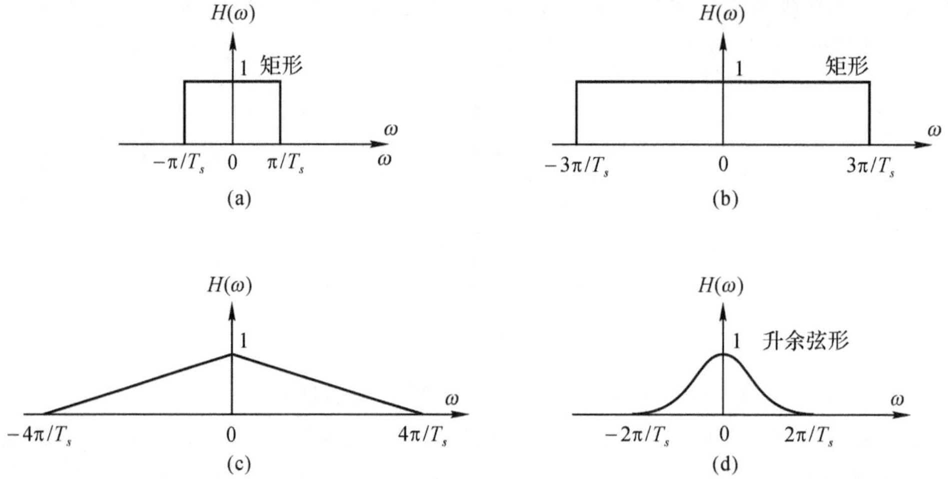

题 4-10 图

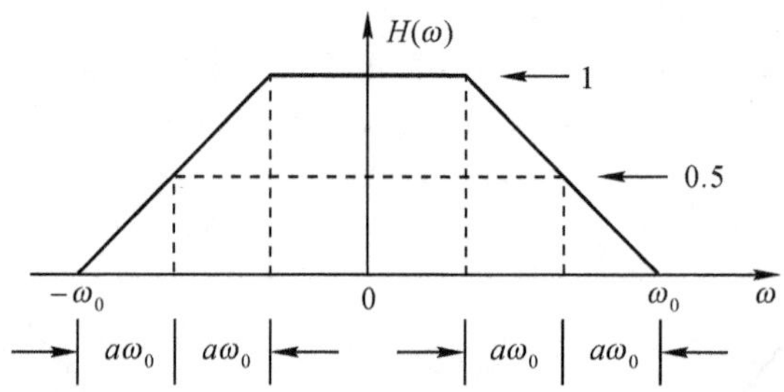

题 4-11 图

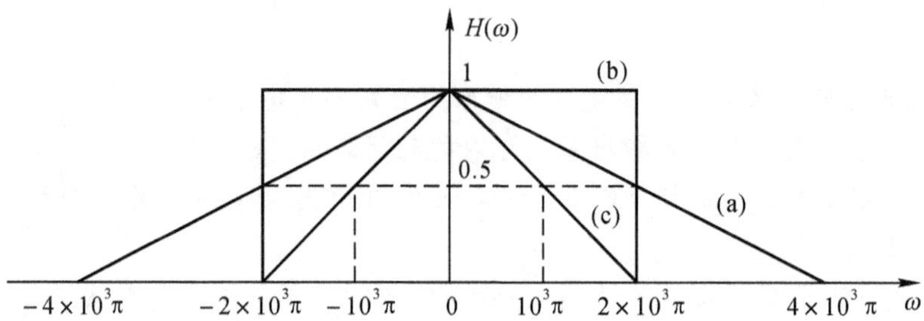

题 4-12 图

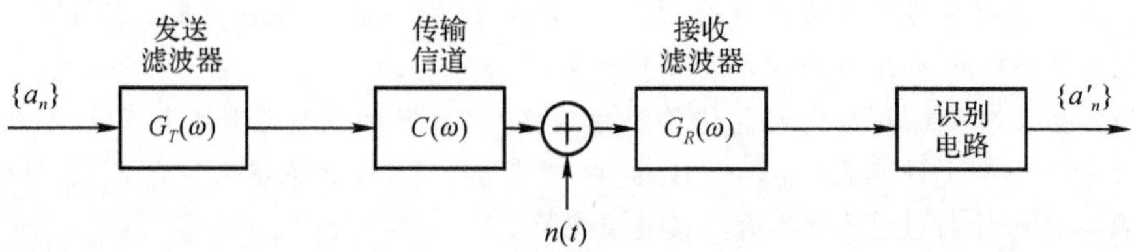

题 4-13 图

试确定该系统最高的码元传输速率 R_B 及相应码元间隔 T_s。

4-14　若上题中

$$H(\omega)=\begin{cases}\dfrac{T_s}{2}\left(1+\cos\dfrac{\omega T_s}{2}\right) & |\omega|\leqslant\dfrac{2\pi}{T_s}\\ 0 & 其他\ \omega\end{cases}$$

试证其单位冲击响应为

$$h(t)=\frac{\sin\pi t/T_s}{\pi t/T_s}\cdot\frac{\cos\pi t/T_s}{1-4t^2/T_s^2}$$

并画出 $h(t)$ 的示意波形和说明用波特速率传送数据时，存在(抽样时刻上)码间干扰否？

4-15　设一相关编码系统如题 4-15 图所示。图中，理想低通滤波器的截止频率为 $\dfrac{1}{2T_s}$，通带增益为 T_s。试求该系统的单位冲激响应和频率特性。

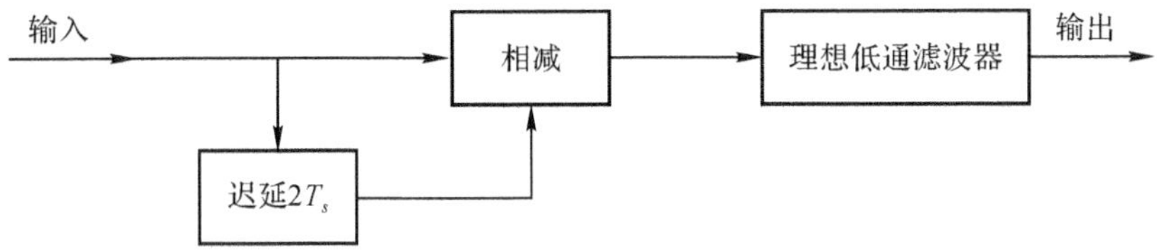

题 4-15 图

4-16　若上题中输入数据为二进制的，则相关编码电平数为何值?若数据为四进制的，则相关电平数为何值?

4-17　以表 4-3 中第 Ⅳ 类部分响应系统为例，试画出包括预编码在内的系统组成方框图。

4-18　试证明式(4-7-8) 所示的“对于双极性基带信号最佳判决门限电平”表示式成立。

4-19　对于单极性基带波形，试证明式(4-7-10) 与式(4-7-11) 成立。

4-20　若二进制基带系统如题 4-13 图所示，并设 $C(\omega)=1, G_T(\omega)=G_R(\omega)=\sqrt{H(\omega)}$。现已知

$$H(\omega)=\begin{cases}\tau_0(1+\cos\omega\tau_0) & |\omega|\leqslant\dfrac{\pi}{\tau_0}\\ 0 & 其他\ \omega\end{cases}$$

(1) 若 $n(t)$ 的双边功率谱密度为 $n_0/2$(W/Hz)，试确定 $G_R(\omega)$ 的输出噪声功率；

(2) 若在抽样时刻 kT_s(k 为任意正整数) 上，接收滤波器的输出信号以相同概率取 0，A 电平，而输出噪声取值 V 服从下述概率密度分布的随机变量

$$f(V)=\frac{1}{2\lambda}e^{-\frac{|V|}{\lambda}}\qquad \lambda>0(常数)$$

试求系统最小误码率 P_e。

4-21　某二进制数字基带系统所传送的是单极性基带信号，且数字信息“1”和“0”的出现概率相等。

(1) 若数字信息为“1”时，接收滤波器输出信号在抽样判决时刻的值 $A=1$(V)，且接收滤波器输出噪声是均值为 0，均方根值为 0.2(V) 的高斯噪声，试求这时的误码率 P_e；

(2) 若要求误码率 P_e 不大于 10^{-5}，试确定 A 至少应该是多少？

4-22 若将上题中的单极性基带信号改为双极性基带信号，而其他条件不变，重做上题中的各问。

4-23 一随机二进制序列为10110001…，符号“1”对应的基带波形为升余弦波形，持续时间为 T_s；符号“0”对应的基带波形恰好与“1”相反：

(1) 当示波器扫描周期 $T_0 = T_s$ 时，试画出眼图；

(2) 当 $T_0 = 2T_s$ 时，试重画眼图；

(3) 比较以上两种眼图的下述指标：最佳抽样判决时刻、判决门限电平及噪声容限值。

4-24 设有一个三抽头的时域均衡器，如题4-24图所示。$x(t)$ 在各抽样点的值依次为 $x_{-2} = 1/8, x_{-1} = 1/3, x_0 = 1, x_{+1} = 1/4, x_{+2} = 1/16$（在其他抽样点均为零）。试求输入波形 $x(t)$ 峰值的畸变值及时域均衡器输出波形 $y(t)$ 峰值的畸变值。

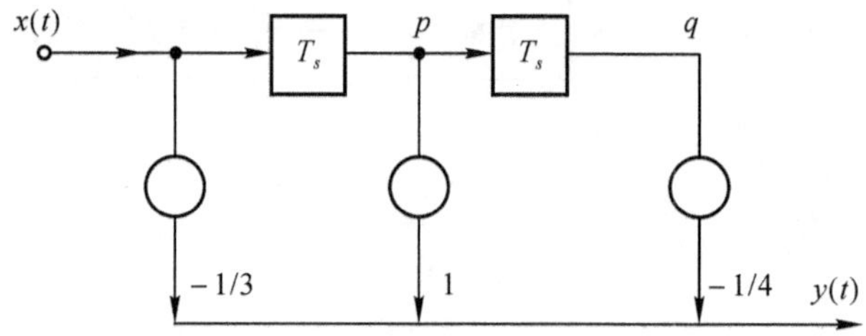

题4-24图

4-25 已知某线性反馈移位寄存器的特征多项式系数的八进制表示为107，若移位寄存器的初始状态为全1。

(1) 求末级输出序列；

(2) 输出序列是否为 m 序列，为什么？

4-26 已知移位寄存器的特征多项式系数为51，若移位寄存器的初始状态为10000，

(1) 求末级输出序列；

(2) 验证输出序列是否符合 m 序列的性质。

4-27 设计一个周期为1023的 m 序列发生器，画出它的方框图。

4-28 设计一个由5级移位寄存器组成的扰码和解码系统。

(1) 画出扰码器和解码器方框图；

(2) 若输入为全1码，求扰码器输出序列。

实践项目

设数字基带传输系统如图4-4-3所示，假设传输信道为理想信道即 $C(\omega) = 1$，且不考虑噪声的影响。试设计发送滤波器和接收滤波器使满足式(4-5-12)无码间干扰的传输特性，即 $H(\omega) = G_T(\omega)G_R(\omega)$，令滚降系数 $\alpha = 0.15$。请用MATLAB设计发送滤波器和接收滤波器。

第 5 章　数字信号的频带传输系统

5.1　引言

在上一章中我们较详细地讨论了数字信号的基带传输。数字基带信号的功率谱一般处于从零开始到某一频率(如 0 ～ 6 MHz) 的低频段,因而在很多实际通信信道(如无线信道等) 中都不能直接进行传输,需要借助载波调制进行频谱搬移,将数字基带信号变换成适合信道传输的数字频带信号进行传输,这种传输方式称为数字信号的频带传输,或调制传输、载波传输。

所谓调制是用基带信号对载波波形的某参量进行控制,使该参量随基带信号的规律变化,从而携带消息。从原理上来说,受控载波的波形可以是任意的,只要已调信号能够适合信道传输就可以了。但在实际上,由于正弦波信号形式简单,便于产生及接收,因而在大多数数字频带通信系统中都采用正弦信号作为载波,本章就将讨论这种以正弦波作为载波的数字频带传输。

对于以正弦波作为载波的模拟调制系统,在第 3 章中已进行了较详细的讨论,和模拟调制相类似,数字调制是用数字基带信号去改变正弦载波的幅度、频率或相位中的某个参数,产生出相应的数字振幅调制、数字频率调制和数字相位调制三种基本形式,因此数字调制和模拟调制在原理上并没有什么区别。另外,在数字调制中还可以用数字基带信号同时改变正弦载波幅度、频率或相位中的某几个参数,产生新型的数字调制。数字调制系统的基本结构如图 5-1-1 所示。

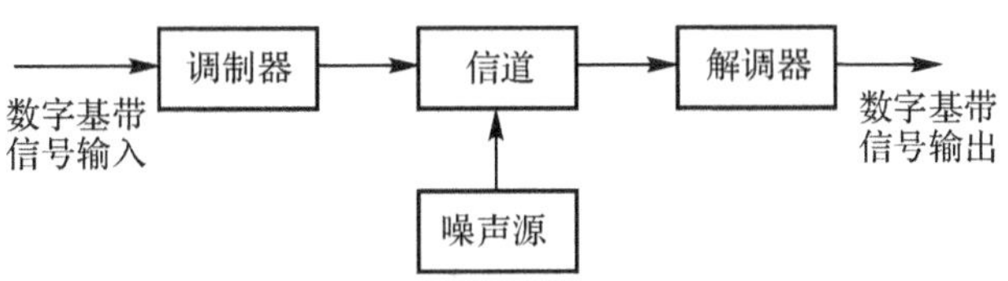

图 5-1-1　数字调制系统的基本结构

和模拟调制不同的是,由于数字基带信号具有离散取值的特点,所以调制后的载波参量只有有限的几个数值,因而数字调制在实现的过程中常采用键控的方法,就像用数字信息去控制开关一样,从几个具有不同参量的独立振荡源中选择参量,由此产生的三种基本调制方式分别称为振幅键控(Amplitude-Shift Keying,ASK)、移频键控(Frequency-Shift Keying,

FSK）和移相键控（Phase-Shift Keying，PSK）或差分移相键控（Differential Phase-Shift Keying，DPSK）。

在数字调制中，数字基带信号可以是二进制的，也可以是多进制的，对应地就有二进制数字调制与多进制数字调制两种不同的数字调制。本章着重讨论二进制数字调制，包括三种基本二进制数字调制方式的原理、各已调信号的频谱特点和各系统的抗噪性能分析，另外还将简要介绍多进制数字调制以及改进的数字调制方式。

5.2 二进制数字调制原理

数字调制中最简单的情况即是以二进制数字基带信号作为调制信号的二进制数字调制。最常用的二进制数字调制方式有二进制振幅键控、移频键控和移相键控三种，在这三种调制中，载波的幅度、频率或相位随基带信号只取两种变化状态。

5.2.1 二进制振幅键控(2ASK)

振幅键控是正弦波的幅度随数字基带信号而变化的数字调制。当数字基带信号为二进制信号时，正弦波的幅度随数字信号 0 和 1 在两个不同电平之间转换，从而构成了二进制振幅键控（2ASK）。设消息源发出的是由二进制符号 0，1 组成的序列，发送 0 的概率为 p，发送 1 的概率为 $1-p$，两者彼此独立。按第 3 章中的幅度调制原理，一个二进制振幅键控信号可以表示为一个二进制数字基带信号与一个正弦型载波的乘积，即

$$e_{2\mathrm{ASK}} = s(t)\cos\omega_c t \tag{5-2-1}$$

其中二进制数字基带信号 $s(t)$ 可表示为一个单极性矩形随机脉冲序列，即

$$s(t) = \sum_n a_n g(t-nT_s), \quad a_n = \begin{cases} 0 & \text{概率为 } p \\ 1 & \text{概率为 } 1-p \end{cases} \tag{5-2-2}$$

所以

$$e_{2\mathrm{ASK}}(t) = \Big[\sum_n a_n g(t-nT_s)\Big]\cos\omega_c t \tag{5-2-3}$$

这里，T_s 是二进制基带信号的码元宽度，且 $T_s = 1/f_s$，$g(t)$ 是码元宽度为 T_s 的矩形脉冲，$g(t)$，$s(t)$ 及 $e_{2\mathrm{ASK}}(t)$ 的时间波形如图 5-2-1 所示，由图 5-2-1 可以看出，2ASK 信号的时间波形 $e_{2\mathrm{ASK}}(t)$ 随二进制基带信号 $s(t)$ 的通断变化，所以又称为通断键控（OOK）信号。

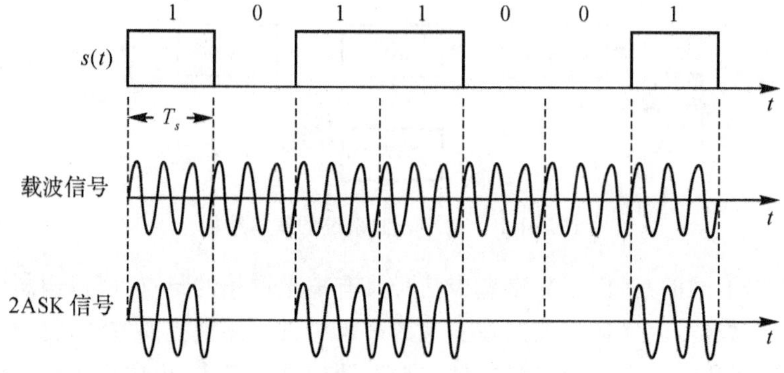

图 5-2-1 2ASK 信号的时间波形

2ASK 信号的产生方法（调制方法）通常有两种，如图 5-2-2 所示。图 5-2-2(a) 是采用一般模拟幅度调制方法的原理框图，图 5-2-2(b) 是采用数字键控方法的原理框图，图中开关电路受 $s(t)$ 控制。

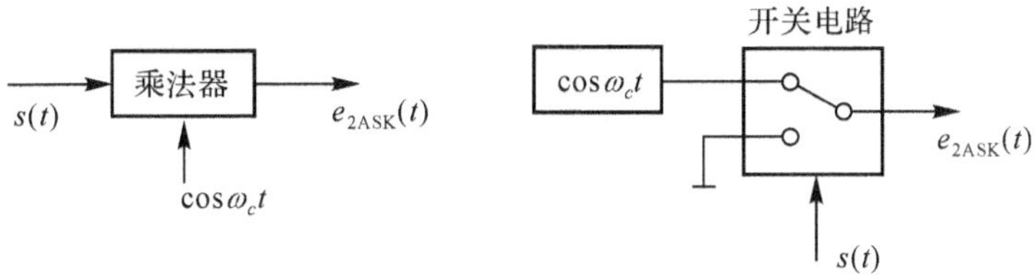

(a)　(b)

图 5-2-2　2ASK 信号调制原理框图

和模拟调制中的 AM 信号的解调相同，2ASK 信号也有非相干解调（包络检波）和相干解调（同步检测）两种方式，相应的接收系统组成方框图如图 5-2-3 所示。与模拟 AM 信号的接收系统相对比可知，这里增加了一个“抽样判决器”方框，这对于提高数字信号的接收性能是必要的。2ASK 信号非相干解调过程的时间波形如图 5-2-4 所示。

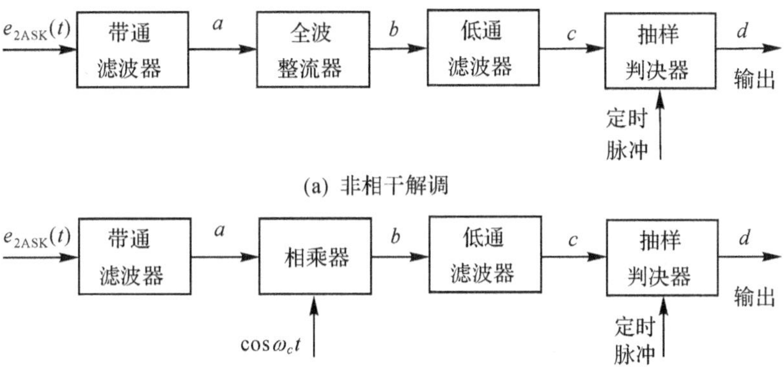

(b) 相干解调

图 5-2-3　2ASK 信号的接收系统组成方框图

下面我们来分析 2ASK 信号的频谱。由式(5-2-1) 知，二进制振幅键控信号表达式与双边带模拟调制信号时域表示式类似，所以两者应有类似的功率谱密度表示式，即有①

$$P_e(f)=\frac{1}{4}[P_s(f+f_c)+P_s(f-f_c)] \tag{5-2-4}$$

式中，$P_e(f)$ 为二进制振幅键控信号 $e_{2ASK}(t)$ 的功率谱密度，$P_s(f)$ 为数字基带信号 $s(t)$ 的功率谱密度。因为 $s(t)$ 为单极性矩形随机脉冲序列，由第 4 章知其功率谱密度表达式为

$$P_s(f)=f_sp(1-p)\mid G(f)\mid^2+f_s^2(1-p)^2\sum_{m=-\infty}^{\infty}\mid G(mf_s)\mid^2\delta(f-mf_s) \tag{5-2-5}$$

式中，$G(f)\Leftrightarrow g(t)$。

对于全占空矩形脉冲序列，有

$$G(f)=T_sSa(\pi fT_s)e^{-j\pi fT_s}$$

① 这里假设 $P_s(f+f_c)$ 与 $P_s(f-f_c)$ 在频率轴上不重叠，实际上由于 f_c 较大所以这往往能满足。

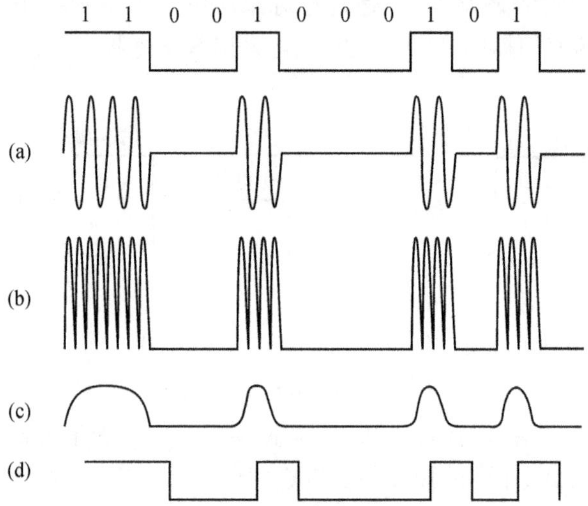

图 5-2-4 2ASK 信号非相干解调过程的时间波形

$$|G(mf_s)| = T_s Sa(m\pi) = \begin{cases} T_s & m = 0 \\ 0 & m \neq 0 \end{cases} \tag{5-2-6}$$

$s(t)$ 的功率谱密度为

$$P_s(f) = f_s p(1-p)\,|G(f)|^2 + f_s^2(1-p)^2\,|G(0)|^2\delta(f) \tag{5-2-7}$$

将式(5-2-7)代入式(5-2-4),并假定概率 $p = 0.5$,便得到

$$\begin{aligned} P_e(f) &= \frac{1}{4} f_s p(1-p)[\,|G(f+f_c)|^2 + |G(f-f_c)|^2\,] \\ &\quad + \frac{1}{4} f_s^2 (1-p)^2\,|G(0)|^2[\delta(f+f_c) + \delta(f-f_c)] \\ &= \frac{T_s}{16}\{Sa^2[\pi(f+f_c)T_s] + Sa^2[\pi(f-f_c)T_s]\} \\ &\quad + \frac{1}{16}[\delta(f+f_c) + \delta(f-f_c)] \end{aligned} \tag{5-2-8}$$

据此,可画出 2ASK 信号的功率谱如图 5-2-5 所示。

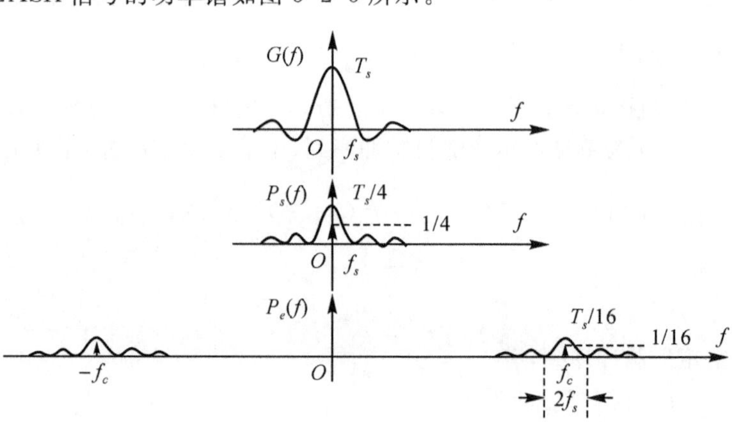

图 5-2-5 2ASK 信号的功率谱

由以上分析可见，2ASK 信号的功率谱由连续谱和离散谱两部分组成，连续谱取决于 $s(t)$ 经线性调制后的双边带谱，而离散谱则由载波分量确定。2ASK 信号的带宽为基带脉冲带宽的两倍，若只计及基带脉冲频谱的主瓣，则其带宽为 $B_{2ASK}=2f_s$。

5.2.2　二进制移频键控(2FSK)

移频键控是用数字基带信号控制正弦载波的频率使之按其规律变化的数字调制方式。二进制移频键控(2FSK) 就是控制正弦载波频率使之随二进制基带信号在 f_1 和 f_2 两个频率上变化。2FSK 信号的时间波形如图 5-2-6 所示，其中 a_k 为二进制基带信号，$s(t)$ 为 a_k 用矩形脉冲表示的波形，$s(t)=\sum_n a_n g(t-nT_s)$，$\overline{s(t)}$ 则为 $\overline{a_k}$ 所对应的波形，$\overline{s(t)}=\sum_n \overline{a_n} g(t-nT_s)$，波形(c) 为频率 f_1 的载波 1，波形(d) 为频率 f_2 的载波 2，波形 e 为 $s(t)$ 与载波 1 的乘积，波形(f) 为 $\overline{s(t)}$ 与载波 2 的乘积，波形(g) 可看成是由波形(e) 和波形(f) 的合成，即二进制振幅键控信号的叠加。二进制基带信号的"1" 码对应于载波频率 f_1，"0" 码对应于载波频率 f_2，可写出 2FSK 信号时域表达式为

$$
\begin{aligned}
e_{2FSK}(t)=&\sum_n a_n g(t-nT_s)\cos(\omega_1 t+\varphi_n)\\
&+\sum_n \overline{a_n} g(t-nT_s)\cos(\omega_2 t+\theta_n)
\end{aligned}
\tag{5-2-9}
$$

这里，$\omega_1=2\pi f_1$，$\omega_2=2\pi f_2$，$\overline{a_n}$ 是 a_n 的反码，a_n 和 $\overline{a_n}$ 可表示为

$$
a_n=\begin{cases}0 & \text{概率为 } p\\ 1 & \text{概率为 } 1-p\end{cases}\qquad \overline{a_n}=\begin{cases}1 & \text{概率为 } p\\ 0 & \text{概率为 } 1-p\end{cases}
\tag{5-2-10}
$$

$g(t)$ 是码元宽度为 T_s 的不归零矩形脉冲，φ_n 和 θ_n 分别代表频率为 f_1 和 f_2 的第 n 个载波码元的初相位。在二进制移频键控信号中，φ_n 和 θ_n 不携带信息，通常可令其为 0，于是

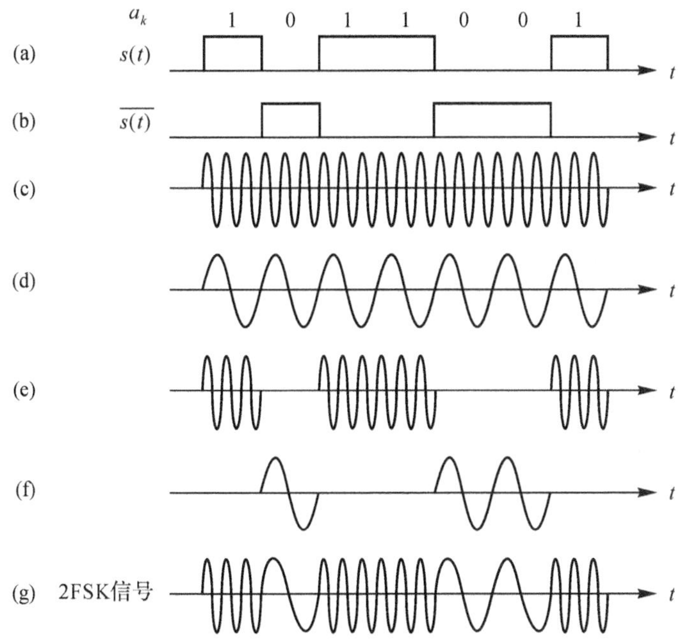

图 5-2-6　2FSK 信号的时间波形

$$e_{2FSK}(t) = \sum_n a_n g(t - nT_s)\cos\omega_1 t + \sum_n \overline{a_n} g(t - nT_s)\cos\omega_2 t \tag{5-2-11}$$

二进制移频键控信号的产生通常有两种方法，一是采用模拟调频电路来实现，即用模拟调频法来实现数字调频，二是采用数字键控的方法来实现，即用数字矩形脉冲序列开关电路对两个不同频率（分别为 f_1 和 f_2）的独立振荡源进行选通，根据二进制“1”，“0”码元序列交替输出频率为 f_1 或 f_2 的载波。上述两种方法产生 2FSK 信号的方框图如图 5-2-7 所示。

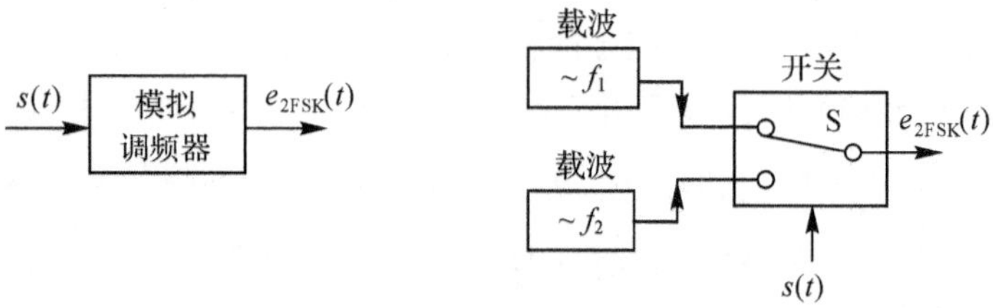

(a) 模拟调频法产生2FSK信号　(b) 数字键控法产生2FSK信号

图 5-2-7　2FSK 信号的产生方框图

还可以用 MATLAB 软件来产生 2FSK 波形，源程序代码和仿真结果波形如下：

```
function fskdigital(s,f0,f1)
% 本程序实现 FSK 调制
% s—— 输入二进制序列，f0，f1—— 两个载波信号的频率
% 调用举例：(f0 和 f1 必须是整数)fskdigital([1 0 1 1 0],1,2)
t = 0:2 * pi/99:2 * pi;                 % 初始定义
cp = [ ];mod = [ ];bit = [ ];
for n = 1:length(s);
  if s(n) == 0;
    cp1 = ones(1,100);
    c = sin(f0 * t);
    bit1 = zeros(1,100);
  else s(n) == 1;
    cp1 = ones(1,100);
    c = sin(f1 * t);
    bit1 = ones(1,100);
  end
  cp = [cp cp1];
  mod = [mod c];
  bit = [bit bit1];
end
fsk = cp. * mod;
subplot(2,1,1);
plot(bit,'LineWidth',1.5);grid on;         % 分别画出原信号、已调信号示意
ylabel('Binary Signal');
```

```
axis([0 100 * length(s) - 2.5 2.5]);
subplot(2,1,2);
plot(fsk,'LineWidth',1.5);grid on;
ylabel('FSK Modulation');
axis([0 100 * length(s) - 2.5 2.5]);
%fskdigital([1 0 1 1 0 0 1 0],1,2)
```

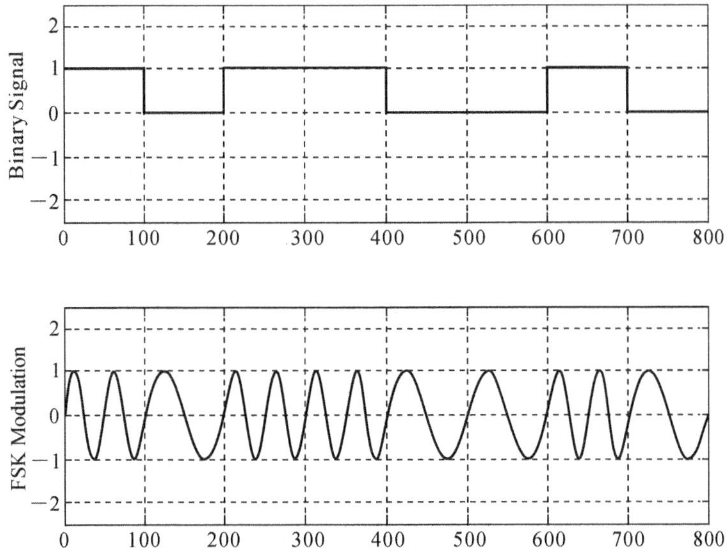

2FSK 信号的解调方法有很多，常用的解调方法是采用如图 5-2-8 所示的非相干解调法和相干解调法。如图 5-2-8(a) 所示，非相干解调原理是将收到的 2FSK 信号先经上下两个带通滤波器（中心频率分别为 f_1 和 f_2）分路，产生上下两路二进制振幅键控信号，再分别进行解调，然后通过对上下两路的抽样进行比较判决，还原出数字基带信号。非相干解调过程的时间波形如图 5-2-9 所示。

2FSK 信号还有其他解调方法，比如鉴频法、过零检测法及差分检测法等，这里仅以过零检测法为例，简单说明 2FSK 在该方法中的解调原理。图 5-2-10 所示为过零检测法的方框图和各点时间波形。解调的基本原理是：二进制移频键控信号的过零点数随载波频率的不同而异，因此可通过检测接收信号的过零点数而得到其频率的变化，从而反映数字基带信号的“0”，“1”码元。在图 5-2-10 中，输入信号经限幅后产生矩形脉冲序列，经微分、整流形成与频率变化相应的尖脉冲序列，这个序列就反映了调频波的过零点，脉冲形成电路再将其变换成具有一定宽度的矩形脉冲序列，并经低通滤波器滤除高次谐波，便恢复出对应于原数字信号的基带脉冲信号。

下面讨论二进制移频键控信号的频谱。由于 2FSK 调制常属于非线性调制，因此，一般地讨论其频谱特性比较困难，这里仅介绍一种方法，即把二进制频率键控信号看成是两个二进制振幅键控信号的叠加的方法，通常称这种移频键控信号为相位不连续的移频键控信号，即前后码元载波间的相位是不连续的。根据式(5-2-9)和式(5-2-10)中相位不连续 2FSK 信号的表达式，若设

$$s_1(t) = \sum_n a_n g(t - nT_s) \tag{5-2-12}$$

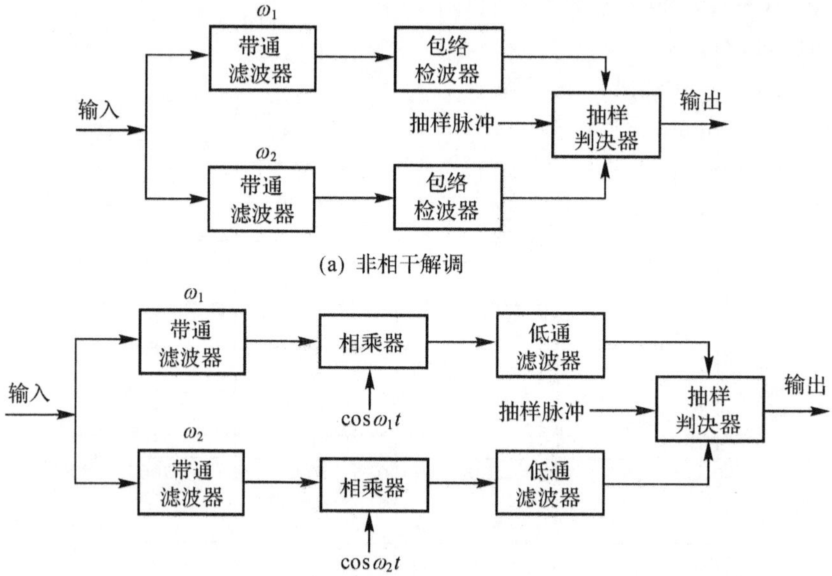

图 5-2-8 2FSK 信号非相干解调过程的时间波形

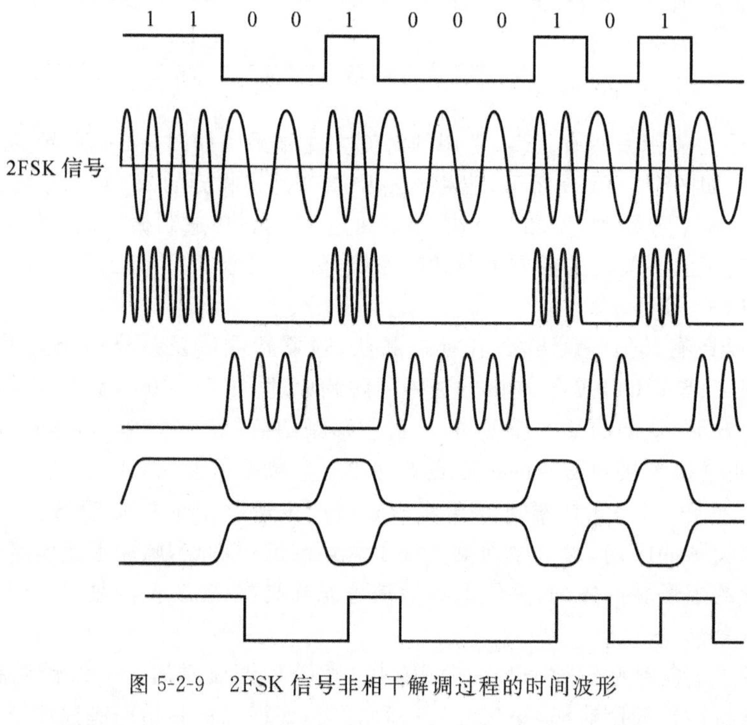

图 5-2-9 2FSK 信号非相干解调过程的时间波形

$$s_2(t) = \sum_n \overline{a_n} g(t - nT_s) \tag{5-2-13}$$

则 2FSK 信号的时域表达式为

$$\begin{aligned} e_{2FSK}(t) &= s_1(t)\cos\omega_1 t + s_2(t)\cos\omega_2 t \\ &= e_{2ASK,1}(t) + e_{2ASK,2}(t) \end{aligned} \tag{5-2-14}$$

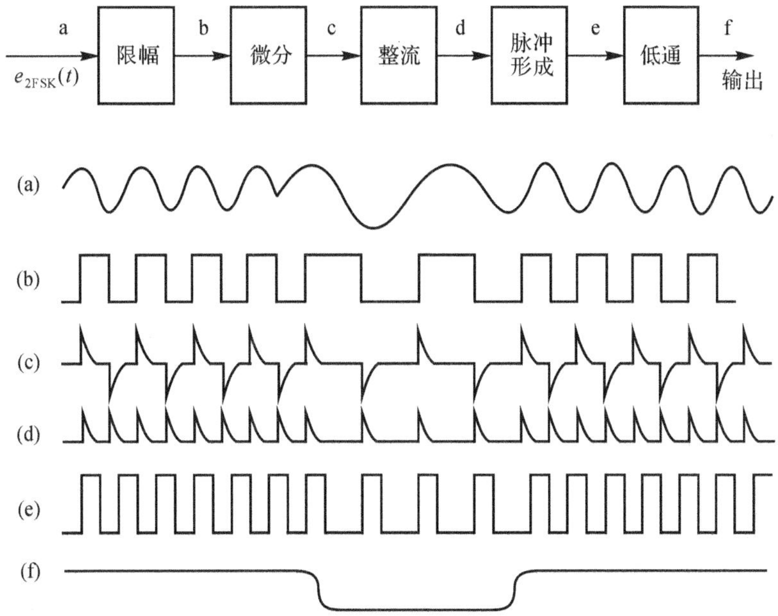

图 5-2-10　过零检测法的方框图和各点时间波形

而其功率谱密度表达式为

$$\begin{aligned}P_e(f) &= P_{e2ASK,1}(f) + P_{e2ASK,2}(f)\\&= \frac{1}{4}[P_{s1}(f+f_1) + P_{s1}(f-f_1)] + \frac{1}{4}[P_{s2}(f+f_2) + P_{s2}(f-f_2)]\end{aligned} \tag{5-2-15}$$

这里 $P_{e2ASK,1}(f)$ 和 $P_{e2ASK,2}(f)$ 分别是两个 2ASK 信号的功率谱，$P_{s1}(f)$ 和 $P_{s2}(f)$ 分别是二进制数字基带信号 $s_1(t)$ 和 $s_2(t)$ 的功率谱，根据式(5-2-7) 及式(5-2-15) 可得

$$\begin{aligned}P_e(f) = &\frac{1}{4}f_s p(1-p)[|G(f+f_1)|^2 + |G(f-f_1)|^2]\\&+\frac{1}{4}f_s^2(1-p)^2|G(0)|^2[\delta(f+f_1)+\delta(f-f_1)]\\&+\frac{1}{4}f_s p(1-p)[|G(f+f_2)|^2 + |G(f-f_2)|^2]\\&+\frac{1}{4}f_s^2(1-p)^2|G(0)|^2[\delta(f+f_2)+\delta(f-f_2)]\end{aligned} \tag{5-2-16}$$

令概率 $p = 1/2$，并将全占空矩形脉冲 $g(t)$ 的功率谱密度公式代入式(5-2-16)，最后得

$$\begin{aligned}P_e(f) = &\frac{T_s}{16}\{Sa^2[\pi(f+f_1)T_s] + Sa^2[\pi(f-f_1)T_s]\\&+Sa^2[\pi(f+f_2)T_s] + Sa^2[\pi(f-f_2)T_s]\}\\&+\frac{1}{16}[\delta(f+f_1)+\delta(f-f_1)+\delta(f+f_2)+\delta(f-f_2)]\end{aligned} \tag{5-2-17}$$

设两个载频的中心频率为 f_c，频差为 Δf，即

$$f_c = \frac{f_1+f_2}{2} \tag{5-2-18}$$

$$\Delta f = |f_2 - f_1| \tag{5-2-19}$$

定义调制指数(或移频指数)h 为

$$h = \frac{|f_2 - f_1|}{R_B} = \frac{\Delta f}{R_B} = \frac{\Delta f}{f_s} \tag{5-2-20}$$

式中,R_B 是数字基带信号的码元速率,且 $R_B = f_s = 1/T_s$。图 5-2-11 所示为 2FSK 信号的功率谱密度示意图,图中给出了 $h = 0.5$,$h = 0.7$ 时 2FSK 信号的功率谱。

当 Δf 较小时,若小于 f_s,连续谱为单峰,随着 Δf 增大,f_1 和 f_2 之间距离增大,连续谱将出现双峰。若以 2FSK 信号功率谱第一个零点间的频率间隔计算 2FSK 信号带宽,则其值为

$$B_{2FSK} = |f_2 - f_1| + 2f_s \tag{5-2-21}$$

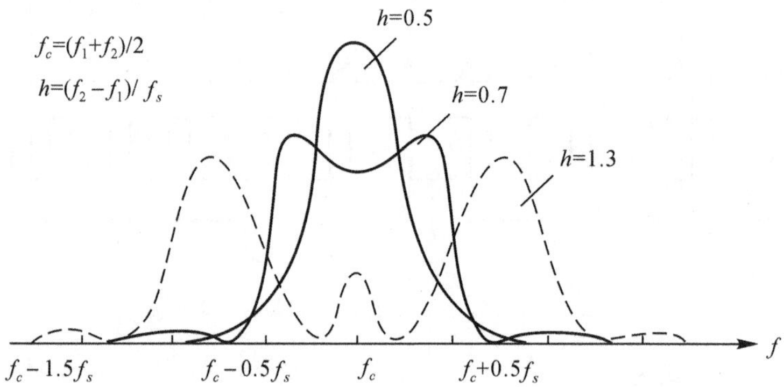

图 5-2-11 相位不连续 2FSK 信号的功率谱(单边谱)

5.2.3 二进制移相键控(2PSK)及二进制差分移相键控(2DPSK)

移相键控是用控制载波的相位变化来传递消息的调制方式,它分为绝对移相和相对(差分)移相两种方式。

二进制移相键控(2PSK)是用二进制数字信号控制载波的相位使之离散变化,例如用已调信号载波的 0 和 π 分别表示二进制数字基带信号的“0”和“1”。2PSK 信号的时域表达式为

$$e_{2PSK}(t) = \left[\sum_n a_n g(t - nT_s)\right]\cos\omega_c t \tag{5-2-22}$$

式中,中括号内应为双极性数字基带信号,即

$$a_n = \begin{cases} +1 & 概率为\ p \\ -1 & 概率为\ 1-p \end{cases} \tag{5-2-23}$$

如前所述,$g(t)$ 是幅度为 1、宽度为 T_s 的矩形脉冲,所以 2PSK 信号又可以表示为

$$e_{2PSK}(t) = \begin{cases} \cos\omega_c t & 概率为\ p \\ -\cos\omega_c t & 概率为\ 1-p \end{cases} \tag{5-2-24}$$

由式(5-2-24)可看出,当发送二进制码元“0”时($a_n = +1$),已调信号 $e_{2PSK}(t)$ 取 0 相位;发送二进制码元“1”时($a_n = -1$),$e_{2PSK}(t)$ 取 π 相位。这种以载波的不同相位直接去表示相应二进制数字信号的相位键控,称为绝对移相键控。

应当注意到,如果采用绝对移相方式,由于发送端是以某一个相位作为基准的,因此在接收端也须有一个同样的基准相位作为参考。如果接收端这个参考相位发生变化(0 相位变

π 相位或 π 相位变 0 相位)，则恢复的数字信息就会发生 0 变为 1 或 1 变为 0 情况，从而造成错误的反相恢复，这种现象称为 2PSK 方式的"倒 π"现象或"反向工作"现象，限制了 2PSK 的运用。

二进制差分(相对)移相键控(2DPSK)是用前后码元载波的相对相位来传送数字信息的。相对相位指本码元载波初相与前一码元载波初相的相位差。例如基带信号的"1"码载波相位变化 π，即与前一码元载波初相相差 π；"0"码载波相位不变化，即与前一码元载波初相相同。按此规定，举例说明数字信息序列与 2DPSK 信号的载波相位关系如下：

数字信息		0	0	1	1	1	0	0	1	0	1
2DPSK 信号相位	0	0	0	π	0	π	π	π	0	0	π
或	π	π	π	0	π	0	0	0	π	π	0

依此规律画出的 2DPSK 信号波形和按前面规定画出的 2PSK 波形如图 5-2-12 所示。相对移相又称为差分移相。

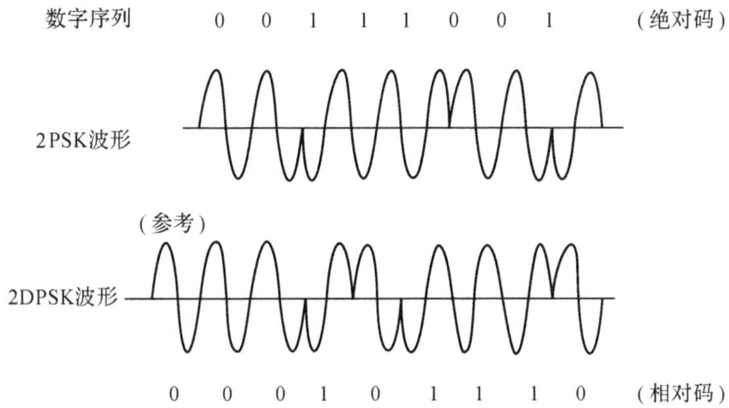

图 5-2-12　2PSK 及 2DPSK 信号的波形

由图 5-2-12 可以看出，2DPSK 的波形与 2PSK 不同，2DPSK 波形中码元本身的载波相位并不直接表示数字消息符号，因为同一相位并不对应相同的符号，而只有前后码元的相对相位才惟一决定消息符号。由此可见，在解调 2DPSK 信号时，只需要鉴别这一相对相位关系，就可正确恢复数字消息，而不需要如前所述的 2PSK 信号那样，解调时在接收端必须有一个与发送端同样的基准相位作为参考。这也是相对移相方式得到广泛应用的原因。

另外，在图 5-2-12 中最上面一行为数字序列，也称绝对码(常用$\{a_n\}$表示)，2PSK 波形是绝对码序列经绝对移相方式获得的已调波；2DPSK 波形则是该序列经相对移相方式获得的已调波，这说明，收到移相键控信号后，还须已知移相键控方式是绝对的还是相对的，才能正确确定原信息。同时，图 5-2-12 的最下面一行为另一数字信号序列，我们称之为相对码，也称差分码(常用$\{b_n\}$表示)，它是按相邻符号不变表示原数字序列"0"码，相邻符号改变表示原数字序列"1"码的编码规则是由绝对码变换而来的(这个编码规则可表示为 $b_n = a_n \oplus b_{n-1}$，$\oplus$ 为模 2 加)。而 2DPSK 信号也可以看作是由相对码序列经绝对移相方式获得，因此我们可以得出这样的结论，即相对移相本质上就是经过相对码变换后的数字信号序列$\{b_n\}$的绝对移相，这个概念在产生 2DPSK 信号时得到运用。

2PSK 和 2DPSK 信号的调制方框图如图 5-2-13 所示。图(a)是产生 2DPSK 信号的模拟调制法框图。如前所述 2DPSK 信号的产生过程首先是通过码变换器对原数字序列进行码变换(也称差分编码),然后对变换所得的相对码序列进行绝对调相,从而获得 2DPSK 信号。图(b) 和图(c) 分别是产生 2PSK 信号和 2DPSK 信号的键控法框图,两图仅相差一个码变换器。如前所述,它是用来完成绝对码波形 $s(t)$ 到相对码波形变换的。

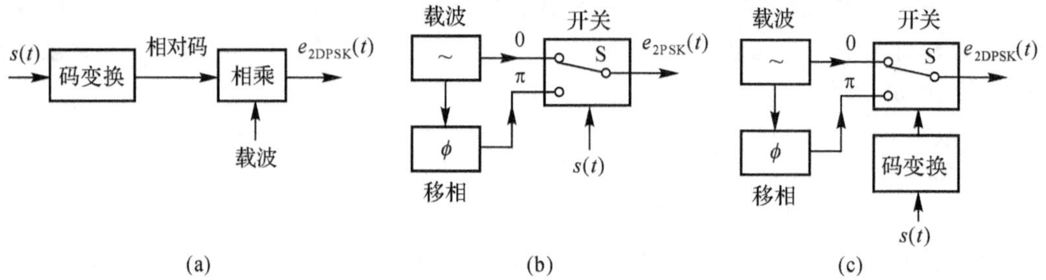

图 5-2-13　2PSK 及 2DPSK 信号的调制方框图

由于 2DPSK 信号的功率谱中无载波分量,所以必须采用相干解调的方式,其相应的方框图如图 5-2-14 所示。由于相干解调在这里实际上起鉴相作用,故图中的"相乘"和"低通"方块可用各种鉴相器替代,如图 5-2-14(b) 所示。图中的解调过程实质上是输入已调信号与本地载波进行极性比较的过程,故此解调法又称为极性比较法。

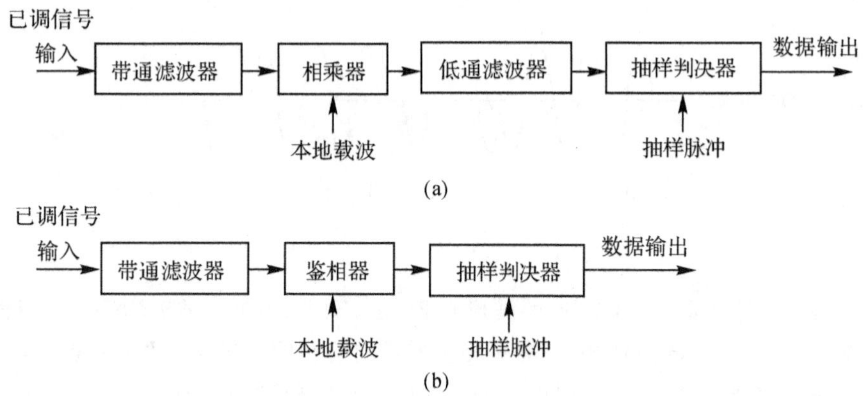

图 5-2-14　2PSK 信号的接收方框图

2DPSK 信号的解调,常采用相干解调(或称极性比较法) 和差分相干解调(或称相位比较法) 两种方式,其接收方框图如图 5-2-15(a),(b) 所示。图 5-2-15(a) 为相干解调方框图,其解调过程为:先对 2DPSK 信号进行相干解调恢复出相对码(如同对 2PSK 信号进行相干解调恢复出绝对码),再通过码反变换器变换为绝对码,从而恢复出原数字信息(码反变换器的功能是 $a_n = b_n \oplus b_{n-1}$,即输出码元是输入两相邻码元的模二加)。另一种差分相干解调器的方框图如图 5-2-15(b) 所示,其解调原理为:直接比较前后码元的相位差,从而恢复原数字信息。由于解调的同时完成了码反变换,故解调器中不需要码反变换器。由于差分相干解调方式不需要专门的相干载波,因而属于非相干解调方式,同时也是一个简单实用的解调方法。

接下来讨论二进制绝对移相键控信号及二进制差分移相键控信号的频谱。先讨论 2PSK 信号功率谱。将式(5-2-22) 所示的 2PSK 信号表达式与式(5-2-3) 所示的 2ASK 信号表

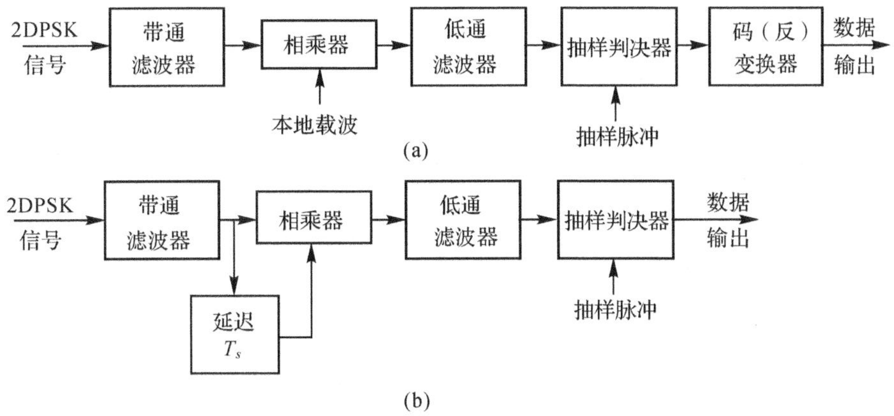

图 5-2-15　2DPSK 信号的接收方框图

达式相比较，两者在形式上是相同的，但不同的是，2PSK 信号是双极性不归零码的双边带调制，而 2ASK 信号是单极性不归零码的双边带调制。由于双极性不归零码没有直流分量，所以 2PSK 信号是抑制载波的双边带调制。这样，2PSK 信号的功率谱与 2ASK 信号的功率谱形状相同，只是少了一个离散的载波分量。因而两者应具有相同结构形状的功率谱和相同的信号带宽。则 2PSK 信号的功率谱为

$$P_{2PSK}(f) = \frac{1}{4}[P_s(f+f_c) + P_s(f-f_c)] \tag{5-2-25}$$

代入双极性基带信号功率谱可得

$$\begin{aligned} P_{2PSK}(f) = {} & f_s p(1-p)[|G(f+f_c)|^2 + |G(f-f_c)|^2] \\ & + \frac{1}{4}f_s^2(1-2p)^2|G(0)|^2[\delta(f+f_c)+\delta(f-f_c)] \end{aligned} \tag{5-2-26}$$

$g(t)$ 波形同前规定，且 $p = 1/2$ 时，2PSK 信号功率谱简化为

$$\begin{aligned} P_{2PSK} & = \frac{1}{4}f_s[|G(f+f_c)|^2 + |G(f-f_c)|^2] \\ & = \frac{T_s}{4}\{Sa^2[\pi(f+f_c)T_s] + Sa^2[\pi(f-f_c)T_s]\} \end{aligned} \tag{5-2-27}$$

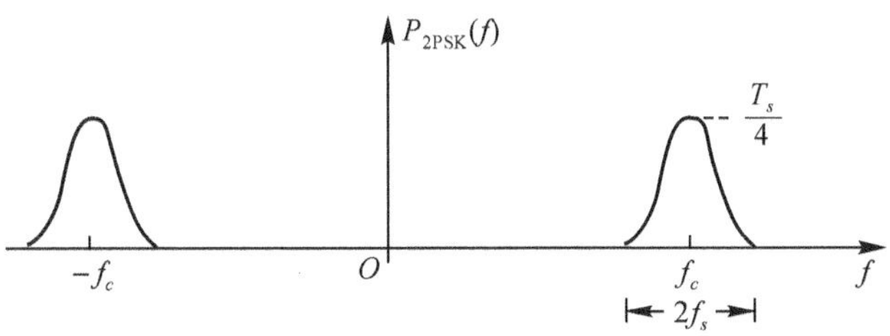

图 5-2-16　2PSK/2DPSK 信号的功率谱

如图 5-2-16 所示。由图可见，2PSK 信号的功率谱一般情况下也应包含连续谱和离散谱，其形状结构与 2ASK 信号功率谱相类似，当二进制基带信号“0”，“1”等概率出现时，不存在离散谱。2PSK 信号带宽也是数字基带信号的 2 倍为

$$B_{2PSK} = 2f_s \tag{5-2-28}$$

对于 2DPSK 信号的功率谱，不难看出，只要将式(5-2-22)中的中括号部分表示为经码变换后的相对码数字序列，则式(5-2-22)即变成为 2DPSK 信号的时域表达式，因此 2DPSK 与 2PSK 具有相同的功率谱和相同的带宽。

5.3　二进制数字调制系统的抗噪声性能

上节我们较详细地讨论了二进制数字调制系统的原理，介绍了各种数字调制信号的产生、解调方法及其频谱特性。本节将进一步讨论各种二进制数字调制系统的抗噪声性能问题。

通信系统的抗噪声性能是指系统克服加性噪声影响的能力。在数字通信系统中，衡量系统抗噪声性能的重要指标是误码率，因此，分析二进制数字调制系统的抗噪声性能，实际上是讨论在信道等效加性高斯白噪声的干扰下系统的总误码率。

在以下的抗噪声分析中，均假设：信道特性为恒参信道，在接收信号的频带范围内具有理想低通的传输特性，噪声为等效加性高斯白噪声，其均值为零，方差为 σ_n^2。

5.3.1　二进制振幅键控系统的抗噪声性能

1. 相干解调法的系统性能

2ASK 信号相干解调接收系统方框图如图 5-3-1 所示。在一个码元宽度 T_s 内，设发送端输出信号波形为 $S_T(t)$，则

$$S_T(t)=\begin{cases}u_T(t) & \text{发送“1”时}\\ 0 & \text{发送“0”时}\end{cases}\tag{5-3-1}$$

其中

$$u_T(t)=\begin{cases}A\cos\omega_c t & 0<t<T_s\\ 0 & \text{其他}\end{cases}\tag{5-3-2}$$

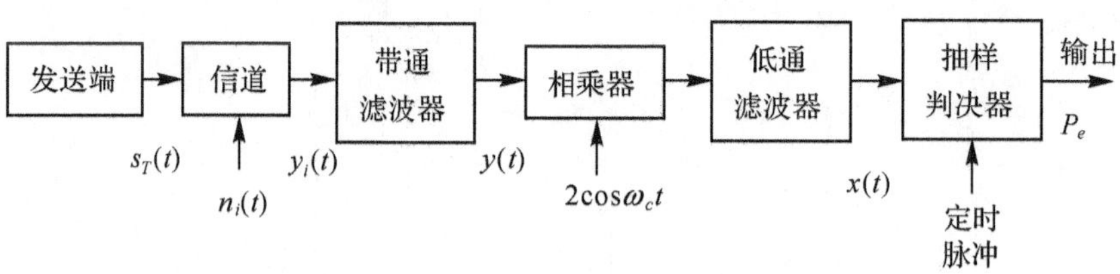

图 5-3-1　2ASK 信号相干解调法的系统方框图

在$(0,T_s)$时间间隔内，接收端的输入信号和噪声的合成波形可表示为

$$y_i(t)=\begin{cases}u_i(t)+n_i(t) & \text{发送“1”时}\\ n_i(t) & \text{发送“0”时}\end{cases}\tag{5-3-3}$$

式中，$u_i(t)$为接收波形中的信号部分，为简单起见，只考虑信号经信道传输所产生的固定衰耗而不考虑其他畸变，所以有

$$u_i(t)=\begin{cases}a\cos\omega_c t & 0<t<T_s\\ 0 & \text{其他 } t\end{cases}\tag{5-3-4}$$

$n_i(t)$为加性高斯白噪声。

假设图 5-3-1 中的带通滤波器在信号频率范围内具有理想低通传输特性，恰好使信号完整通过，则它的输出(也即解调器的输入)端波形 $y(t)$ 为

$$y(t)=\begin{cases}u_i(t)+n(t) & \text{发送“1”时}\\ n(t) & \text{发送“0”时}\end{cases} \tag{5-3-5}$$

式中，$n(t)$ 是均值为 0、方差为 σ_n^2 的高斯白噪声通过带通滤波器后的噪声，根据随机信号分析可知它是一个窄带高斯白噪声，可表示为

$$n(t)=n_c(t)\cos\omega_c t-n_s(t)\sin\omega_c t \tag{5-3-6}$$

于是可得

$$\begin{aligned}y(t)&=\begin{cases}a\cos\omega_c t+n_c\cos\omega_c t-n_s(t)\sin\omega_c t\\ n_c(t)\cos\omega_c t-n_s(t)\sin\omega_c t\end{cases}\\ &=\begin{cases}[a+n_c(t)]\cos\omega_c t-n_s(t)\sin\omega_c t & \text{发送“1”时}\\ n_c(t)\cos\omega_c t-n_s(t)\sin\omega_c t & \text{发送“0”时}\end{cases}\end{aligned} \tag{5-3-7}$$

经相乘器后的波形为

$$\begin{aligned}z(t)&=y(t)\cdot 2\cos\omega_c t\\ &=\begin{cases}[a+n_c(t)]+[a+n_c(t)]\cos 2\omega_c t-n_s(t)\sin 2\omega_c t & \text{发送“1”时}\\ n_c(t)+n_c(t)\cos 2\omega_c t-n_s(t)\sin 2\omega_c t & \text{发送“0”时}\end{cases}\end{aligned} \tag{5-3-8}$$

再经低通滤波器滤除 $2\omega_c$ 的高频成分，得解调器输出波形

$$x(t)=\begin{cases}a+n_c(t) & \text{发送“1”时}\\ n_c(t) & \text{发送“0”时}\end{cases} \tag{5-3-9}$$

在第 k 个码元的抽样时刻 $t=kT_s$，$x(t)$ 的抽样值为

$$x=\begin{cases}a+n_c(kT_s)\\ n_c(kT_s)\end{cases}=\begin{cases}a+n_c & \text{发送“1”时}\\ n_c & \text{发送“0”时}\end{cases} \tag{5-3-10}$$

式中，a 为信号成分，是常数；n_c 是均值为 0、方差为 σ_n^2 的高斯随机变量。由随机信号分析可知，发送“1”时抽样值 $x=a+n_c$ 服从均值为 a 的一维高斯概率密度函数，即

$$f_1(x)=\frac{1}{\sqrt{2\pi}\sigma_n}\exp\left[-\frac{(x-a)^2}{2\sigma_n^2}\right] \tag{5-3-11}$$

发送“0”时抽样值 $x=n_c$ 服从均值为 0 的一维高斯概率密度函数，即

$$f_0(x)=\frac{1}{\sqrt{2\pi}\sigma_n}\exp\left[-\frac{x^2}{2\sigma_n^2}\right] \tag{5-3-12}$$

式(5-3-11)和式(5-3-12)所表示的概率密度曲线如图 5-3-2(a)和(b)所示。设 b 为判决门限电平，并令判决准则为

$$\begin{cases}x>b & \text{判为“1”码}\\ x\leqslant b & \text{判为“0”码}\end{cases} \tag{5-3-13}$$

由于噪声影响，发送端发送 1 码而接收端错判为“0”码，或发送端发送“0”码而接收端错判为 1 码，这两种情况都造成接收端发生误码，其中发“1”时错判成“0”的概率 $P(0/1)$ 为

$$\begin{aligned}P(0/1)=P(x<b)&=\int_{-\infty}^{b}f_1(x)\mathrm{d}x=\frac{1}{\sqrt{2\pi}\sigma_n}\int_{-\infty}^{b}\exp\left[-\frac{(x-a)^2}{2\sigma_n^2}\right]\mathrm{d}x\\ &=1-\frac{1}{2}\mathrm{erfc}\left(\frac{b-a}{\sqrt{2}\sigma_n}\right)\end{aligned} \tag{5-3-14}$$

如图 5-3-2(a) 中的阴影部分所示。其中互补误差函数的表达式为

$$\mathrm{erfc}(x)=\frac{2}{\sqrt{\pi}}\int_{x}^{\infty}\mathrm{e}^{-u^{2}}\,\mathrm{d}u$$

而发“0”时错判成“1”的概率 $P(1/0)$ 为

$$P(1/0)=P(x>b)=\int_{b}^{\infty}f_{0}(x)\,\mathrm{d}x=\frac{1}{\sqrt{2\pi}\sigma_{n}}\int_{b}^{\infty}\exp\left(-\frac{x^{2}}{2\sigma_{n}^{2}}\right)\mathrm{d}x$$
$$=\frac{1}{2}\mathrm{erfc}\left(\frac{b}{\sqrt{2}\sigma_{n}}\right)\tag{5-3-15}$$

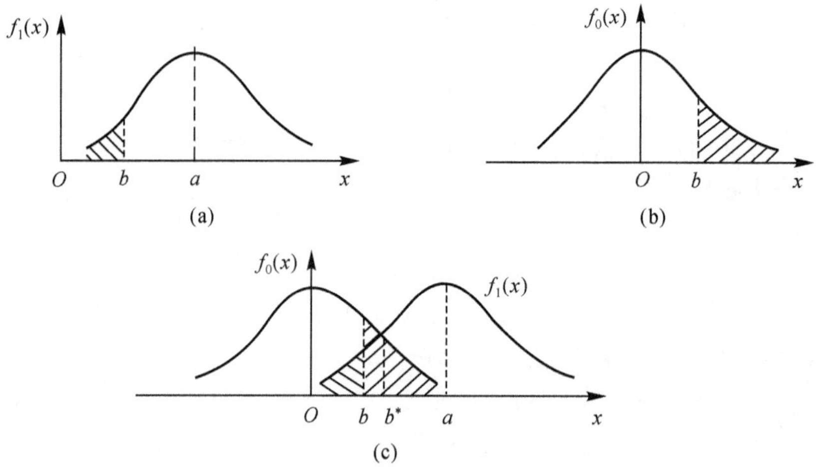

图 5-3-2 相干解调时误码率的几何表示

如图 5-3-2(b) 中的阴影部分所示。

若发“1”码的概率为 $P(1)$，发“0”码的概率为 $P(0)$，则系统总的误码率为将“1”码判为“0”码的错误概率与将“0”码判为“1”码的错误概率的统计平均，即

$$P_{e}=P(1)P(0/1)+P(0)P(1/0)$$
$$=P(1)\int_{-\infty}^{b}f_{1}(x)\,\mathrm{d}x+P(0)\int_{b}^{\infty}f_{0}(x)\,\mathrm{d}x\tag{5-3-16}$$

式(5-3-16) 表示，当概率 $P(1)$，$P(0)$ 和概率密度函数 $f_1(x)$，$f_0(x)$ 一定时，系统总的误码率 P_e 将取决于判决门限 b，其几何表示如图 5-3-2(c) 所示。由图 5-3-2(c) 可见，当取 $P(1)=P(0)=1/2$ 时，误码率 P_e 即为图中所示的两块阴影面积之和的一半，而阴影面积的大小又是随判决门限 b 的改变而改变，当取判决门限 $b=b^*$ [(b^* 为 $P(1)f_1(x)$ 与 $P(0)f_0(x)$ 两条曲线相交处的 x 坐标] 时，阴影面积最小，即判决门限取 b^* 时，系统的误码率 P_e 最小，所以称 b^* 为最佳判决门限。

当 $P(1)=P(0)$ 时，最佳判决门限 b^* 可由下式列方程式确定

$$f_{1}(b^{*})=f_{0}(b^{*})$$

这是根据最佳判决门限在两曲线的相交处的结论而得到的。将式(5-3-11) 及式(5-3-12) 代入，可得

$$\frac{1}{\sqrt{2\pi}\sigma_{n}}\exp\left[-\frac{(b^{*}-a)^{2}}{2\sigma_{n}}\right]=\frac{1}{\sqrt{2\pi}\sigma_{n}}\exp\left(-\frac{b^{*2}}{2\sigma_{n}^{2}}\right)$$

即得

$$b^{*}=\frac{a}{2} \tag{5-3-17}$$

将上式及式(5-3-14)、式(5-3-15)代入式(5-3-16)最后可得：当二进制码"1"和"0"等概率发送时，2ASK 信号相干解调系统在最佳判决门限 $b^{*}(=a/2)$ 下的最小误码率为

$$P_e=\frac{1}{2}\mathrm{erfc}\left(\frac{\sqrt{r}}{2}\right) \tag{5-3-18}$$

式中，$r=\dfrac{a^2}{2\sigma_n^2}$ 为接收端输出信噪比。

2. 包络检波法的系统性能

用包络检波器代替相干接收机中的相干解调器就构成了包络检波(非相干解调)接收机，其系统方框图如图 5-3-3 所示。接收端带通滤波器的输出，也即包络检波器的输入波形与相干解调法的相同(如式(5-3-7)所示)，为

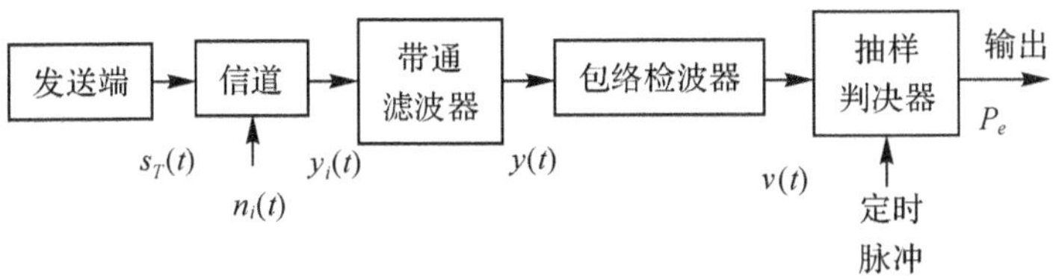

图 5-3-3　2ASK 信号包络检波法的系统方框图

$$y(t)=\begin{cases}a\cos\omega_c t+n_c\cos\omega_c t-n_s(t)\sin\omega_c t\\ n_c(t)\cos\omega_c t-n_s(t)\sin\omega_c t\end{cases}$$

$$=\begin{cases}[a+n_c(t)]\cos\omega_c t-n_s(t)\sin\omega_c t & \text{发送“1”时}\\ n_c(t)\cos\omega_c t-n_s(t)\sin\omega_c t & \text{发送“0”时}\end{cases} \tag{5-3-19}$$

包络检波器的功能是检测出输入波形的包络变化，显然波形 $y(t)$ 经包络检波器及低通滤波器后的输出应为

$$v(t)=\begin{cases}\sqrt{[a+n_c(t)]^2+n_s^2(t)} & \text{发送“1”时}\\ \sqrt{n_c^2(t)+n_s^2(t)} & \text{发送“0”时}\end{cases} \tag{5-3-20}$$

在第 k 个码元的抽样时刻 $t=kT_s$ 上，对其进行抽样所得的样值为

$$v=\begin{cases}\sqrt{(a+n_c)^2+n_s^2} & \text{发送“1”时}\\ \sqrt{n_c^2+n_s^2} & \text{发送“0”时}\end{cases} \tag{5-3-21}$$

式(5-3-21)表示，当发送"1"码时，抽样值为正弦波加窄带高斯噪声的瞬时包络值，由随机信号分析理论可知，取值服从莱斯概率密度函数，即有

$$f_1(v)=\frac{v}{\sigma_n^2}I_0\left(\frac{av}{\sigma_n^2}\right)\exp\left(-\frac{v^2+a^2}{2\sigma_n^2}\right)\quad v\geqslant 0 \tag{5-3-22}$$

当发送"0"码时，抽样值为窄带高斯噪声的瞬时包络，取值服从瑞利分布，其概率密度函数为

$$f_0(v)=\frac{v}{\sigma_n^2}\exp\left(-\frac{v^2}{2\sigma_n^2}\right)\quad v\geqslant 0 \tag{5-3-23}$$

式 σ_n^2 为 $n(t)$ 的方差。对输出包络值进行抽样判决时，仍令判决准则为

$$\begin{cases} x > b & \text{判为“1”码} \\ x \leqslant b & \text{判为“0”码} \end{cases} \tag{5-3-24}$$

这里 b 为判决门限电平。

显然，我们所选择的门限电平 b 的大小与所得到的误码率 P_e 的大小密切相关，选定的 b 值不同，得到的误码率也不同。

当发送“1”码时，实际发“1”错判成“0”的错误接收概率即为包络值 v 小于或等于判决门限 b 的概率，即

$$\begin{aligned} P(0/1) &= P(v \leqslant b) = \int_0^b f_1(v)\mathrm{d}v = 1 - \int_b^{\infty} f_1(v)\mathrm{d}v \\ &= 1 - \int_b^{\infty} \frac{v}{\sigma_n^2} I_0\left(\frac{av}{\sigma_n^2}\right)\exp\left(-\frac{v^2+a^2}{2\sigma_n^2}\right)\mathrm{d}v \end{aligned} \tag{5-3-25}$$

上式中的积分值可以用 Marcam Q 函数计算，该函数定义为

$$Q(\alpha,\beta) = \int_{\beta}^{\infty} tI_0(\alpha t)\exp\left(-\frac{t^2+\alpha^2}{2}\right)\mathrm{d}t$$

将 Q 函数代入式(5-3-25) 可得

$$P(0/1) = 1 - Q(\sqrt{2r}, b_0) \tag{5-3-26}$$

式中 $b_0 = \dfrac{b}{\sigma_n}$ 为归一化门限值，$r = \dfrac{a^2/2}{\sigma_n^2}$ 为接收端输出信噪比。

同理，当发送“0”码时，实际发“0”错判为“1”的错误接收概率为噪声电压的包络抽样值大于判决门限 b 的概率，即

$$\begin{aligned} P(1/0) &= P(v > b) = \int_b^{\infty} f_0(v)\mathrm{d}v = \int_b^{\infty} \frac{v}{\sigma_n^2}\exp\left(-\frac{v^2}{2\sigma_n^2}\right)\mathrm{d}v \\ &= \exp\left(-\frac{b^2}{2\sigma_n^2}\right) = \exp\left(-\frac{b_0^2}{2}\right) \end{aligned} \tag{5-3-27}$$

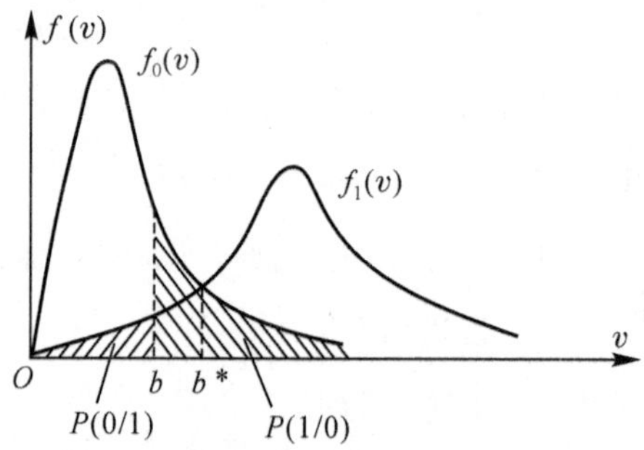

图 5-3-4 包络检波时误码率的几何表示

假设发送“1”码的概率为 $P(1)$，发送“0”码的概率为 $P(0)$，则系统的总误码率为

$$\begin{aligned} P_e &= P(1)P(0/1) + P(0)P(1/0) \\ &= P(1)[1 - Q(\sqrt{2r}, b_0)] + P(0)\exp\left(-\frac{b_0^2}{2}\right) \end{aligned} \tag{5-3-28}$$

包络检波时误码率的几何表示如图 5-3-4 所示，b 为判决门限值，当“0”，“1”两种码等概率发送时，系统总误码率 P_e 即为图中所示的两块阴影面积之和的一半。最佳判决门限 b^* 应

是 $f_1(v)$ 和 $f_0(v)$ 两条概率密度函数曲线的交点，即有

$$f_1(b^*) = f_0(b^*) \tag{5-3-29}$$

将式(5-3-22)及式(5-3-23)代入上式对 b^* 求解较困难，最佳判决门限的近似表示式为

$$b^* = \frac{a}{2}\left(1+\frac{4}{r}\right)^{1/2} \tag{5-3-30}$$

实际上，采用包络检波法的接收系统通常工作在大信噪比的情况下，此时 $r \gg 1$，所以最佳判决门限为 $b^* \approx a/2$，同时有近似关系

$$Q(\alpha,\beta) \approx 1-\frac{1}{2}\mathrm{erfc}\left(\frac{\alpha-\beta}{\sqrt{2}}\right)=\frac{1}{2}\mathrm{erfc}\left(\frac{\beta-\alpha}{\sqrt{2}}\right)$$

由此可得系统的总误码率 P_e 为

$$P_e = \frac{1}{4}\mathrm{erfc}\left(\frac{\sqrt{r}}{2}\right)+\frac{1}{2}\exp\left(-\frac{r}{4}\right) \tag{5-3-31}$$

在信噪比很高的条件下，上式可进一步近似为

$$P_e = \frac{1}{2}\exp\left(-\frac{r}{4}\right) \tag{5-3-32}$$

式(5-3-32)说明，对于非相干 2ASK 系统，在大信噪比及最佳判决门限下，误码率随信噪比的增大而近似地按指数规律下降。

5.3.2　二进制移频键控系统的抗噪声性能

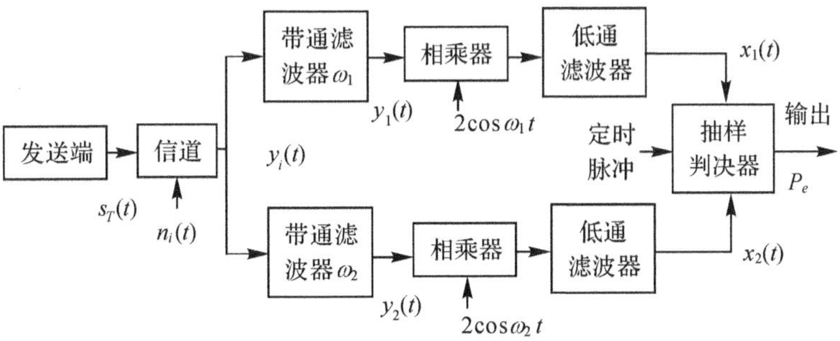

图 5-3-5　2FSK 信号相干解调法的系统方框图

1. 相干解调法的系统性能

2FSK 信号相干解调接收系统方框图如图 5-3-5 所示。2FSK 信号相干解调法的系统抗噪声性能分析方法和 2ASK 相干解调很相似，且得到的结论也相似。在 2FSK 系统中，假设发送“1”码时，2FSK 信号的载波角频率为 ω_1，发送“0”码时的载波角频率为 ω_2，则在一个码元宽度 T_s 内，发送端产生的 2FSK 信号表示为

$$S_T(t) = \begin{cases} u_{1T}(t) & \text{发送“1”} \\ u_{0T}(t) & \text{发送“0”} \end{cases} \tag{5-3-33}$$

其中

$$u_{1T}(t) = \begin{cases} A\cos\omega_1 t & 0 < t < T_s \\ 0 & \text{其他} \end{cases} \tag{5-3-34}$$

$$u_{0T}(t)=\begin{cases}A\cos\omega_2 t & 0<t<T_s\\ 0 & \text{其他}\end{cases} \tag{5-3-35}$$

所以在码元宽度 T_s 内，信道输出（也即接收端输入）的合成波形 $y_i(t)$ 为

$$y_i(t)=\begin{cases}u_{1i}(t)+n_i(t)\\ u_{0i}(t)+n_i(t)\end{cases}=\begin{cases}a\cos\omega_1 t+n_i(t) & \text{发送“1”}\\ a\cos\omega_2 t+n_i(t) & \text{发送“0”}\end{cases} \tag{5-3-36}$$

式中，$n_i(t)$ 为加性高斯白噪声，其均值为 0，方差为 σ_n^2。如图 5-3-5 所示，解调器采用两个带通滤波器来区分中心角频率为 ω_1 和 ω_2 的信号码元。假设带通滤波器恰好使相应的信号无失真通过，于是当 $(0,T_s)$ 发送的码元为“1”（对应 ω_1）时，信号能通过上支路的带通滤波器，该带通滤波器的输出是信号和窄带噪声的叠加，即

$$\begin{aligned}y_1(t)&=a\cos\omega_1 t+n_i(t)\\&=[a+n_{1c}(t)]\cos\omega_1 t-n_{1s}(t)\sin\omega_1 t\end{aligned} \tag{5-3-37}$$

$y_1(t)$ 经上支路的相乘器和低通滤波器后，输出为

$$x_1(t)=a+n_{1c}(t) \tag{5-3-38}$$

$x_1(t)$ 抽样值 $x_1=a+n_{1c}$ 的概率密度函数为

$$f(x_1)=\frac{1}{\sqrt{2\pi}\sigma_n}\exp\left[-\frac{(x_1-a)^2}{2\sigma_n^2}\right] \tag{5-3-39}$$

与此同时，信号 $a\cos\omega_1 t$ 不能通过下支路的带通滤波器，因此该带通滤波器输出的就是窄带高斯噪声，即

$$y_2(t)=n_{2c}(t)\cos\omega_2 t-n_{2s}(t)\sin\omega_2 t \tag{5-3-40}$$

$y_2(t)$ 经下支路的相乘器和低通滤波器后，输出为

$$x_2(t)=n_{2c}(t) \tag{5-3-41}$$

其抽样值 $x_2=n_{2c}$ 的概率密度函数为

$$f(x_2)=\frac{1}{\sqrt{2\pi}\sigma_n}\exp\left(-\frac{x_2^2}{2\sigma_n^2}\right) \tag{5-3-42}$$

式(5-3-38)所表示的 $x_1(t)$ 与式(5-3-41)所表示的 $x_2(t)$ 被同时送入抽样判决器，当 $x_1(t)$ 的抽样值 x_1 小于 $x_2(t)$ 的抽样值 x_2 时，判决器输出“0”码，发生将“1”码错判为“0”码的错误，该错误概率为

$$\begin{aligned}P(0/1)&=P(x_1<x_2)=P(x_1-x_2<0)\\&=P(a+n_{1c}-n_{2c}<0)\end{aligned} \tag{5-3-43}$$

令 $z=x_1-x_2=a+n_{1c}-n_{2c}$，由于抽样值 $x_1=a+n_{1c}$ 是均值为 a、方差为 σ_n^2 的高斯随机变量，而抽样值 $x_2=n_{2c}$ 是均值为 0、方差为 σ_n^2 的高斯随机变量，故 z 也是高斯随机变量，且其均值为 a，方差 $\sigma_z^2=2\sigma_n^2$，即 z 的概率密度函数为

$$f(z)=\frac{1}{\sqrt{2\pi}\sigma_z}\exp\left[-\frac{(z-a)^2}{2\sigma_z^2}\right] \tag{5-3-44}$$

而错误概率 $P(0/1)$ 为

$$\begin{aligned}P(0/1)&=\int_{-\infty}^{0}f(z)\mathrm{d}z=\frac{1}{\sqrt{2\pi}\sigma_z}\int_{-\infty}^{0}\exp\left[-\frac{(z-a)^2}{2\sigma_z^2}\right]\mathrm{d}z\\&=\frac{1}{2}\mathrm{erfc}\left(\sqrt{\frac{r}{2}}\right)\end{aligned}$$

同理，当发送的码元为“0”时，实际发送“0”而错判为“1”的错误概率 $P(1/0)$ 为

$$P(1/0)=P(x_1>x_2)=\frac{1}{2}\mathrm{erfc}\left(\sqrt{\frac{r}{2}}\right) \tag{5-3-45}$$

于是可得 2FSK 信号相干解调时系统总误码率 P_e 为

$$P_e=P(1)P(0/1)+P(0)P(1/0)=\frac{1}{2}\mathrm{erfc}\left(\sqrt{\frac{r}{2}}\right) \tag{5-3-46}$$

式中，$r=\dfrac{a^2/2}{\sigma_n^2}$ 为接收端输出信噪比。

2. 包络检波法的系统性能

用包络检波器代替图 5-3-5 中的相干解调器，就得到 2FSK 包络检波法的系统方框图，如图 5-3-6 所示。与相干解调法解调相同，接收端上下支路的两个带通滤波器区分中心角频率为 ω_1 和 ω_2 的信号码元的作用。当$(0,T_s)$内发送的信号码元为“1”时，上支路带通滤波器的输出是信号和窄带高斯噪声的叠加，其包络 $v_1(t)=\sqrt{[a+n_{1c}(t)]^2+n_{1s}^2(t)}$ 在 kT_s 时刻的抽样值为

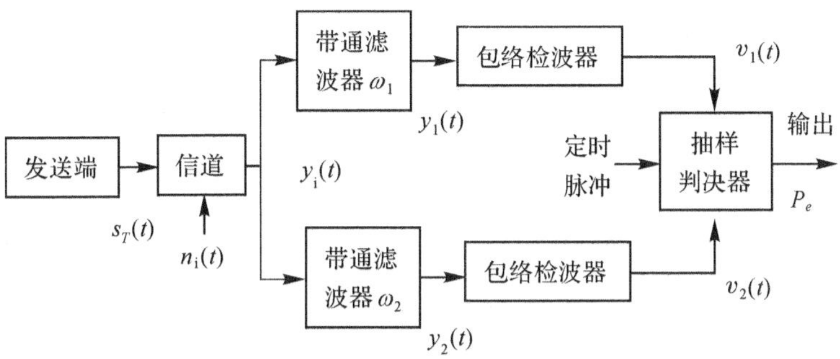

图 5-3-6　2FSK 信号包络检波法的系统框图

$$v_1=\sqrt{(a+n_{1c})^2+n_{1s}^2} \tag{5-3-47}$$

由前面讨论可知 v_1 的概率密度函数为莱斯分布，即

$$f(v_1)=\frac{v_1}{\sigma_n^2}I_0\left(\frac{av_1}{\sigma_n^2}\right)\exp\left(-\frac{v_1^2+a^2}{2\sigma_n^2}\right)\qquad v_1\geqslant 0 \tag{5-3-48}$$

由于这个频率的信号不能通过下支路的带通滤波器，因此在下支路只有噪声存在。该窄带噪声的包络 $v_2(t)=\sqrt{n_{2c}^2(t)+n_{2s}^2(t)}$ 的抽样值为

$$v_2=\sqrt{n_{2c}^2+n_{2s}^2} \tag{5-3-49}$$

它是概率密度函数为瑞利分布的随机变量，即

$$f(v_2)=\frac{v_2}{\sigma_n^2}\exp\left(-\frac{v_2^2}{2\sigma_n^2}\right)\qquad v_2\geqslant 0 \tag{5-3-50}$$

当由式(5-3-47)所表示的包络值 v_1 和式(5-3-49)所表示的包络值 v_2 同时被送入抽样判决器进行抽样判决时，只有 $v_1>v_2$ 才会有正确的判决，而只要 $v_1<v_2$ 就会发生判决错误，其错误概率为

$$P(0/1)=P(v_1<v_2)=\int_0^{\infty}f(v_1)\left[\int_{v_2=v_1}^{\infty}f(v_2)\mathrm{d}v_2\right]\mathrm{d}v_1$$

$$= \int_0^\infty \frac{v_1}{\sigma_n^2} I_0\left(\frac{a v_1}{\sigma_n^2}\right) \exp\left(-\frac{v_1^2 + a^2}{2\sigma_n^2}\right) \left[\int_{v_2 = v_1}^\infty \frac{v_2}{\sigma_n^2} \exp\left(-\frac{v_2^2}{2\sigma_n^2}\right) \mathrm{d}v_2\right] \mathrm{d}v_1$$

$$= \int_0^\infty \frac{v_1}{\sigma_n^2} I_0\left(\frac{a v_1}{\sigma_n^2}\right) \exp\left(-\frac{v_1^2 + a^2}{2\sigma_n^2}\right) \exp\left(-\frac{v_1^2}{2\sigma_n^2}\right) \mathrm{d}v_1$$

作代换 $t = \frac{\sqrt{2} v_1}{\sigma_n}, z = \frac{a}{\sqrt{2}\sigma_n}$ 可得

$$P(0/1) = \frac{1}{2}\int_0^\infty t I_0(zt) \exp\left(-\frac{t^2}{2}\right) \exp(-z^2) \mathrm{d}t$$

$$= \frac{1}{2}\exp\left(-\frac{z^2}{2}\right) \int_0^\infty t I_0(zt) \exp\left(-\frac{t^2 + z^2}{2}\right) \mathrm{d}t$$

根据 Q 函数性质，有

$$Q(z, 0) = \int_0^\infty t I_0(zt) \exp\left(-\frac{t^2 + z^2}{2}\right) \mathrm{d}t = 1$$

所以得

$$P(0/1) = \frac{1}{2}\mathrm{e}^{-z^2/2} = \frac{1}{2}\mathrm{e}^{-r/2} \tag{5-3-51}$$

式中，$r = z^2 = \frac{a^2}{2\sigma_n^2}$ 为接收端输出信噪比。

同理可求得发送“0”码时判为“1”的错误概率 $P(1/0)$，其结果与式(5-3-51)完全一样，即有

$$P(1/0) = \frac{1}{2}\mathrm{e}^{-z^2/2} = \frac{1}{2}\mathrm{e}^{-r/2}$$

于是可得 2FSK 信号包络检波时系统的误码率 P_e 为

$$P_e = P(1)P(0/1) + P(0)P(1/0) = \frac{1}{2}\mathrm{e}^{-r/2} \tag{5-3-52}$$

5.3.3 二进制移相键控和二进制差分移相键控系统的抗噪声性能

1. 2PSK 相干解调系统性能

2PSK 信号的解调通常都采用相干解调方式（又称为极性比较法），其系统方框图如图 5-3-7 所示。对 2PSK 信号，单从波形上看，它们是由一对倒相信号组成的序列，因此发送端发出的 2PSK 信号可表示为

$$S_T(t) = \begin{cases} u_{1T}(t) & \text{发送“1”时} \\ u_{0T}(t) = -u_{1T}(t) & \text{发送“0”时} \end{cases} \tag{5-3-53}$$

其中

$$u_{1T}(t) = \begin{cases} A\cos\omega_c t & 0 < t < T_s \\ 0 & \text{其他} \end{cases}$$

式(5-3-53)对 2DPSK 也适用。式中“0”，“1”对 2PSK 信号是指绝对码，对 2DPSK 信号是指相对码。

与 2ASK 信号相干解调方式相类似，当 T_s 内传输“1”码时，低通滤波器输出为

$$x(t) = a + n_c(t)$$

其抽样值 $x = a + n_c$ 是均值为 a、方差为 σ_n^2 的高斯分布，其概率密度函数为

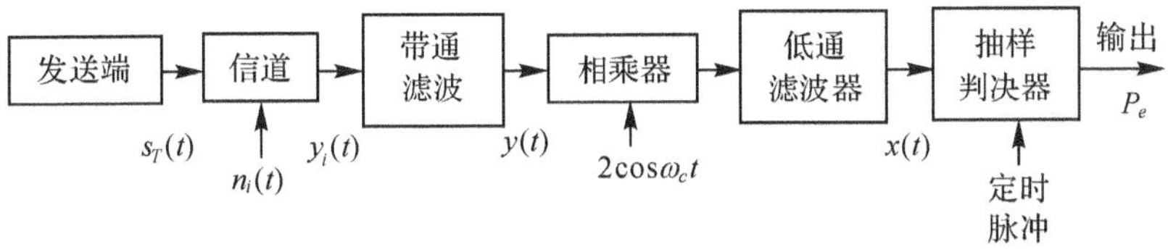

图 5-3-7　2PSK 信号相干解调系统方框图

$$f_1(x)=\frac{1}{\sqrt{2\pi}\sigma_n}\exp\left[-\frac{(x-a)^2}{2\sigma_n^2}\right] \tag{5-3-54}$$

当 T_s 内传输"0"码时，低通滤波器的输出为

$$x(t)=-a+n_c(t)$$

其抽样值 $x=-a+n_c$ 是均值为 $-a$、方差为 σ_n^2 的高斯分布，其概率密度函数为

$$f_0(x)=\frac{1}{\sqrt{2\pi}\sigma_n}\exp\left[-\frac{(x+a)^2}{2\sigma_n^2}\right] \tag{5-3-55}$$

当发送"1"和"0"两种信号的概率相同且传输条件也相同时，最佳判决门限 $b^*=0$，系统的总误码率 P_e 为

$$P_e=P(1)P(0/1)+P(0)P(1/0)=\frac{1}{2}\mathrm{erfc}(\sqrt{r}) \tag{5-3-56}$$

式中，$r=\dfrac{a^2}{2\sigma_n^2}$。在大信噪比($r\gg 1$)条件下，上式可近似表示为

$$P_e\approx\frac{1}{2\sqrt{\pi r}}\mathrm{e}^{-r} \tag{5-3-57}$$

2. 2DPSK 信号相干解调系统性能

2DPSK 信号相干解调系统方框图如图 5-3-8 所示。如前所述，该解调方式是先对 2DPSK 信号进行相干解调(极性比较)，恢复出相对码，然后通过码反变换将相对码转换成绝对码。显然，码反变换器输入端的误码率可用式(5-3-56)表示，因此采用相干解调法检测 2DPSK 信号时的误码率，只要在此基础上再考虑由码反变换器引起的附加误码即可。

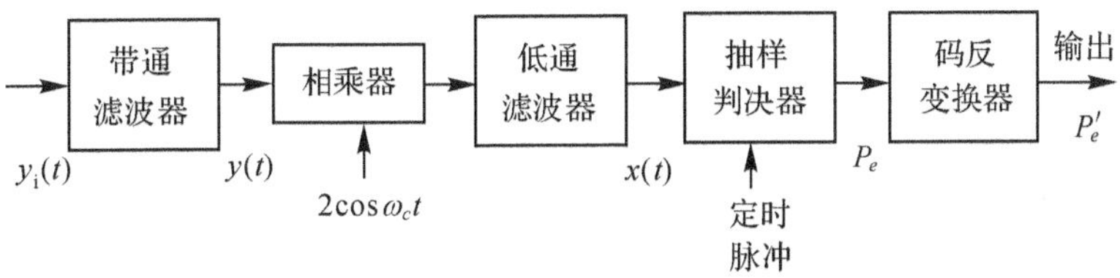

图 5-3-8　2DPSK 信号相干解调系统方框图

如前所述，码反变换器输出码元是输入两相邻码元的模 2 加，即 $a_n=b_n\oplus b_{n-1}(n=1,2,\cdots)$，因此其输出错码与输入密切相关，我们以一组图形来说明这种关系，如图 5-3-9 所示。当码反变换器的输入有单独一位错码时，输出将引起两个相邻码元错误，如图 5-3-9(a) 所示。图中带"×"的码元表示错码。当输入$\{b_n\}$中有两个连续的错码时，输出$\{a_n\}$中也只产生两位错码，如图 5-3-9(b) 所示。一般当输入$\{b_n\}$中连续 k 个码元错误时，输出$\{a_n\}$中仍只产生两位错码，如图 5-3-9(c) 所示(此时 $k=5$)。

(a) $\begin{cases}\{b_n\}: 0\,0\,1\,0\,\overset{\times}{0}\,1\,1\,0\,1\,0 \\ \{a_n\}: \quad 0\,1\,1\,\underset{\times}{0}\,\underset{\times}{1}\,0\,1\,1\,1\end{cases}$

(b) $\begin{cases}\{b_n\}: 0\,0\,1\,\overset{\times}{0}\,\overset{\times}{0}\,1\,1\,0\,1\,0 \\ \{a_n\}: \quad 0\,1\,\underset{\times}{1}\,0\,\underset{\times}{1}\,0\,1\,1\,1\end{cases}$

(c) $\begin{cases}\{b_n\}: 0\,0\,1\,0\,0\,1\,1\,0\,1\,0 \\ \{a_n\}: \quad 0\,\underset{\times}{1}\,1\,0\,1\,0\,\underset{\times}{1}\,1\,1\end{cases}$

图 5-3-9 码反变换器发生错码情况分析

假设码反变换器输入端相对码序列$\{b_n\}$的误码率为 P_e，并假设每个码元出错概率相等且统计独立，则$\{b_n\}$中连续 k 个码元错误的概率 P_k 为

$$P_k = (1-P_e)P_e^k(1-P_e) \qquad k=1,2,\cdots \tag{5-3-58}$$

而码反变换器输出绝对码序列$\{a_n\}$的误码率 P_e' 为

$$\begin{aligned} P_e' &= 2P_1 + 2P_2 + \cdots + 2P_k + \cdots \\ &= 2(1-P_e)^2(P_e + P_e^2 + \cdots + P_e^k + \cdots) \end{aligned} \tag{5-3-59}$$

由于 $P_e < 1$，则有

$$1 + P_e + P_e^2 + \cdots = \frac{1}{1-P_e}$$

将上式代入式(5-3-59)得

$$p_e' = 2(1-P_e)P_e \tag{5-3-60}$$

再将式(5-3-56)代入式(5-3-60)即得 2DPSK 信号相干解调时系统的误码率为

$$P_e' = \frac{1}{2}\{1-[\mathrm{erf}(\sqrt{r})]^2\}$$

当相对码的误码率 $P_e \ll 1$ 时，式(5-3-60)可近似表示为

$$P_e' = 2P_e \tag{5-3-61}$$

可见，码反变换器的影响是使输出误码率增大，通常可以认为增大一倍。

3. 2DPSK 信号差分相干解调系统性能

2DPSK 信号差分相干解调方式也称为相位比较法，属于非相干解调方式，其解调方框图如图 5-3-10 所示。由图可以看出，解调过程中需要对间隔为 T_s 的前后两个码元进行比较。设码元宽度是载波周期的整数倍，则同时到达相乘器输入端的混有窄带高斯噪声的前后两载波码元可分别表示为

$$\begin{aligned} y_1(t) &= a\cos\omega_c t + n_1(t) = [a + n_{1c}(t)]\cos\omega_c t - n_{1s}(t)\sin\omega_c t \\ y_2(t) &= a'\cos\omega_c t + n_2(t) = [a' + n_{2c}(t)]\cos\omega_c t - n_{2s}(t)\sin\omega_c t \end{aligned} \tag{5-3-62}$$

$$a' = \begin{cases} a & \text{发送“0”时} \\ -a & \text{发送“1”时} \end{cases} \tag{5-3-63}$$

$n_1(t)$ 和 $n_2(t)$ 分别为无延迟支路的窄带高斯噪声和有延迟支路的窄带高斯噪声，$n_1(t)$ 和 $n_2(t)$ 相对独立。低通滤波器的输出在抽样时刻的样值为

$$x = \frac{1}{2}[(a+n_{1c})(a'+n_{2c}) + n_{1s}n_{2s}] \tag{5-3-64}$$

由上式可见，判决准则必须规定

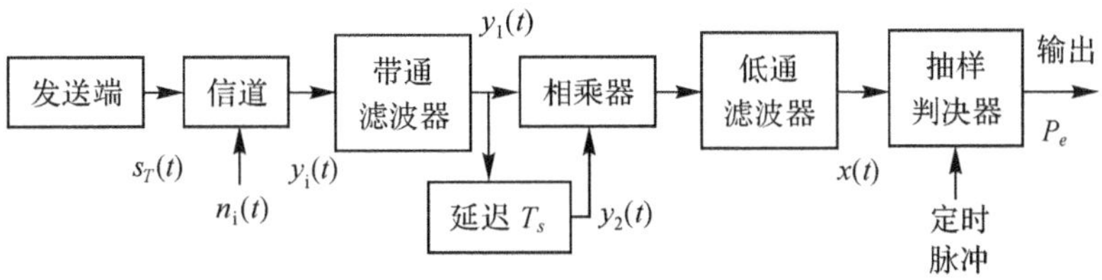

图 5-3-10　2DPSK 信号差分相干解调系统方框图

$$\begin{cases} x > 0 & 判\ 0 \\ x < 0 & 判\ 1 \end{cases}$$

发送信号为“0”时(前后码元同相,即 $a' = a$),判为“1”的错误概率 $P(1/0)$ 为

$$\begin{aligned} P(1/0) &= P(x < 0) \\ &= P[(a + n_{1c})(a + n_{2c}) + n_{1c}n_{2c} < 0] \end{aligned} \tag{5-3-65}$$

利用恒等式

$$x_1x_2 + y_1y_2 = \frac{1}{4}\{[(x_1 + x_2)^2 + (y_1 + y_2)^2] - [(x_1 - x_2)^2 + (y_1 - y_2)^2]\}$$

上式变为

$$\begin{aligned} P(1/0) &= P\{[(a + n_{1c} + a + n_{2c})^2 + (n_{1s} + n_{2s})^2] - [(a + n_{1c} - a - n_{2c})^2] < 0\} \\ &= P(R_1^2 < R_2^2) = P(R_1 < R_2) \end{aligned} \tag{5-3-66}$$

式中

$$\begin{aligned} R_1 &= \sqrt{(2a + n_{1c} + n_{2c})^2 + (n_{1s} + n_{2s})^2} \\ R_2 &= \sqrt{(n_{1c} - n_{2c})^2 + (n_{1s} - n_{2s})^2} \end{aligned} \tag{5-3-67}$$

因为 $n_{1c},n_{2c},n_{1s},n_{2s}$ 是相互独立的高斯随机变量,它们的均值均为 0,方差均为 σ_n^2,根据高斯随机变量的性质:高斯随机变量之和仍为高斯随机变量,和的均值为各随机变量均值的代数和,和的方差为各随机变量方差之和。所以可知:$n_{1c} + n_{2c}$ 是均值为 0、方差为 $2\sigma_n^2$ 的高斯变量。同理,$n_{1s} + n_{2s}$,$n_{1c} - n_{2c}$,$n_{1s} - n_{2s}$ 都是零均值、方差为 $2\sigma_n^2$ 的高斯随机变量。由随机变量信号分析理论可知,R_1 为莱斯分布随机变量,其概率密度函数为

$$f_1(R_1) = \frac{R_1}{2\sigma_n^2} I_0\left(\frac{aR_1}{\sigma_n^2}\right)\exp\left(-\frac{R_1^2 + 4a^2}{4\sigma_n^2}\right) \qquad R_1 \geqslant 0 \tag{5-3-68}$$

R_2 为瑞利分布随机变量,其概率密度函数为

$$f_2(R_2) = \frac{R_2}{2\sigma_n^2}\exp\left(-\frac{R_2^2}{4\sigma_n^2}\right) \qquad R_2 \geqslant 0 \tag{5-3-69}$$

将式(5-3-68)与式(5-3-69)代入式(5-3-66)可得

$$\begin{aligned} P(1/0) &= \int_0^{\infty} f_1(R_1)\left[\int_{R_2=R_1}^{\infty} f_2(R_2)\mathrm{d}R_2\right]\mathrm{d}R_1 \\ &= \int_0^{\infty} \frac{R_1}{2\sigma_n^2} I_0\left(\frac{aR_1}{\sigma_n^2}\right)\exp\left(-\frac{R_1^2 + 4a^2}{4\sigma_n^2}\right)\cdot \exp\left(-\frac{R_1^2}{4\sigma_n^2}\right)\mathrm{d}R_1 \end{aligned}$$

令 $t = R_1/\sigma_n$,$\alpha = a/\sigma_n$,并凑成 Q 函数,得

$$P(1/0) = \frac{1}{2}\exp\left(-\frac{\alpha^2}{2}\right)\int_0^{\infty} tI_0(\alpha t)\exp\left(-\frac{t^2 + \alpha^2}{2}\right)\mathrm{d}t = \frac{1}{2}\mathrm{e}^{-r} \tag{5-3-70}$$

式中，$r=\dfrac{a^2}{2\sigma_n^2}$。

同理，可求得发送信号为“1”时(前后码元反相，即 $a' = -a$) 判为“0”的错误概率 $P(0/1)$ 为

$$P(0/1)=P(1/0)=\frac{1}{2}e^{-r}$$

所以，2DPSK 信号差分相干解调系统的总误码率 P_e 为

$$P_e=\frac{1}{2}e^{-r} \tag{5-3-71}$$

5.4 二进制数字调制系统的性能比较

在数字通信中，误码率是衡量数字通信系统的重要指标之一。上一节我们较详细讨论了各种二进制数字调制系统的抗噪声性能，本节将进一步对二进制数字调制系统的误码率、频带利用、对信道的适应能力等方面的性能做一个比较和讨论。

1. 误码率

表 5-1 列出了前节得到的各种二进制数字调制系统的误码率 P_e 与接收端输出信噪比的关系式。

由表 5-1 可以看出，以同类型的数字调制系统来比较(表中的横向比较)，相干方式略优于非相干方式。以不同类型的数字调制方式来比较(表中的纵向比较)，在误码率 P_e 一定的情况下，2ASK，2FSK，2PSK(或 2DPSK) 系统所需的接收端输出信噪比关系为

$$r_{2ASK}=2r_{2FSK}=4r_{2PSK}(\text{或 }4r_{2DPSK}) \tag{5-4-1}$$

式(5-4-1) 表示，三种类型的调制方式均采用相干解调时，在误码率 P_e 相同的情况下，所需的信噪比 2ASK 是 2FSK 的 2 倍，是 2PSK 的 4 倍，2FSK 是 2PSK 的 2 倍。或者说，所需的信噪比 2PSK 比 2FSK 小 3 dB，2FSK 比 2ASK 小 3 dB。当三者均采用非相干解调时，在 P_e 相同的条件下，所需的信噪比 2ASK 是 2FSK 的 2 倍。是 2PSK 的 4 倍，2FSK 是 2DPSK 的 2 倍。

表 5-1 二进制数字调制系统的误码率公式一览表

调制方式	误码率 P_e	
	相干解调	非相干解调
2ASK	$\frac{1}{2}\mathrm{erfc}\left(\sqrt{\frac{r}{4}}\right)$	$\frac{1}{2}e^{-r/4}$
2FSK	$\frac{1}{2}\mathrm{erfc}\left(\sqrt{\frac{r}{2}}\right)$	$\frac{1}{2}e^{-r/2}$
2PSK	$\frac{1}{2}\mathrm{erfc}(\sqrt{r})$	
2DPSK	$\frac{1}{2}\mathrm{erfc}(\sqrt{r})\left[1-\frac{1}{2}\mathrm{erfc}(\sqrt{r})\right]$	$\frac{1}{2}e^{-r}$

或者说，所需的信噪比 2DPSK 比 2FSK 小 3 dB，2FSK 比 2ASK 小 3 dB。反过来，当信噪比 r 一定时，2PSK(或 2DPSK) 系统的误码率低于 2FSK 系统，2FSK 系统的误码率低于 2ASK 系统。二进制数字调制系统误码率与信噪比的关系曲线如图 5-4-1 所示。由此得出的结论是：在抗加性高斯噪声方面相干 2PSK 或 2DPSK 性能最好，2FSK 次之，2ASK 最差。

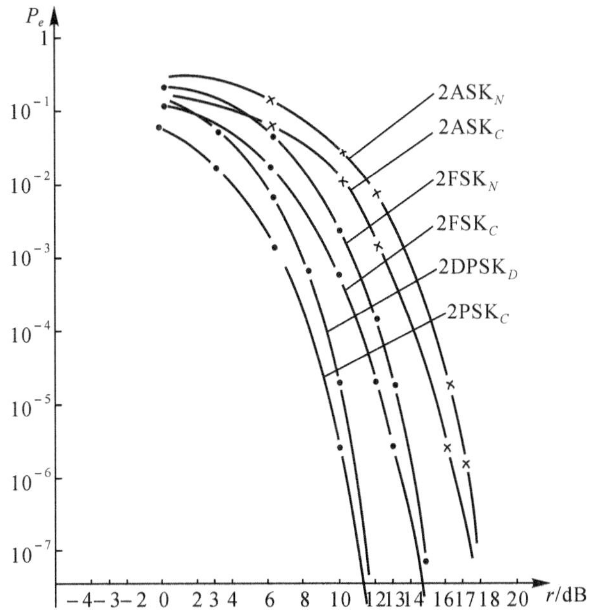

图 5-4-1　二进制数字调制系统误码率 P_e 与信噪比 r 的关系曲线

2. 频带宽度

当码元宽度为 T_s 时，2ASK 和 2PSK(2DPSK) 系统的第一零点带宽为

$$B_{2ASK} = B_{2PSK(2DPSK)} = \frac{2}{T_s} \tag{5-4-2}$$

两者相同，2FSK 系统的第一零点带宽为

$$B_{2FSK} = | f_2 - f_1 | + \frac{2}{T_s}$$

大于 2ASK 系统或 2PSK(2DPSK) 系统。因此从频带利用率上看，2FSK 系统最差。

例 5-4-1　设某 2ASK 系统中，二进制数字信号的码元速率 $R_B = 4.8 \times 10^6$ 波特，发送"1"码和"0"码等概率，接收端分别采用相干解调法和包络检波法对该 2ASK 信号进行解调。已知接收端输入信号的幅度 $a = 1$ mV，信道噪声的单边功率谱 $n_0 = 2 \times 10^{-15}$ W/Hz。求：

(1) 包络检波法解调时系统的误码率；

(2) 相干解调法解调时系统的误码率。

解　(1) 由码元速率可求出 2ASK 的近似带宽，也即接收端带通滤波器的近似带宽为

$$B = 2R_B = 9.6 \times 10^6 (\text{Hz})$$

由此可得带通滤波器输出噪声的平均功率为

$$\sigma_n^2 = n_0 B = 1.92 \times 10^{-8} (\text{W})$$

接收信号噪比(也即解调器输入信噪比) 为

$$r=\frac{a^2}{2\sigma_n^2}=\frac{(1\times10^{-3})^2}{2\times19.2\times10^{-8}}\approx26.04$$

由式(5-3-32)可得包络检波时 2ASK 系统的误码率为

$$P_e\approx\frac{1}{2}e^{-r/4}=\frac{1}{2}e^{-6.5}\approx7.5\times10^{-4}$$

(2) 同理，由式(5-3-18)可得相干解调时 2ASK 系统的误码率为

$$P_e=\frac{1}{2}\mathrm{erfc}\left(\frac{\sqrt{r}}{2}\right)=\frac{1}{2}\mathrm{erfc}(2.55)\approx1.6\times10^{-4}$$

例 5-4-2 已知2FSK信号的两个频率 $f_1=2025$ Hz，$f_2=2225$ Hz，码元速率 $f_s=R_B=300$ 波特，信道有效带宽为 3000 Hz，信道输出端的信噪比为 6 dB。求：

(1)2FSK 信号的传输带宽；

(2) 包络检波时的误码率；

(3) 相干解调时的误码率。

解 (1) 根据式(5-2-21)，2FSK 信号的带宽为

$$B_{2FSK}\approx|f_2-f_1|+2f_s=(2225-2025)+2\times300=800(\mathrm{Hz})$$

(2) 参照图 5-2-8(a)，当码元速率为 300 波特时，接收机上、下两支路带通滤波器的带宽近似为

$$B\approx2R_B=600(\mathrm{Hz})$$

由已知条件可知，信道带宽为 3000 Hz，即信道带宽是支路中带通滤波器带宽的 5 倍，所以带通滤波器输出信噪比是信道输出信噪比的 5 倍。由于信道输出信噪比为 6 dB，所以两带通滤波器输出信噪比为

$$r=5\times10^{0.6}=5\times3.98\approx20$$

根据式(5-3-52)，可得包络检波时的系统误码率为

$$P_e=\frac{1}{2}e^{-r/2}=\frac{1}{2}e^{-10}\approx2.27\times10^{-5}$$

(3) 同理，由式(5-3-46)可得相干接收时 2FSK 系统的误码率为

$$P_e=\frac{1}{2}\mathrm{erfc}\left(\sqrt{\frac{r}{2}}\right)=\frac{1}{2}\mathrm{erfc}(3.16)\approx3.93\times10^{-6}$$

3. 对信道特性变化的敏感性

应当指出，上述对二进制数字调制系统抗噪声性能的分析都是针对恒参信道而言的。在实际通信系统中，除恒参信道外，还有很多信道属于随参信道，即信道参数随时间变化。因此，在选择数字调制方式时，还应考虑系统对信道特性的变化是否敏感。在 2FSK 系统中，判决器直接根据上、下两支路解调输出样值的大小来作出判决，不需要人为地设置判决门限，因而对信道的变化不敏感。在 2PSK 系统中，当发送"1"和发送"0"信号等概率时，判决器的最佳判决门限为零，与接收机输入信号的幅度无关。因此，判决门限不随信道特性而变化，接收机容易保持在最佳判决门限状态。对于 2ASK 系统，判决器的最佳判决门限为 $a/2$(发送"1"和发送"0"等概率时)，它与接收机输入信号的幅度有关。当信道特性发生变化时，接收机输入信号的幅度 a 将随之发生变化，从而导致判决器的最佳判决门限也随之而变，使得接收机不容易保持在最佳判决门限状态，因而使系统误码率增大，所以，就系统信道特性变化的敏感性而言，2ASK 性能最差。

4. 设备的复杂程度

对于二进制振幅键控、移频键控和移相键控这三种调制方式来说，发送设备的复杂程度相差不多，而接收设备的复杂程度则与所采用的调制和解调方式有关。对于同一类型的调制方式，相干解调设备要比非相干解调复杂；而同为非相干解调，2DPSK 的设备最复杂、造价最高，2FSK 次之，2ASK 最简。

可以看出，在对各种数字调制和解调方式进行比较、选择时，要考虑的因素较多。通常，应对系统的各方面要求作全面的考虑，抓住其中主要的要求，才能做出比较恰当的选择。如果抗噪声性能是主要的，应考虑选择相干 2PSK 和 2DPSK，而 2ASK 不可取；如果带宽要求是主要的，应考虑相干 2PSK、2DPSK 及 2ASK，而 2FSK 最不可取；如果设备的复杂性是主要因素，则选择非相干方式比相干方式更合适。目前用得最多的数字调制方式是相干 2DPSK 和非相干 2FSK。相干 2DPSK 主要用于高速数据传输，而非相干 2FSK 则用于中、低速数据传输中，特别在衰落信道中的数据传输中，它有较广泛的应用。

5.5　多进制及改进型数字调制系统

多进制数字调制是用多进制的数字基带信号控制载波，进行频谱变换（变换成多进制频带数字信号）的调制过程。通常，将多进制的数目取为 $M=2^k$。与二进制数字调制的三种形式相对应，多进制数字调制也分为三种：多进制数字振幅调制（MASK）、多进制数字频率调制（MFSK）和多进制数字相位调制（MPSK）。

当信道频带受限时，采用多进制数字调制可以增大信息传输速率，提高频带利用率，其代价是增加信号功率和实现上的复杂性。

5.5.1　多进制数字振幅调制（MASK）系统

多进制数字振幅调制（MASK）又称多电平调制，它是二进制数字振幅键控方式的推广。在 M 进制的振幅键控信号中，载波幅度有 M 种取值。M 进制振幅键控信号可表示为 M 进制数字基带信号与正弦载波相乘的形式，已调波时域表达式为

$$e_{\mathrm{MASK}}(t)=s(t)\cos\omega_c t=\left[\sum_n a_n g(t-nT_s)\right]\cos\omega_c t \tag{5-5-1}$$

式中：$s(t)$ 为 M 进制数字基带信号；$g(t)$ 为 $s(t)$ 的基本波形，通常是高度为 1，宽度为 T_s 的门函数，T_s 为 M 进制码的码元宽度，a_n 为幅度值，可有 M 种取值，即

$$a_n=\begin{cases}0 & \text{概率为 } P_0\\ 1 & \text{概率为 } P_1\\ \cdots & \cdots\cdots\\ M-1 & \text{概率为 } P_{M-1}\end{cases} \tag{5-5-2}$$

且

$$\sum_{i=0}^{M-1}P_i=1 \tag{5-5-3}$$

由式(5-5-1) 可知，MASK 信号相当于 M 电平的数字基带信号对载波进行双边带调幅。MASK($M=4$) 信号波形如图 5-5-1 所示。其中，图(a) 为 M 电平数字基带信号 $s(t)$ 的某一样本波形，图(b) 为相应的 MASK 信号的波形 $e_{\mathrm{MASK}}(t)$。图(b) 波形可等效为图(c) 诸波形的

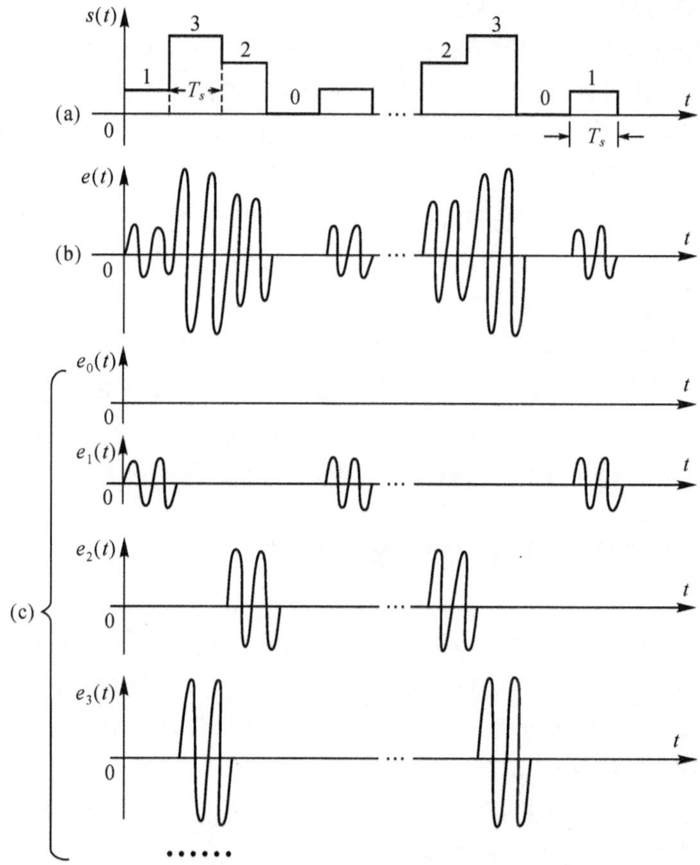

图 5-5-1 MASK 信号波形($M=4$)

叠加。显然,图(c)的各个波形可表示为

$$\begin{cases} e_0(t) = \sum_n c_0 g(t-nT_s)\cos\omega_c t \\ e_1(t) = \sum_n c_1 g(t-nT_s)\cos\omega_c t \\ \quad \cdots\cdots \\ e_{M-1}(t) = \sum_n c_{M-1} g(t-nT_s)\cos\omega_c t \end{cases} \tag{5-5-4}$$

其中

$$\begin{cases} c_0 = 0 & \text{概率为 } P_0 \\ c_1 = \begin{cases} 1 \\ 0 \end{cases} & \begin{matrix} \text{概率为 } P_1 \\ \text{概率为 } 1-P_1 \end{matrix} \\ \quad \cdots\cdots \\ c_{M-1} = \begin{cases} M-1 \\ 0 \end{cases} & \begin{matrix} \text{概率为 } P_{M-1} \\ \text{概率为 } 1-P_{M-1} \end{matrix} \end{cases} \tag{5-5-5}$$

$e_0(t)=0$,$e_1(t) \sim e_{M-1}(t)$ 均为 2ASK 信号,它们振幅互不相等,时间上互不重叠。因此 MASK 信号 $e_{\text{MASK}}(t)$ 可以看成由时间上互不重叠的 $M-1$ 个不同振幅的 2ASK 信号叠加而

成。即

$$e_{\mathrm{MASK}}(t)=\sum_{i=0}^{M-1}e_i(t) \tag{5-5-6}$$

由式(5-5-6)可见，MASK信号的功率谱便是这 $M-1$ 个2ASK信号的功率谱之和。尽管叠加后功率谱的结构是复杂的，但就带宽而言，由于码元速率 f_s 相同，MASK信号与其分解所得的任何一个2ASK信号的带宽都是相同的，都是基带信号带宽的2倍，即

$$B_{\mathrm{MASK}}=2f_s \tag{5-5-7}$$

由关系式

$$R_b=R_B\log_2M(\mathrm{b/s})$$

可以看出，在码元传输速率相同的情况下，MASK信号的信息速率是2ASK信号信息速率的 $\log_2M$ 倍，即在相同的带宽中可以传输更多的信息量。或者说，在信息速率相同的情况下，MASK信号的带宽仅为2ASK信号的 $1/\log_2M$ 倍，即可以通过增加进制数 M，降低码元速率，从而减小信号带宽，提高系统频带利用率。

MASK的调制方法与2ASK相同，但首先要把基带信号由二电平变为 M 电平。将二进制信息序列分为 k 个一组。$k=\log_2M$，然后变换为 M 电平基带信号。M 电平基带信号再对载波进行调制，即可得到MASK信号。由于是多电平调制，所以要求调制器在调制范围内是线性的，即已调信号的幅度与基带信号的幅度成正比。

MASK调制中最简单的基带信号基本波形 $g(t)$ 是矩形。为了限制信号频谱也可以采用其他波形，如升余弦滚降波形，或部分响应波形等。

MASK信号的解调可以采用相干解调或非相干解调(包络检波)的方式，其原理与2ASK信号的解调完全相同。

假设发送端 M 电平的数字基带信号为双极性信号，即信号幅度为 $\pm d$, $\pm 3d$, …, $\pm(M-1)d$，相邻电平振幅的距离为 $2d$。该基带信号经线性调制后，其发送波形可表示为

$$s_T(t)=\begin{cases}\pm u_1(t) & \text{发送} \pm d \text{ 电平时}\\ \pm u_2(t) & \text{发送} \pm 3d \text{ 电平时}\\ \quad\cdots\cdots & \\ \pm u_{M/2}(t) & \text{发送} \pm(M-1) \text{ 电平时}\end{cases} \tag{5-5-8}$$

式中

$$\begin{cases}\pm u_1(t)=\begin{cases}\pm d\cos\omega_ct & 0\leqslant t\leqslant T_s\\ 0 & \text{其他}\end{cases}\\ \pm u_2(t)=\begin{cases}\pm 3d\cos\omega_ct & 0\leqslant t\leqslant T_s\\ 0 & \text{其他}\end{cases}\\ \quad\cdots\cdots\\ \pm u_{M/2}(t)=\begin{cases}\pm(M-1)d\cos\omega_ct & 0\leqslant t\leqslant T_s\\ 0 & \text{其他}\end{cases}\end{cases} \tag{5-5-9}$$

对该MASK信号进行相干解调，可得系统总的误码率 P_e 为

$$P_e=\left(\frac{M-1}{M}\right)\mathrm{erfc}\left(\sqrt{\frac{3r}{M^2-1}}\right) \tag{5-5-10}$$

式中，$r=\frac{s}{\sigma_n^2}$ 为信噪比。在式(5-5-10)中，若取 $M=2$，则上述调制信号即为抑制载波的振幅

调制信号，并且式(5-5-10)的结果与式(5-3-56)完全相同。

当M取不同值(如$M=2,4,8,16$)时，MASK系统总的误码率P_e与信噪比r的关系曲线如图5-5-2所示。由图可看出，为得到相同的误码率P_e，所需的信噪比r随M增加而增大。例如，四电平系统比二电平系统信噪比需要增加约5倍。

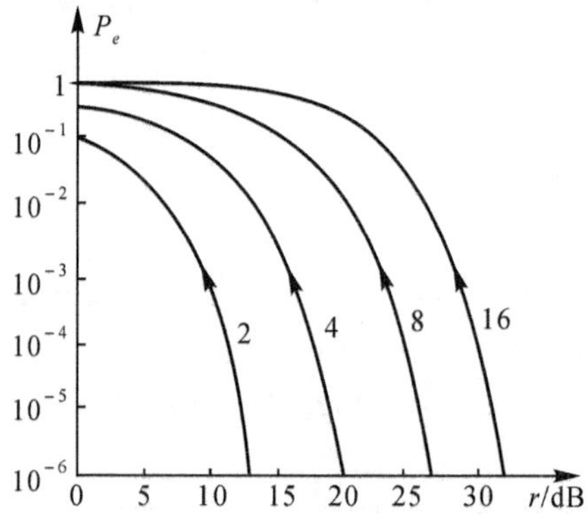

图5-5-2 多进制振幅键控系统的误码率P_e性能曲线

5.5.2 多进制数字频率调制(MFSK)系统

多进制数字频率调制(MFSK)简称多频调制，它是2FSK方式的直接推广，即用多个频率的正弦振荡分别代表不同的数字信息。MFSK信号可表示为

$$e_{\mathrm{MFSK}}(t)=\sum_{i=1}^{M}s_i(t)\cos\omega_i t \tag{5-5-11}$$

式中：$s_i(t)=\begin{cases}A, & \text{当在时间间隔 } 0\leqslant t<T_s \quad \text{发送符号为 } i \text{ 时}\\ 0, & \text{当在时间间隔 } 0\leqslant t<T_s \quad \text{发送符号不为 } i \text{ 时}\end{cases}\quad i=1,2,\cdots,M;$

ω_i为载波角频率，共有M种取值。通常可选载波频率$f_i=\dfrac{n}{2T_s}$，n为正整数，此时M种发送信号相互正交。

图5-5-3所示为多频调制系统的组成方框图。发送端采用键控选频的方式，图中串／并变换和逻辑电路将输入二进制码元序列分组(k个二进制码元组成一组)，对应地转换成多组有多种状态的多进制码(共$M=2^k$种状态)。在一个码元宽度T_s内，对应于输入的某组二进制码，逻辑电路输出的控制信号将使相应的一个门电路打开，同时使其余所有的门电路被关闭，于是从M个频率中选出相应的一个多进制频率键控波形，经相加器送出。接收端采用非相干解调方式，输入的MFSK信号通过M个中心频率分别为各载频频率$f_1,f_2,\cdots,f_M$的带通滤波器，分离出发送的M个频率。即当某一载频到来时，只有一个带通滤波器有信号及噪声通过，其他带通滤波器只有噪声通过。经包络检波器检测，再经由抽样判决器，在给定时刻上比较各包络检波器输出的电压，并选出最大者作为输出。

MFSK信号除用上述分路滤波，包络检波外，还可采用分路滤波相干解调。此时只需将图5-5-3中的检波器去掉，换成相乘器及低通滤波器即可，各路相乘器需分别输入不同频率的相干载波信号。

键控法产生的MFSK信号，属于相位不连续的MFSK信号。它可以看作是由M个振幅

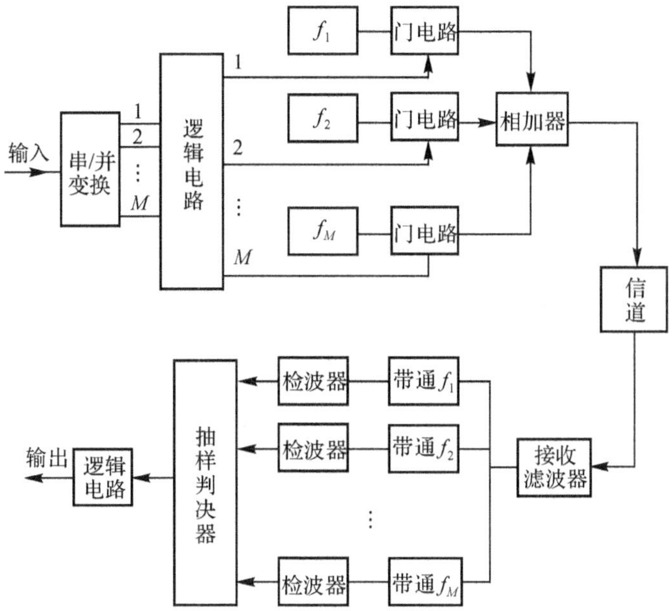

图 5-5-3　多进制系统的组成方框图

相同、载频不同、时间上互不重叠的 2ASK 信号叠加的结果，其信号带宽近似为

$$B_{\mathrm{MFSK}}=|f_M-f_1|+2f_s \tag{5-5-12}$$

式中，f_M 为最高选用载频，f_1 为最低选用载频。可见 MFSK 信号具有较宽的频带，因而它的频带利用率不高。多频制一般在调制速率（载频变化速率）不高的场合应用。图 5-5-4 所示是无线寻呼系统中 4FSK 信号频率配置方案。

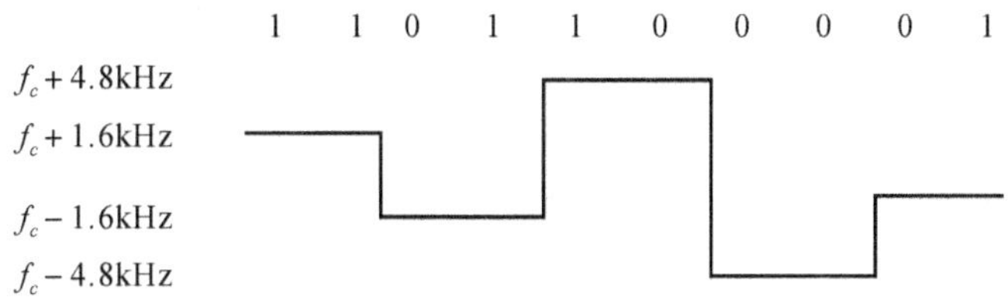

图 5-5-4　FLEX 系统 4FSK 信号频率关系

MFSK 信号采用非相干解调时的误码率 P_e 为

$$P_e=\int_0^{\infty}x\mathrm{e}^{-\frac{1}{2}\left(\frac{x^2+a^2}{\sigma_n^2}\right)}I_0\left(\frac{xa}{\sigma_n}\right)\left[1-(1-\mathrm{e}^{-x^2/2})^{M-1}\right]\mathrm{d}x\approx\left(\frac{M-1}{2}\right)\mathrm{e}^{-\frac{r}{2}} \tag{5-5-13}$$

式中，r 为平均接收端输出信号的信噪比。

MFSK 信号采用相干解调时的误码率为

$$P_e=\frac{1}{\sqrt{2\pi}}\int_{-\infty}^{\infty}\mathrm{e}^{-\frac{(x-a)^2}{2\sigma_n^2}}\left[1-\left(\frac{1}{\sqrt{2\pi}}\int_{-\infty}^{x}\mathrm{e}^{-u^2/2}\,\mathrm{d}u\right)^{M-1}\right]\mathrm{d}x\approx\left(\frac{M-1}{2}\right)\mathrm{erfc}\left(\sqrt{\frac{r}{2}}\right) \tag{5-5-14}$$

多频系统误码率性能曲线如图 5-5-5 所示。图中，实线表示相干解调时的误码率曲线，虚线表示非相干解调时的误码率曲线。由图可见，无论是相干解调还是非相干解调，系统误码率 P_e 都仅与信噪比 r 及进制数 M 有关。图中示出了 $M=2,32$ 及 1024 时的 P_e-r 曲线。由图中的三对曲线可以看出，在 M 一定的情况下，信噪比 r 越大，误码率 P_e 越小；在 r 一定的情况下，M 越大，误码率 P_e 越大。另外，相干解调与非相干解调的性能差距将随 M 的增大而减小，而且，同一 M 下，随着信噪比 r 的增加，非相干解调性能将与相干解调性能趋于一致。

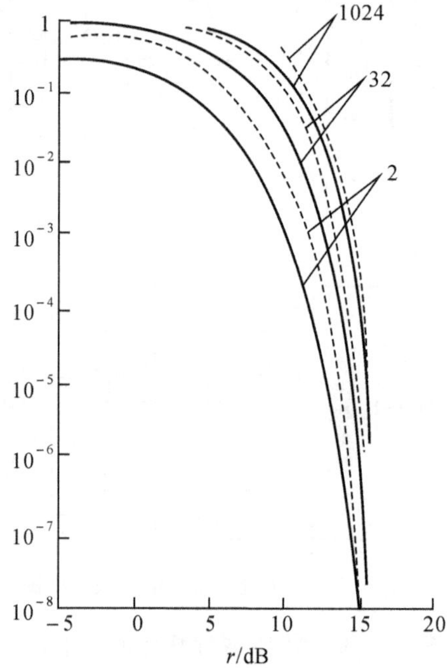

图 5-5-5 多频制时的误码率曲线

5.5.3 多进制数字相位调制(MPSK) 系统

1. 多进制数字相位调制信号的表示形式

多进制数字相位调制(MPSK) 又称为多相位调制，是二相调制方式的推广。它是利用载波的多种不同相位(或相位差) 来表征数字信息的调制方式。和二相调制相同，多相调制也分绝对移相 MPSK 和相对(差分) 移相 MDPSK 两种。

在 M 进制移相键控(MPSK) 中，载波相位有 M 种不同取值，分别表示 M 个不同数字信息。MPSK 信号可表示为

$$\begin{aligned} e_{\mathrm{MPSK}} &= \sum_n g(t-nT_s)\cos(\omega_c t+\varphi_n) \\ &= \left[\sum_n g(t-nT_s)\cos\varphi_n\right]\cos\omega_c t-\left[\sum_n g(t-nT_s)\sin\varphi_n\right]\sin\omega_c t \\ &= \left[\sum_n a_n g(t-nT_s)\right]\cos\omega_c t-\left[\sum_n b_n g(t-nT_s)\right]\sin\omega_c t \end{aligned} \tag{5-5-15}$$

式中，$g(t)$ 为信号包络波形，通常是码元宽度为 T_s、幅度为 1 的矩形脉冲；ω_c 为载波角频率；φ_n 为受调相位，可有 M 种不同取值，通常是等间隔取值。式(5-5-15) 中的前后两项每一项都是一个 M 电平双边带调幅信号即 MASK 信号，但载波是正交的。这表示，MPSK 信号可以看成是两个正交载波的 MASK 信号的叠加，所以 MPSK 信号的带宽应与 MASK 信号的带宽相同。与 MASK 信号一样，当信息速率相同时，MPSK 信号带宽缩减为 2PSK 信号带宽的 $1/\log_2 M$ 倍，即频带利用率提高到 2PSK 的 $\log_2 M$ 倍。式(5-5-15) 可简写成

$$e_{\mathrm{MPSK}}(t) = I(t)\cos\omega_c t - Q(t)\sin\omega_c t \tag{5-5-16}$$

式中

$$I(t)=\sum_{n}a_{n}g(t-nT_{s})$$

$$Q(t)=\sum_{n}b_{n}g(t-nT_{s})$$

通常将式(5-5-16)的第一项称为同相分量，第二项称为正交分量。可见，MPSK 信号可以用正交调制的方法产生。

MPSK 信号是相位不同的等幅信号，所以可用矢量图对其进行简单而直观的描述。图 5-5-6 所示为 MPSK 信号的矢量表示，图中画出了 $M=2,4,8$ 三种情况下的 MPSK 信号矢量图。当初始相位 $\theta=0$ 和 $\theta=\pi/M$ 时，矢量图有两种不同的形式。2PSK 信号的载波相位有 0 和 π，或者$\frac{\pi}{2}$ 和$\frac{3\pi}{2}$两种取值，它们分别对应于数字信息 1 和 0，见图 5-5-6(a) 和(d)。4PSK 信号的载波相位有四种取值，为 $0,\frac{\pi}{2},\pi$ 和$\frac{3\pi}{2}$，或者为$\frac{\pi}{4},\frac{3\pi}{4},\frac{5\pi}{4}$ 和$\frac{7\pi}{4}$，它们分别对应数字信息 11,01,00 和 10，见图 5-5-6(b) 和(e)。8PSK 时，8 种相位取值分别为 $0,\frac{\pi}{4},\frac{\pi}{2},\frac{3\pi}{4},\pi,\frac{5\pi}{4},\frac{3\pi}{2},\frac{7\pi}{4}$，或者$\frac{\pi}{8},\frac{3\pi}{8},\frac{5\pi}{8},\frac{7\pi}{8},\frac{9\pi}{8},\frac{11\pi}{8},\frac{13\pi}{8},\frac{15\pi}{8}$，见图 5-5-6(c) 和(f)。

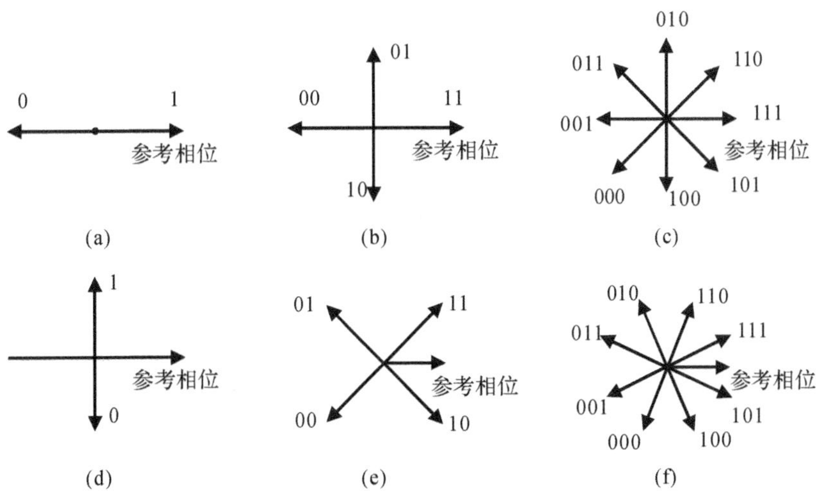

图 5-5-6　MPSK 信号的矢量图表示

MPSK 信号的功率谱如图 5-5-7 所示，图中给出了信息速率相同时，2PSK，4PSK 和 8PSK 信号的单边功率谱。可以看出，M 越大，功率谱主瓣越窄，因而频带利用率越高。

2. MPSK 信号的产生与解调

在 MPSK 信号的调制中，随着 M 值的增大，相位之间的间隔减小，使系统的可靠性降低。因此在 MPSK 调制中以 4PSK 和 8PSK 最为常用。下面以四相调制为例，讨论它的产生和解调原理。

4PSK(又称 QPSK) 信号的产生方法有相位选择法、正交调制法等多种。相位选择法产生 4PSK 信号的原理框图如图 5-5-8 所示。图中，四相载波发生器产生四种不同相位的载波，输入的二进制数字信息经串 / 并变换器输出双比特码，逻辑选相电路根据输入的双比特码，

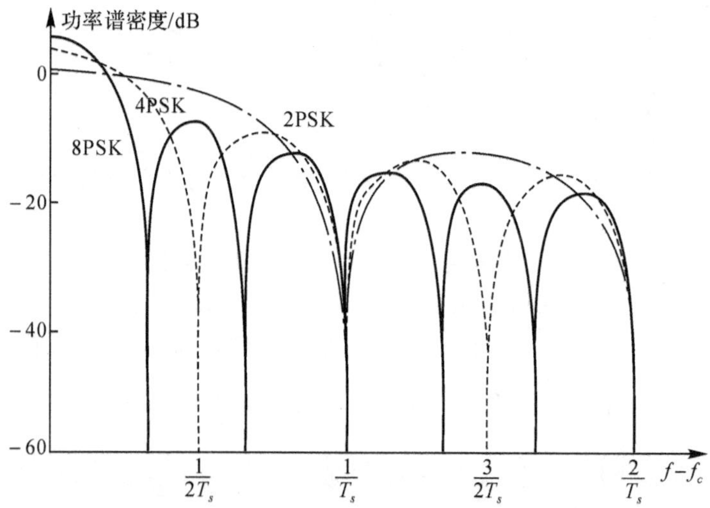

图 5-5-7 MPSK 信号功率谱

在每个码元宽度 T_s 选择相应一种相位的载波作为输出，然后经带通滤波器滤除高频分量。这是一种全数字化的方法，适合于载波频率较高的场合。

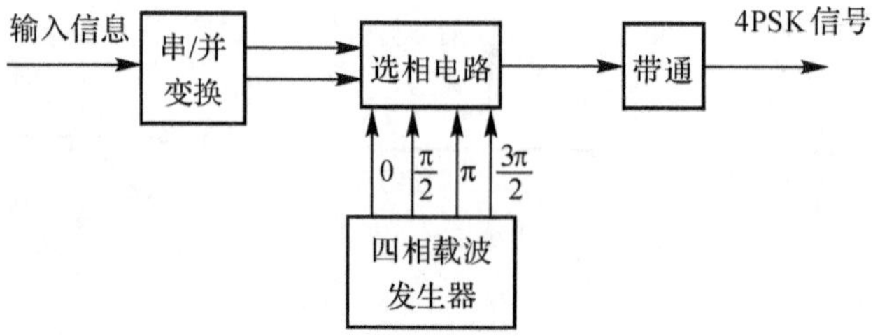

图 5-5-8 相位选择法产生 4PSK 信号的原理框图

前已指出，MPSK 信号也可采用正交调制的方法产生。4PSK 信号在用式(5-5-15) 表示时，相位 φ_n 在$(0,2\pi)$ 内等间隔地取四种可能相位。由于正弦和余弦的互补特性，对应 φ_n 的四种取值，如$\frac{\pi}{4}$，$\frac{3\pi}{4}$，$\frac{5\pi}{4}$ 和$\frac{7\pi}{4}$，其幅度 a_n 和 b_n 只有两种取值，即 $\pm\frac{\sqrt{2}}{2}$。此时式(5-5-15) 恰好表示两个正交的二相调制信号(2PSK) 的合成。4PSK 正交调制器方框图如图 5-5-9(a) 所示。输入的串行二进制码经串 / 并变换，分为两个并行的、速率减半的序列，电平产生器分别产生双极性二电平信号 $I(t)$ 和 $Q(t)$。如图 5-5-9(b) 所示，然后分别对同相载波 $\cos\omega_c t$ 和正交载波 $\sin\omega_c t$ 进行调制，相加后即可得 4PSK 信号。

由于 4PSK 信号可以看作两个载波正交的 2PSK 信号的合成，因此，对 4PSK 信号的解调可以采用与 2PSK 相类似的解调方法进行解调，其解调原理框图如图 5-5-10 所示。同相和正交二支路分别采用相干解调方式解调，得到 $I(t)$ 和 $Q(t)$，再经抽样判决和并 / 串变换器，即可恢复原始信息。

在 MPSK 相干解调中，恢复载波时同样存在 π 相位模糊。与二相调制时一样，对于 M 相调制也应采用相对移相的方法来解决相位模糊问题。在 M 进制相对移相键控中，在对输入的二进制信息进行串 / 并变换时，同时进行逻辑运算，将其编为多进制差分码，然后进行绝

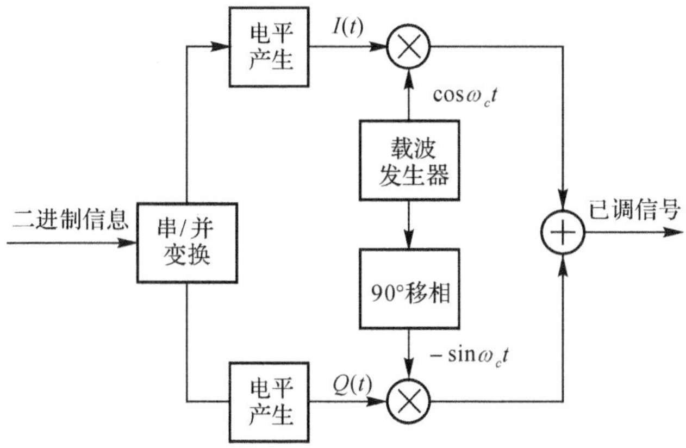

(a) 原理框图

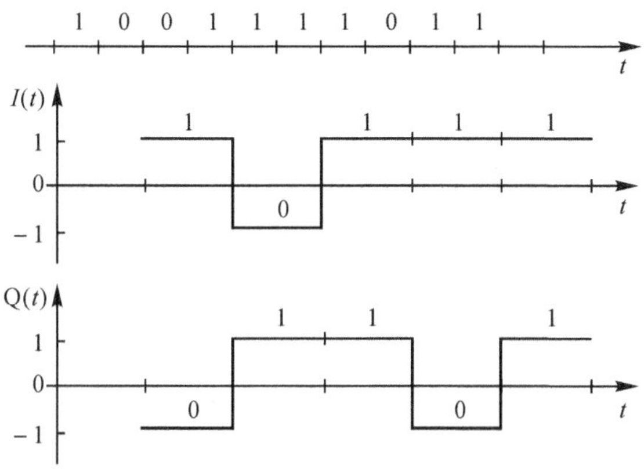

(b) 典型波形图

图 5-5-9　4PSK 正交调制器框图和 $I(t)$,$Q(t)$ 波形

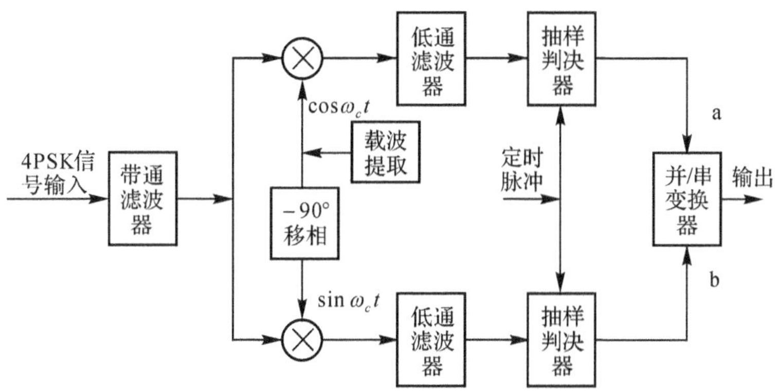

图 5-5-10　4PSK 信号相干解调原理框图

对调相。解调时,可以采用相干解调和差分译码的方法,也可采用差分相干解调即延迟解调的方法。

5.5.4 改进的数字调制方式

本章的前几小节我们讨论了数字调制的三种基本方式:数字振幅调制、数字频率调制和数字相位调制,这三种方式是数字调制的基础。近几年来人们在此基础上不断加以改进和发展,又提出了一些新的、具有优越性能的数字调制方式,下面将就其中具有代表性的数字调制方式作一介绍。

1. 最小移频键控(MSK)

在 5.5.3 小节讨论的 QPSK 信号中,当基带信号发生变化时,已调信号的相位就会发生跃变(最大相位跃变为 π),相位跃变所引起的相位对时间的变化率(即角频率)很大,从而会导致信号功率谱扩展,系统的频带利用率降低;同时也导致旁瓣增大,对相邻频道的信号形成干扰。为使信号功率谱尽可能集中于主瓣之内,而主瓣之外的功率谱衰减较快,应使信号的相位不发生突变,相位与时间的关系曲线均匀而平滑。目前已有不少调制方法在此方面进行了改进,最小移频键控 MSK 就是其中一种。

MSK 是恒定包络连续相位频率调制,是 2FSK 的改进形式,其信号表示式为

$$s_{\mathrm{MSK}}(t) = \cos\left(\omega_c t + \frac{\pi a_k}{2T_s}t + \varphi_k\right) \tag{5-5-17}$$

或者

$$s_{\mathrm{MSK}}(t) = \cos[\omega_c t + \theta_k(t)] \tag{5-5-18}$$

式中

$$\theta_k(t) = \frac{\pi a_k}{2T_s}t + \varphi_k \quad (k-1)T_s \leqslant t \leqslant kT_s \tag{5-5-19}$$

称为附加相位函数;ω_c 为载波角频率;T_s 为码元宽度;a_k 为第 k 个输入码元,取值为 ± 1;φ_k 为第 k 个码元的相位常数,在时间 $(k-1)T_s \leqslant t \leqslant kT_s$ 中保持不变,其作用是保证在 $t = kT_s$ 时刻信号相位连续。令

$$\Phi_k(t) = \omega_c t + \frac{\pi a_k}{2T_s}t + \varphi_k \tag{5-5-20}$$

则

$$\frac{\mathrm{d}\Phi_k(t)}{\mathrm{d}t} = \omega_c + \frac{\pi a_k}{2T_s} \tag{5-5-21}$$

由式(5-5-21)可见,当 $a_k = +1$ 时,信号的频率为

$$f_2 = \frac{1}{2\pi}\left(\omega_c + \frac{\pi}{2T_s}\right) = f_c + \frac{1}{4T_s} \tag{5-5-22}$$

当 $a_k = -1$ 时,信号的频率为

$$f_1 = \frac{1}{2\pi}\left(\omega_c - \frac{\pi}{2T_s}\right) = f_c - \frac{1}{4T_s} \tag{5-5-23}$$

中心频率 f_c 应选为

$$f_c = \frac{n}{4T_s} \qquad n = 1,2,\cdots \tag{5-5-24}$$

或者

$$T_s = n \cdot \frac{1}{4} \cdot \frac{1}{f_c} \tag{5-5-25}$$

表明 MSK 信号在每一码元周期内，必须包含$\frac{1}{4}$个载波周期的整数倍。f_c 还可表示为

$$f_c=\left(N+\frac{m}{4}\right)\frac{1}{T_s}\qquad N\text{ 为正整数};m=0,1,2,3\tag{5-5-26}$$

相应地 MSK 信号的两个频率可表示为

$$\begin{cases}f_2=f_c+\dfrac{1}{4T_s}=\left(N+\dfrac{m+1}{4}\right)\dfrac{1}{T_s}\\[2ex] f_1=f_c-\dfrac{1}{4T_s}=\left(N+\dfrac{m-1}{4}\right)\dfrac{1}{T_s}\end{cases}\tag{5-5-27}$$

由此可得 MSK 信号的频率间隔为

$$\Delta f=f_2-f_1=\frac{1}{2T_s}\tag{5-5-28}$$

调制指数为

$$h=\frac{f_2-f_1}{R_B}=\frac{1}{2T_s}\cdot\frac{1}{f_s}=0.5\tag{5-5-29}$$

式中，R_B 为码元速率。

相位常数 φ_k 的选择应保证信号相位在码元之间转换时刻是连续的，其相位约束条件由式(5-5-30) 给出，为

$$\varphi_k=\varphi_{k-1}+(a_{k-1}-a_k)\left[\frac{\pi}{2}(k-1)\right]=\begin{cases}\varphi_{k-1} & a_k=a_{k-1}\\ \varphi_{k-1}\pm(k-1)\pi & a_k\neq a_{k-1}\end{cases}\tag{5-5-30}$$

式中，若取 φ_k 的初始参考值 $\varphi_0=0$，则

$$\varphi_k=0\text{ 或 }\pm\pi\qquad k=0,1,\cdots\tag{5-5-31}$$

上式表明，MSK 信号在第 k 个码元的相位常数不仅与当前码元的取值 a_k 有关，而且还与前一码元的取值 a_{k-1} 以及相位常数 φ_{k-1} 有关。

式(5-5-19) 是附加相位函数 $\theta_k(t)$ 的表示式，由式可见，$\theta_k(t)$ 是一直线方程，其斜率为$\frac{\pi a_k}{2T_s}$，截距为 φ_k，在每一码元宽度内，$\theta_k(t)$ 的变化量总是$\frac{\pi}{2}$。$a_k=+1$ 时，增大$\frac{\pi}{2}$；$a_k=-1$ 时，减小$\frac{\pi}{2}$。假设初相位 $\varphi_0=0$，由于每个 T_s 时间内相位变化为$\pm\frac{\pi}{2}$，因此累积相位 $\theta_k(t)$ 在每个 T_s 结束时必定为$\frac{\pi}{2}$的整数倍。$\theta_k(t)$ 随时间变化的规律可用图 5-5-11 所示的网格图表示。$\theta_k(t)$ 的轨迹是一条连续的折线。图中细折线的网格是 $\theta_k(t)$ 由 0 时刻的 0 相位开始，到 $8T_s$ 时刻的 0 相位止，其间可能经历的全部路径。图中的粗折线所对应的信息序列为 10011100。图 5-5-12 给出了 MSK 信号的时间波形图(取 $N=1,m=0$)。

MSK 信号的功率谱如图 5-5-13 所示。为了便于比较，图中还画出了 2PSK 信号的功率谱(虚线所示)。

由图 5-5-13 可见，与 2PSK 相比，MSK 信号的功率谱更加紧凑，其第一零点的位置在 $0.75/T_s$ 处，而 2PSK 信号的第一零点位置在 $1/T_s$ 处，表明 MSK 信号的主瓣所占的频带宽度比 2PSK 信号窄；当$(f-f_c)\to\infty$ 时，MSK 信号功率谱的衰减速率比 2PSK 快得多。因此对相邻频道的干扰也较小。

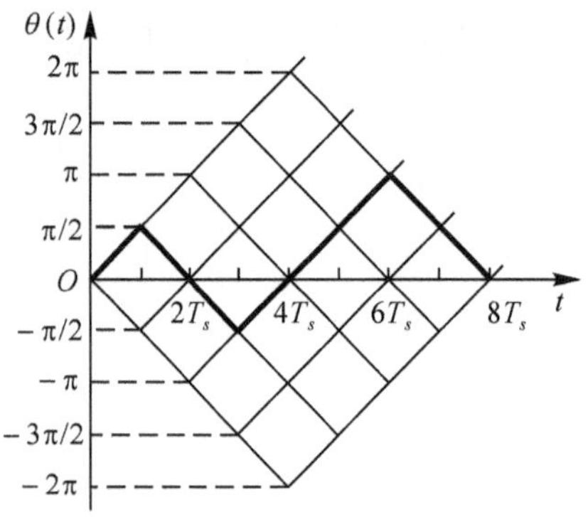

图 5-5-11 MSK 的相位网格图

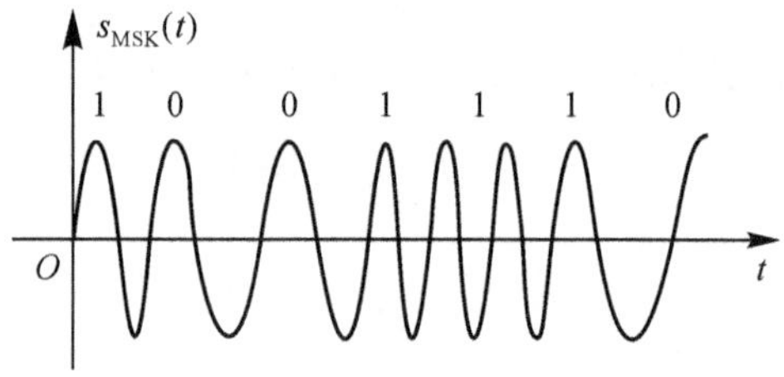

图 5-5-12 MSK 信号的时间波形

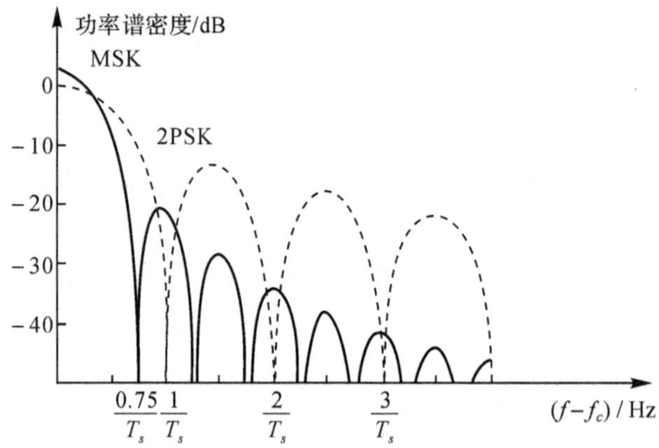

图 5-5-13 MSK 信号的归一化功率谱

2. 时频调制(TFSK)

时频调制方式是适合在随参信道中使用的,具有抗衰落和克服多径时延作用的一种调制方式。不同类型的时频调制信号,有的能起到频率分集的效果,有的能克服码间串扰的影响,有的既能起分集作用又能起抗码间干扰的作用。

时频调制是在一个或一组二进制符号的持续时间内,用若干个较窄的射频脉冲来传输原二进制符号信息的。在这种调制中,信息被安排在信号的频率及其顺序上,不同的信息,其信号在时间次序上的频率顺序编排会不同。简言之,是用不同时间位置上不同频率的编码来表示不同的信息,所以又称之为时频编码。时频调制是在移频键控(FSK)的基础上发展而来的,是与时隙有关的移频键控,故用 TFSK 表示。

图 5-5-14 所示为二进制时频调制的示意图,图中给出了两种不同的时频编码方案。图(a)为二进制数字基带信息序列,在图中,每个码元的宽度 T_s 被等分为两个时隙 T_A 和 T_B,$T_A = T_B = T_s/2$。图(b)是在一个码元两个时隙的时间次序上,用不同的频率顺序表示不同的数字信息,如:用顺序为 $f_1 f_2$ 的射频脉冲代表数字信息 0;用频率顺序为 $f_2 f_1$ 的射频脉冲代表数字信息 1;共有两种载频。图(c)所示为另一种时频编码方式:在两个时隙的时间次序上用频率顺序为 $f_1 f_3$ 的射频脉冲代表数字信息 0;用频率顺序为 $f_2 f_4$ 的射频脉冲代表数字信息 1;共有四种载频。

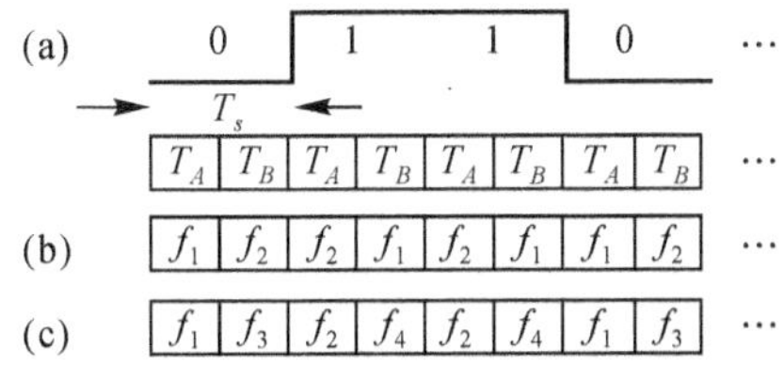

图 5-5-14　二进制时频调制示意图

无论图(b) 还是图(c)，每位二进制码元都由两个不同载频的射频脉冲组成，只要选取的频率间隔足够大(通常短波在 500 Hz 以上，微波在 1 MHz 以上)，在两个频率上的衰落相关性就不大，能具有抗瑞利衰落的作用，即在接收端有频率分集的效果。对图(b)，由于会相继出现两个相同的频率，因而这种已调信号不能抗码间串扰。对图(c)，由于不会有相同频率相继出现的情况，相同频率至少有 $T_s/2$ 的时间间隔，因而具有抗多径迟延引起的码间干扰的作用，缺点是比图(b) 信号占用更宽的频谱。

以两个二进制码元为一组(每组即为一个四进制码元)，用四个时隙、四个频率组成的信号称为四进制四时四频的时频调制信号，其频率顺序的编排如表 5-2 所示，相应的波形序列如图 5-5-15 所示。

表 5-2　TFSK 码组二进制码组及时序频序

二进制码组		代号	TFSK 码组			
			时序频序			
			T_A	T_B	T_C	T_D
1	1	C_1	f_1	f_2	f_3	f_4
1	0	C_2	f_2	f_4	f_1	f_3
0	1	C_3	f_3	f_1	f_4	f_2
0	0	C_4	f_4	f_3	f_2	f_1

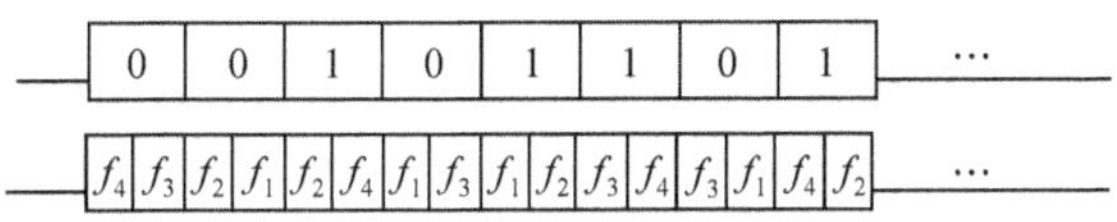

图 5-5-15　四进制四时四频的时频调制信号示意图

这种时频调制信号的特点是，由于在一个码元时间内用四个频率代表同一信息，且不使用重复的频率，因而有较强的分集作用和抗码间干扰的能力。上述信号序列中，虽然存在相继出现相同频率的可能性，但这种可能性较小。另外，信号的频率编排符合正交编码的原则，即在任一同序号的时隙内不重复使用同一频率，因而又具有较好的检错纠错性能。

综上所述，时频调制信号的抗衰落和克服多径时延能力，取决于时频编码的方法，编码方法不同时，系统性能就不同。

时频调制信号如何选择编码很重要，一般是以多元线性群码理论作为其理论基础的。时频编码要在多元线性群码中选取，由于正交码有好的抗衰落能力，故应首选呈正交性的群码。然而，完全正交的编码在给定的群码中存在并不多，实际中往往不够选，所以常常要从准

(不完全)正交码中选取,这样也不至于使检测性能下降太多。

关于改进型的数字调制方式,我们只简单介绍了上述两种,限于篇幅,其他的就不一一讨论了,有兴趣的读者请参阅其他有关书籍。

本章小结

(1) 简单介绍了数字调制的概念和目的、数字调制系统的基本结构、调制解调的一般原理和方法。在用数字基带信号对载波进行调制时,由于其取值具有有限离散的特点,因而可采用键控的方法来实现。

(2) 重点讨论了二进制数字调制信号(2ASK,2FSK 以及 2PSK,2DPSK)的产生和解调原理,时域表示和功率谱特性。

二进制振幅键控(2ASK)是正弦载波的幅度随二进制数字基带信号而变化的数字调制。2ASK 信号可既采用模拟相乘的方法实现,也可采用数字键控的方法实现。2ASK 信号的解调与模拟调制中的 AM 相类似,可采用非相干解调(包络检波)和相干解调(同步检测)实现。2ASK 信号的功率谱由连续谱和离散谱两部分组成。连续谱为基带信号 $s(t)$ 经线性调制后的双边带频谱,离散谱由载波分量决定。2ASK 信号带宽为基带信号带宽的两倍,即 $B_{2ASK}=2f_s$。

二进制移频键控(2FSK)是正弦载波的频率随二进制数字基带信号而在 f_1 和 f_2 两个不同数值上变化的数字调制。2FSK 信号的产生可采用模拟调频器来实现,也可采用数字键控的方法实现。2FSK 信号的解调方法有很多,常用的解调方法有非相干解调法和相干解调法。由于 2FSK 常属于非线性调制,因此一般地讨论其频谱特性较困难,对于相位不连续的 2FSK 信号,其在时域上可看作是两个 2ASK 信号的叠加,因而其功率也是由两个 2ASK 信号功率谱叠加而成。2FSK 信号带宽以合成功率谱第一个零点之间的频率间隔来计算,为 $B_{2FSK}=|f_2-f_1|+2f_s$。

二进制移相键控及二进制差分移相键控(2PSK 及 2DPSK),是以正弦波的相位变化来传递二进制数字信息的调制方式。2PSK 是正弦载波的(绝对)相位随二进制数字基带信号离散变化的数字调制。2DPSK 是用前后相邻码元载波的相对相位来表示数字信息的调制方式。从波形上看,2PSK 波形是绝对码序列 $\{a_n\}$ 经绝对移相方式获得的已调波,2DPSK 波形则是绝对码序列 $\{a_n\}$ 经相对移相方式获得的已调波。2DPSK 也可看作是由相对码序列 $\{b_n\}$ 经绝对移相方式获得。2PSK 信号的产生采用数字键控方式,解调通常采用相干解调。由于 2PSK 信号在载波恢复过程中存在 π 的相位模糊,所以 2PSK 信号的相干解调存在随机的"倒 π"现象,使其应用受到一定限制。2DPSK 信号的产生,首先是通过码变换器(差分编码器),将原数字序列(绝对码序列 $\{a_n\}$)变换为相对码序列 $\{b_n\}$,然后再进行绝对调相。2DPSK 信号的解调常采用相干解调(极性比较法)或差分相干解调(相位比较法)方式。2DPSK 系统是一种实用的数字调相系统,但其抗加性白噪声性能比 2PSK 系统差。2PSK 与 2DPSK 信号有相同的功率谱,其形状结构与 2ASK 信号功率谱相类似,当数字基带信号($\{a_n\}$ 或 $\{b_n\}$)0 和 1 等概率出现时,不存在离散谱。2PSK,2DPSK 信号带宽也是数字基带信号的 2 倍,即 $B_{2PSK}=B_{2DPSK}=2f_s$。

(3) 重点分析了二进制数字调制(2ASK,2FSK,2PSK 和 2DPSK)系统的抗噪声性能,推导出在信道加性高斯白噪声干扰下各二进制数字调制系统的误码率公式。同时介绍了最佳判决门限的概念、物理意义和计算方法。

2ASK，2FSK，2PSK 和 2DPSK 各二进制数字调制系统的误码率公式已列入表 5-1。二进制数字调制系统的性能可以从误码率、频带宽度、对信道特性变化的敏感性和设备的复杂程度等几个方面加以比较。

在系统抗噪声性能方面，表 5-1 列出了各种二进制调制系统的误码率 P_e 与解调器输入信噪比 r 的计算关系。由表可见，以同一类型的数字调制信号来比较，相干方式略优于非相干方式。而以不同类型的数字调制方式来比较，在误码率 P_e 一定的情况下，2ASK 所需的输入信噪比 r 最大，为 2FSK 的 2 倍，2PSK 的 4 倍；2FSK 次之，为 2PSK 的 2 倍；2PSK 所需的输入信噪比 r 最小。反之在信噪比 r 一定的情况下，2PSK(2DPSK) 系统的误码率 P_e 最低，性能最好，2FSK 次之，2ASK 系统误码率 P_e 最高，性能最差。

在频带宽度方面，当码元速率为 f_s 时，2ASK 与 2PSK 和 2DPSK 信号具有相同的近似带宽，为

$$B_{2ASK} = 2f_s$$

$$B_{2PSK、2DPSK} = 2f_s$$

2FSK 信号带宽略宽，近似为

$$B_{2FSK} = |f_2 - f_1| + 2f_s$$

(4) 简要介绍了多进制数字调制原理。多进制数字调制是在信道频带受限的情况下，为提高频率利用率而采用的调制方式与二进制数字调制相比，多进制数字调制系统有三个特点：一是由关系式 $R_B = \frac{R_b}{\log_2 M}$，在信息传输速率不变的情况下，可通过增加进制数 M，达到降低码元传输速率，从而减小信号带宽，提高系统频率利用率的目的。二是由关系式 $R_b = R_B \log_2 M$ 知，在码元速率不变，即信号带宽不变的情况下，可通过增加进制数 M，达到增大信息传输速率的目的，因而在相同带宽的信道中传输更多的信息量。三是在相同的噪声下，多进制数字调制系统的抗噪声性能不如二进制数字调制系统。在多进制数字调制中，多进制数字相位调制应用较广泛。

(5) 在改进型的数字调制方式中，简要介绍了最小移频键控(MSK) 方式和时频调制方式。

习　题

5-1　设待发送的数字序列为 10110010，试分别画出 2ASK，2FSK，2PSK 和 2DPSK 的信号波形。已知在 2ASK，2PSK 和 2DPSK 中载频为码元速率的 2 倍；在 2FSK 中，0 码元的载频为码元速率的 2 倍，1 码元的载频为码元速率的 3 倍。

5-2　已知某 2ASK 系统的码元传输速率为 1200B，采用的载波信号为 $A\cos(48\pi \times 10^2 t)$，所传送的数字信号序列为 101100011：

(1) 试构成一种 2ASK 信号调制器原理框图，并画出 2ASK 信号的时间波形；

(2) 试画出 2ASK 信号频谱结构示意图，并计算其带宽。

5-3　若对题 5-2 中的 2ASK 信号采用包络检波方式进行解调，试构成解调器原理图，并画

出各点时间波形。

5-4 设待发送的二进制信息为 1100100010，采用 2FSK 方式传输。发 1 码时的波形为 $A\cos(2000\pi t+\theta_1)$，发 0 码时的波形为 $A\cos(8000\pi t+\theta_0)$，码元速率为 1000 B：

(1) 试构成一种 2FSK 信号调制器原理框图，并画出 2FSK 信号的时间波形；

(2) 试画出 2FSK 信号频谱结构示意图，并计算其带宽。

5-5 已知数字序列 $\{a_n\}=1011010$，分别以下列两种情况画出二相 PSK，DPSK 及相对码 $\{b_n\}$ 的波形(假定起始参考码元为 1)：

(1) 码元速率为 1200 B，载波频率为 1200 Hz；

(2) 码元速率为 1200 B，载波频率为 1800 Hz。

5-6 在相对移相键控中，假设传输的相对码序列为 $\{b_n\}=01111001000110101011$，且规定相对码的第一位为 0，试求出下列两种情况下的原数字信号序列 $\{a_n\}$：

(1) 规定遇到数字信号 1 时，相对码保持前一码元信号电平不变，否则改变前一码元信号电平；

(2) 规定遇到数字信号 0 时，相对码保持前一码元信号电平不变，否则改变前一码元信号电平。

5-7 设发送的二进制信息为 110100111，采用 2PSK 方式传送。已知码元传输速率为 2400 B，载波频率为 4800 Hz：

(1) 试构成一种 2PSK 信号调制器原理框图，并画出 2PSK 信号的时间波形；

(2) 若采用相干方式进行解调，试画出接收端框图，并画出各点波形；

(3) 若发送 0 和 1 的概率相等，试画出 2PSK 信号频谱结构图，并计算其带宽。

5-8 设发送的二进制绝对码序列为 $\{a_n\}=1010110110$，采用 2DPSK 信号方式传输。已知码元传输速率为 1200 B，载波频率为 1800 Hz：

(1) 试构成一种 2DPSK 信号调制器原理框图，并画出 2DPSK 信号的时间波形；

(2) 若采用相干解调加码反变换器方式进行解调，试画出接收端框图，并画出各点波形。

5-9 某 2ASK 系统传送等概率的二进制数字信号序列。已知码元宽度 $T_s=0.5\ \mu s$，接收端解调器输入信号的振幅 $a=40\ \mu V$，信道加性高斯白噪声的单边功率谱密度 $n_0=6\times 10^{-18}$ W/Hz，试求：

(1) 非相干解调时，系统的误码率；

(2) 相干解调时，系统的误码率。

5-10 某系统采用 2ASK 方式传送信号。已知相干解调接收机输入端发 0 和发 1 的平均信噪功率比为 9dB，试求相干接收时的系统误码率。欲保持相同的误码率，包络检波接收机输入端发 0 和发 1 的平均信噪比应为多大？

5-11 已知某 2FSK 系统的码元传输速率为 300 B，且规定 $f_1=980$ Hz 代表数字信息“1”，$f_2=2180$ Hz 代表数字信息“0”。信道有效带宽为 3000 Hz，信道输出端的信噪比为 6 dB。试求：

(1)2FSK 信号带宽；

(2) 相干解调时系统的误码率；

(3) 非相干解调时的误码率，并与(2) 的结果比较。

5-12　在二进制相位调制系统中，已知解调器输入信噪比 $r = 10$ dB。试分别求出相干解调 2PSK、相干解调加码反变换 2DPSK 和差分相干解调 2DPSK 系统的误码率。

5-13　已知发送载波幅度 $A = 10$ V，在 4 kHz 带宽的电话信道中分别利用 2ASK，2FSK 及 2PSK 系统进行传输，信道衰减为 1 dB/km，$n_0 = 10^{-8}$ W/Hz，若采用相干解调，试求解以下问题：

(1) 误码率都保持在 10^{-5} 时，各种传输方式分别传送多少千米？

(2) 若 2ASK 所用载波幅度 $A_{ASK} = 20$V，并分别是 2FSK 的 1.4 倍和 2PSK 的 2 倍，重做(1)。

5-14　设发送数字信号序列为$\{a_n\} = 0101100011010$，试按图 5-5-6(b)、(e) 所示的相位配置矢量图，分别画出相应的 4PSK 和 4DPSK 信号的所有可能波形。

5-15　基带数字信号 $s(t)$ 如题 5-15 图所示，已知载波频率为码元速率的 2 倍。

(1) 试画出 MASK 的时域波形；

(2) 若以 $s(t)$ 作为调制信号进行 DSB 模拟调幅，试画出已调波时域波形。与(1) 的结果比较有何不同？

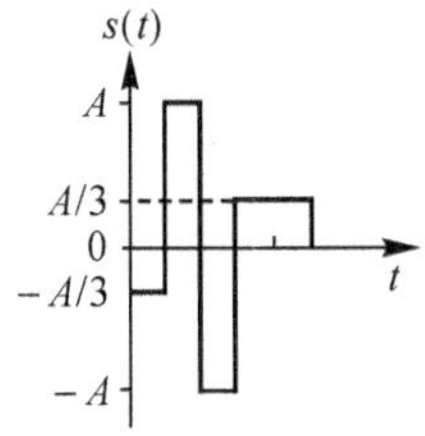

题 5-15 图

5-16　设待发送的数字信号序列为 1001110，已知码元速率为 400 B，载频为 300 Hz，试画出 MSK 信号的相位路径 $\theta_k(t)$ 图和波形图。

实践项目

1. 请用 FPGA 实现 4PSK 调制解调系统。
2. 请用 MATLAB 画出相干解调的 2ASK，2FSK，2PSK，2DPSK 的 P_e-r 曲线，以及非相干解调的 2ASK，2FSK，差分相干解调的 2DPSK 的 P_e-r 曲线。并对这些曲线作一比较。

第 6 章　模拟信号的数字传输

6.1　引言

6.1.1　问题的提出

通信系统从所传输的信号类别上可以分为模拟通信系统和数字通信系统两大类。但模拟信号源可以是数字通信系统中的信号源，比如电话、图像，其信源是在时间和幅度上均为连续取值的模拟信号。这种模拟信号要在数字通信系统中传输和交换，首先要把它通过信源编码变成数字信号，也就是对模拟信号进行模/数(A/D)变换，即经抽样、量化、编码使之变成数字信号再进行传输，在接收端要将收到的数字信号进行数/模(D/A)变换，还原成模拟信号。本章以语音信号的数字化为例，介绍模拟语音信号的数字传输。

6.1.2　常用的 A/D 方法

目前，将模拟语音信号变换为数字信号的常用方法有波形编码和参量编码两大类。波形编码是对统计特性分析后的信号波形进行编码。脉冲编码调制(PCM 编码)就是最典型的代表，它具有较高的信号重建质量。参量编码是直接提取信号的特征参量，对这些参量进行编码，它的特点是编码后的数据速率降低了，但与波形编码相比，质量要差。

6.1.3　采用 PCM 的模拟信号数字传输系统

目前用得比较广泛的模拟语音信号数字化的方法是脉冲编码调制，即 PCM(Pulse Code Modulation)。采用 PCM 的模拟信号数字传输系统如图 6-1-1 所示。在发送端，模拟信

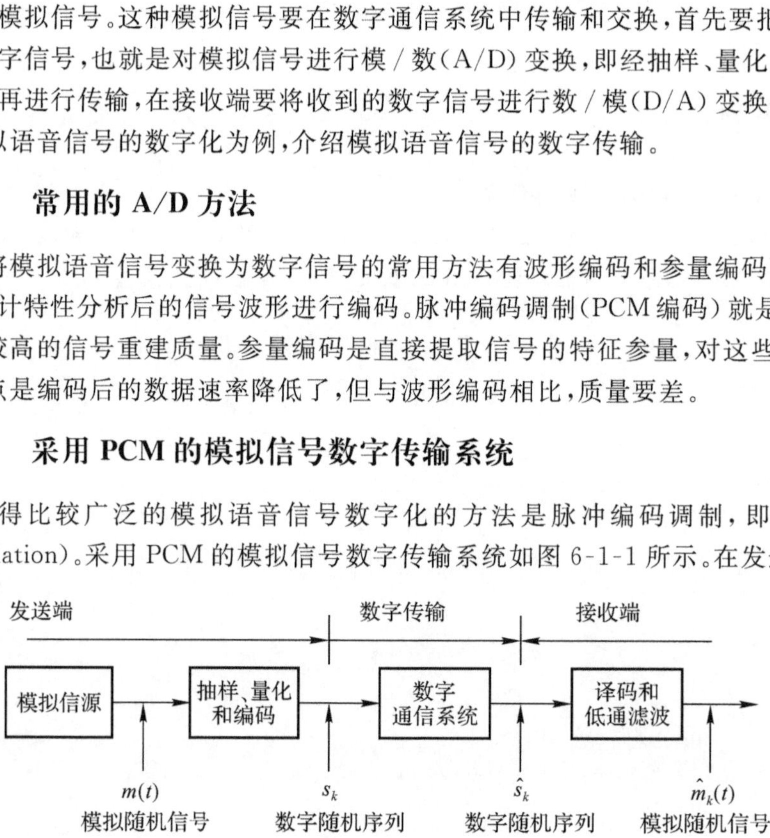

图 6-1-1　模拟信号数字传输系统

源发出的消息 $m(t)$ 首先被抽样，得到一系列的抽样值 $m(kT_s)$；该抽样值被量化和编码，即可得到相应的数字序列 s_k；该数字序列送入数字通信系统进行传输；在接收端，得到数字序列 $\hat{s}_k$，该数字序列 $\hat{s}_k$ 经过译码和低通滤波，得到模拟信号 $\hat{m}_k(t)$，该信号非常逼近发送端信号 $m(t)$，即模拟信号被恢复。构成该框图的原理细节将在下面的各节中讨论。

本章主要介绍语音信号抽样、量化和编码的基本理论和脉冲编码调制 PCM、差分脉冲编码调制 DPCM 和增量调制 ΔM 的基本原理，最后对数字电话系统作简单的介绍。

6.2　抽样定理

6.2.1　模拟信号数字化的理论根据

抽样定理是模拟信号数字化的理论根据。抽样是将模拟信号数字化的第一步，经过抽样后的信号是时间离散且时间间隔相等的信号，量化和编码都是在它的基础上进行的。为了使接收端通过译码获得的信号能够恢复成与信号源发出信号相同的模拟信号，首先应该保证抽样不引起信号失真。怎样才能避免因抽样而引起信号失真呢?抽样定理回答了这一问题。

抽样定理一般分为低通型抽样定理和带通型抽样定理。

6.2.2　低通型抽样定理

一个频带限制在$(0, f_H)$内的时间连续信号 $m(t)$，如果以 $T_s \leqslant 1/(2f_H)$ 秒的间隔对它进行等间隔抽样，则 $m(t)$ 将被所得到的抽样值完全确定。下面证明抽样定理。

假设 $m(t)$ 的频带限制在$(0, f_H)$内。若将信号 $m(t)$ 和周期性冲激函数 $\delta_{T_s}(t)$ 相乘，如图 6-2-1(a) 所示，乘积函数便是均匀间隔为 T_s 秒的抽样脉冲序列，这些序列的强度等于相应瞬时上 $m(t)$ 的值，它表示对函数 $m(t)$ 的抽样。用 $m_s(t)$ 表示已抽样函数，就有

$$m_s(t) = m(t)\delta_{T_s}(t) \tag{6-2-1}$$

其中

$$\delta_{T_s}(t) = \sum_{n=-\infty}^{\infty} \delta(t - nT_s)$$

将已抽样函数 $m_s(t)$ 通过截止频率为 ω_H 的低通滤波器就可以恢复出 $m(t)$，如图 6-2-1(b) 所示。

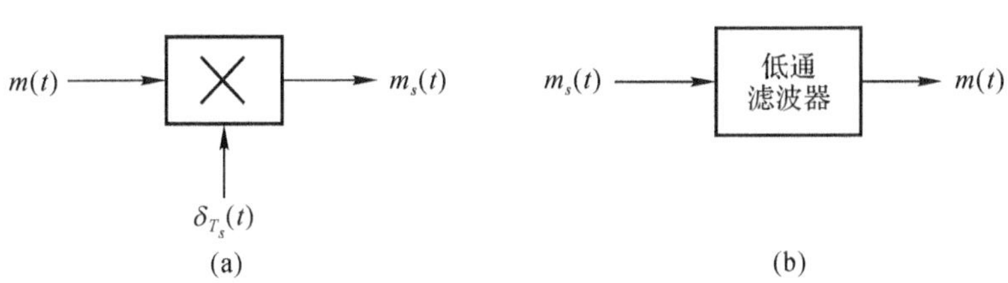

图 6-2-1　抽样与恢复

假设 $m(t)$，$\delta_{T_s}(t)$ 和 $m_s(t)$ 的频谱分别为 $M(\omega)$，$\delta_{\omega_s}(\omega)$ 和 $M_s(\omega)$，由频率卷积定理得

$$M_s(\omega) = \frac{1}{2\pi}[M(\omega) * \delta_{\omega_s}(\omega)] \tag{6-2-2}$$

其中

$$\delta_{T_s}(t) \Leftrightarrow \delta_{\omega_s}(\omega) = \frac{2\pi}{T_s}\sum_{n=-\infty}^{\infty}\delta(\omega - n\omega_s)$$

$$\omega_s = \frac{2\pi}{T_s}$$

所以

$$M_s(\omega) = \frac{1}{T_s}\left[M(\omega) * \sum_{n=-\infty}^{\infty}\delta(\omega - n\omega_s)\right] = \frac{1}{T_s}\sum_{n=-\infty}^{\infty}M(\omega - n\omega_s) \tag{6-2-3}$$

该式表明，已抽样信号 $m_s(t)$ 的频谱 $M_s(\omega)$ 是无穷多个间隔为 ω_s 的 $M(\omega)$ 相叠加而成。此时只要将 $M_s(\omega)$ 通过截止频率为 ω_H 的低通滤波器就可得到 $M(\omega)$，从而可以不失真地恢复原来的模拟信号。

同样，用图解法也可以证明抽样定理，而且图解法更加直观。图 6-2-2 给出了抽样定理的全过程。由图 6-2-2(f) 可见，只要 $\omega_s \geqslant 2\omega_H$ 或 $\frac{2\pi}{T_s} \geqslant 2(2\pi f_H)$，即 $T_s \leqslant \frac{1}{2f_H}$，$M(\omega)$ 就周期性地重复而不重叠。因而 $m_s(t)$ 中包含了 $m(t)$ 的全部信息。将 $M_s(\omega)$ 通过截止频率为 ω_H 的低通滤波器也不失真地恢复了原来的模拟信号，如图 6-2-2(h) 所示。

需要注意，若抽样间隔 T_s 变得大于 $1/(2f_H)$，则 $M(\omega)$ 和 $\delta_{\omega_s}(\omega)$ 的卷积在相邻的周期内存在重叠，因此不能由 $M_s(\omega)$ 恢复 $M(\omega)$。$T_s = 1/2f_H$ 是抽样的最大间隔，它被称为奈奎斯特间隔。

6.2.3　带通型抽样定理

上节讨论了低通型连续信号的抽样，但实际中遇到的许多信号是带通信号。例如超群载波电话信号，其频率在 312 ～ 552 kHz 之间。若设带通信号的下截止频率为 f_L，上截止频率为 f_H，那么其抽样频率应为多少?是否仍要求不小于 $2f_H$ 呢?下面分两种情况来加以说明。

(1) $f_H = nB$，即一个带通信号的最高频率 f_H 是带宽 $B = f_H - f_L$ 的整数倍，且有 $f_L = (n-1)B$，即最低频率 f_L 也是带宽 B 的整数倍，如图 6-2-3(a) 所示。

现用 $\delta_{T_s}(t)$ 对 $m(t)$ 抽样，而抽样频率 $f_s = 2B$，$\delta_{T_s}(t)$ 的频谱以及已抽样信号的频谱 $M_s(f)$ 如图 6-2-3(b) 和(c) 所示。由图 6-2-3(c) 可知，在这种情况下，恰好使 $M_s(f)$ 中的边带频谱互相不重叠。于是，让得到的已抽样信号通过一个理想带通滤波器(通带范围自 f_L 到 f_H)，就可以重新获得 $M(f)$，从而恢复 $m(t)$。

由此证明，在上述情况下，带通信号的抽样频率并不要求达到 $2f_H$，而是达到 $2B$ 即可。即要求抽样频率为带通信号带宽的两倍。若 $f_s < 2B$，那么在 $M_s(f)$ 中肯定会造成频谱重叠，也就不能从 $M_s(f)$ 中恢复 $m(t)$。这说明，带通信号的抽样频率 $f_s = 2B$ 是最低的抽样频率。

(2) 最高频率不一定为带宽 B 的整数倍，即

$$f_H = nB + kB \qquad 0 < k < 1 \tag{6-2-4}$$

设带通信号 $m(t)$ 的频谱为 $M(f)$，$M(f)$ 在图 6-2-4(a) 中分为“1”和“2”两部分，图中 $n = 5$。抽样后的频谱实际上是将 $M(f)$ 的“1”和“2”分别沿正 f 和负 f 方向每隔 f_s 周期性地重复。

若选取 $f_s = 2B$，且 $M(f)$ 的“1”和“2”分别用虚线和实线表示，那么从图 6-2-4(b) 可以

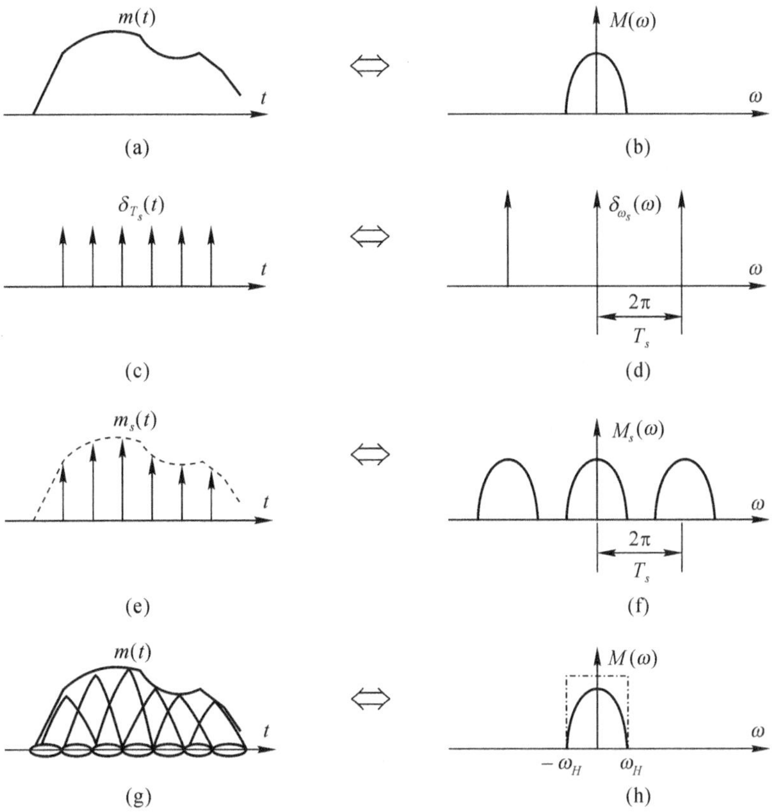

图 6-2-2　抽样定理的全过程

看出,已抽样信号的频谱出现重叠。

观察图 6-2-4(b) 的频谱"1"和右移 n 次后的频谱"2_n",若将"2_n"再向右移 $2(f_H - nB)$,频谱"1"和频谱"2_n"刚好不重叠了,如图 6-2-4(c) 所示。也就是说,该带通信号的最小抽样频率为 $f_s = 2B + 2(f_H - nB)/n$,代入式(6-2-4),可得

$$f_s = 2B(1 + k/n) \tag{6-2-5}$$

实际中广泛应用的窄带高频信号,因为 n 很大,其抽样频率近似等于 $2B$。

综上所述可知,若对带通型信号仍采用低通信号抽样定理进行抽样,理论上是不必要的,因为此时按 $f_s = 2f_H$ 抽样后的 $M_s(\omega)$ 中的频谱不仅不会重叠,而且还留有大段的频率空隙,这虽然有助于消除频谱混叠,但从提高传输效率考虑,应尽量减低抽样速率,只要抽样后的频谱不产生频谱混叠,并留够防护频带就可以了。

例 6-2-1　试求载波 60 路超群信号(312 ~ 552 kHz) 的抽样频率。

解　$B = f_H - f_L = 552 - 312 = 240(\text{kHz})$

按式(6-2-4) 可得

$$f_H = nB + kB = 2 \times 240 + 0.3 \times 240$$

$$n = 2,\ k = 0.3$$

按式(6-2-5) 可得

$$f_s = 2B(1 + k/n) = 2 \times 240(1 + 0.3/2) = 552(\text{kHz})$$

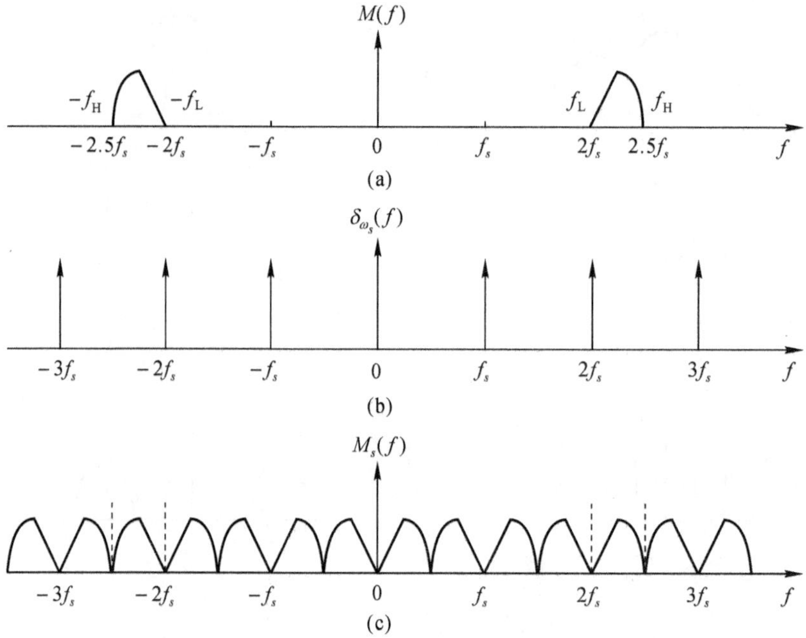

图 6-2-3 $f_H = nB$ 时带通信号的抽样频谱

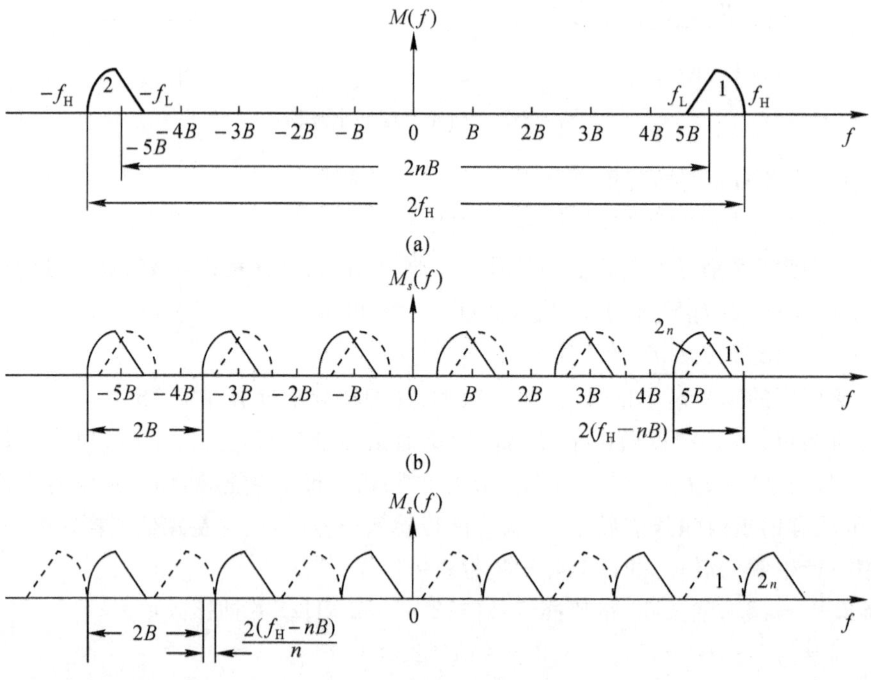

图 6-2-4 $f_H \neq nB$ 时带通信号的抽样频谱

如果该 60 路超群信号按照低通型抽样定理求解抽样频率,则为

$$f_s \geqslant 2f_H = 2 \times 552 = 1104(\text{kHz})$$

显然，带通型抽样频率优于低通型。

6.3　脉冲振幅调制 PAM

6.3.1　脉冲调制

载波调制就是按基带信号的变化规律去改变载波某些参数的过程。载波可以是连续振荡波形（正弦型信号），也可以是时间上离散的脉冲序列。这种把脉冲序列作为载波的调制方式称为脉冲调制，它是用基带信号去改变脉冲的某些参数。通常，按基带信号改变脉冲参数（幅度、宽度、时间位置）的不同，把脉冲调制分为脉幅调制（Pulse Amplitude Modulation，PAM）、脉宽调制（Pulse Duration Modulation，PDM）和脉位调制（Pulse Phase Modulation，PPM）等。其调制波形如图 6-3-1 所示。

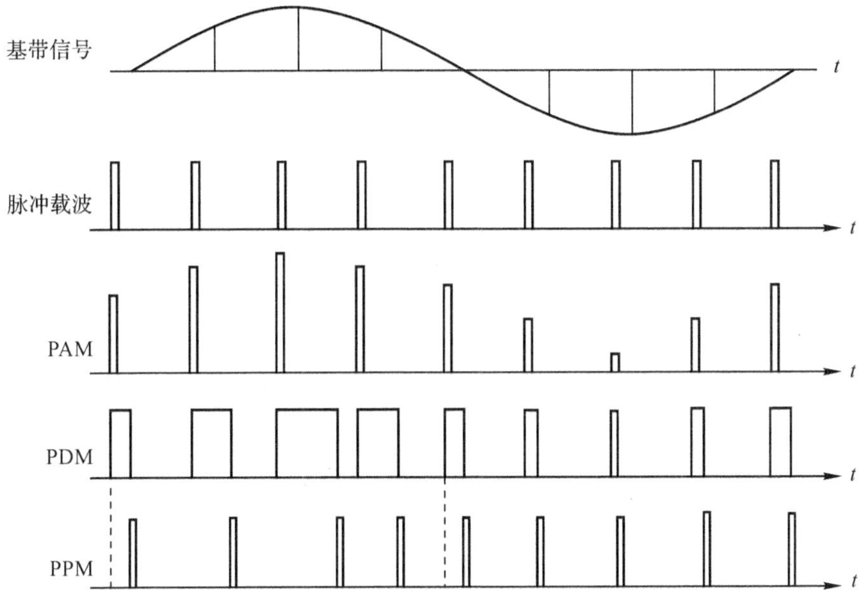

图 6-3-1　脉冲调制波形示意图

6.3.2　PAM 原理

脉冲振幅调制（PAM）是脉冲载波的幅度随基带信号变化的一种调制方式。若脉冲载波是由冲激脉冲组成，则前面所讨论的抽样定理就是 PAM 的原理。

但是，实际上真正的冲激脉冲序列并不能实现，而通常只能采用窄脉冲序列来实现。

设抽样脉冲序列 $s(t)$ 由脉冲宽度为 τ 秒、重复周期为 T_s 秒的矩形脉冲串组成，其中 T_s 是按抽样定理确定的，即有 $T_s \leqslant \dfrac{1}{2f_H}$。

1. "曲顶" 脉冲调幅

"曲顶"脉冲调幅是指已抽样信号 $m_s(t)$ 的脉冲"顶部"是随 $m(t)$ 变化的，即在顶部保持了 $m(t)$ 变化的规律。波形和频谱图见图 6-3-2。通常也把曲顶的抽样方法称为自然抽样。

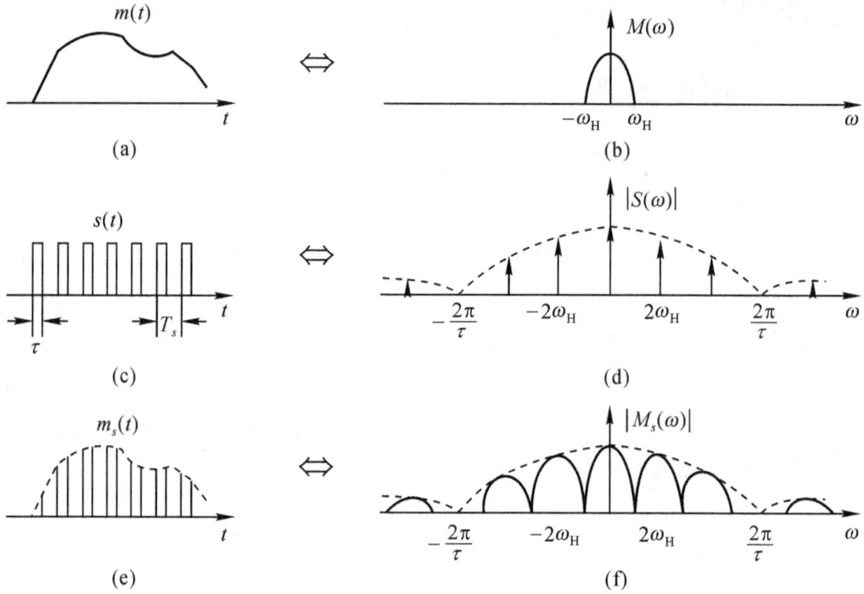

图 6-3-2 曲顶抽样的波形和频谱图

2."平顶"脉冲调幅

"平顶"脉冲调幅是指已抽样信号的顶部是平的,其幅度正比于瞬时抽样值。平顶的抽样也称为瞬时抽样或平顶抽样。

平顶抽样信号的波形及其产生原理如图 6-3-3 所示。

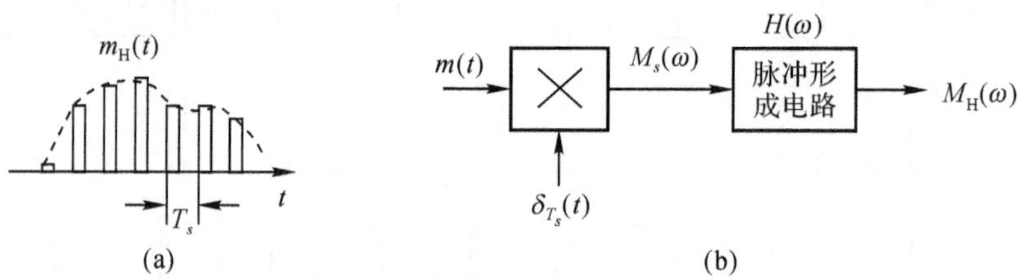

图 6-3-3 平顶抽样信号的波形及其产生原理

图 6-3-3(b) 中,首先将 $m(t)$ 与 $\delta_{T_s}(t)$ 相乘,形成理想抽样信号,然后让它通过一个脉冲形成电路,其输出即为所需的平顶已抽样信号 $m_H(t)$,如图 6-3-3(a) 所示。

设脉冲形成电路的传输特性为 $H(\omega)$,其输出信号频谱 $M_H(\omega)$ 应为

$$M_H(\omega) = M_s(\omega)H(\omega) \tag{6-3-1}$$

为了从已抽样信号中恢复原基带信号 $m(t)$,可以采用图 6-3-4 所示的恢复原始信号的原理框图。从式(6-3-1) 看出,不能直接使用低通滤波器滤出所需信号。如果在接收端低通

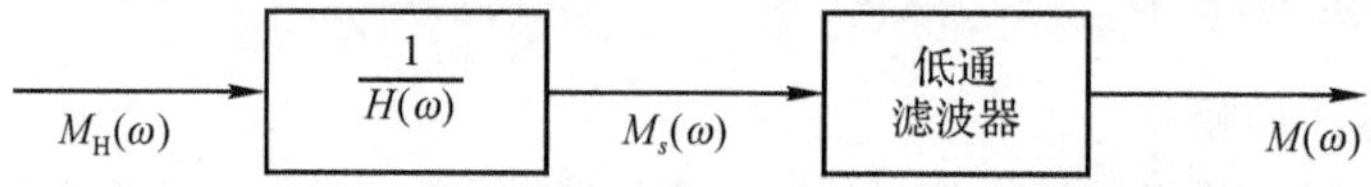

图 6-3-4 由平顶抽样 PAM 信号恢复 $m(t)$ 的原理框图

滤波之前用特性为$\frac{1}{H(\omega)}$的网络加以修正，并利用式(6-2-3)的结论，则低通滤波器输入信号的频谱变成

$$M_s(\omega)=\frac{1}{H(\omega)}M_{\mathrm{H}}(\omega)=\frac{1}{T_s}\sum_{-\infty}^{\infty}M(\omega-2n\omega_{\mathrm{H}}) \tag{6-3-2}$$

故通过低通滤波器便能无失真地恢复 $m(t)$。

6.4　模拟信号的量化

6.4.1　量化的基本概念

模拟信号进行抽样后，其抽样值还是随信号幅度连续变化的，即抽样值 $m(kT_s)$ 可以取无穷多个可能值。如果要方便利用数字传输系统来传输该样值信息，还要进行量化和编码。也就是要用 N 位二进制数字信号来代表该样值的大小，那么 N 位二进制数字信号只能同 $M=2^N$ 个电平样值相对应，而不能同无穷多个电平值相对应。因此，抽样值必须被划分成 M 个离散电平，此离散电平被称为量化电平。只有将抽样值量化成离散电平后才能利用数字传输系统来实现对抽样值的传输。

利用预先规定的有限个离散电平来表示模拟抽样值的过程称为量化。量化通常由量化器完成。抽样是把一个时间连续信号变成了时间离散信号，但其取值仍然是连续的，因此需要通过量化将取值连续的抽样变成取值离散的抽样。量化器根据量化的具体要求，将工作范围的电压值分成 M 个量化区间，每个量化区间用一个量化电平值表示。落入每个量化区间的模拟抽样信号将由该量化区间的量化电平值表示，这样，模拟抽样信号的幅值就量化成了 M 个量化电平值。

图 6-4-1 给出了一个量化过程的例子。图中，$m(t)$ 表示输入的模拟信号，$m_1, m_2, \cdots, m_6$ 表示量化区间的端点电平，$q_1, q_2, \cdots, q_7$ 表示量化电平，$m_q(t)$ 表示量化器的输出。

$$m_q(kT_s)=q_i \qquad \text{当 } m_{i-1}\leqslant m(kT_s)<m_i \tag{6-4-1}$$

$$q_i=\frac{m_{i-1}+m_i}{2}$$

因为量化的实质就是将连续的无限多个抽样值变为离散的有限多个值，也就是用离散随机变量 m_q 来近似连续随机变量 m，它们之间存在误差。一般采用均方误差 $E[(m-m_q)^2]$ 来量度量化误差。由于这种误差的影响相当于干扰或噪声，又被称为量化噪声。

根据量化器的输入输出关系的不同，量化可以分为均匀量化和非均匀量化。

6.4.2　均匀量化

通常把输入信号进行等距离的量化称为均匀量化。在均匀量化中，每个量化区间的量化电平均取在各区间的中点。如图 6-4-1 所示。其量化间隔 Δv 取决于输入信号的变化范围和量化电平数。当信号的变化范围和量化电平数确定后，量化间隔也被确定。例如，如果输入信号的最小值和最大值分别用 a 和 b 表示，量化电平数为 M，那么，均匀量化时的量化间隔为

$$\Delta v=\frac{b-a}{M} \tag{6-4-2}$$

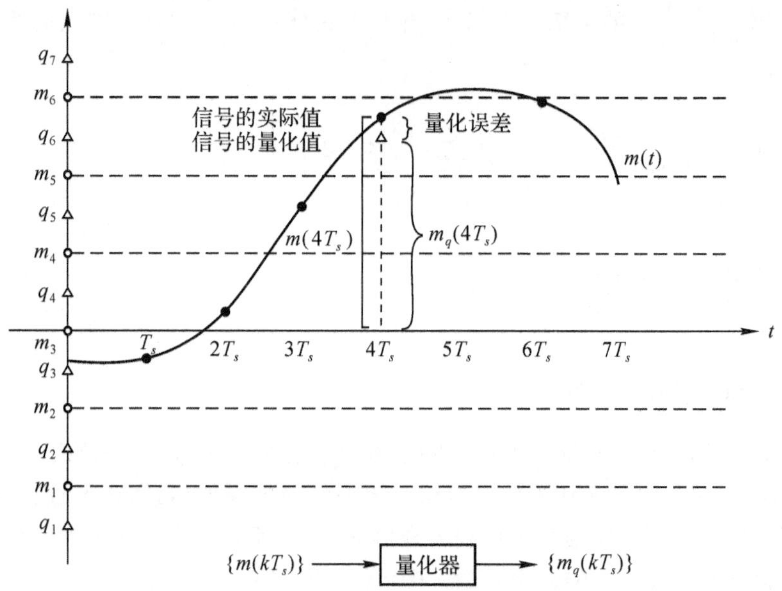

图 6-4-1　量化过程示意图

量化器输出 m_q 为

$$m_q = q_i \qquad \text{当 } m_{i-1} < m \leqslant m_i \tag{6-4-3}$$

式中，m_i 为第 i 个量化区间的终点，可写成

$$m_i = a + i\Delta v \tag{6-4-4}$$

q_i 为第 i 个量化区间的量化电平，可写成

$$q_i = \frac{m_i + m_{i-1}}{2} \qquad i = 1,2,\cdots,m \tag{6-4-5}$$

前面提到，量化过程中存在量化噪声，把信号功率与噪声功率之比称为信号量化噪声比，它是量化器的主要指标之一。接下来先分析均匀量化时的信号量化噪声比。

在均匀量化时，量化噪声功率 N_q 可由下式给出：

$$N_q = E[(m - m_q)^2] = \int_a^b (x - m_q)^2 f(x)\mathrm{d}x$$

$$= \sum_{i=1}^{M} \int_{m_{i-1}}^{m_i} (x - q_i)^2 f(x)\mathrm{d}x \tag{6-4-6}$$

式中：E 为求数学期望；$f(x)$ 是信号的一维概率密度函数。

$$m_i = a + i\Delta v$$

$$q_i = a + i\Delta v - \frac{\Delta v}{2}$$

信号功率为

$$S_0 = E[(m)^2] = \int_a^b x^2 f(x)\mathrm{d}x \tag{6-4-7}$$

例 6-4-1　设一均匀量化器具有 M 个量化电平，其输入信号在区间 $[-d,d]$ 具有均匀概率密度函数，试求该量化器平均信号功率与量化噪声功率比(信号量噪比)。

解　由题意知 $f(x) = \dfrac{1}{2d}$，再由式(6-4-6)得

$$N_q = \sum_{i=1}^{M}\int_{m_{i-1}}^{m_i}(x-q_i)^2\left(\frac{1}{2d}\right)\mathrm{d}x$$
$$=\sum_{i=1}^{M}\int_{-d+(i-1)\Delta v}^{-d+i\Delta v}\left(x+d-i\Delta v+\frac{\Delta v}{2}\right)^2\frac{1}{2d}\mathrm{d}x=\sum_{i=1}^{M}\left(\frac{1}{2d}\right)\left(\frac{\Delta v^3}{12}\right)=\frac{M(\Delta v)^3}{24d}$$

因为　$M\cdot\Delta v=2d$

所以　$$N_q=\frac{(\Delta v)^2}{12} \tag{6-4-8}$$

又由式(6-4-7)得

$$S_0=\int_{-d}^{d}x^2\frac{1}{2d}\mathrm{d}x=\frac{M^2}{12}(\Delta v)^2 \tag{6-4-9}$$

因而，信号量化噪声功率比为

$$\frac{S_0}{N_q}=M^2 \tag{6-4-10}$$

或写成

$$\left(\frac{S_0}{N_q}\right)_{\mathrm{dB}}=20\lg M \tag{6-4-11}$$

由上式可见，均匀量化器的信号量噪比随量化电平数 M 的增加而增加。

若 $M=2^N$，也即 M 个量化电平用 N 位二进制数字信号来表示，那么

$$\left(\frac{S_0}{N_q}\right)_{\mathrm{dB}}=20\lg M=6N \tag{6-4-12}$$

上式表明，对于均匀量化来说，编码后的码组每增加一位，则量化信噪比可以增加 6 dB。

由式(6-4-8)可知，量化噪声功率 N_q 只与量化间隔 Δv 有关。对于均匀量化来说，N_q 为常数，若信号 $m(t)$ 较小，其信号量化噪声功率比也小；信号 $m(t)$ 较大，其信号量化噪声功率比也大。因此，对于弱信号，其信号量噪比就难以达到给定的要求，这就是均匀量化器的主要缺点。为了克服这个缺点，实际中往往采用非均匀量化。

6.4.3　非均匀量化

在均匀量化中，量化误差与被量化信号电平大小无关。量化误差的最大值等于量化间隔的一半，所以信号电平越低，信噪比越小。例如，当量化间隔为 0.1 V 时，最大量化误差是 0.05 V。当信号幅度为 5 V 时，相对量化误差为 0.05/5 = 1%；当信号幅度为 0.5 V 时，相对量化误差为 0.05/0.5 = 10%。

为了解决上述问题，可以采用非均匀量化。它是根据信号幅度的不同区间来确定量化间隔的。对于信号取值小的区间，让量化间隔 Δv 小，则量化误差也小；反之，让量化间隔 Δv 大，量化误差也大。这样，对于不同的信号，量化信噪比基本保持不变。量化噪声对大、小信号的影响大致相同，即改善了小信号时的信号量噪比。

实际上，非均匀量化的实现方法通常是将抽样值通过压缩再进行均匀量化。所谓压缩是用一个非线性变换电路将输入变量 x 变换成另一变量 y，即

$$y=f(x) \tag{6-4-13}$$

非均匀量化就是对压缩后的变量 y 进行均匀量化。接收端采用一个传输特性为

$$x=f^{-1}(y) \tag{6-4-14}$$

的扩张器来恢复 x。压缩和扩张特性曲线如图 6-4-2 所示。

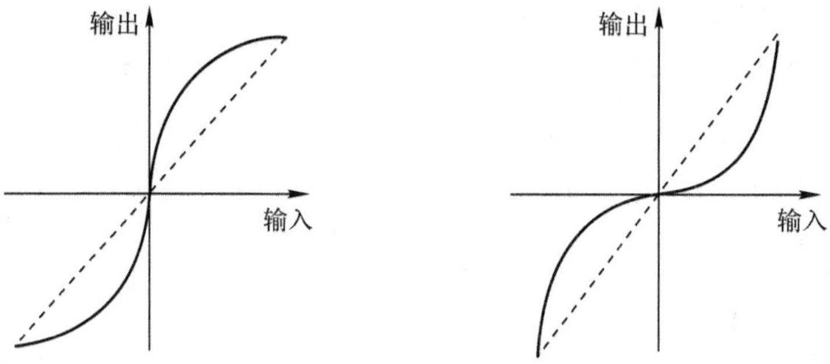

(a) 压缩 (b) 扩张

图 6-4-2 压缩和扩张特性曲线

只要压缩和扩张特性恰好相反，则压扩过程就不会引起失真。压缩器和扩张器合在一起称为压扩器。为了进一步理解压扩的基本过程，图 6-4-3 画出了采用压扩技术的系统框图和非均匀量化示意图。

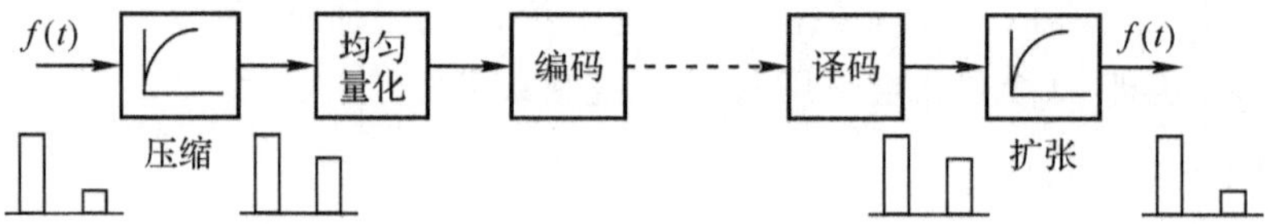

(a) 采用压扩技术的系统框图

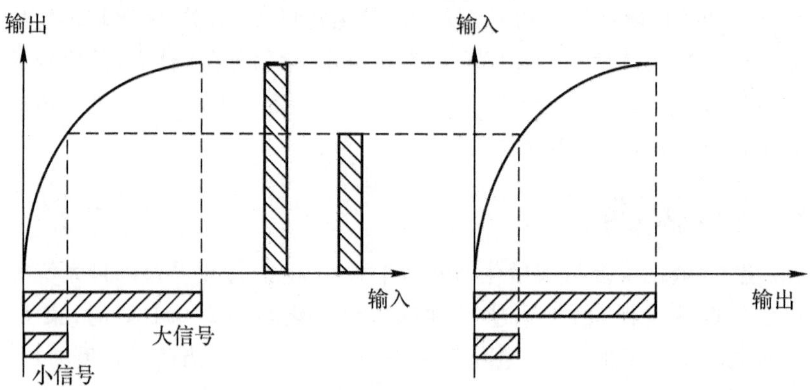

(b) 压扩特性示意图

图 6-4-3 采用压扩技术的系统框图及压扩特性示意图

通常使用的压缩器中，大多采用对数式压缩，即 $y=\ln x$。广泛采用的两种对数压缩律是 μ 压缩律和 A 压缩律。美国采用 μ 压缩律，我国和欧洲各国均采用 A 压缩律。下面分别讨论这两种压缩律的原理。

1. μ 压缩律

具有 μ 压缩律的压缩器的压缩特性具有如下关系：

$$y=\frac{\ln(1+\mu x)}{\ln(1+\mu)} \qquad 0\leqslant x\leqslant 1 \tag{6-4-15}$$

x 和 y 分别是归一化的压缩器输入和输出电压。若输入信号 u 和输出信号 u_o 的最大取值范围均为 V，则归一化后 $x = u/V$，$y = u_o/V$，其压缩特性如图 6-4-4 所示。

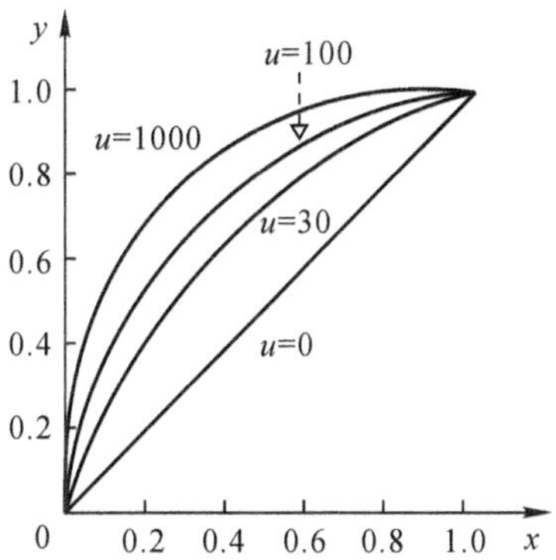

图 6-4-4　μ 压缩律的压缩特性

2. A 压缩律

具有 A 压缩律的压缩器的压缩特性具有如下关系：

$$y = \frac{Ax}{1+\ln A} \qquad 0 < x \leqslant \frac{1}{A} \tag{6-4-16a}$$

$$y = \frac{1+\ln Ax}{1+\ln A} \qquad \frac{1}{A} < x \leqslant 1 \tag{6-4-16b}$$

x 和 y 分别是归一化的压缩器输入和输出电压。A 的取值一般在 100 左右，$A = 1$ 对应为均匀量化。

按式(6-4-16a) 和式(6-4-16b) 得到的 A 压缩律压扩特性是连续曲线，A 值不同压扩特性也不同，在电路上实现这样的函数规律是相当复杂的。实际往往采用近似于 A 律函数规律的 13 折线($A = 87.6$) 的压扩特性。这样，它基本上保持了连续压扩特性的优点，又便于用数字电路实现。

图 6-4-5 示出了这种压扩特性。图中先把 x 轴的 $0 \sim 1$ 分为 8 个不均匀段，其分法是：将 $0 \sim 1$ 之间一分为二，其中点为 1/2，取 $1/2 \sim 1$ 之间作为第八段；剩余的 $0 \sim 1/2$ 再一分为二，中点为 1/4，取 $1/4 \sim 1/2$ 之间作为第七段；再把剩余的 $0 \sim 1/4$ 再一分为二，中点为 1/8，取 $1/8 \sim 1/4$ 之间作为第六段，依此分下去，直至剩余的最小一段为 $0 \sim 1/128$ 作为第一段。而 y 轴的 $0 \sim 1$ 则均匀地分为八段，与 x 轴的八段一一对应，从第一段到第八段分别为 $0 \sim 1/8$，$1/8 \sim 2/8$，$2/8 \sim 3/8$，…，$7/8 \sim 1$。这样，便可以作出由八段直线构成的一条折线。该折线与式(6-4-16a) 和式(6-4-16b) 表示的压缩特性近似。

由图 6-4-5 可以看出，除一、二段外，其他各段折线的斜率都不相同，它们的关系如表 6-1 所示。

表 6-1　各段落的斜率

折线段落	1	2	3	4	5	6	7	8
斜率	16	16	8	4	2	1	1/2	1/4

至于当 x 在 $-1 \sim 0$ 及 y 在 $-1 \sim 0$ 的第三象限中，压缩特性的形状与以上讨论的第一象限压缩特性的形状相同，且它们以原点为奇对称，所以负方向也有八段直线，合起来共有

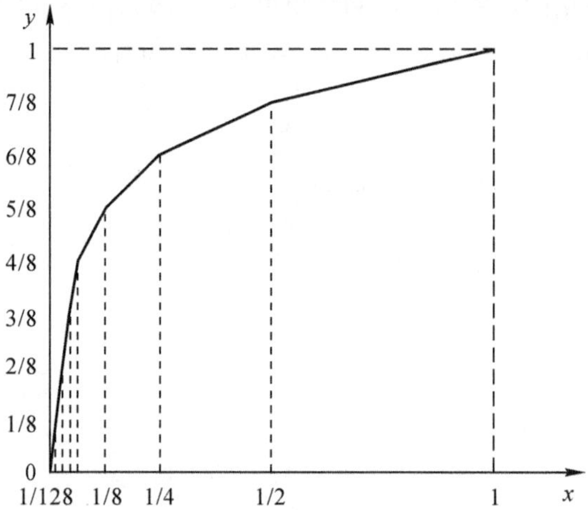

图 6-4-5　13 折线

16 个线段。由于正向一、二两段和负向一、二两段的斜率相同，这四段实际上为一条直线，因此，正负双向的折线总共由 13 条直线段构成，故称其为 13 折线。

6.5　脉冲编码调制 PCM

模拟信号经抽样和量化后已完成时间和幅度的离散化，得到一系列离散样值，剩下的最后一个步骤就是要实现把离散的样值变换成对应的数字信号代码，这种变换称为编码，其相反的过程称为译码。

将模拟信号抽样量化，然后使已量化值变换成代码，称之为脉冲编码调制(Pulse Code Modulation，PCM)。为了便于理解，先给出一个脉冲编码调制的实例。如图 6-5-1 和表 6-2 所示，假设模拟信号 $m(t)$ 的最大值 $|m(t)|<4$ V，以 f_s 的速率进行抽样，且抽样值按 16 个量化电平进行均匀量化，其量化间隔为 0.5 V。这样各个量化判决电平依次为 -4，-3.5，…，4 V，16 个量化电平分别为 -3.75，-3.25，…，3.25 和 3.75 V。表 6-2 列出了图 6-5-1 所示模拟信号的抽样值和相应的量化电平以及二进制、四进制编码。由该表还可以看出，如果按照二进制脉冲编码电平由小到大自然编码，发送的数字序列为 110011101110…，信息传输速率为 $4f_s$ b/s。

表 6-2　模拟信号的量化和编码

模拟信号的抽样值	2.1	3.2	3.4	3.9	1.9	−0.75	−1.76	−0.2	0.4
量化电平	2.25	3.25	3.25	3.75	1.75	−0.75	−1.75	−0.25	0.25
量化间隔序号	12	14	14	15	11	6	4	7	8
二进制编码	1100	1110	1110	1111	1011	0110	0100	0111	1000
四进制编码	30	32	32	33	23	12	10	13	20

由上例可以看出，通过脉冲编码调制可以把模拟信号变换成数字信号。下面要讨论脉冲编码调制的原理和系统性能。

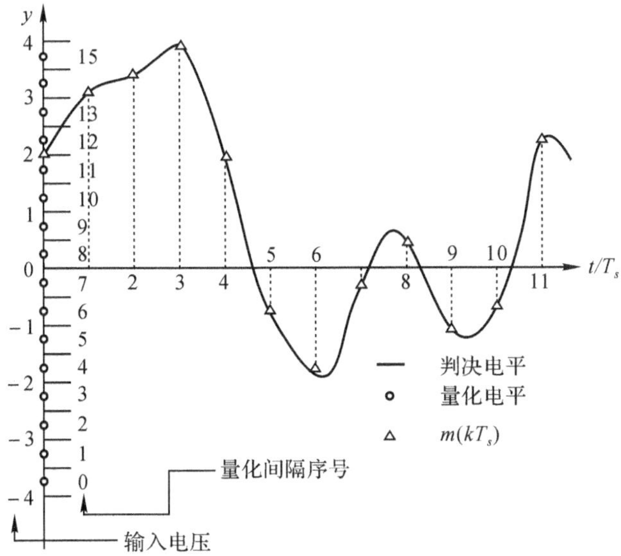

图 6-5-1　PCM 举例

6.5.1　PCM 通信系统框图

PCM 系统框图如图 6-5-2 所示。图中，输入的模拟信号 $m(t)$ 经抽样、量化、编码后变成了数字信号（PCM 信号），经信道传输到达接收端，先由译码器恢复出抽样序列，再经低通滤波器滤出模拟基带信号 $\hat{m}(t)$。通常，将抽样、量化和编码的组合称为模 / 数变换（A/D 变换）；而信码再生、译码和低通滤波的组合称为数 / 模变换（D/A 变换）。

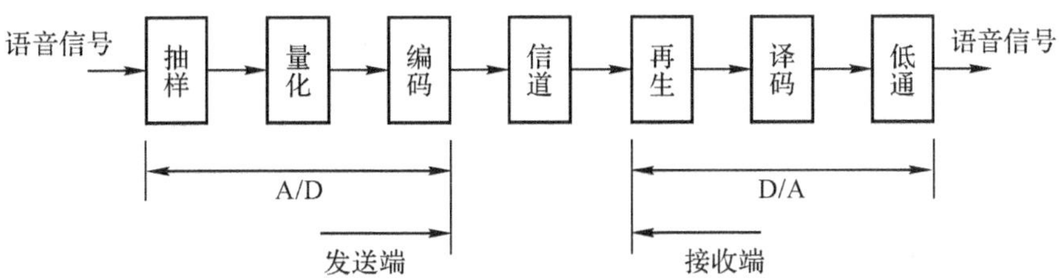

图 6-5-2　PCM 通信系统框图

6.5.2　逐位比较法编、译码的实现

1. 编码器原理

由上面 PCM 通信系统框图可以看出，从模拟信号的抽样量化值到代码的变换是由编码器实现的。下面讨论编码器的原理。

编码器的种类大体上可以归结为三种：逐次比较法、折叠级联法、混合法。这几种不同型式的编码器都具有自己的特点，这里仅介绍目前用得较为广泛的逐次比较法编码。

（1）编码码型选择

常用的二进制码型有自然二进码和折叠二进码两种，如表 6-3 所示。若将表中的 16 个量化间隔分成两部分：0 ～ 7 的 8 个量化间隔，对应于负极性的样值脉冲；8 ～ 15 的 8 个量化间隔，对应于正极性的样值脉冲。从表6-3中可知，对于自然二进码，上、下两部分的码型无任何相似之处。但对于折叠二进码，它除去最高位外，上半部分与下半部分呈折叠关系。最高位上半部分为全“1”，下半部分为全“0”。这种码的特点是，对于双极性信号(话音信号通常如此)，可用最高位表示信号的正、负极性，而用其余的码去表示信号的绝对值，即只要正、负极性信号的绝对值相同，则可进行相同的编码。这就是说，用第一位码表示极性后，双极性信号可以采用单极性编码方法。因此采用折叠二进码可以大大简化编码的过程。

表6-3　常用二进码

样值脉冲极性	自然二进码	折叠二进码	量化间隔序号
正极性部分	1111	1111	15
	1110	1110	14
	1101	1101	13
	1100	1100	12
	1011	1011	11
	1010	1010	10
	1001	1001	9
	1000	1000	8
负极性部分	0111	0000	7
	0110	0001	6
	0101	0010	5
	0100	0011	4
	0011	0100	3
	0010	0101	2
	0001	0110	1
	0000	0111	0

折叠二进码和自然二进码相比，它的另一个优点是，在传输过程中若出现误码，对小信号影响较小。譬如由大信号的1111误为0111，从表6-3可见，对于自然二进码解码后得到的样值脉冲与原信号相比，其误差为8个量化间隔；而对于折叠二进码，其误差为15个量化间隔。因此，大信号时误码对折叠二进码影响很大。若由小信号的1000误为0000，此时，对于自然二进码误差还是8个量化间隔；而对于折叠二进码误差却只有一个量化间隔。由于话音信号小幅度出现的概率比大幅度的大，所以这一特性有利于减少平均量化噪声。

这样可以得出结论，在编码中用折叠二进码比用自然二进码优越。

(2) 编码位数的选择

在输入信号变化范围一定时，一方面，码位数越多，量化分层越细，量化噪声就越小，通信质量当然就更好；但另一方面，码位数越多，总的传输码率增加，将会增加传输系统带宽，从而使设备变得复杂。因此编码位数的选择不仅关系到通信质量的好坏，而且还涉及设备的复杂程度。一般对话音信号来说，当编码位数增加到7～8位时，通信质量才比较理想。

(3) 码位的安排

关于码位的安排，在逐次比较法编码方式中，无论采用几位码，一般均按极性码、段落码、段内码的顺序排列。

2. A 律 13 折线编译码

(1) 编码原理

在 13 折线法中，无论输入信号是正还是负，均按 8 段折线(8 个段落) 进行编码。下面以折叠二进制码来表示输入信号的抽样量化电平为例，说明编码原理。其码位安排为 $C_1C_2C_3C_4C_5C_6C_7C_8$，其中第一位 C_1 表示量化值的极性，其余 7 位(第二位 C_2 至第八位 C_8) 则表示抽样量化值的绝对大小。具体做法是：用 $C_2C_3C_4$(段落码) 的 8 种可能状态来分别代表 8 个段落的段落电平，其他四位码 $C_5C_6C_7C_8$(段内码) 的 16 种可能状态用来分别代表每一段落的 16 个均匀划分的量化间隔。这样处理的结果，8 个段落便被划分成 $2^7 = 128$ 个量化间隔。段落码和 8 个段落之间的关系、段内码与 16 个量化间隔之间的关系见表 6-4。可见，上述编码方法是把压缩、量化和编码合为一体的方法。

表 6-4　段落码和段落、段内码与量化间隔的关系

段落序号	段落码	量化间隔	段内码
8	111	15	1111
		14	1110
7	110	13	1101
		12	1100
6	101	11	1011
		10	1010
5	100	9	1001
		8	1000
4	011	7	0111
		6	0110
3	010	5	0101
		4	0100
2	001	3	0011
		2	0010
1	000	1	0001
		0	0000

需要说明的是，在上述编码过程中，虽然各段内的 16 个量化间隔是均匀的，但因段落长度不等，故不同段落间的量化间隔是非均匀的。当输入信号小时，段落短，量化间隔也小；反之，量化间隔就大。在 13 折线中第一、二段最短，只有归一化动态范围值的 1/128，再将它等分 16 小段后，每一小段长度为(1/128)/16 = 1/2048，称为最小的量化间隔，它仅有归一化动态范围值的 1/2048。按照这样的方法，可以计算出每一段落的结果。

以上讨论的是非均匀量化时的情形，现在将非均匀量化和均匀量化作一比较。假设以非均匀量化时的最小量化间隔(第一、二段的量化间隔) 作为均匀量化时的量化间隔，那么从 13 折线的第一到第八段每段所包含的均匀量化数分别为 16，16，32，64，128，256，512，1024，总共有 2048 个均匀量化间隔区间。因此均匀量化需要用 11 位编码，而非均匀量化只需用 7 位编码。这样，在保证小信号区间量化间隔相同的条件下，7 位非线性编码与 11 位线性编码等效。由于非线性编码的码位数减少，因此设备简化，所需传输系统带宽也可减少。

(2) 编码器组成

编码器的任务就是要根据输入的样值脉冲编出相应的8位二进制代码,除第一位C_1极性码外,其他7位二进制代码是通过逐次比较确定的。预先规定好一些作为标准的电流(或电压),称为权值电流,用符号I_W表示。I_W的个数与编码位数有关。当样值脉冲到来后,用逐步逼近的方法有规律地用这个标准电流I_W去和样值脉冲比较,每比较一次编出一位码,直到I_W和抽样值I_S逼近为止。逐次比较法编码器的原理框图如图6-5-3所示,它由整流器、保持电路、比较器及本地译码电路组成。

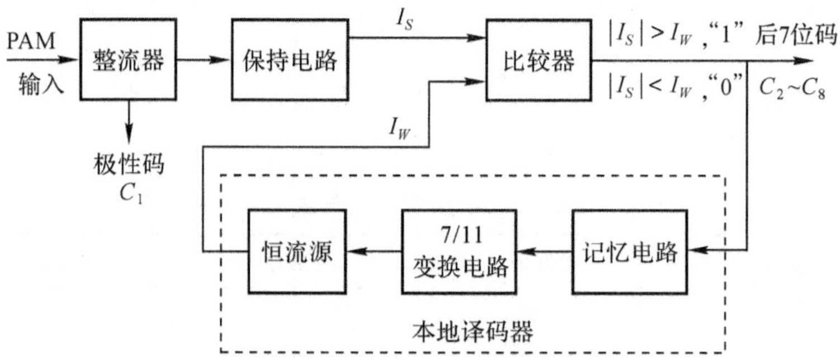

图 6-5-3 逐次比较编码器

整流器用来判别输入样值脉冲的极性,编出第一位码C_1(极性码)。样值为正时,输出“1”码;样值为负时,输出“0”码。同时将双极性脉冲变换成单极性脉冲。

比较器通过样值电流I_S和标准电流I_W进行比较,从而对输入信号抽样值实现非线性量化和编码。每比较一次输出一位二进制代码,且当$I_S > I_W$时,输出“1”码;反之输出“0”码。由于在13折线中用了7位二进制代码来代表段落和段内码,所以对一个输入信号的抽样值需要进行7次比较。每次所需的标准电流I_W均由本地译码电路提供。

本地译码电路包括记忆电路、7/11变换电路和恒流源。记忆电路用来寄存二进制代码,因为除第一次比较外,其余各次比较都要依据前几次比较的结果来确定标准电流I_W值。因此,7位码组中的前6位状态均应由记忆电路寄存下来。7/11变换电路就是前面非均匀量化中提到的数字压缩器。因为采用非均匀量化的7位非线性编码等效于11位线性码。而比较器只能编7位码,反馈到本地译码电路的全部码也只有7位。因为恒流源有11个基本权值电路支路,需要11个控制脉冲来控制,所以必须经过变换,把7位码变成11位码,其实质就是完成非线性和线性之间的变换。恒流源用来产生各种标准电流值。为了获得各种标准电流I_W,在恒流源中有几个基本权值支路。基本的权值电流个数与量化间隔数有关,例如前述,128个量化间隔需要编7位码,它要求11个基本的权值电流支路,每个支路均有一个控制开关。由前面的比较结果经变换后得到的控制信号去控制哪几个开关的接通,来形成用于比较的标准电流I_W。

下面通过一个例子来说明编码过程。

例6-5-1 设输入信号抽样值为+1380个量化单位,采用逐次比较法编码将它按照13折线A律特性编成8位码。

设码组的8位码分别用$C_1C_2C_3C_4C_5C_6C_7C_8$表示,其编码过程如下:

① 确定极性码C_1。因输入信号抽样值为正,故极性码$C_1 = 1$。

② 确定段落码$C_2C_3C_4$。13折线中,正半部分的8个段落以1/2048为单位的每个段落的

起点电平如表 6-5 所示。由于段落码中的 C_2 是用来表示输入信号的抽样值处于 8 个段落的前四段还是后四段的，故输入比较器的标准电流应选择为 $I_W = 128$ 个量化单位。现在输入信号抽样值 $I_S = 1380$ 个量化单位，大于标准电流，故第一次比较结果为 $I_S > I_W$，所以 $C_2 = 1$。它表示输入信号抽样值处于 8 个段落中的后四段（5 ～ 8 段）。

C_3 用来进一步确定它属于 5 ～ 6 段还是 7 ～ 8 段。因此，标准电流应选择为 $I_W = 512$ 个量化单位。第二次比较结果为 $I_S > I_W$，所以 $C_3 = 1$。它表示输入信号属于 7 ～ 8 段。

同理，确定 C_4 的标准电流应为 $I_W = 1024$ 个量化单位。第三次比较结果为 $I_S > I_W$，故 $C_4 = 1$。故段落码 $C_2C_3C_4$ 为 111。

表 6-5　段落的起点电平

段落	1	2	3	4	5	6	7	8
起点电平	0	16	32	64	128	256	512	1024

③ 确定段内码 $C_5C_6C_7C_8$。由编码原理已经知道，段内码是在已经确定输入信号所处段落的基础上，用来表示输入信号处于该段落的哪一量化间隔。$C_5C_6C_7C_8$ 的取值与量化间隔之间的关系见表 6-4。上面已经确定输入信号处于第八段，该段中的 16 个量化间隔均为 64 个量化单位，故确定 C_5 的标准电流应选为

$$I_W = \text{段落起点电平} + 8 \times (\text{量化间隔}) = 1024 + 8 \times 64 = 1536 \text{ 个量化单位}$$

第四次比较结果为 $I_S < I_W$，故 $C_5 = 0$。它说明输入信号抽样值应处于第八段中的 0 ～ 7 量化间隔。

同理确定 C_6 的标准电流应选为

$$I_W = \text{段落起点电平} + 4 \times (\text{量化间隔}) = 1024 + 4 \times 64 = 1280 \text{ 个量化单位}$$

第五次比较结果为 $I_S > I_W$，故 $C_6 = 1$。说明输入信号抽样值应处于第八段中的 4 ～ 7 量化间隔。

同理确定 C_7 的标准电流应选为

$$I_W = \text{段落起点电平} + 6 \times (\text{量化间隔}) = 1024 + 6 \times 64 = 1408 \text{ 个量化单位}$$

第六次比较结果为 $I_S < I_W$，故 $C_7 = 0$。说明输入信号抽样值应处于第八段中的 4 ～ 5 量化间隔。

最后确定 C_8 的标准电流应选为

$$I_W = \text{段落起点电平} + 5 \times (\text{量化间隔}) = 1024 + 5 \times 64 = 1344 \text{ 个量化单位}$$

第七次比较结果为 $I_S > I_W$，故 $C_8 = 1$。说明输入信号抽样值应处于第八段中的 5 量化间隔。

经上述七次比较，编出的 8 位码为 11110101。它表示输入抽样值处于第八段 5 量化间隔，其量化电平为 1376（$1376 = 1024 + 5 \times 64 + 32$）个量化单位，故量化误差等于 4 个量化单位。顺便指出，除极性码外的 7 位非线性码组 1110101，相对应的 11 位线性码组为 10101100000。

例 6-5-2　设输入信号抽样值为 +1270 个量化单位，按照 A 律 13 折线特性变成 8 位码。请用 MATLAB 来实现相应的编码。

在 MATLAB 中创建一个 pcm1270. m 文件，其程序原代码如下：

```
clear all
close all
```

```
x =+ 1270;
if x > 0
  out(1) = 1;
else out(1) = 0;
end
if abs(x) >= 0 & abs(x) < 16
  out(2) = 0;out(3) = 0;out(4) = 0;step = 1;st = 0;
elseif 16 <= abs(x) & abs(x) < 32
  out(i,2) = 0;out(3) = 0;out(4) = 1;step = 1;st = 16;
elseif 32 <= abs(x) & abs(x) < 64
  out(2) = 0;out(3) = 1;out(4) = 0;step = 2;st = 32;
elseif 64 <= abs(x) & abs(x) < 128
  out(2) = 0;out(3) = 1;out(4) = 1;step = 4;st = 64;
elseif 128 <= abs(x) & abs(x) < 256
  out(2) = 1;out(3) = 0;out(4) = 0;step = 8;st = 128;
elseif 256 <= abs(x) & abs(x) < 512
  out(2) = 1;out(3) = 0;out(i,4) = 1;step = 16;st = 256;
elseif 512 <= abs(x) & abs(x) < 1024
  out(2) = 1;out(3) = 1;out(i,4) = 0;step = 32;st = 512;
elseif 1024 <= abs(x) & abs(x) < 2048
  out(2) = 1;out(3) = 1;out(4) = 1;step = 64;st = 1024;
else
  out(2) = 1;out(3) = 1;out(4) = 1;step = 64;st = 1024;
end
if(abs(x) >= 2048)
  out(2:8) = [1 1 1 1 1 1 1];
else
  tmp = floor((abs(x) - st)/step);
  t = dec2bin(tmp,4) - 48;% 函数 dec2bin 输出的是 ASCII 字符串,48 对应 0
  out(5:8) = t(1:4);
end
out = reshape(out,1,8)
```

然后运行,可得输出结果为“out = 1 1 1 1 0 0 1 1”,证明结果是正确的。

(3) 接收端译码

讨论了逐次比较法编码器的工作原理之后,就要讨论 PCM 信号的译码原理。常用译码器大致可分为三种类型:电阻网络型、级联型、级联 — 网络混合型等。这里仅讨论电阻网络型译码器,如图 6-5-4 所示。

电阻网络型译码器与逐次比较编码器中的本地译码器基本相同。从原理上说,两者都是用来译码的,但编码器中的译码,只译出信号的幅度,不译出极性;而接收端的译码器在译出

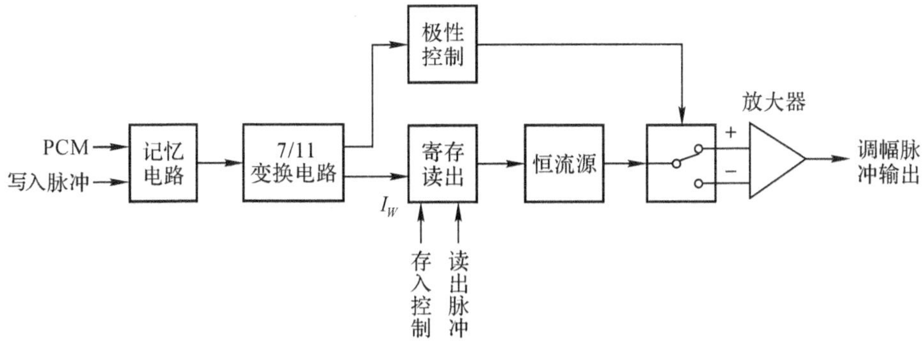

图 6-5-4　电阻网络型译码器

信号的幅度值的同时，还要恢复出信号的极性。电阻网络型译码器各个部分电路的作用简述如下：记忆电路用来将接收的串行码变为并行码，故又称为“串 / 并变换”电路。7/11 变换电路用来将表示信号幅度的 7 位非线性码转变为 11 位线性码。极性控制电路用来恢复译码后的脉冲极性。寄存读出电路把寄存的信号在一定时刻并行输出到恒流源中的译码逻辑电路上去，使产生所需要的各种逻辑控制脉冲。这些逻辑控制脉冲加到恒流源的控制开关上，从而驱动权值电流电路产生译码输出。

由以上电阻网络型译码器各部分电路的作用，不难理解这种译码器的工作原理。其译码过程就是根据所收到的码组（极性码除外）产生相应的控制脉冲去控制恒流源的标准电流支路，从而输出一个与发送端原抽样值接近的脉冲。该脉冲的极性受极性控制电路控制。

6.5.3　PCM 编码速率及信号带宽

对于脉冲编码传输系统来说，如果低通型信号带宽为 f_H，则完全恢复该信号所需的最小抽样速率由抽样定理确定，即等于 $2f_H$。如果需要保护带，则抽样速率为 f_s，该值要大于 $2f_H$。若每个抽样值使用了 N 个比特进行模 / 数转换，那么该 PCM 信号编码后的最小速率为 $N \cdot f_s$(b/s)。当使用奈奎斯特速率抽样时，编码速率等于 $N \cdot 2f_H$(b/s)。据第 4 章，若传输系统具有理想低通特性，传输 R(b/s) 需要的最小带宽为 $R/2$(Hz)，因此 PCM 系统需要的最小带宽为 $BW = Nf_s/2$(Hz)。当抽样速率为奈奎斯特速率时，最小绝对带宽为 $BW = Nf_H$(Hz)。

目前我国采用的 A 律 13 折线的 PCM 编码方法，其抽样速率为 8(kHz)，每个抽样值编为 8 位码，因此 PCM 的编码速率为 64(kb/s)，传输该 PCM 信号所需要的最小带宽为 32(kHz)。

6.5.4　PCM 抗噪声性能

1. 系统信噪比

上面较详细地讨论了 PCM 的原理，现在简要分析图 6-5-2 所示的 PCM 系统的抗噪声性能。由该图可以看出，接收端低通滤波器的输出为

$$\hat{m}(t) = m_o(t) + n_q(t) + n_e(t)$$

式中：$m_o(t)$ 为输出信号成分；$n_q(t)$ 为由量化噪声引起的输出噪声；$n_e(t)$ 为由信道加性噪声

引起的输出噪声。

为了衡量 PCM 系统的抗噪声性能，通常将系统输出端总的信噪比定义为

$$\frac{S_o}{N_o}=\frac{E[m_o^2(t)]}{E[n_q^2(t)]+E[n_e^2(t)]} \tag{6-5-1}$$

式中，E 为求统计平均。

可见，分析 PCM 系统的抗噪声性能时，需要考虑量化噪声和信道加性噪声的影响。不过，由于量化噪声和信道加性噪声的来源不同，而且它们互不依赖，故可以先分别讨论它们单独存在时的系统性能，然后分析系统总的抗噪声性能。

2. 输出的信号功率

由低通抽样定理可知，

$$m_o(t)=\frac{1}{T_s}m(t) \tag{6-5-2}$$

代入式(6-4-7)，可得低通滤波器输出的信号功率为

$$S_o=\frac{1}{T_s^2}\frac{M^2(\Delta v)^2}{12} \tag{6-5-3}$$

式中：T_s 为抽样间隔；Δv 为量化间隔；M 为量化间隔数。

3. 输出量化噪声功率

可以证明，低通滤波器输出的量化噪声功率为

$$N_q=E[n_q^2(t)]=\frac{1}{T_s^2}\cdot\frac{(\Delta v)^2}{12} \tag{6-5-4}$$

因此，PCM 系统输出端平均信号量化噪声功率比为

$$\frac{S_o}{N_o}=\frac{E[m_o^2(t)]}{E[n_q^2(t)]}=M^2 \tag{6-5-5}$$

对于二进制编码，上式又可以写成

$$\frac{S_o}{N_q}=M^2=2^{2N} \tag{6-5-6}$$

式中，N 为模数转换时二进制码的位数。

由上式可见，PCM 系统输出端平均信号量化噪声功率比将仅依赖于每一个编码组的位数 N。上述比值将随指数 N 的增加而增加。由上节内容知道，对于一个频带限制在 f_H 的信号，根据抽样定理，此时要求每秒钟最少传输的抽样脉冲数等于 $2f_H$。若 PCM 系统的编码位数为 N，则要求系统每秒传输 $2Nf_H$ 个二进制脉冲。为此，这时的系统总带宽 B 至少等于 Nf_H。故式(6-5-6)还可写成

$$\frac{S_o}{N_q}=2^{2N}=2^{\left(\frac{2B}{f_H}\right)} \tag{6-5-7}$$

由此可见，PCM 系统输出端的信号量化噪声功率比与系统带宽成指数关系。

4. 输出加性噪声功率

下面给出信道加性噪声对 PCM 系统性能的影响，证明过程略。

在低通滤波器输出端，由误码引起的噪声功率为

$$N_e=E[n_e^2(t)]=\frac{2^{2N}P_e(\Delta v)^2}{3T_s^2} \tag{6-5-8}$$

式中，P_e 为误码率。

仅考虑信道加性噪声时 PCM 系统的输出信噪比为

$$\frac{S_o}{N_e}=\frac{1}{4P_e} \tag{6-5-9}$$

5. 系统总的信噪比

前面已经指出，传输模拟信号的 PCM 系统的性能用接收端输出的平均信噪功率比来度量。将式(6-5-3)、式(6-5-4) 和式(6-5-8) 代入式(6-5-1) 得

$$\frac{S_o}{N_o}=\frac{E[m_o^2(t)]}{E[n_q^2(t)]+E[n_e^2(t)]}=\frac{M^2}{1+4P_e2^{2N}}=\frac{2^{2N}}{1+4P_e2^{2N}} \tag{6-5-10}$$

在接收端输入大信噪比条件下，即 $4P_e2^{2N}\ll 1$ 时，式(6-5-10) 变成

$$\frac{S_o}{N_o}\approx 2^{2N} \tag{6-5-11}$$

在接收端输入小信噪比条件下，即 $4P_e2^{2N}\gg 1$ 时，式(6-5-10) 变成

$$\frac{S_o}{N_o}\approx\frac{2^{2N}}{4P_e2^{2N}}=\frac{1}{4P_e} \tag{6-5-12}$$

在用基带传输的 PCM 中继系统中，可按式(6-5-11) 来估计 PCM 系统的性能。

6.6　差分脉冲编码调制(DPCM) 系统

现有的 PCM 系统采用 A 律或 μ 律压扩方法，每路语音的标准传输速率为 64 kb/s。在二进制基带传输系统中，传输 64 kb/s 数字信号的最小频带理论值为 32 kHz。而模拟单边带多路载波电话占用的频带仅 4 kHz。故 PCM 占用频带要比模拟单边带通信系统宽很多倍。因此，在频带宽度严格受限的传输系统中，能传送的 PCM 话路数要比模拟单边带通信方式传送的电话路数少得多。几十年来人们一直致力于在相同质量指标的条件下，努力降低数字化语音传码率，以提高数字通信系统的频带利用率。

语音和图像信号中存在大量冗余，信源编码就是用压缩技术去除这些冗余，来提高通信的有效性，而预测是其中常用的手段。由于语音信号的相邻样值之间存在幅度的相关性，因此，在发送端进行编码时，可以根据前面时刻的样值预测当前的样值，只传输样值和预测值之差，不必传输样值本身。在接收端，根据前面时刻的样值预测当前时刻的样值，再加上当前时刻的预测误差，即可得到当前时刻的重建样值。

差分脉冲编码调制(Differential Pulse Code Modulation，DPCM) 就是基于以上出发点被提出来的。它与 PCM 的区别是：PCM 是对模拟信号的抽样值进行量化、编码，而 DPCM 则是对模拟信号抽样值与信号预测值的差值进行量化、编码。

DPCM 系统的原理框图如图 6-6-1 所示。

来自信源的话音信号为 $m(t)$，m_k 是对 $m(t)$ 抽样后的信号。这里 m_k' 是 m_k 的预测值。$\widetilde{m}_k$ 是重建信号，m_k' 与 $\widetilde{m}_k$ 的关系满足下式

$$m_k'=\sum_{i=1}^{p}a_i\widetilde{m}_{k-i} \tag{6-6-1}$$

p 和 a_i 是预测器的参数，其中$\{a_i\}$ 称为预测器系数，p 为预测器阶数。

解码器中的“预测器和加法器”的组成结构与编码器中的“预测器和加法器”的组成结构完全一样。因此，信道传输无误码时两个加法器输入端的信号完全一样，即 $\widetilde{m}_k=\widetilde{m}_k'$，此时

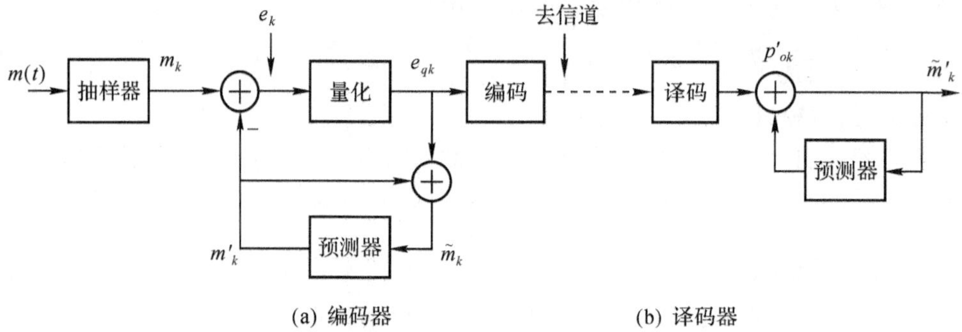

图 6-6-1　DPCM 系统的原理框图

图 6-6-1 中解码器的输出信号 $\tilde{m}'_k$ 与编码器信号是相同的，即 $\tilde{m}'_k = \tilde{m}_k$。

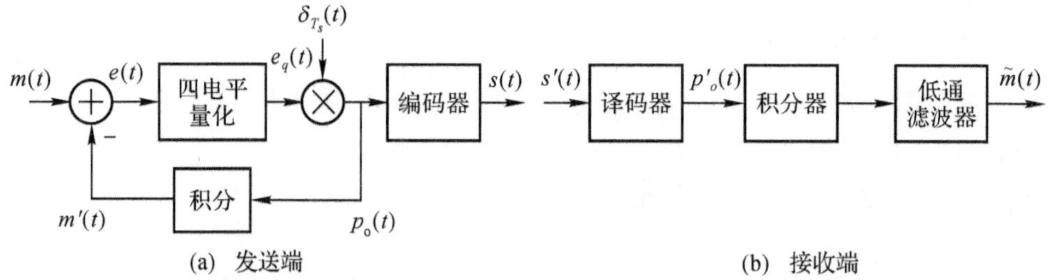

图 6-6-2　4-DPCM 系统框图

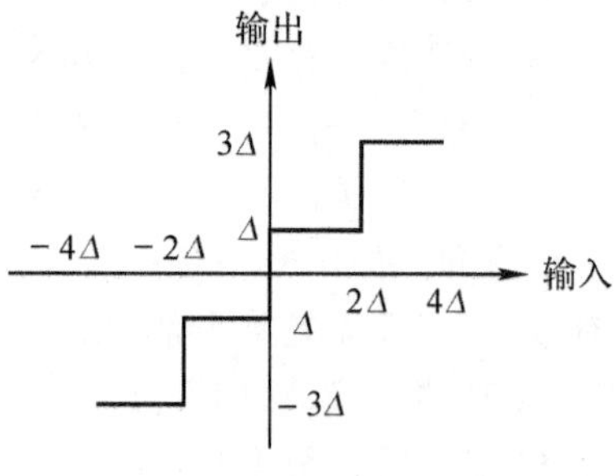

图 6-6-3　量化器变换特性

下面举一个例子来说明该工作过程。例子中采用四电平量化与编码，其系统框图示于图 6-6-2。相当于图 6-6-1 中的预测器和加法器环路由积分器代替。图 6-6-2 中相乘器完成理想抽样，抽样器的输出 $p_o(t)$ 是一串冲激脉冲序列，冲激脉冲的强度取量化器的 M 个可能值中之一。对应于 $p_o(t)$ 的一个样值，编码器输出一个 $N(M=2^N)$bit 长度的码组，于是完成模拟信号的数字化。该系统框图中采用四电平量化，即 $N=2(M=4)$。此量化器的输出 / 输入变换特性如图 6-6-3 所示。当 $0 \leqslant e_q(kT_s) < 2\Delta$ 时，输出电平为 $+\Delta$；当 $-2\Delta \leqslant e_q(kT_s) < 0$ 时，输出电平为 $-\Delta$；当 $2\Delta < e_q(kT_s)$ 时，输出电平为 $+3\Delta$；当 $e_q(kT_s) < -2\Delta$ 时，输出电平为 -3Δ。编码器规则是：电平 -3Δ 对应于代码“00”，电平 $-\Delta$ 对应于代码“01”，电平 $+\Delta$ 对应于代码“10”，电平 $+3\Delta$ 对应于代码“11”。DPCM 发送端各点波形关系如图 6-6-4 所示。这里以 $t \geqslant 0$ 时间段的差分波形为例来说明这些波形关系。图中设 $e_q(0) \approx 0.5\Delta$；根据上面的量化器规则，此时量化器的输出电平为 $+\Delta$，经理想抽样后，得到 $p_o(t)$ 为 $\Delta\delta(t)$；根据编码器规则，这时编码器的输出代码为 10，即 $s(t)$ 在第一个 T_s 期间送出“先高后低”的电平。

DPCM 接收端过程如图 6-6-2 所示。由数字信道送到译码器输入端的信号为 $s'(t)$；若信道传输无误码，则 $s'(t)$ 波形同发送端输出波形 $s(t)$ 完全相同。此时 $s'(t)$ 经译码器后的信号 $p'_o(t)$ 形状同发送端 $p_o(t)$ 完全相同，仅在时间上有一固定延迟。该信号经过积分器和低通滤波器，即可恢复出发送端原始模拟信号。

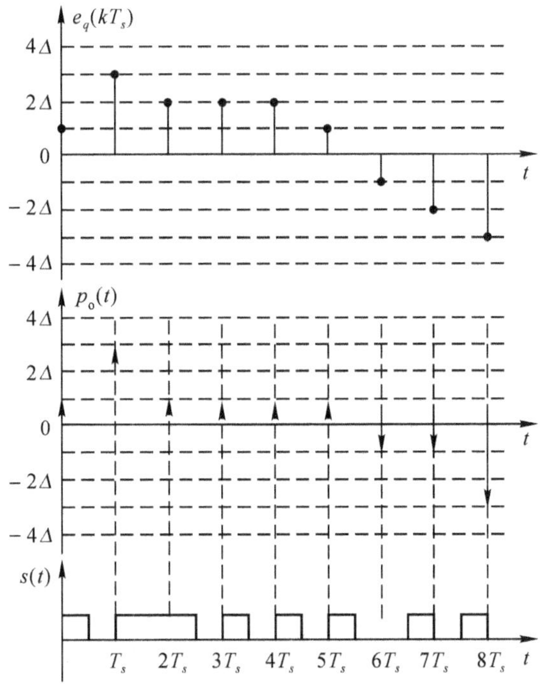

图 6-6-4　4-DPCM 发送端各点波形

6.7　增量调制 ΔM

6.7.1　概述

增量调制简称 ΔM(Delta Modulation)，可以看成 PCM 的一个特例。它只用一位编码，这一位码不是用来表示抽样值的大小，而是表示抽样时刻波形的变化趋势，这是 ΔM 与 PCM 的本质区别。在每个抽样时刻，把信号在该时刻的抽样值 m_k 与本地译码信号 m_k' 进行比较，若 $m_k > m_k'$，则编为“1”码；反之，若 $m_k < m_k'$，则编为“0”码。由于在实用化 ΔM 系统中，本地译码信号 m_k' 十分接近于前一时刻的抽样值 m_{k-1}，因而可以说，这一位码反映了相邻二抽样值的近似差值，即增量。

6.7.2　增量调制原理

可以从 DPCM 系统的角度看待增量调制，即当 DPCM 系统的量化电平取为 2、预测器是一个延迟为 T_s 的延迟单元时，该 DPCM 系统被称作增量调制系统。于是，可以把 DPCM 的一般原理框图简化成增量调制系统的原理框图。如图 6-7-1 所示。差分 $m_k - m_k' = e_k$，被量化器量化成 $+\Delta$ 或 $-\Delta$，即 $e_{ok} = +\sigma$ 或 $-\sigma$，σ 值称为量化台阶。

图 6-7-1 中的“延迟和相加器”环路可以用一个积分器替代，而积分器的输入是一个周期为 T_s 和强度为 $\pm\sigma$ 的冲激序列。因此，可以画出增量调制系统的第二种原理结构框图，如

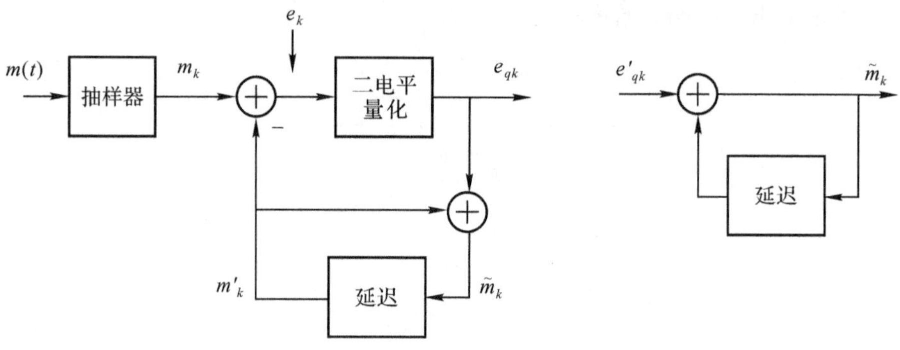

(a) ΔM编码器　　　　　　(b) ΔM译码器

图 6-7-1　增量调制系统结构框图之一

图 6-7-2 所示。

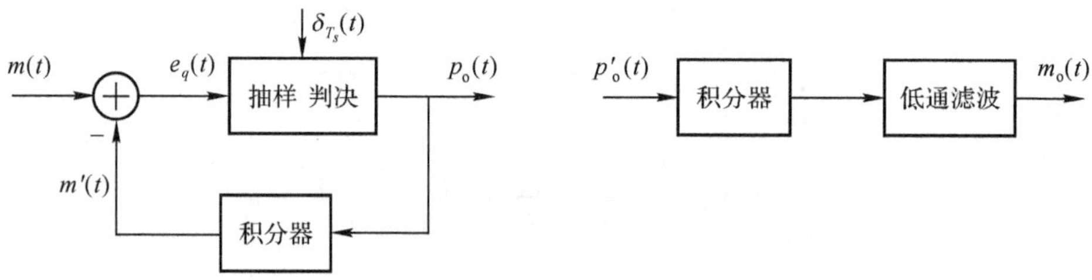

(a) ΔM编码器　　　　　　(b) ΔM译码器

图 6-7-2　增量调制系统结构框图之二

一位二进制码只能代表两种状态，显然不能去用它表示抽样值的大小。但是可用一位码表示相邻抽样值的相对大小，而相邻抽样值的相对变化就能同样反映模拟信号的变化规律。因此，由一位二进制码去表示模拟信号的可能性是存在的。为了确信这一点，通过以下例子来说明。设一个频带有限的模拟信号如图 6-7-3 中的 $m(t)$ 所示。现在把横轴 t 分成许多相等的时间段 Δt。此时可以看出，如果 Δt 很小，则 $m(t)$ 在间隔 Δt 的时刻上得到的相邻值的差值也将很小。因此，如果把代表 $m(t)$ 幅度的纵轴也分成许多相等的小区间 σ，那么，一个模拟信号 $m(t)$ 就可用图 6-7-3 所示的阶梯波 $m'(t)$ 来逼近。显然，只要时间间隔 Δt 和台阶 σ 都很小，则 $m(t)$ 和 $m'(t)$ 将会相当地接近。由于阶梯波形相邻间隔上的幅度差不是 $+\sigma$ 就是 $-\sigma$，因此，若用二进制码的“1”代表 $m'(t)$ 在给定时刻上升一个台阶 σ，用“0”代表 $m'(t)$ 在给定时刻下降一个台阶 σ，则 $m(t)$ 就被一个二进制码的序列所表征（如图 6-7-3 中横轴下面的序列）。于是，该序列也相当于表征了 $m(t)$。

ΔM 译码时，接收端只要每收到一个“1”码就使输出上升一个 σ 值，每收到一个“0”码就使输出下降一个 σ 值，这样就可近似地恢复出阶梯波形 $m'(t)$。这种功能的译码可由一个积分器来完成，如图 6-7-4(a) 所示。积分器遇到“1”码（即有 $+E$ 脉冲），就固定上升一个 ΔE，并让 ΔE 等于 σ；遇到“0”码（即有 $-E$ 脉冲），就固定下降一个 ΔE。图 6-7-4(b) 表示了积分器的输入和输出波形。积分器输出虽已接近原来模拟信号，但往往还包含不必要的高次谐波分量，故需再经低通滤波器平滑，这样，便可得到十分接近原始模拟信号的输出信号。

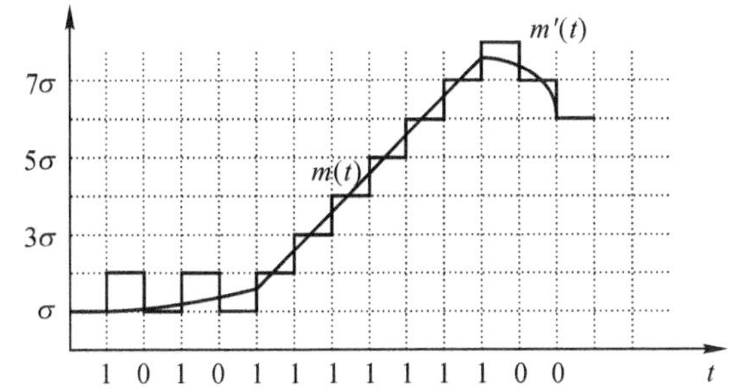

图 6-7-3　增量调制波形示意图

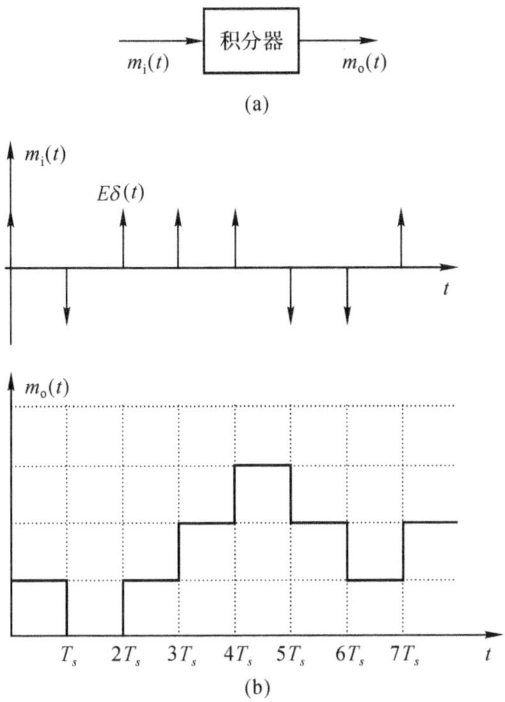

图 6-7-4　积分器译码示意图

6.7.3　量化噪声

1. 两种量化噪声

ΔM 信号是按台阶 σ 来量化的(增、减一个 σ 值)，因而同样存在量化噪声问题。ΔM 系统中的量化噪声有两种形式：一种称为过载量化噪声，另一种称为一般量化噪声，如图 6-7-5 所示。过载量化噪声(简称过载噪声)发生在模拟信号斜率陡变时，由于台阶 σ 是固定的，而且每秒内台阶数也是确定的，因此，阶梯电压波形就跟不上信号的变化，形成了很大失真的阶梯电压波形，这样的失真称为过载现象，也称过载噪声，如图 6-7-5(b) 所示；如果无过载噪声发生，则模拟信号与阶梯波形之间的误差就是一般的量化噪声，如图 6-7-5(a) 所示。

设抽样时间间隔为 Δt(抽样频率 $f_s = 1/\Delta t$)，则一个台阶上的最大斜率 K 为

$$K = \frac{\sigma}{\Delta t} = \sigma f_s \tag{6-7-1}$$

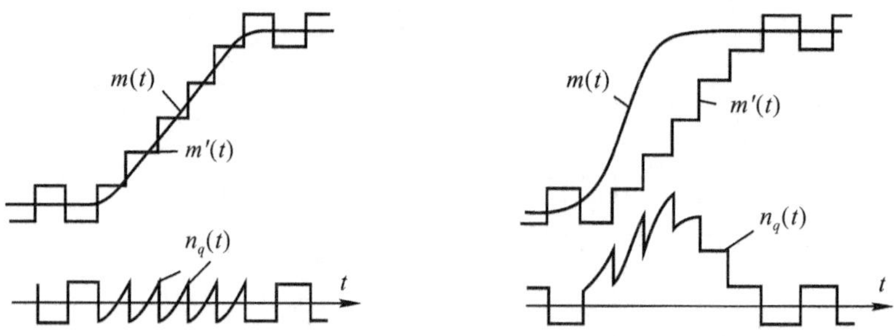

(a) 一般量化噪声　　(b) 过载量化噪声

图 6-7-5　两种形式的量化噪声

它被称为译码器的最大跟踪斜率。当信号实际斜率超过这个最大跟踪斜率时，则将造成过载噪声。因此，为了不发生过载现象，必须使 f_s 和 σ 的乘积达到一定的数值，以使信号实际斜率不超过这个数值。该数值通常可以增大 f_s 和 σ 来达到。

对于一般量化噪声，由图 6-7-5 不难看出，σ 大则这个量化噪声大，σ 小则噪声小。采用大的 σ 虽然能减小过载噪声，但却增大了一般量化噪声。因此，σ 值应适当选取。

ΔM 系统的抽样频率必须选得足够高，因为这样，既能减小过载量化噪声，又能降低一般量化噪声，从而使 ΔM 系统的量化噪声减小到给定的容许数值。一般，ΔM 系统的抽样频率要比 PCM 系统的抽样频率高得多(通常要高两倍以上)。

2. 量化噪声对系统的影响

假设信道加性噪声很小，不造成误码，只分析存在量化噪声时的系统性能，那么，接收端的 $p_o'(t)$ 就是发送端的 $p_o(t)$，而解调积分器输出端的信号便是 $m'(t)$，如图 6-7-6 所示。容易看出，在这个积分器输出端的误差波形正是量化误差波形 $e_q(t)$。若求出了 $e_q(t)$ 的平均功率，则系统的输出量化噪声功率也就确定了。只要 ΔM 系统不发生过载现象，那么 $e_q(t)$ 总是不大于 $\pm\sigma$ 的。假设 $e_q(t)$ 在区间 $(-\sigma, +\sigma)$ 上均匀分布，于是 $e_q(t)$ 的一维概率密度分布 $f_q(e)$ 可表示为

$$f_q(e) = \frac{1}{2\sigma} \qquad -\sigma \leqslant e \leqslant +\sigma \tag{6-7-2}$$

因而 $e_q(t)$ 的平均功率可表示为

$$E[e_q^2(t)] = \int_{-\sigma}^{+\sigma} e^2 f_q(e)\,\mathrm{d}e = \frac{\sigma^2}{3} \tag{6-7-3}$$

由图 6-7-6 可以看出，该功率只是积分器输出的量化噪声功率，并不是系统最终输出的量化噪声功率，因为输出信号还经过了低通滤波器。该量化噪声功率在 $(0, f_s)$ 上均匀分布，因此 $e_q(t)$ 的功率谱密度为

$$p_e(f) = \frac{\sigma^2}{3f_s} \qquad 0 < f < f_s \tag{6-7-4}$$

这样，具有功率谱密度为 $p_e(f)$ 的噪声，通过低通滤波器(截止频率为 f_H)后的量化噪声功率为

$$N_q = p_e(f) f_H = \frac{\sigma^2}{3}\left(\frac{f_H}{f_s}\right) \tag{6-7-5}$$

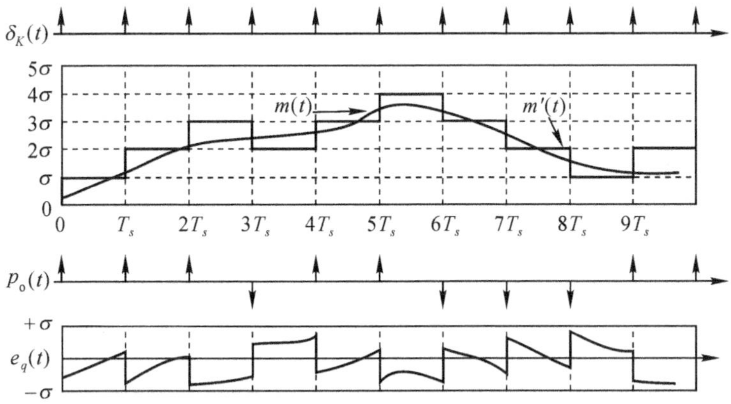

图 6-7-6　ΔM 系统有关点的波形

由此可见，ΔM 系统输出的量化噪声功率与量化台阶 σ 及比值(f_H/f_s)有关，而与输入信号的幅度无关。要注意，这后一条性质是在未过载的前提下才成立的。

不发生过载现象，这实际上是对输入信号的一个限制。现以正弦型信号为例来说明这个限制，并在此基础上找到系统的输出信号功率。设输入信号 $m(t)$ 为

$$m(t) = A\sin\omega_m t$$

它的斜率变化由下式确定：

$$\frac{\mathrm{d}m(t)}{\mathrm{d}t} = A\omega_m\cos\omega_m t \tag{6-7-6}$$

可见，斜率的最大值为 $A\omega_m$。为了不发生过载现象，信号的最大斜率必须不大于解调器跟踪斜率(σ/T_s)，即要求

$$A\omega_m \leqslant \frac{\sigma}{T_s} = \sigma f_s \tag{6-7-7}$$

所以临界的过载振幅 $A_{\max}$ 由下式给定

$$A_{\max} = \frac{\sigma f_s}{\omega_m} \tag{6-7-8}$$

由此看到，在 ΔM 系统中，临界振幅 $A_{\max}$ 将与量化台阶 σ 和抽样频率 f_s 成正比，与信号角频率 ω_m 成反比。

在临界条件下，系统将有最大的信号功率输出。不难看出，这时信号功率为

$$S_o = \frac{A_{\max}^2}{2} = \frac{\sigma^2 f_s^2}{2\omega_m^2} = \frac{\sigma^2 f_s^2}{8\pi^2 f_m^2} \tag{6-7-9}$$

此时，临界条件下最大的信噪比为

$$\frac{S_o}{N_q} = \frac{3}{8\pi^2}\,\frac{f_s^3}{f_m^2 f_H} \approx 0.04\,\frac{f_s^3}{f_m^2 f_H} \tag{6-7-10}$$

由此可见，最大信噪比与抽样频率的三次方成正比，而与信号频率的二次方成反比。因此，对于 ΔM 系统而言，提高抽样频率将能明显地提高信号与量化噪声的功率比。

6.8 时分复用和多路数字电话系统

6.8.1 时分复用 TDM

为了提高信道利用率，在传输时采用多路复用是必需的。所谓多路复用就是在一条信道上同时传输多路信号的技术。目前采用较多的是频分多路复用(FDM) 和时分多路复用(Time Division Multiplexing，TDM)。FDM 用于模拟通信，例如载波通信；TDM 用于数字通信，例如 PCM 通信。

TDM 借助“把时间帧划分成若干时隙和各路信号占用各自时隙”的方法来实现在同一信道上传输多路信号。相对地，FDM 是“把可用的带宽划分成若干频隙和各路信号占用各自频隙”的方法来实现在同一信道上传输多路信号。需注意，TDM 在时域上各路信号是分离的，但在频域上各路信号谱是混叠的；FDM 在频域上各路信号谱是分离的，但在时域上各路信号谱是混叠的。

接下来介绍 TDM 的工作原理。设有 n 路话音输入信号，每路话音经低通滤波器后的频谱的最高频率为 f_H。当 $n = 3$ 时，TDM 的系统框图如图 6-8-1 所示。TDM 系统的实现核心是一个分别处于收、发两端的同步开关 S_T 和 S_R。三个输入信号 $m_1(t)$，$m_2(t)$，$m_3(t)$ 分别通过截止频率为 f_H 的低通滤波器，送到“发旋转开关”S_T。在发送端，三路模拟信号顺序地被“发旋转开关”所抽样，该开关每秒钟做 f_s 次旋转，并在一周旋转期内由各输入信号提取一个样值。若该开关实行理想抽样，那么该开关的输出信号为

$$x(t) = \sum_{k=-\infty}^{\infty} \{m_1(kT_s)\delta(t-kT_s) + m_2(kT_s+\tau)\delta(t-kT_s-\tau) + m_3(kT_s+2\tau)\delta(t-kT_s-2\tau)\} \tag{6-8-1}$$

式中：输入信号路数为 3；把 $x(t)$ 中一组连续 3 个脉冲称为一帧，长度为 T_s；称 τ 为时隙长度，等于 $T_s/3$。$m = 3$ 时相应的波形如图 6-8-2 所示。该波形是三路 PAM 信号在时间域上周期地互相错开的样值信号。

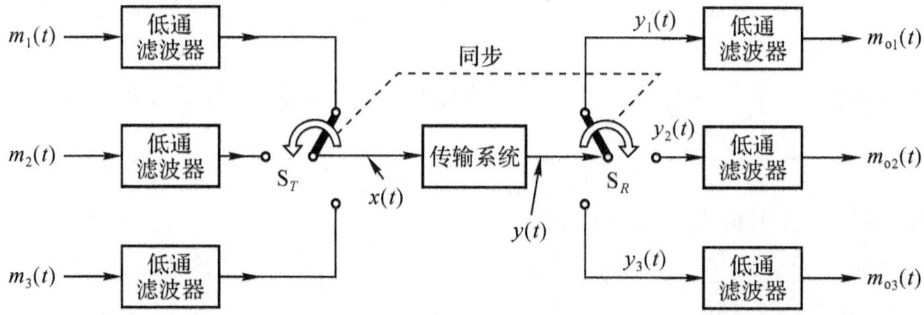

图 6-8-1 三路 TDM 示意图

图 6-8-1 的“传输系统”包括量化、编码、调制解调、传输媒质和译码等。若该传输系统不引起噪声误差，则在接收端的“收旋转开关”处得到的信号 $y(t)$ 等于发送端信号 $x(t)$。只要“收旋转开关”与“发旋转开关”是同步的，就能把各路信号样值序列分离，并送到规定的通路上。当该系统参数满足抽样定理条件时，则各路输出信号可分别恢复发送端原始模拟信

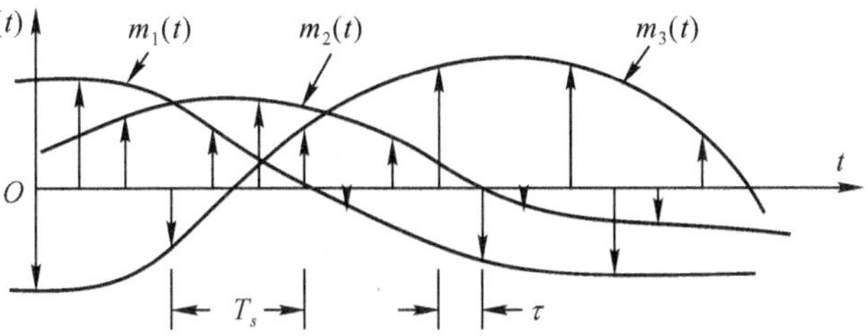

图 6-8-2　三路 TDM 合路 PAM 波形

号，即第 i 路的输出信号为 $m_{oi}(t) = m_i(t)$。

n 路话音信号进行时分复用是 TDM 的一个应用实例。这时，发送端的转换开关 S_T 以单路信号抽样周期为其旋转周期，按时间次序进行转换，每一路信号所占用的时间间隔称为时隙，这里的时隙 1 分配给第一路，时隙 2 分配给第二路 ……n 个时隙的总时间在术语上称为一帧，每一帧的时间必须符合抽样定理的要求。通常由于单路话音信号的抽样频率规定为 8000 Hz，故一帧时间为 125 μs。

上述 TDM 系统中的合路信号是 PAM 多路信号，在实际应用中也可以是已量化和编码的多路 PCM 信号或增量调制信号。时分多路 PCM 系统有各种各样的应用，最重要的一种是 PCM 电话系统。

通常，当时分多路的话音信号采用数字方式传输时，其量化编码的方式既可以用脉冲编码调制，也可以采用差分脉冲编码调制或增量调制。对于小容量、短距离脉冲调制的多路数字电话系统，有两种标准化制式，即 PCM30/32（A 律压扩特性）制式和 PCM24 路（μ 律压扩特性）制式。我国采用 PCM30/32 制式。

6.8.2　TDM 多路数字电话通信系统的组成

图 6-8-3 示出了一个 PCM 时分多路数字电话系统的组成方框图。图中画出了第一路话音信号的发送和接收过程。输入的话音信号经二线进入混合线圈，并经放大、低通滤波和抽样。该已抽样信号与各路信号合在一起进行量化与编码，就变成 PCM 信号，最后将 PCM 信号变换成适合于信道传输的码型送至信道。接收端将收到的 PCM 信号经过再生加到译码器，译码器再将 PCM 信号转换成 PAM 信号。分路后的 PAM 信号经低通滤波器恢复成模拟信号，然后经放大器放大，再进入混合线圈输出。其他各路的发送与接收的过程与第一路相同。

随着大规模集成电路的发展，PCM 多路数字电话系统的组成也有所变化，从原来用群路编译码器进行编译码，改为用单路编译码器来实现编译码。图 6-8-4 给出了用在 PCM 数字电话系统中的单路编译码器。在发送端模拟信号同样经二线进入混合线圈，然后再加至低通滤波器，低通滤波器的输出 VF_x 直接加到单路编译码器，而在单路编译码器的 D_x 端便可获得数字信息。各个单路编译码器的输出线 D_x 均接到发送总线，构成多路 PCM 信号输出。接收端的数字信息从 PCM 收信总线进入单路编译码器的 D_R 端，在 VF_R 端便能获得还原后的模拟信号，再经低通滤波器进入混合线圈，最后送到用户。

用于数字电话终端设备的集成电路已形成了系列。对于 PCM 编译码器有 Intel 2911，MK 5156；低通滤波器有 Intel 2912，MK 5912，MT 8912，MC 14413/14；PCM 编译码器 / 滤

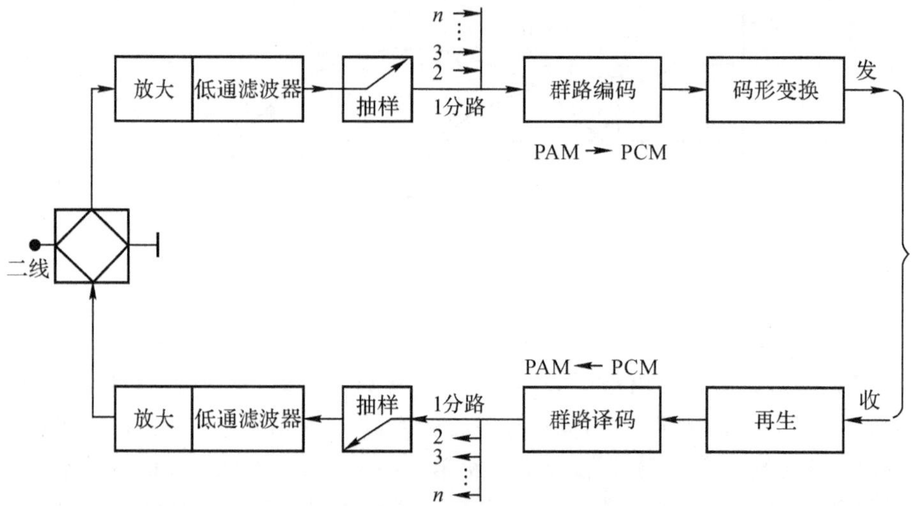

图 6-8-3　PCM 数字电话系统方框图

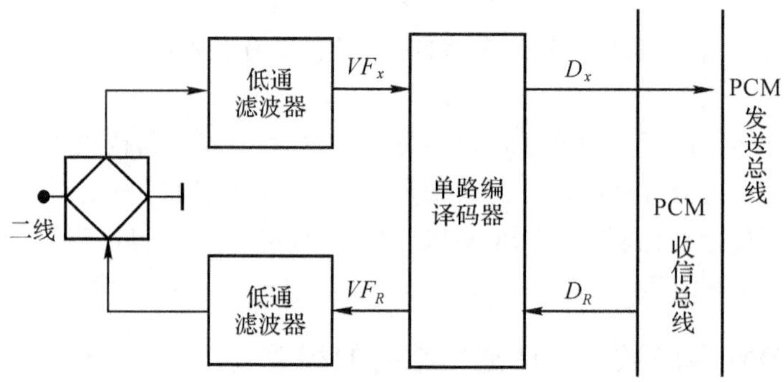

图 6-8-4　单路编译码器在 PCM 系统中的使用

波器共同集成的有 Intel 2913/14，MT 8961/63/65，MC 14400/01/02/03/05，TLC32044。此外，还有与上述配套的电路，如时隙分配器 MC 14461/17/18、定时与复用器 MB 8717 等。

6.8.3　数字电话系统帧结构及传码率

我国使用 PCM 30/32 路的 PCM 系统，其帧结构如图 6-8-5 所示。抽样频率 f_s 为 8 kHz，所以帧长度 $T_s = \dfrac{1}{8\ \text{kHz}} = 125\ \mu\text{s}$。一帧分为 32 个时隙，其中 30 个时隙给 30 个用户(即 30 路电话)使用，即 TS1 ~ TS15 和 TS17 ~ TS31 为用户时隙。该系统采用 13 折线 A 律编码，所有的时隙都采用 8 位二进制码。TS0 是帧同步时隙，TS16 是信令时隙。帧同步码组为 *0011011，它是在偶数帧中 TS0 的固定码组，接收端根据此码组实现帧同步。其中的第一位码元"*"供国际间通信用。奇数帧中 TS0 不作为帧同步用，有其他用途。TS16 用来传送话路信令。话路信令有两种：一种是共路信令，另一种是随路信令。若将总比特率为64 kb/s 的各 TS16 统一起来使用，称为共路信令传输，此时必须将 16 个帧构成一个更大的帧，称之为复帧。若将 TS16 按时间顺序分配给各个话路，直接传送各话路的信令，称为随路信令传送。这时每个信令占 4 bit，即每个 TS16 含两路信令。根据以上帧结构，不难看到，PCM30/32

系统传码率为

$$R_{BP} = f_s \times n \times N = 8000 \times 32 \times 8 = 2.048(\mathrm{MB})$$

式中：f_s 为抽样频率；n 为一帧中所含时隙数；N 为一个时隙中所含码元数。系统传信率为 $R_{bP} = 2.048\ \mathrm{Mb/s}$。

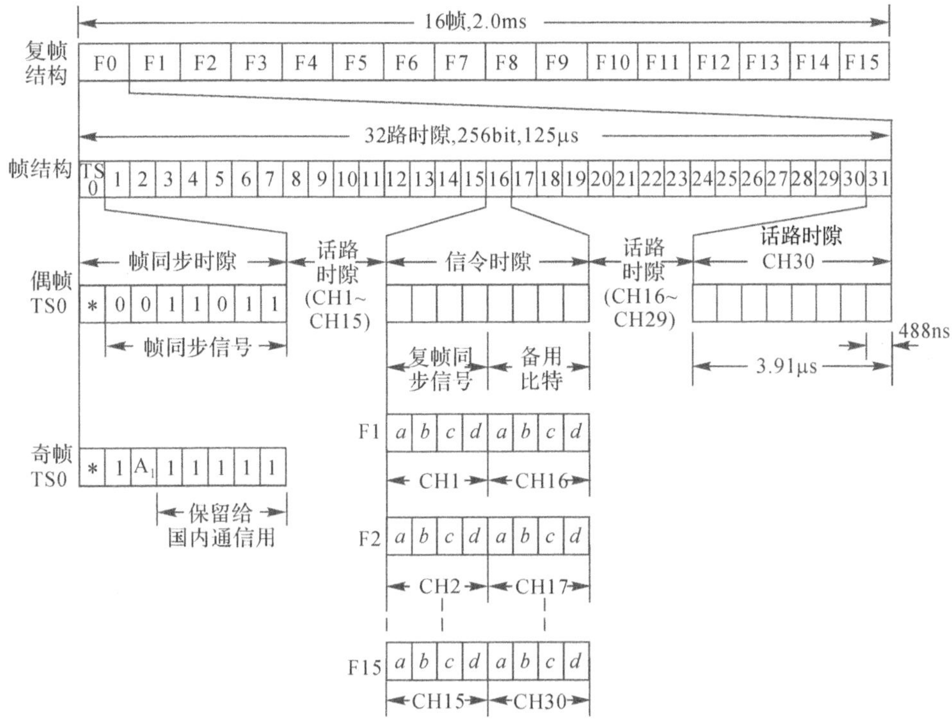

图 6-8-5　PCM 基群帧结构

此外，16 帧构成一个复帧，依次编号为 F0，F1，…，F15。其中 F0 的 TS16 时隙中的前 4 位码用来传送复帧同步码组 0000，后 4 位码备用。F1 至 F15 的 TS16 时隙用来传送 30 路语音信号的信令。

时分复用增量调制系统尚无国际标准。这里介绍一种国内外应用较多的 DM32 路制式。该制式中，抽样频率为 32 kHz，即帧长度为 $T_s = 31.25\ \mu s$，每个时隙含一个比特。TS0 为帧同步时隙，TS1 为信令时隙，TS2 为勤务电话时隙，TS3，TS4，TS5 为数据时隙，TS6 ～ TS31 为用户电话时隙。显然，该系统传信率为

$$R_{bDM} = f_s \times n \times N = 32000 \times 32 \times 1 = 1.024(\mathrm{Mb/s})$$

60 路 ADPCM 系统的帧结构已有国际标准，它的帧结构与 PCM 30/32 路帧配置相类似。根据 CCITT G.761 建议规定，其帧结构的定义与 PCM 基群复用设备的定义相同。它规定，抽样间隔为 125 μs，共有 32 个信道时隙，每个信道时隙中放入两路 ADPCM 的 4bit 信息，即含两个用户的信息。TS0 时隙作为传输同步等信息用，TS16 时隙作为信令时隙，其他 30 个信道时隙用来传输用户信息，总共有 60 个用户可使用。显然，它的传信率为 2.048 Mb/s，与基群比特率相同。

6.8.4 时分复用数字通信高次群(数字复接技术)

数字信号的时分复用也称为数字复接，参与复接的各路信号称为支路信号，复接后的信号称为合路信号或群信号。从合路的数字信号中把各路信号一一分开的过程称为分接。

前面讨论的 PCM 30/32 路时分多路系统，称为数字基群(即一次群)设备。对于基群和更高次群的系统，在 CCITT 已建立起标准。在该标准中，采用数字复接器技术把较低群次的数字流逐级汇合成更高群次的数字信息流。CCITT 推荐了两种一次、二次、三次和四次群的数字等级系列，如表 6-6 所列。

表 6-6 TDM 制数字复接系列

国家	单位	基群	二次群	三次群	四次群	STM-1	STM-4	STM-16
北美、日本	kb/s	1544	6312	44736 或 32064	274176 或 97723	155.52 Mb/s	622.08 Mb/s	2488.32 Mb/s
	路数	24	96	672 或 480	4032 或 1440			
欧洲、中国	kb/s	2048	8448	34368	139264			
	路数	30	120	480	1920			

复接技术有同步复接和异步复接之分。由同一个主振器提供时钟的各路数字信号称为同源信号，同源信号的数字复接叫做同步复接。由不同源时钟产生的各路数字信号称为异源信号，异源信号的数字复接叫做异步复接。对于传码率在标称值附近波动的异源信号，称为准同步复接。准同步复接前需先调整各路数字信号的传码率，使其完全一致后才可进行复接。

四次和四次群以下的高次群，都采用准同步复接，称为准同步数字系列(PDH)。随着通信的发展，CCITT 又制订了 TDM 制 150 Mb/s 以上的同步数字系列(SDH) 标准，以适应宽带业务数字网的传输需求。目前 SDH 在国内外都处于迅猛发展阶段。

本章小结

本章较深入地讨论了模拟信号数字化的基本原理。一个模拟信号变换为数字信号并在数字通信系统中传输，要经历以下过程：首先对模拟信号进行时间上的离散化处理，这就是抽样；然后再将抽样样值信号幅度进行离散化量化处理；最后对量化后的信号进行编码。

(1) 讨论了两种抽样，即低通型和带通型抽样。

模拟信号抽样后其频谱将展宽，为了确保在恢复信号时不产生失真，抽样频率要满足抽样定理的规定：即对于上限频率为 f_H 的限带连续信号 $m(t)$，在用理想冲激脉冲抽样的条件下，抽样频率 f_s 必须满足 $f_s \geq 2f_H$，才可使用截止频率 f_H 的理想低通滤波器完全恢复原模拟信号。

(2) 讨论了两种量化，即均匀量化和非均匀量化。

量化过程会带来一定的误差，因此会带来量化噪声。增加量化级数，可以使量化噪声减小，但此时码位数也要增加，要求系统的带宽也要相应增大。另外当采用均匀量化时，弱信号的量化信噪比就很小，得不到满意的通信质量。为了改善弱信号的量化信噪比，通常采用非均匀量化。最基本的编码器是逐次比较型编码器。普遍使用的一种译码器是梯形电阻网络译码器，它由串 / 并转换、极性控制、7/12 比特变换、寄存读出器和恒流源电阻网络组成。

(3) 给出了几种编码方法，如 PCM，DPCM，ΔM。

PCM 和 ΔM 的共同之处是均由抽样、量化、编码等部分组成。不同之处在于，PCM 对已量化的样值进行编码，且编成多位码，而 ΔM 是对前后样值的差值进行编码，且编成一位码。在 PCM 系统中，由量化噪声所引起的输出信噪比与码位数 (或系统的带宽 B) 成指数关系，N(或 B) 越大，输出信噪比越大。而在 ΔM 系统中，由量化噪声所引起的输出信噪比将随抽样频率 f_s 的 3 次方成正比增加，两者充分体现了信噪比带宽的互换。DPCM 是对信号相邻样值的差值(增量) 进行量化并编成码组，它是 ΔM 和 PCM 的结合。利用 DPCM 可减少所需的带宽。

(4) 为了充分利用信道，信道中一般是传输多路信号。多路通信方式，除了频分复用(FDM) 外，还采用时分复用(TDM)。时分复用借助“把时间帧划分成若干时隙和各路信号占用各自时隙”的方法来实现在同一信道上传输多路信号。介绍了 PCM 时分多路数字电话系统的组成框图和我国采用的 PCM 30/32 路的帧结构。

习　题

6-1　已知一低通信号 $m(t)$ 的频谱 $M(f)$ 为

$$M(f)=\begin{cases}1-\dfrac{|f|}{200} & |f|<200\text{Hz}\\ 0 & \text{其他}\end{cases}$$

(1) 假设以 $f_s=300$ Hz 的速率对 $m(t)$ 进行理想抽样，试画出已抽样信号 $m_s(t)$ 的频谱草图；

(2) 若用 $f_s=400$ Hz 的速率抽样，重做上题。

6-2　已知某信号 $m(t)$ 的频谱 $M(\omega)$ 如题 6-2 图所示，将它通过传输函数为 $H_1(\omega)$ 的滤波器后再进行理想抽样，则

(1) 抽样速率应为多少？

(2) 若设抽样速率 $f_s=3f_1$，试画出已抽样信号 $m_s(t)$ 的频谱草图；

(3) 接收端的接收网络应具有怎样的传输函数 $H_2(\omega)$，才能由 $m_s(t)$ 不失真地恢复 $m(t)$。

6-3　设信号 $m(t)=9+A\cos\omega t$，其中 $A\leqslant 10$V。若 $m(t)$ 被均匀量化为 40 个电平，试确定所需的二进制码组的位数和量化间隔 Δv。

6-4　采用 13 折线 A 律编码，设最小量化间隔为 1 个单位，已知抽样脉冲值为 +635 个单位：

(1) 试求此时编码器输出码组，并计算量化误差；

(2) 写出对应于该 7 位码(不包括极性码) 的均匀量化 11 位码。

6-5　采用 13 折线 A 律编码电路，设接收端收到的码组为“01010011”、最小量化间隔为 1 个单位：

(1) 试问译码器输出为多少量化单位？

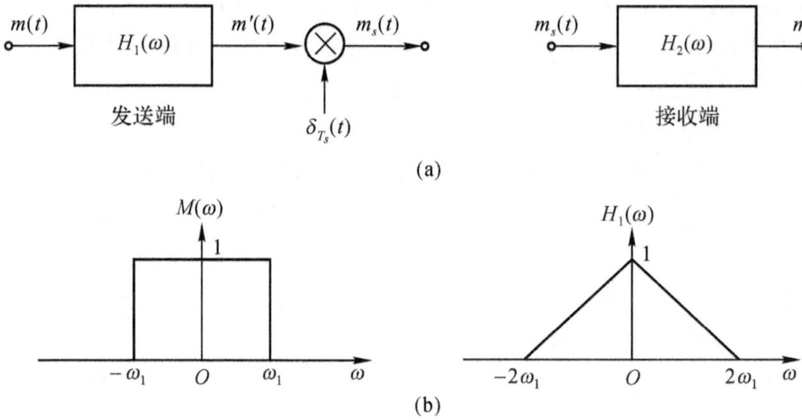

题 6-2 图

(2) 写出对应于该 7 位码(不包括极性码) 的均匀量化 11 位码。

6-6 对 10 路带宽均为 300 ～ 3400 Hz 的模拟信号进行 PCM 时分复用传输。抽样速率为 8000 Hz,抽样后进行 8 级量化,并编为自然二进制码,码元波形是宽度为 τ 的矩形脉冲,且占空比为 1。试求传输该时分复用 PCM 信号所需的理论最小基带带宽。

6-7 单路话音信号的最高频率为 4 kHz,抽样速率为 8 kHz,以 PCM 方式传输。设传输信号的波形为矩形脉冲,其宽度为 τ,且占空比为 1:

(1) 抽样后信号按 8 级量化,求 PCM 基带信号的第一零点频宽;

(2) 若抽样后信号按 128 级量化,PCM 基带信号第一零点频宽又为多少?

6-8 若 12 路话音信号(每路信号的最高频率均为 4 kHz) 进行抽样和时分复用,将所得的脉冲用 PCM 系统传输,重做上题。

6-9 已知话音信号的最高频率 $f_m = 3400$ Hz,现用 PCM 系统传输,要求信号量化噪声比 S_o/N_q 不低于 30 dB。试求此 PCM 系统所需的理论最小基带频带。

实践项目

1. 用 MATLAB 仿真模拟信号的低通抽样和带通抽样。

(1) 低通抽样。有一信号 $s(t)$ 为 $s(t) = Sa^2(200t) = \left[\dfrac{\sin(200t)}{200t}\right]^2$

分别采用两种抽样频率对其采样,$f_1 = 100$ Hz,$f_2 = 200$ Hz。画出抽样后的时域波形和频谱。

(2) 带通抽样。有一信号 $s(t)$ 为 $s(t) = 20Sa(20t)$

分别采用两种抽样频率对其采样,$f_1 = 10$Hz,$f_2 = 20$Hz。画出抽样后的时域波形和频谱。

2. 用 MATLAB 对模拟信号 $s(t) = \sin(0.2\pi t)$ 进行 13 折线 A 律 PCM 编码。假设在一个周期内抽样 10 个点。

第7章　同步原理

7.1　同步及其分类

7.1.1　同步的概念

任何通信系统为了实现信号的正确传输,要求接收机收到的信号与发射机发送的信号具有相同的频率与相位(时间)关系,使收发两端能在时间上协调一致地工作,称这时收发两端的信号为同步信号。

通信系统信号的同步一般分为两类:一类是载波信号的同步,另一类是数字信号的同步。在调制解调系统中,接收机采用相干解调(或称同步检测)时,要求接收端必须恢复出与发送端载波同频同相的本地载波(相干载波),在接收端对这个载波的提取称为载波同步。由于相干解调时噪声功率比非相干解调时小一倍,采用相干解调可获得 3 dB 的增益。很多通信系统都采用了这种同步载波恢复技术。相干解调既适用于模拟通信,也适用于数字通信。

在数字通信系统中传送的是数字信号,为了实现数字信号的译码和信道解复用,除载波同步以外,还要求有数字信号的帧同步、字(码字)同步和位(码元)同步。只有在收、发两端的数字信号的帧、字、位都实现同步的情况下,数码才能正确识别。因此信号同步是实现正常通信的前提条件。通信系统如果出现同步误差或失去同步,将导致系统性能降低甚至通信失效。

在数字通信中,任何消息都要变换成码元的序列来传送。在接收端要进行码元的判决和再生,码元判决的时刻即位定时必须准确,位定时时钟的周期和相位必须与发送端码元时钟的周期和相位一致,否则,由于判决时刻不准而产生错误判决将使误码率增加很多,甚至无法通信。数字通信中对收端码元时钟信号的提取称为码元同步,也就是位同步。

信息数据一般总是先将若干个码元组成一个字(或称码字),将若干个字构成一帧,再一帧一帧地发送出去。只有在收、发两端的数字信号之间它们的帧、字、位都同步的情况下,信息数据才能正确识别,才能正确地将数字信号进行分路、译码。

有了上述的载波同步、位同步、帧同步(或称群同步)之后,点对点之间的数字通信就可以比较可靠地进行了。但是要在多个用户之间进行通信和数据交换,即要构成一个数字通信网,并使其能够稳定可靠的工作,则整个网络必须要同步工作。实现整个网的同步称为通信网的网同步。

7.1.2 同步的分类

1. 按照同步的功能分类

按照同步的功能不同其可以分为载波同步、位同步(码元同步)、帧同步(群同步)和网同步四种。

(1) 载波同步

载波同步是指无论是模拟通信还是数字通信,在采用相干解调时接收端需要提供一个与发送端同频同相的载波信号,称为相干载波(或本地载波)。在接收端恢复这一相干载波的过程称为载波跟踪、载波提取或载波同步。因此,载波同步是实现相干解调的先决条件。

(2) 位同步(码元同步)

位同步又称码元同步或比特同步。在数字通信系统中,不管是基带传输还是频带传输,接收端不论采用什么解调方式,都需要位同步,但在模拟通信系统中不需要位同步。因为在数字通信系统中,消息是通过一连串码元来传递的,这些码元通常均具有相同的持续时间。由于传输信道的不理想,以一定速率传输到接收端的基带数字信号,必定是受到各种干扰和噪声影响的已失真信号波形,为了恢复原始的基带数字信号,就要对接收信号在恰当的时刻进行抽样判决。因此在接收端需要知道每个码元的起止时间,以便在恰当的时刻也就是最佳抽样时刻进行抽样判决。这就要求接收端提供一个作抽样判决时用的码元定时脉冲序列,这个序列的重复频率与码元速率相同,相位(位置)应与最佳抽样判决时刻一致,这个码元定时脉冲序列称为位同步脉冲序列或码元同步脉冲序列,我们把提取这种定时脉冲序列的过程称为位同步。位同步是正确抽样判决的基础。

(3) 帧同步

帧同步也称群同步。帧同步包含字同步、句同步、分路同步。在数字通信中,数字信号是按照一定数据格式传送的,一定数目的信息码元组成一个"字",若干个"字"组成"句"。在接收这些数字信息时,必须知道这些"字"、"句"的起止时刻,否则接收端就无法正确恢复信息。对于数字时分多路通信系统,如 PCM30/32 路电话系统,各路信码都安排在指定的时隙内传送,由若干"句"构成一帧,形成一定的帧结构,从而形成帧的数字信号序列。为了使接收端能正确地分离各路信号,在发送端必须提供每帧的起始标志,在接收端检测并获取这一标志的过程称为帧同步。因此,将在接收端产生与字、句和帧起止时刻相一致的定时脉冲序列的过程统称为(字、句)帧同步。

(4) 网同步

在一个由多个用户构成的数字通信网中,要保证网内各用户间的信息交换、复接时,必须要有网同步系统来统一协调,使整个通信网能按一定的时间节拍标准有条不紊地工作。

实现数字通信网同步的主要方式有三种,即主从同步方式、相互同步方式和独立时钟同步方式(或称异步复接方式)。

2. 按照同步实现方式分类

同步也是一种信息,按照获取和传输同步信息方式的不同,其可分为外同步法和自同步法两类。

(1) 外同步法

由发送端发送专门的同步信息(称为导频),接收端把这个专门的同步信息提取出来作为同步信号的方法称为外同步法。

(2) 自同步法

发送端不发送专门的同步信息，接收端设法从收到的信号中提取同步信息的方法，称为自同步法。

自同步法的优点是可以将全部功率和带宽都分配给信号传输，而外同步法则需要传输独立的同步信号，因此，要付出额外功率和频带。在载波同步和位同步中，两种方法都采用，但自同步法正在得到越来越广泛的应用，而帧同步一般都采用外同步法。

同步本身虽然不包含所要传送的信息，但只有在收、发设备之间建立了同步以后才能开始传送信息，所以同步是进行信息传输的前提。同步性能的好坏将直接影响通信系统的性能，如果出现同步误差或失去同步，就会导致通信系统性能下降甚至通信中断。因此，同步系统应具有比信息传输系统更高的可靠性和更好的质量指标。

同步的技术指标有以下四项：同步误差、相位抖动、同步建立时间和同步保持时间。

7.2　载波同步

载波同步的方法通常有直接法(自同步法)和插入导频法(外同步法)两种。

7.2.1　直接法

直接法也称自同步法，它是设法从接收信号中直接提取载频分量。有些信号如抑制载波的双边带信号(DSB-SC)、相移键控信号(PSK)等，它们虽然本身不直接含有载波分量，但却隐含载波信息，在对信号进行某种非线性变换后，将具有载波的谐波分量，因而可以从中提取出载波分量来。用直接法实现载波同步的具体方法有很多种，下面介绍常用的几种方法。

1. 平方变换法

平方变换法是一种最简单的直接法，它和平方环法常用在抑制载波的双边带信号和调相信号的相干解调中提取同步载波。设调制信号为 $m(t)$，$m(t)$ 中无直流分量，则 DSB-SC 信号为

$$s(t) = m(t)\cos\omega_c t$$

接收端将该信号进行非线性变换，即通过一个平方律部件后得到

$$e(t) = [m(t)\cos\omega_c t]^2 = \frac{1}{2}m^2(t) + \frac{1}{2}m^2(t)\cos 2\omega_c t \tag{7-2-1}$$

式(7-2-1)中第二项包含有载波的倍频(即 $2\omega_c$ 频率)分量。若用一窄带滤波器将 $2\omega_c$ 频率分量滤出，再进行二分频，就可获得所需的相干载波。平方变换法提取载波的方框图如图7-2-1中虚线框内所示。

若调制信号 $m(t) = \pm 1$，这时 $s(t)$ 就成为二进制移相键控信号(2PSK)，同时

$$e(t) = [m(t)\cos\omega_c t]^2 = \frac{1}{2} + \frac{1}{2}\cos 2\omega_c t \tag{7-2-2}$$

式(7-2-2)中第二项也包含有载波的倍频分量，用图7-2-1所示的方框图同样可提取出载波。由于载波提取方框图中使用了二分频电路，二分频电路存在相位不确定性问题，因而提取出的载波存在的 180° 相位模糊问题。解决的办法是采用相对移相(2DPSK)。

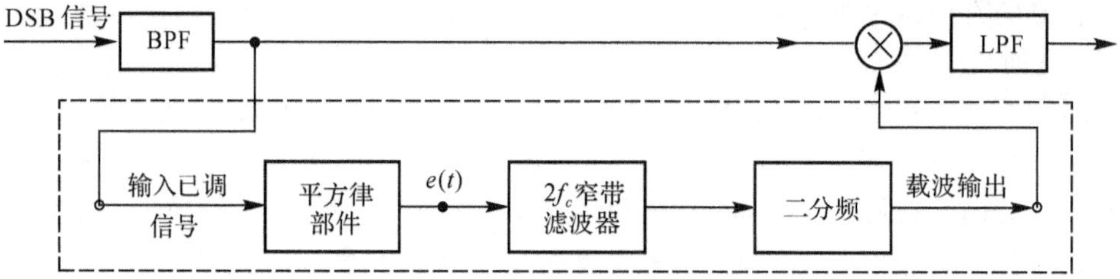

图 7-2-1 平方变换法提取载波

2. 平方环法

实际应用中，伴随信号一起进入接收机的还有加性高斯白噪声，为改善平方变换法的性能，使所恢复的相干载波更为纯净，常用锁相环代替图 7-2-1 中的窄带滤波器，构成如图 7-2-2 的平方环法提取载波电路。由于锁相环具有良好的跟踪、窄带滤波和记忆功能，因此平方环法比一般的平方变换法具有更好的性能。

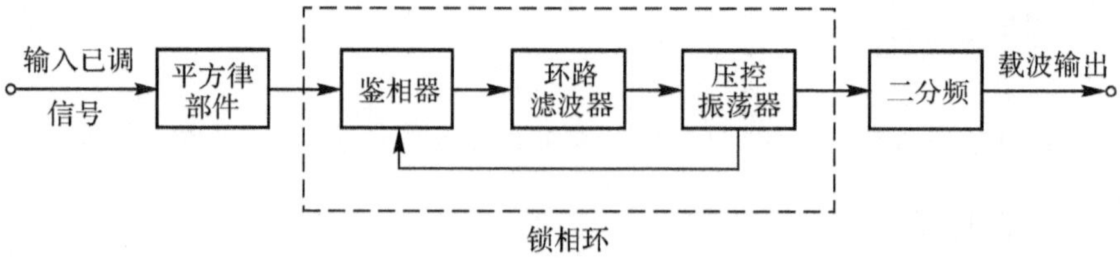

图 7-2-2 平方环法提取载波

需要说明的是，以上两种方法都存在相位模糊问题。从两个方框图可以看出，由窄带滤波器或锁相环路得到的是 $\cos 2\omega_c t$，经过二分频以后的信号可能是 $\cos \omega_c t$，也可能是 $\cos(\omega_c t + \pi)$。这种相位具有不确定性的现象称为相位模糊现象。相位模糊现象一般对模拟通信系统影响不大，因为耳朵听不出相位的变化。但是对于数字通信系统来说，相位模糊可以使解调后码元信号出现反相，即高电平变成了低电平，低电平变成了高电平。对于 2PSK 通信系统，信号就可能出现“反向工作”，因此实际中，一般不采用 2PSK 系统，而是用 2DPSK 系统。相位模糊问题是通信系统中应该注意的一个实际问题。

3. 科斯塔斯环法

科斯塔斯(Costas) 环法也称作同相正交环法，其原理方框图如图 7-2-3 所示。以二相 PSK 信号为例。在此环路中，压控振荡器提供两路相互正交的载波，与输入接收信号分别在同相和正交两个鉴相器中进行鉴相，经低通滤波后得到 v_5，v_6，它们均含有数字信号 $d(t)$，两者相乘后可以消除数字信号的影响，经环路滤波器滤波后得到仅与相位差有关的控制电压去控制压控振荡器 VCO，从而准确地对压控振荡器进行调整。

设输入为 2PSK 信号：

$$s(t) = d(t)\cos\omega_c t$$

假定环路已锁定，且不考虑噪声的影响，则压控振荡器输出的两路互为正交的本地载波分别为

$$v_1 = \cos(\omega_c t + \theta) \tag{7-2-3}$$

$$v_2 = \cos(\omega_c t + \theta - 90°) = \sin(\omega_c t + \theta) \tag{7-2-4}$$

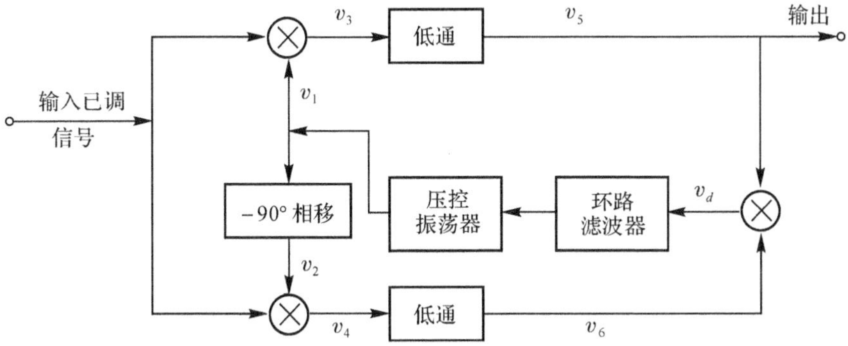

图 7-2-3　科斯塔斯环法提取载波

式中，θ 为压控振荡器输出信号与输入已调信号载波之间的相位误差。信号 $s(t)$ 分别与 v_1，v_2 相乘后得

$$v_3 = d(t) \cdot \cos\omega_c t \cdot \cos(\omega_c t + \theta) = \frac{1}{2}d(t)[\cos\theta + \cos(2\omega_c t + \theta)] \tag{7-2-5}$$

$$v_4 = d(t) \cdot \cos\omega_c t \cdot \sin(\omega_c t + \theta) = \frac{1}{2}d(t)[\sin\theta + \sin(2\omega_c t + \theta)] \tag{7-2-6}$$

经低通滤波后分别为

$$v_5 = \frac{1}{2}d(t) \cdot \cos\theta \tag{7-2-7}$$

$$v_6 = \frac{1}{2}d(t) \cdot \sin\theta \tag{7-2-8}$$

将 v_5，v_6 加到相乘器后产生误差信号：

$$v_d = v_5 \cdot v_6 = \frac{1}{4}d^2(t)\sin\theta\cos\theta = \frac{1}{8}d^2(t)\sin 2\theta$$

当 θ 很小时有

$$v_d \approx \frac{1}{4}d^2(t) \cdot \theta \tag{7-2-9}$$

这个电压经环路滤波器滤波后控制压控振荡器使它与 ω_c 同频，相位只差一个很小的 θ 值，此时，$v_1 = \cos(\omega_c t + \theta)$ 就是需要提取的相干载波，而 $v_5 \approx \frac{1}{2}d(t)$ 就是解调器的输出。

式(7-2-9)中，$d^2(t)$ 为双极性基带信号。若基带信号基本波形为矩形，幅度为 E，则 $d^2(t) = E^2$，即为常数，则此时

$$v_d = k_d \sin 2\theta \tag{7-2-10}$$

式中，k_d 为常数，$k_d = \frac{1}{8}E^2$。

式(7-2-10)表明，压控振荡器受 $\sin 2\theta$ 控制，其鉴相特性如图 7-2-4 所示。由于 $\theta = n\pi$（n 为任意整数）的各点鉴相器鉴相特性的斜率均为正，都是稳定平衡点。所以 θ 取值可能为 0 或 π，即相差可能为 0 或 π，表明同相正交环也存在相位模糊问题。

同相正交环的主要优点是：环路中用于鉴相的两个乘法器的工作频率比平方环低了一倍，平方环产生的频率是 $2f_c$，而同相正交环的频率是 f_c。在高速率和中高频的情况下，同相

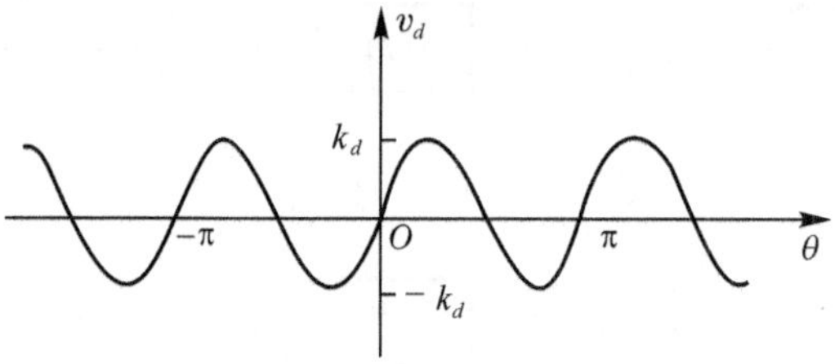

图 7-2-4 同相正交环鉴相特性

正交环比平方环易于制作，且不需平方环路。另外，当环路锁定后，同相支路输出的 $v_5 \approx \frac{1}{2}d(t)$ 就是解调所要得到的数字信号，可直接进行抽样判决。其缺点是电路较复杂，且存在相位模糊问题。

4. 多相移相信号的载波提取

数字通信中经常使用多相移相信号。从多相移相信号中提取载波的方法可由上述方法推广。一种是基于平方变换法或平方环法的推广，即 M 次方变换法或 M 次方环法，如图 7-2-5 所示为四相移相信号提取载波的方框图。

例如，从 4PSK 信号中提取同步载波的四次方环，其鉴相器输出的误差电压为

$$v_d = k_d \sin 4\theta \tag{7-2-11}$$

因此，$\theta = n \cdot \frac{\pi}{2}$（$n$ 为任意整数）为四次方环的稳定平衡点，即有 $0, \frac{\pi}{2}, \pi, \frac{3\pi}{2}$ 四个稳定工作点。这种现象称为四重相位模糊度，或 90° 称的相位模糊度。同理，M 次方环具有 M 重相位模糊度，即所提取的载波具有 $\frac{360°}{M}$ 的相位模糊度。解决的方法是采用 MDPSK。

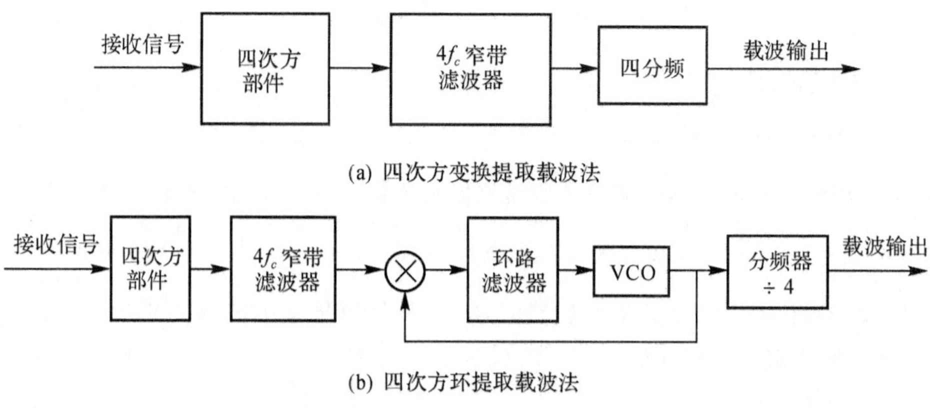

图 7-2-5 四相移相信号提取载波

另一种方法是基于科斯塔斯环的推广，图 7-2-6 示出了从 4PSK 信号中提取载波的科斯塔斯环，可以求得它的等效鉴相特性 $v_d = k_d \sin 4\theta$，与式(7-2-11)一样，提取的载波也具有 90° 的相位模糊。这种方法实现起来比较复杂，在实际应用中较少采用。

7.2.2 插入导频法

一些信号中不含有载波分量，如 DSB-SC 信号、2PSK 信号、部分响应信号(如第 Ⅳ 类)

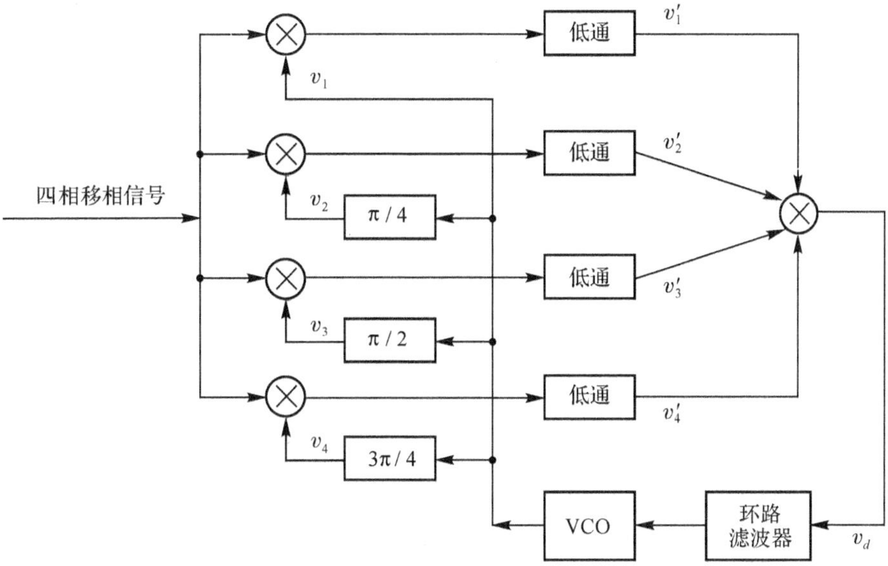

图 7-2-6　四相科斯塔斯环法的载波提取

等;有的信号(如 VSB 信号)虽然含有载波但不易取出,对于这种信号可以用插入导频法;有的信号(如 SSB 信号)既没有载波又不能用直接法提取载波,此时只能用插入导频法。

所谓插入导频法就是在发送端发送有用信号的同时,在适当的频率位置上插入正弦波作为导频,在接收端可提取这个导频,作为相干载波。插入导频的方法有两种:频域插入法和时域插入法。

1. 频域插入导频法

在已调信号频谱中额外插入一个低功率的线谱,在接收端作为载波同步信号加以恢复,此线谱对应的正弦波即为导频信号。采用插入导频法时应注意:

(1) 导频的频率应当是与载频有关的或者就是载频的频率;

(2) 插入导频的位置与已调信号的频谱结构有关。总的原则是在已调信号频谱中的第一零点插入导频,且要求其附近的信号频谱分量尽量小,以便于插入导频以及解调时易于滤除导频。

对于抑制载波的双边带调制 DSB-SC 或单边带调制 SSB 信号,在载频 f_c 附近的频谱为 0,但对于数字调制中的 2PSK 或 2DPSK 信号,在 f_c 附近的频谱非但不为 0,而且比较大,对于这类信号,可参考第 4 类部分响应那样,在调制以前先对基带信号进行相关编码。相关编码的作用是把图 7-2-7(a) 所示的基带信号频谱函数变换成如图 7-2-7(b) 所示的频谱函数。这样经过双边带调制后可以得到如图 7-2-8 所示的频谱函数,由图可见,在 f_c 附近的频谱函数很小,且无离散谱,这时可以在 f_c 处插入频率为 f_c 的导频,插入的导频相位与被调制载波正交,称为"正交载波"。在接收端提取这一导频,移相 90° 后作为相干载波。

发送端插入导频和接收端提取导频的方框图如图 7-2-9(a),(b) 所示。图中,设调制信号 $m(t)$ 无直流分量,被调载波为 $A\sin\omega_c t$,经 90° 移相形成插入导频(正交载波)$A\cos\omega_c t$,其中 A 为插入导频的振幅。于是,输出信号为

$$u_o(t) = A \cdot m(t) \cdot \sin\omega_c t - A\cos\omega_c t \tag{7-2-12}$$

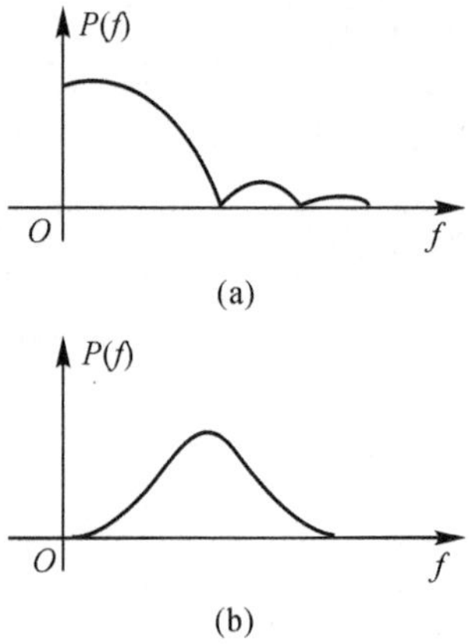

图 7-2-7 相关编码进行频谱变换

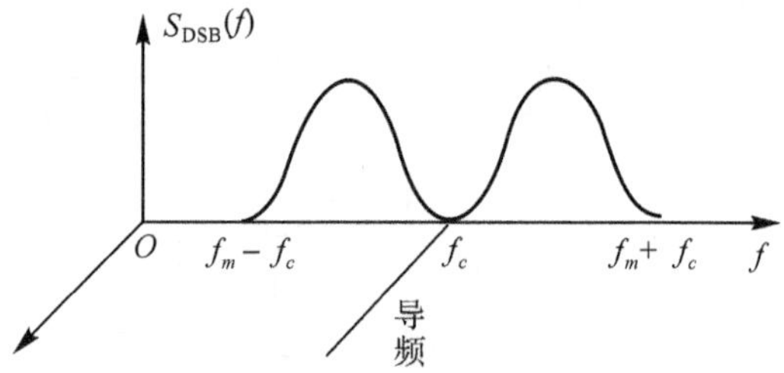

图 7-2-8 抑制载波双边带信号的导频插入

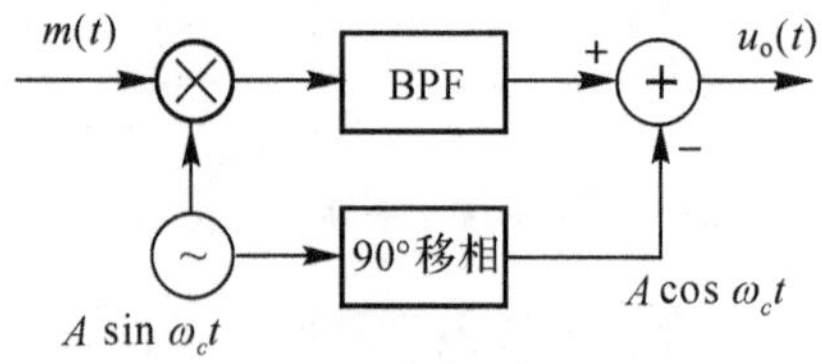

(a) 发送端框图

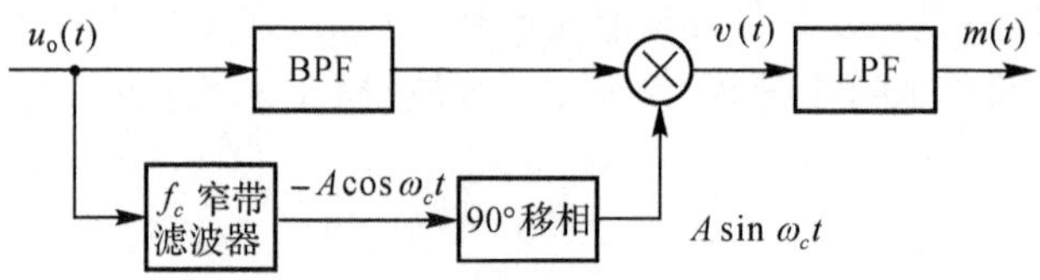

(b) 接收端框图

图 7-2-9 导频插入和提取方框图

设接收端接收到的信号就是发送端输出信号 $u_o(t)$，则接收端用中心频率为 f_c 的窄带滤波器去提取导频 $-A\cos\omega_c t$，经 $-90°$ 移相后得到与发送端载波同频同相的相干载波 $\sin\omega_c t$。

发送端以正交载波作为导频时，解调器输出为

$$v(t) = u_o(t)\cdot A\sin\omega_c t = A^2 m(t)\cdot\sin^2\omega_c t - A^2\cos\omega_c t\sin\omega_c t$$

$$= \frac{A^2}{2}m(t) - \frac{A^2}{2}\cdot m(t)\cos 2\omega_c t - \frac{A^2}{2}\sin 2\omega_c t \tag{7-2-13}$$

经低通滤波器滤除高频分量后，就可以不失真地恢复调制信号 $m(t)$。如果发送端加入的导频不是正交载波而是调制载波(即不加 90° 移相，导频为 $-A\sin\omega_c t$)，则接收端 $v(t)$ 中将增加一项不需要的直流分量 $-\dfrac{A^2}{2}$，此直流分量通过低通滤波器后将使 $m(t)$ 产生失真，这就是发送端采用正交导频的原因。

2PSK、2DPSK 和 DSB 信号都属于抑制载波的双边带信号，所以上述的插入导频法对它们都适用。对于单边带信号插入导频的方法与此也相同，不再赘述。

导频提取所用的窄带滤波器可用锁相环来代替。应用锁相环提取相干载波时，同步性能比用一般窄带滤波器有所改善。

2. 时域插入导频法

频域插入导频的特点是插入的导频在时间上是连续的，也就是说信道中自始至终都有导频信号传送。而时域插入导频方法在时分多址卫星通信中应用较多，它是按照一定时间顺序，在指定的时间内发送载波，即把载波插到每帧的数字序列中，如图 7-2-10(a) 所示。

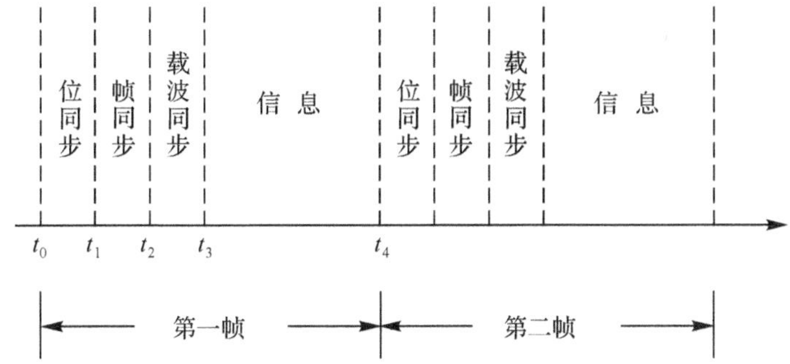

(a)

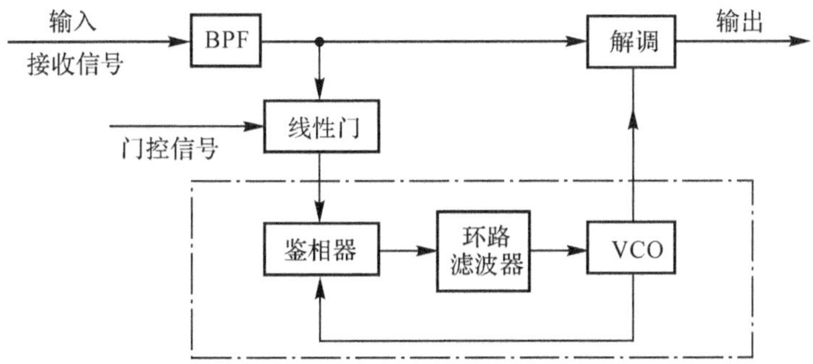

(b)

图 7-2-10　时域插入导频的提取

图中 $t_2 \sim t_3$ 就是插入导频的时间，它一般插在帧同步脉冲之后。这种插入的结果只是在每帧的一小段时间内才出现载波，在接收端应用控制信号将载波取出。从理论上讲可以用窄带滤波器直接提取这个载波，但实际上是较困难的。这是因为发送的载波在时间上是不连续的，并在一帧中只有很少时间发送载波信号。所以，时域插入导频法常用锁相环来提取相干载波。例如图 7-2-10(b) 所示的方框图中，锁相环的压控振荡器频率应尽可能接近载波频率，且应有足够的频率稳定度。

7.2.3　载波同步系统的性能及相位误差对解调信号的影响

1. 载波同步系统的性能

载波同步系统的主要性能指标是高效率及高精度，除此之外，还有同步建立时间、保持时间、相位抖动等指标。

高效率是指在获得载波信号的情况下，尽量减少发送功率的消耗。直接提取载波法不需专门发送导频，因而效率高且发送电路简单；插入导频法由于插入导频要消耗一部分发送功率，因而效率要低些。

高精度就是要求提取的相干载波与所需要的载波标准相比较，其频率和相位误差应尽量小。如需要的相干载波为 $\cos\omega_c t$，提取的相干载波为 $\cos(\omega_c t+\Delta\varphi)$，$\Delta\varphi$ 就是相位误差，很明显，$\Delta\varphi$ 应尽量小。一般来说，相干载波如果由直接法或插入导频法提取时，所产生的频率误差 $\Delta\omega(t)$ 可以不予考虑，即 $\Delta\omega(t)=0$，而相位误差 $\Delta\varphi$ 总是存在的。相位误差 $\Delta\varphi$ 又分为稳态相位误差 θ_v（简称稳态相差）和随机相位误差 σ_φ（简称随机相差，也称为相位抖动），即 $\Delta\varphi=\theta_v+\sigma_\varphi$。

(1) 稳态相位误差

稳态相位误差是指在稳定状态下，通过载波提取电路提取的载波信号与载波标准之间形成的相位误差，它一般变化不大。稳态相位误差与载波提取方法及提取电路有关。

用窄带滤波器提取载波时稳态相位误差为

$$\theta_v \approx \frac{2Q\Delta\omega}{\omega_0} \quad (\text{rad}) \tag{7-2-14}$$

式中：Q 和 ω_0 是窄带滤波器的品质因数与谐振频率；$\Delta\omega=\omega_0-\omega_c$ 是谐振频率 ω_0 与载波频率 ω_c 之间的误差，当 $\frac{|\Delta\omega|}{\omega_0}$ 很小时，上式近似成立。

用锁相环提取相干载波时稳态相位误差为

$$\theta_v \approx \frac{\Delta\omega}{K_v} \quad (\text{rad}) \tag{7-2-15}$$

式中：$\Delta\omega$ 是锁相环中压控振荡器角频率与输入载波信号角频率之差；$K_v=F(0)K_dK_0$ 是环路的直流增益；$F(0)$ 是环路滤波器对 $\omega=0$ 的传输系数；K_d 为鉴相器的增益系数，单位为 V/rad；K_0 为压控振荡器的增益系数，单位为 rad/(s · V)。

为了减小 θ_v，应该使压控振荡器的频率准确且稳定，使 $|\Delta\omega|$ 降低，同时应提高 K_v。

(2) 随机相位误差

上面讨论的稳态相位误差没有考虑噪声的影响，当考虑噪声的影响以后，会使相干载波信号产生随机的相位误差。分析表明，当噪声为窄带高斯噪声时，随机相位误差 σ_φ 为

$$\sigma_\varphi = \sqrt{\overline{\varphi_n^2}} = \sqrt{\frac{1}{2r}} \tag{7-2-16}$$

式中：σ_φ 也称为相位抖动；φ_n 为随机相位；$r=A^2/\sigma^2$ 为信噪功率比；σ^2 为噪声的方差；A 为正弦载波的振幅。

用窄带滤波器提取相干滤波时的相位抖动为

$$\sigma_\varphi = \sqrt{\frac{1}{2r}} = \sqrt{\frac{\pi n_0 f_0}{2A^2 Q}} \propto \sqrt{\frac{1}{Q}} \tag{7-2-17}$$

式中：n_0 为噪声功率谱密度；f_0 为滤波器所用谐振回路的谐振频率，$f_0=f_c$。可见，要减小相位抖动，需加大 Q 值，但这将增大稳态相位误差，为此应合理选择 Q 值。

用平方环提取相干载波时的相位抖动为

$$\sigma_\varphi = \sqrt{\frac{2[\overline{m^2(t)}n_0+n_0^2B_i]}{[\overline{m^2(t)}]^2}B_L} \tag{7-2-18}$$

式中：B_i 为带通滤波器带宽；B_L 为锁相环路带宽；$\overline{m^2(t)}$ 是调制信号的平均功率。

(3) 载波同步建立时间和同步保持时间

用窄带滤波器提取载波时，当信号频率 f_c 与回路自然谐振频率相同时，回路两端输出电压为

$$u(t) = U(1 - e^{-\frac{\omega_0}{2Q}t})\cos\omega_0 t$$

同步建立时间 t_s 确定为 $u(t)$ 的幅度达到 U 的一定百分比 k 的时间。可求得

$$t_s = \frac{2Q}{\omega_0}\ln\frac{1}{1-k} \tag{7-2-19}$$

对同步建立时间 t_s 的要求是越短越好。

同步保持时间 t_c 是同步建立后，如果信号突然消失，同步载波应能保持一定时间，保持时间可以按振幅下降到 kU 来计算，认为此时同步信号已经消失。可求得

$$t_c = \frac{2Q}{\omega_0}\ln\frac{1}{k} \tag{7-2-20}$$

通常令 $k = 1/e$，此时可求得

$$t_s = 0.46\left(\frac{2Q}{\omega_0}\right) \tag{7-2-21}$$

$$t_c = \frac{2Q}{\omega_0} \tag{7-2-22}$$

对 t_c 的要求是越长越好，即使信号突然消失或衰落，同步仍能保持较长的时间。

2. 载波相位误差对解调性能的影响

对解调性能的影响主要体现为所提取的载波与接收信号中的载波的相位误差 $\Delta\varphi = \theta_v + \sigma_\varphi$。相位误差 $\Delta\varphi$ 对不同信号的解调所带来的影响是不同的。首先研究 DSB 和 2PSK 的解调情况。DSB 和 2PSK 信号都属于双边带信号，具有相似的表示形式。对双边带信号，设 $s(t) = m(t)\cos\omega_c t$，而所提取的相干载波为 $\cos(\omega_c t + \Delta\varphi)$，这时解调器输出（经低通滤波器后）的低频信号 $m'(t)$ 为

$$m'(t) = \frac{1}{2}m(t)\cos\Delta\varphi \tag{7-2-23}$$

(1) 若提取的相干载波与输入载波没有相位差，即 $\Delta\varphi = 0$，$\cos\Delta\varphi = 1$，则解调器输出 $m'(t) = \frac{1}{2}m(t)$，这时信号有最大幅度；

(2) 若存在相位差 $\Delta\varphi$，即 $\Delta\varphi \neq 0$，$\cos\Delta\varphi < 1$，解调后输出信号功率幅度下降 $\cos^2\Delta\varphi$，使信噪功率比下降 $\cos^2\Delta\varphi$ 倍，因此会使误码率增加。

以上分析说明相干载波的相位误差 $\Delta\varphi$ 将引起双边带解调系统的信噪比下降，误码率增加。而对单边带解调和残留边带解调而言，相位误差 $\Delta\varphi$ 不仅会引起信噪比下降，而且在解调器输出中会产生原基带信号的正交项，使基带信号发生畸变，这种影响随 $\Delta\varphi$ 增大而严重。

$$m'(t) = \frac{1}{4}\cos(\Omega t - \Delta\varphi) = \frac{1}{4}\cos\Omega t\cos\Delta\varphi + \frac{1}{4}\sin\Omega t\sin\Delta\varphi \tag{7-2-24}$$

推广到多频信号时，也将引起波形的失真。若用来传输数字信号，将引起码间串扰，使误码率增加 $\Delta\varphi$。

由以上分析可以看出，在接收端提取相干载波时，应尽可能减小。

7.3　位同步

位同步是正确抽样判决的基础，模拟通信中没有位同步问题，数字通信中不论是基带传

输还是频带传输都需要位同步。数字通信系统中，发送端按照确定的时间顺序，逐个传输数字脉冲序列中的每个码元，在接收端要准确地恢复数字信号必须进行抽样判决，这就要求接收端本地码元定时与发送端定时脉冲的重复频率相等，而且判决时刻必须在最佳点以保证对输入信号进行最佳抽样判决。

在一般接收时，可在码元的中间位置抽样判决，而在最佳接收时，应在码元的终止时刻进行抽样判决。与载波同步相似，位同步实现的方法也有直接法（自同步法）和插入导频法（外同步法）两种。

7.3.1 插入导频法(外同步法)

1. 在基带信号频谱的零点插入导频

这种方法与载波同步时的插入导频法类似，也是在基带信号频谱的零点处插入所需的位定时导频信号，如图 7-3-1 所示。其中图 7-3-1(a) 为常见的双极性不归零基带信号的功率谱，码元速率为 f_s，码元宽度为 T_s，其功率谱在 f_s 处为零，插入导频的位置在 $f_s=\frac{1}{T_s}$ 处。图 7-3-1(b) 表示将基带信号先进行相关编码后的功率谱密度，此时可在$\frac{f_s}{2}$处插入位定时导频，在接收端取出$\frac{f_s}{2}$以后，经过二倍频得到 f_s。

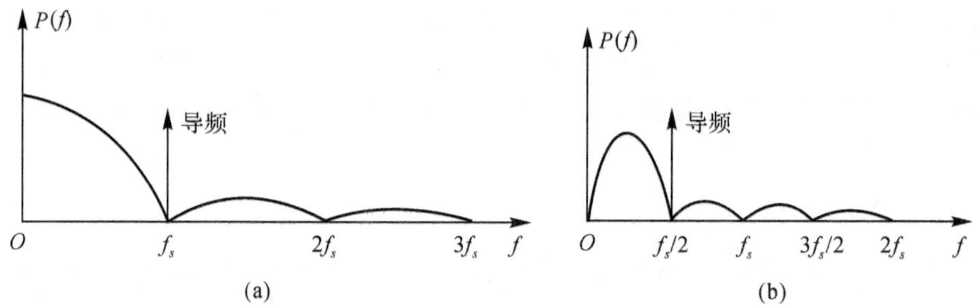

图 7-3-1 基带信号的功率谱密度特性

发送端插入位定时导频和接收端提取位定时导频的方框图如图 7-3-2 所示。

图 7-3-2(a) 是发送端发送插入位定时导频方框图，它对应于图 7-3-2(b) 所示功率谱的情况，发送端插入的位定时导频为$\frac{f_s}{2}$，接收端在解调后设置了$\frac{f_s}{2}$窄带滤波器，其作用是取出位定时导频，移相、倒相和相加器电路为的是把基带数字信号中的插入导频成分抵消掉，从而使进入抽样判决器的信号中没有插入导频成分，避免了插入导频对信号抽样判决的影响。由窄带滤波器取出的另一路导频$\frac{f_s}{2}$经移相、放大限幅、微分全波整流、整形等电路，产生位定时脉冲，微分全波整流电路起到倍频器的作用。因此，虽然导频是$\frac{f_s}{2}$，但位定时脉冲的重复频率则变为与码元速率相同的 f_s。图中的两个移相器都是用来消除窄带滤波器等引起相移而设置的。

2. 包络调制法

另一种插入导频的方法是包络调制法，又称双重调制导频插入法。

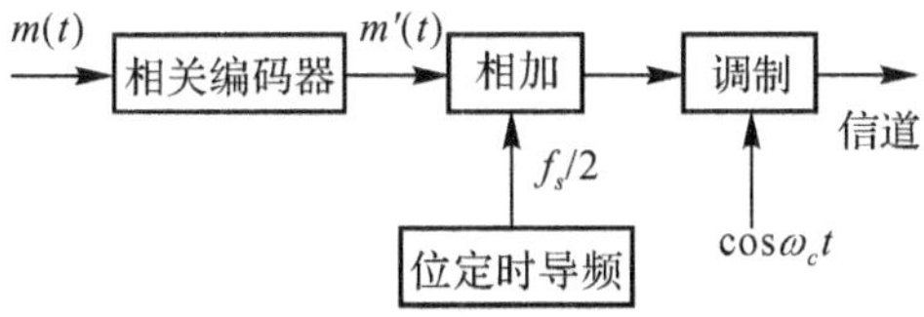

(a) 发送端

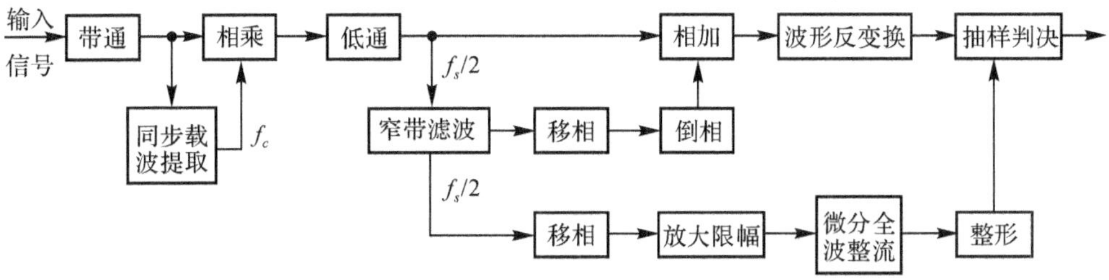

(b) 接收端

图 7-3-2　插入位定时导频方框图

在移频键控(FSK)、移相键控(PSK)的通信系统中,对这样的恒包络数字已调信号再进行附加调幅,调幅用的调制信号就是位同步信号。在接收端进行包络检波,就可以形成位同步信号。且对数字信号本身的恢复不造成影响。

以 PSK 为例,设有 PSK 信号为

$$s(t) = \cos[\omega_c t + \theta(t)] \tag{7-3-1}$$

若用 $\cos\Omega t$ 进行附加调幅后,得已调信号为 $(1+\cos\Omega t)\cos[\omega_c t + \theta(t)]$,其中 $\Omega = \frac{2\pi}{T_s}$,$T_s$ 为码元宽度。

接收端对它进行包络检波,得到包络为 $(1+\cos\Omega t)$,滤除直流成分,即可得到位同步分量 $\cos\Omega t$。

插入导频法的优点是接收端提取位同步的电路简单。但是,发送导频信号必须要占用部分发射功率,降低了传输的信噪比,削弱了抗干扰能力。

7.3.2　直接提取位同步法(自同步法)

直接提取位同步法就是直接从数字信号中提取位同步信号的方法,可具体分为滤波法和锁相法。

1. 滤波法

(1) 波形变换滤波法

不归零的随机二进制脉冲序列,不论是单极性还是双极性的,当 $P(0) = P(1) = \frac{1}{2}$(即 0,1 等概率)时,都没有 $f_s = \frac{1}{T_s}, \frac{2}{T_s}$ 等线谱,即功率谱中无位同步信号的离散分量,因而不能直接滤出 $f_s = \frac{1}{T_s}$ 的位同步信号分量。但是,若对不归零信号进行某种变换,例如变换成归零二进制脉冲序列,则经变换后的信号中会出现码元信号的频率分量,其频谱中将含有 $f_s = \frac{1}{T_s}$ 的分量,因此,可以应用窄带滤波器提取出该分量,再经移相、整形后可以形成位定时

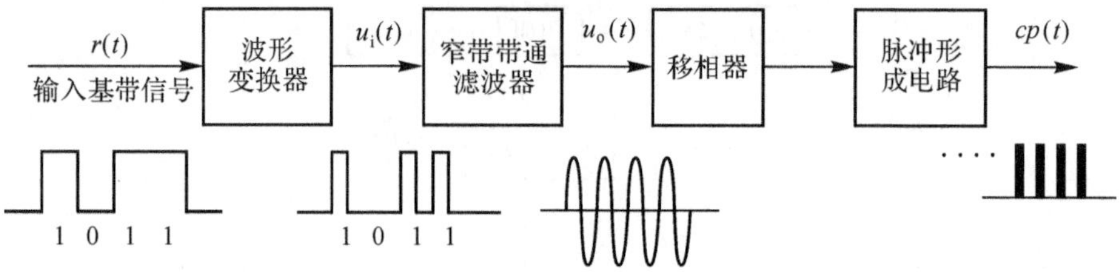

图 7-3-3 滤波法提取位同步方框图

脉冲。图 7-3-3 所示是波形变换滤波法提取位同步脉冲的原理方框图。它的特点是先形成含有位同步信息的信号，再用滤波器将位同步信息取出。图中的波形变换电路可以用微分、整流电路来实现。图 7-3-3 中 $r(t)$ 为数字基带通信系统接收滤波器的输出信号，也可以是相干接收机或非相干接收机低通滤波器的输出信号。波形变换器的输出信号必须是单极性归零码，窄带带通滤波器将 $u_i(t)$ 中频率等于码速的离散谱提取出来，再经移相电路和脉冲形成电路将正弦波信号 $u_o(t)$ 变为脉冲序列，得到有确定起始位置的位同步信号 $cp(t)$。微分的作用是把不归零矩形脉冲变为归零信号，全波整流的作用是把双极性随机序列变为单极性随机序列。现假设输入一个基带信号，用滤波法提取位同步信号所得到的各波形如图 7-3-4 所示。从图中可以看到，该序列码元的最小重复周期为 T_s，重复周期为 T_s 的归零脉冲必有 f_s 线谱。移相电路可以看成是用来调整位同步脉冲的相位，即位同步脉冲的位置，使之适应最佳判决时刻的要求。

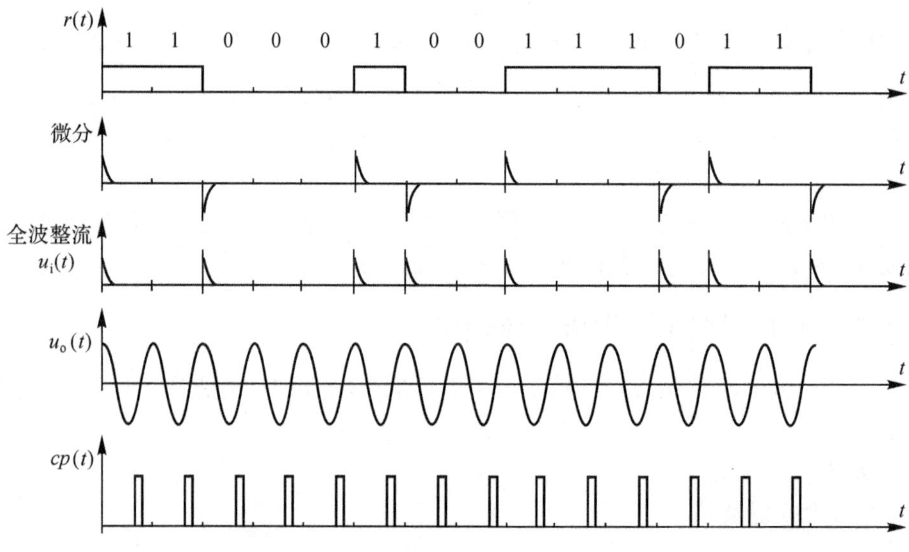

图 7-3-4 滤波法提取位同步的波形图

(2) 包络检波滤波法

这是一种从频带受限的中频 PSK 信号中提取位同步信息的方法，常用于数字微波中继通信中，图 7-3-5(a) 示出了频带受限的 2PSK 信号的位同步提取过程。当接收端带通滤波器带宽小于信号带宽时，使频带受限的 2PSK 信号在相邻码元的相位反转点处形成幅度的“平滑陷落”。经包络检波后得到图 7-3-5(b) 所示的波形，它可以看成是一直流与图(c) 所示的波形相减。而图(c) 波形是具有一定脉冲形状的归零脉冲序列，含有位同步的线谱分量，可用窄带滤波器取出。

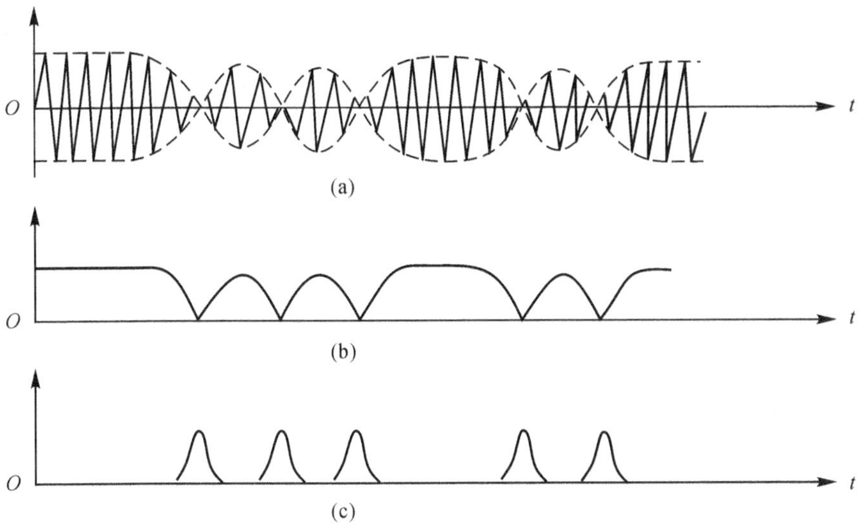

图 7-3-5　频带受限的 2PSK 信号位同步提取

2. 锁相法

位同步锁相法的基本原理与载波同步锁相法相类似。在接收端利用鉴相器比较所产生的位同步信号与接收码元的相位，若两者相位不一致(超前或滞后)，鉴相器就产生误差信号去调整位同步信号的相位，直至获得准确的位同步信号为止。前面介绍的滤波法中的窄带滤波器可以是简单的单调谐回路或晶体滤波器，也可以采用锁相环路。将采用锁相环路来提取位同步信号的方法称为锁相法。通常分为模拟锁相法和数字锁相法两类。模拟锁相法中的锁相环路采用模拟环，图 7-3-3 中其他部件均不变，仅将 f_s 窄带滤波器换成锁相环即可。环路中误差信号连续地调整位同步信号的相位。通过合理的环路设计，使环路的等效带通滤波器带宽可小至几赫兹，从而使位同步信号的相位抖动足够小。数字锁相法由数字锁相环组成，数字锁相环由数字电路构成，也可由软件构成或某些部件由软件构成。常见的数字锁相环位同步原理方框图如图 7-3-6 所示(不包括数字环路滤波器 DLF)。图中，n 次分频器、或门、扣除门和附加门一起构成数控振荡器(DCO)，此环路的基本工作原理是：相位比较器(鉴相器) 输出的两个信号(超前脉冲和滞后脉冲) 通过控制常开门(扣除门) 和常闭门(附加门) 的状态，改变 n 次分频器输出信号的周期(一次改变 $2\pi/n$)，使环路逐步达到锁定状态。这种锁相环的同步建立时间比较长，当需要快速建立同步信号时，可用 7-3-7 所示的快速捕捉数字锁相环。

7.3.3　位同步误差对误码率的影响

位同步系统的性能指标与载波同步系统类似，除了效率以外，主要有相位误差 θ_e、同步建立时间 t_s、同步保持时间 t_c 和同步带宽 Δf_s。下面以数字锁相法为例进行讨论。

(1) 相位误差 θ_e

位同步信号的平均相位和最佳抽样点的相位之间的偏差称为静态相差。由于种种原因

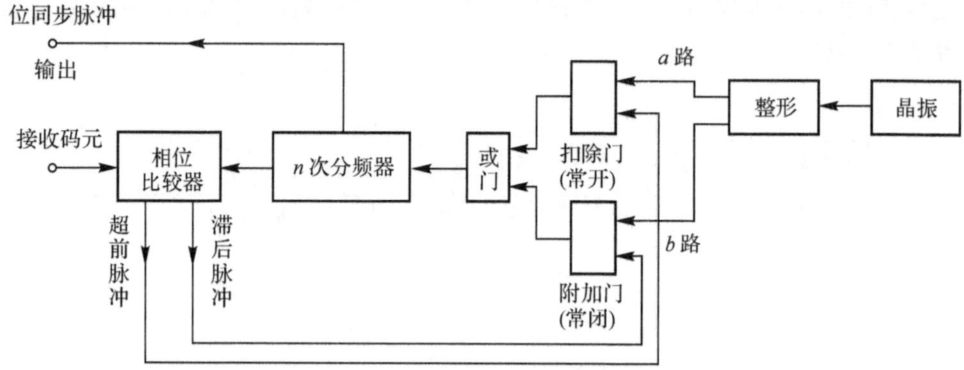

图 7-3-6 数字锁相环位同步器原理方框图

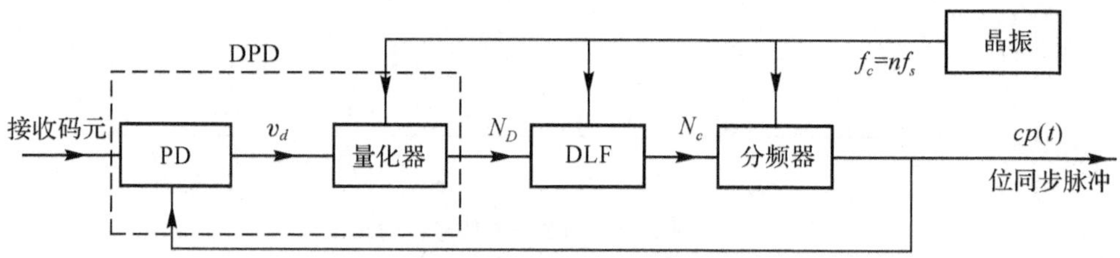

图 7-3-7 快速捕捉数字锁相环方框图

都会使位同步的相位产生静态漂移，使信号的判决点不在最佳位置。对于数字锁相法提取位同步而言，相位误差主要是由位同步脉冲在跳变地调整时所引起的，每调整一步，相位改变 $2\pi/n$（对应时间 T_s/n，T_s 为接收码元的周期，n 为分频器的分频次数)，用角度表示为$\frac{360°}{n}$，用这个最大的相位误差来表示 θ_e，可得

$$\theta_e = \frac{360°}{n} \tag{7-3-2}$$

可见，n 越大，最大相位误差 θ_e 越小，误码率就越低。

相位误差有时用时差 T_e 表示，即

$$T_e = \frac{T_s}{n} \tag{7-3-3}$$

由于收发位定时之间存在相位差（或存在时差 T_e)，使误码率比位同步无相差时要增加。

(2) 同步建立时间 t_s

同步建立时间为失去同步后重建同步所需的最长时间。建立同步最不利的情况是位同步脉冲与输入信号相位相差 $T_s/2$，锁相环每调整一步仅能移 T_n 秒，故需最大的调整次数为

$$N = \frac{T_s/2}{T_s/n} = \frac{n}{2} \tag{7-3-4}$$

接收随机数字信号时，可以近似认为两相邻码元中出现 01,10,11,00 的概率相等，其中有过零点的情况占一半。在数字锁相法中，都是在数据过零点时提取标准脉冲，并用来比相。因此，平均来说，相当于两个周期($2T_s$) 可调整一次相位，故同步建立时间为

$$t_s = 2T_sN = nT_s \tag{7-3-5}$$

为使 t_s 减少，故要求减少 n。这与希望相位误差 θ_e 小的要求是矛盾的，因此应适当选取 n

值。

(3) 同步保持时间 t_c

当同步建立后，一旦接收的输入信号中断或接收信号中的位同步信息消失，从信号中断到位同步电路输出的位同步信号中断为止这段时间称为位同步的保持时间 t_c。这是由于收发双方的固有位定时之间总存在频差 ΔF，使接收端同步信号的相位逐渐发生漂移，时间越长，相位漂移量越大，直至漂移量达到某一允许的最大值，就算失步了。

通过分析可以求得同步保持时间 t_c 为

$$t_c = \frac{1}{K\Delta F} \tag{7-3-6}$$

式中，ΔF 为收、发两端振荡器的频差，K 为一常数。

若收发两端振荡器的频率稳定度相同，则要求每个振荡器的频率稳定度不能低于

$$\frac{\Delta F}{2F_0} = \pm \frac{1}{2t_c K F_0} \tag{7-3-7}$$

式中，F_0 为收发两端固有码元重复频率的几何平均值。

(4) 同步带宽 Δf_s

同步带宽是指位同步频率与码元速率之差。如果这个频差超过一定范围，就无法使接收端位同步脉冲的相位与输入信号的相位同步。

可以求得同步带宽表示式为

$$|\Delta f_s| = \frac{F_0}{2n} \tag{7-3-8}$$

(5) 位同步相位误差对性能的影响

由于相位误差的存在将直接影响到抽样判决时刻，使抽样判决点偏离其最佳位置。在基带传输和频带传输的解调过程中都是在抽样点的最佳时刻进行判决的，所得到的误码率公式也都是在最佳抽样时刻得到的。当位同步信号存在相位误差时，必然引起误码率的增高。

7.4　帧同步(群同步)

帧同步的任务就是在位同步的基础上找出数字信号中一个分组、一个字符或一帧的开头和结尾的时刻，使接收设备的帧定时与接收到的信号中的帧定时处于同步状态，从而使各分组、各字符或时分复用信号中各路信码得到正确的分路译码。为实现帧同步，通常采用的方法有两类：一类是在数字信息流中插入一些特殊码组作为每帧的头尾标记，接收端根据这些特殊码组的位置就可以实现帧同步，这一类方法称为外同步法；另一类方法则不需要外加特殊码组，它类似于载波同步和位同步中的直接法，利用数据码组本身之间彼此不同的特性来实现帧同步，这种方法称为自同步法。这里只讨论第一类方法。插入特殊码组实现帧同步的方法有两种，即连贯式插入法和间隔式插入法。在介绍这两种方法以前，先简单介绍一种起止式同步法。

7.4.1　帧同步的方法

1. 起止式同步法

在数字电传机中广泛使用起止式同步。在电传报文中，一个字由 7.5 个码元组成共计

7.5 bit,其中5个码元是信息码元。为了标志每个字的开头和结尾,在5个信息码元的前后分别加上1个码元的字起始码元(用低电平表示)和1.5个码元的字终止码元(用高电平表示),起止式同步法的字结构如图7-4-1所示。

接收端根据字电平第一次转到低电平这一特殊标志来确定一个字的起始位置,从而实现字同步。在数字通信中,由于这种结构码元的非整数倍特性和传输效率低(仅为2/3)而不采用这种方式。

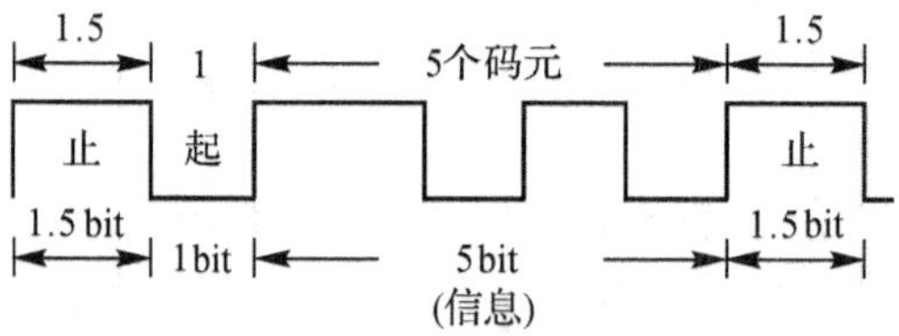

图7-4-1 起止式同步法的字结构

2. 连贯式插入法

在每一信息帧的开头集中插入一个帧同步码组,它是一个特殊码组,该码组应在信息码中很少出现,即使偶然出现,也不可能按照帧的规律周期出现,帧同步码组应容易产生和容易识别且码组的长度要合适。接收端按帧的周期性连续数次检测到该特殊码组,便获得了帧同步信息。

此特殊码组有全0码、全1码、1与0交替码、巴克码。电话基群中应用的帧同步码组为0011011,而常用的帧同步码组是巴克码。巴克码是一种具有特殊规律的二进制序列,其规律是:一个长度为n位的巴克码组$\{x_1,x_2,\cdots,x_n\}$,取值只可能取+1或-1,则它的自相关函数为

$$R(j)=\sum_{i=1}^{n-j}x_i x_{i+j}=\begin{cases}n & j=0\\ -1,0,+1 & 0<j<n\\ 0 & j\geqslant n\end{cases} \tag{7-4-1}$$

目前已找到的巴克码组如表7-1所示,表中"+"表示+1,"-"表示-1。

表7-1 巴克码组

n	巴克码组	n	巴克码组
2	++;-+	7	+++--+-
3	++-	11	+++---+--+-
4	+++-;++-+	13	+++++--++-+-+
5	+++-+		

以$n=7$为例,根据式(7-4-1)可以求得其自相关函数如下:

$j=0$ $\quad R(j)=7$

$j=\pm1,\pm3,\pm5,\pm7$ $\quad R(j)=0$

$j=\pm2,\pm4,\pm6$ $\quad R(j)=-1$

图7-4-2为七位巴克码的自相关函数,由图可见,其自相关函数$R(j)$在$j=0$时出现尖锐的单峰特性。局部自相关函数具有尖锐的单峰特性正是连贯式插入帧同步码组的主要要求之一。

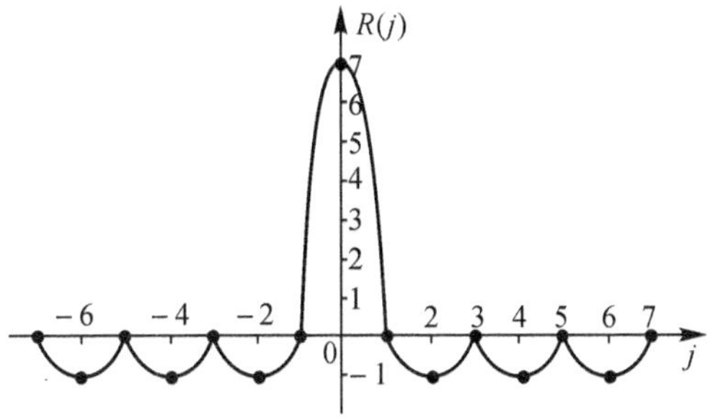

图 7-4-2　七位巴克码的自相关函数

巴克码识别器是指在接收端从信息码流(信息码 + 巴克码)中识别出巴克码的电路。巴克码识别器较容易实现,这里仍以七位巴克码为例,用 7 级移位寄存器、相加器和判决器就可以组成巴克码识别器,如图 7-4-3 所示。当输入数据的"1"存入移位寄存器时,"1"端的输出电平为"+1",而"0"端的输出电平为"−1";反之,当输入数据为"0"时,"0"端的输出电平为 +1,"1"端的输出电平为 −1。各移位寄存器输出端的接法和巴克码的规律一致,这样识别器实际上就是对输入的巴克码进行相关运算。当七位巴克码正好已全部进入 7 级移位寄存器时,7 个移位寄存器输出端都输出 +1,相加后得最大输出值为 +7;若判决器的判决门限电平定为 +6,那么就在七位巴克码的最后一位"0"进入识别器时,识别器输出一帧同步脉冲,表示一帧的开头。

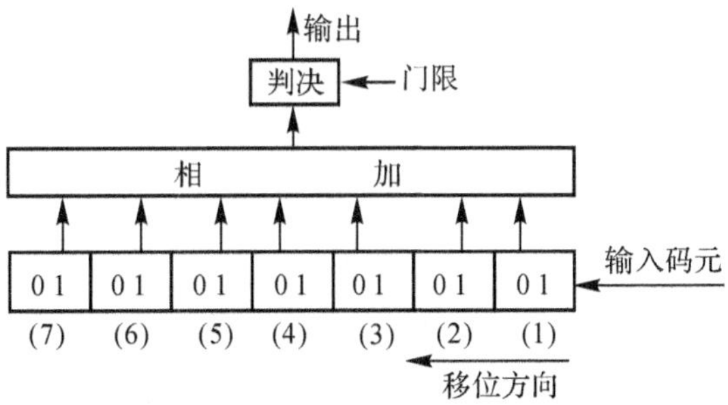

图 7-4-3　七位巴克码识别器

一般情况下,信息码不会正好都使移位寄存器的输出为 +1,因此实际上更容易判定巴克码全部进入移位寄存器的位置。

接收端接收到的信息码元自右向左逐比特进入移位寄存器。下面以一个最简单的情况为例,说明巴克码识别器的工作情况。假设仅计算巴克码(1110010)进入的移位寄存器的输出,而不考虑巴克码的影响,即假设无码元进入移位寄存器时其输出为 0。则七位巴克码识别器相加器的输出如表 7-2 所示。

表 7-2　巴克码识别器的各状态

时间	移位寄存器编号							输出
	1	2	3	4	5	6	7	
t_1	−1	0	0	0	0	0	0	−1
t_2	−1	+1	0	0	0	0	0	0
t_3	−1	+1	−1	0	0	0	0	−1
t_4	+1	+1	−1	−1	0	0	0	0
t_5	+1	−1	−1	−1	+1	0	0	−1
t_6	−1	−1	+1	−1	+1	+1	0	0
t_7	+1	+1	+1	+1	+1	+1	+1	+7
t_8	0	−1	−1	+1	−1	+1	+1	0
t_9	0	0	+1	−1	−1	−1	+1	−1
t_{10}	0	0	0	+1	+1	−1	−1	0
t_{11}	0	0	0	0	−1	+1	−1	−1
t_{12}	0	0	0	0	0	−1	+1	0
t_{13}	0	0	0	0	0	0	−1	−1

由表 7-2 可见，当判决电平取为 +6 时，在巴克码全部进入移位寄存器后，巴克码识别器将输出一个帧同步脉冲。

在实际数字通信系统中，帧同步码的前后都有信息码，而信息码又是随机的，若考虑一种最为不利的情况，即当巴克码只有部分码在移位寄存器时，信息码所占有的其他移位寄存器的输出全部是 +1，相当于表 7-2 中所有是 0 的位置全部变为 +1，这时 t_1 至 t_{13} 的输出依次应为 +5，+5，+3，+3，+1，+1，+7，+1，+1，+3，+3，+5，+5。

画出这两种巴克码的波形图，可见第一种情况的波形图如图 7-4-2 所示，而第二种情况的波形图如图 7-4-4 所示。因此，在最不利的情况下，识别器仍能通过判决输出一个帧同步脉冲，表示帧的起始时刻。当信息码流进入巴克码识别器时，识别器的输入和输出波形如图 7-4-5 所示。

图 7-4-4　巴克码的波形

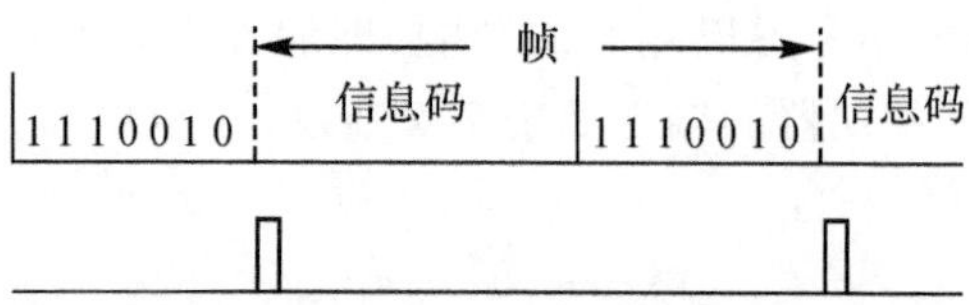

图 7-4-5　巴克码识别器的输入、输出波形

3. 间歇式插入法(分散插入法)

在某些情况下帧同步码组并不集中插入信息码流中,而是将它分散地插入,即每隔一定数量的信息码元,插入一个帧同步码元。例如在24路PCM系统和30/32路增量编码系统一般都采用"1","0"码作为同步码间隔插入的方法,即一帧插入"1"码,另一帧插入"0"码作为同步码。接收端对接收到的总信息码元逐位进行检测,以确定同步码的位置,这种同步检测方法称为逐码移位法。图7-4-6示出了逐码移位法同步检测的原理框图。

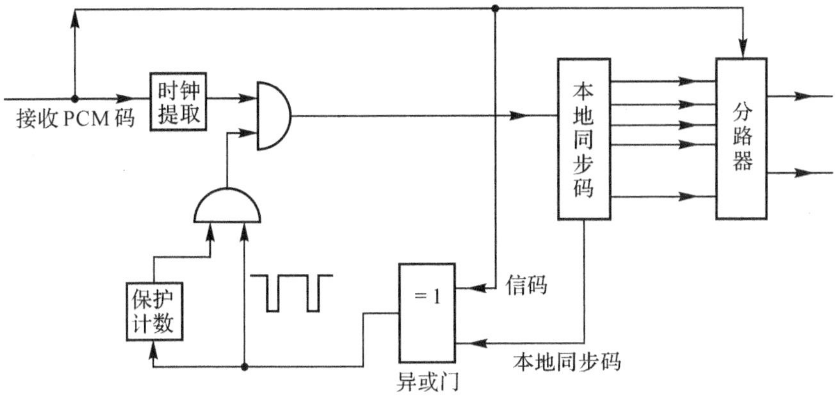

图7-4-6　逐码移位法帧同步原理

在检测帧同步码时,本地首先产生"1","0"交替的帧同步码——本地同步码,本地同步码与接收到的信码进行逐位比较,图中的异或门实际上实现了模2加法器的加法运算。当本地同步码与接收码不一致时,产生一个脉冲去调整本地同步码,直到收发完全同步为止。

7.4.2　帧同步的性能

衡量帧同步系统性能的指标有漏同步概率P_1、假同步概率P_2和帧同步的平均建立时间t_s。一般要求系统的漏同步概率P_1和假同步概率P_2都要小,同时也要求帧同步的平均建立时间t_s要短,但这三个性能指标之间存在一定的矛盾。下面主要分析连贯式插入法的性能。

(1) 漏同步概率P_1

由于干扰的影响会引起同步码组中的一些码元产生误码,从而使识别器漏识别已发出的同步码组,导致帧同步信息丢失,通常称为漏同步。出现这种情况的可能性称为漏同步概率,用P_1表示。例如图7-4-3所示,识别器的判决门限电平定为+6,若由于存在干扰,七位巴克码有一位错误,这时相加器输出最大值变为+5,小于判决门限,使识别器漏识别了帧同步码组。若在这种情况下,将判决门限降为+4,识别器就不会漏识别,这时判决器容许七位同步码组中有一个错误码元。下面计算漏同步概率。

设码元的误码率为P,帧同步码组的码元数为n,判决器容许码组中的错误码元最大值为m,则同步码组的n个码元中,所有不超过m个错误码元的码组都能被识别器识别,于是,未漏同步的概率为$\sum_{r=0}^{m} C_n^r P^r (1-P)^{n-r}$,故得漏同步的概率为

$$P_1 = 1 - \sum_{r=0}^{m} C_n^r P^r (1-P)^{n-r} \tag{7-4-2}$$

例如：七位巴克码识别器，系统误码率 $P = 10^{-4}$，在 $m = 0$ 和 $m = 1$ 时，漏同步的概率 P_1 分别为

当 $m = 0$ 时，$P_1 = 1 - (1 - 10^{-4})^7 \approx 7 \times 10^{-4}$

当 $m = 1$ 时，$P_1 = 1 - (1 - 10^{-4})^7 - 7 \times 10^{-4} \times (1 - 10^{-4})^6 \approx 2.1 \times 10^{-7}$

(2) 假同步概率 P_2

由于被传输的信息码元是随机的，完全有可能出现与帧同步码组完全相同的信息码组，这时识别器会将它当做帧同步码组来识别而造成假同步，发生这种情况的可能性称为假同步概率，用 P_2 表示。

因此，计算假同步概率 P_2 就是计算消息码元中能被判为同步码组的组合数与所有可能的码组数之比。设二进制信息码中 1,0 码等概出现，$P(1) = P(0) = 0.5$，则由该二进制码元组成位码组的所有可能的码组数为 2^n 个，而其中能被判为同步码组的组合数也与 m 有关。若 $m = 0$，只有 C_n^0 个码组能被识别；若 $m = 1$，则有 $C_n^0 + C_n^1$ 个码组能被识别。依此类推，就可写成普遍式，信息码中可被判为同步码组的组合数为 $\sum_{r=0}^{m} C_n^r$，由此得假同步概率为

$$P_2 = \frac{1}{2^n} \sum_{r=0}^{m} C_n^r \tag{7-4-3}$$

例如：设帧同步码组中的码元数为 $n = 7$，当最大错码数 $m = 0$ 和 $m = 1$ 时，假同步概率分别为

当 $m = 0$ 时，$P_2 = \frac{1}{2^7} \sum_{r=0}^{0} C_7^r = \frac{1}{2^7} = 7.8 \times 10^{-3}$

当 $m = 1$ 时，$P_2 = \frac{1}{2^7} \sum_{r=0}^{1} C_7^r = \frac{1}{2^7}(1 + 7) = 6.25 \times 10^{-2}$

由以上两组实例分析可知，当判决器允许帧同步码组中的最大错码数 m 增大时，P_1 增大而 P_2 下降，因而 P_1 和 P_2 两者是矛盾的，因此对 n,m 的选择要兼顾对 P_1 和 P_2 的要求。

(3) 平均同步建立时间 t_s

对于连贯式插入法，假设漏同步和假同步都不出现，在最不利的情况下(即从信码中的同步码后位开始)，实现帧同步最多需要一帧时间。设每帧由 N 个码元构成(其中 n 位为帧同步码)，每个码元时间为 T_s，则一帧时间为 NT_s。在建立同步过程中，如出现一次漏同步或假同步，则建立时间要增加 NT_s，因此，帧同步的平均建立时间大约为

$$t_s \approx (1 + P_1 + P_2) NT_s \tag{7-4-4}$$

对于分散插入法，其平均建立时间经分析计算约为

$$t_s \approx N^2 T_s \tag{7-4-5}$$

帧同步的平均建立时间越短，通信的效率越高，通信的性能就越好。比较连贯式插入法和分散插入法帧同步，可以看出，连贯式插入法的帧同步平均建立时间比分散插入法要短得多，因而在数字传输系统中广泛采用前者。

为了使同步系统的性能可靠，抗干扰能力强，在实际系统中总是加以前向和后向保护。前向保护使假同步概率减小，但增加了同步建立时间，后向保护可以使漏同步概率减小。关于详细分析请参阅有关资料。

本章小结

本章介绍了通信系统中的同步技术。所谓同步是指保证通信正常工作，收发两端步调一致的工作方式。

通信系统中最基本的同步是载波同步、位同步和帧同步。本章主要讲述了这三种同步的实现原理与方法，讨论了它们的性能指标，并对影响性能指标的原因给予了必要的分析。

本章仅介绍了基本的同步理论与同步技术，通过直接给出同步系统的原理方框图，阐述其工作原理，而没有进一步说明所给出的同步方案是如何得到的，是否是最佳方案。进一步深入研究同步理论和技术，读者可参阅相关文献资料。

(1) 载波同步的方法有插入导频法(外同步法)和直接法(自同步法)两类。插入导频法中导频信号的形式是正交载波；直接法对于二相信号，典型的方法是平方环法和同相正交环(Costus 环)法。载波同步系统的主要性能指标是高效率和高精度。高效率是指在获得载波的情况下尽量减少发送功率的消耗。直接法不需专门发送导频，因而效率高；插入导频法要消耗一部分发送功率，因而效率要低些。所谓高精度就是要求提取的相干载波与所需的载波标准相比较其相位误差 $\Delta\varphi$ 应尽量小。载波相位误差包括稳态相位误差 θ_v 和随机相位误差 σ_φ。稳态相位误差与提取的电路密切相关，而随机相位误差则由随机噪声引起。另外，性能指标还有同步建立时间 t_s 和同步保持时间 t_c，要求 t_s 要短，而 t_c 要长。

载波相位误差对于不同解调信号性能的影响不同。对于 DSB 和 2PSK 等双边带信号，只是引起信噪比下降 $\cos^2\Delta\varphi$ 倍，对于单边带信号和 VSB 信号，$\Delta\varphi$ 不仅会引起信噪比下降，而且还会引起信号畸变，$\Delta\varphi$ 越大畸变将越大。

(2) 位同步是正确抽样判决的基础，位同步实现的方法也可分为插入导频法和直接法两类。插入导频法和载波同步中插入导频法原理基本相同，在基带信号频谱的零点处插入所需的位定时导频信号。直接法有滤波法和锁相法两种形式。位同步锁相法主要利用数字锁相环来提取位同步信号。

位同步系统的性能指标有相位误差 θ_e、同步建立时间 t_s、同步保持时间 t_c 和同步带宽 Δf。与误码率直接相关的指标是相位误差 θ_e。位同步存在相位误差时，误码率比位同步无相差时要增加。

实现帧同步的方法主要是插入特殊码组，有连贯式插入法和间歇式插入法两种。常用连贯式插入法，而常用的帧同步码组是巴克码。

(3) 帧同步系统的性能主要有同步的可靠性和同步建立时间。同步的可靠性由漏同步概率 P_1 和假同步概率 P_2 决定，一般系统要求漏同步概率和假同步概率要小，帧同步建立时间 t_s 要短。但三个性能指标之间存在一定的矛盾。实际系统中可增加保护措施提高系统抗干扰能力。

习　题

7-1　已知单边带信号为 $s(t)=m(t)\cos\omega_c t+m(t)\sin\omega_c t$，试证明不能用平方变换法提取载波同步信号。

7-2　已知单边带信号的表示式为 $s(t)=m(t)\cos\omega_c t+m(t)\sin\omega_c t$，若采用与抑制载波双边带信号导频插入完全相同的方法，试证明接收端可以正确解调；若发送端插入的导频是调制载波，试证明解调输出中也含有直流分量。

7-3　如果用 Q 为 10^5 的石英晶体滤波器作为窄带滤波器提取同步载波，设同步载波频率为 10 MHz，求石英晶体滤波器谐振频率为 9999.95 kHz 时的稳态相位差 θ_v。

7-4　正交双边带调制的原理方框图如题 7-4 图所示，试讨论载波相位误差 φ 对该系统有什么影响。

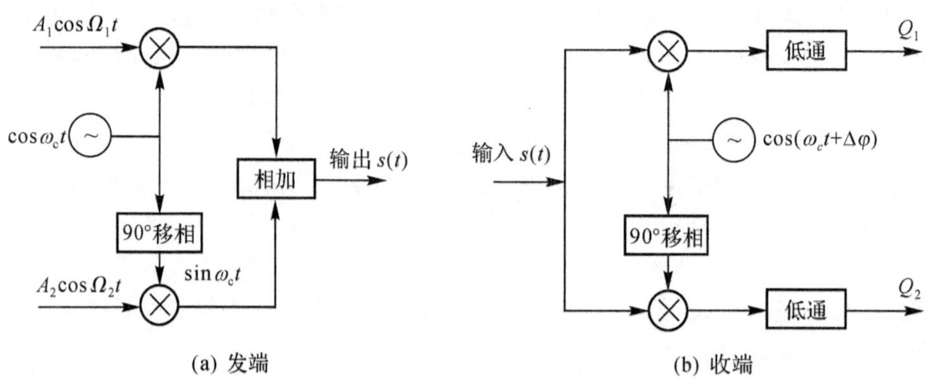

题 7-4 图

7-5　设有题 7-5 图所示的基带信号，它经过一带限滤波器后会变为带限信号，试画出从带限基带信号中提取位同步信号的原理方框图和各点波形。

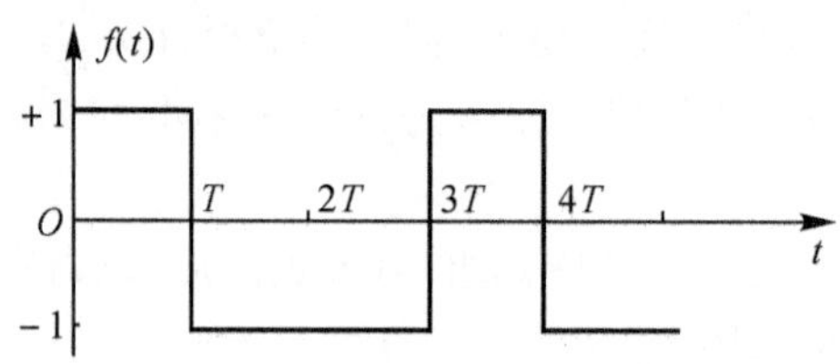

题 7-5 图

7-6　若七位巴克码组的前后为全"1"序列，加于如题 7-6 图所示的码元输入端，且各移存器的初始状态均为零，假定判决电平门限为 +6，试画出识别器的输出波形。

7-7　若七位巴克码组的前后为全"0"序列，加于如题 7-6 图所示的码元输入端，且各移存器的初始状态均为零，假定判决电平门限为 +6，试画出识别器的输出波形。

7-8　画出 DSB 系统提取载波的发送端插入导频信号的方框图以及接收端提取载波与信号解调的方框图；画出 VSB 系统插入导频的位置及提取同步载波及解调方框图。

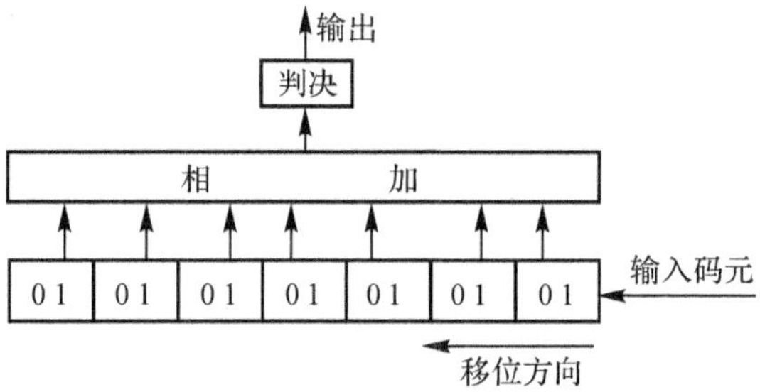

题 7-6 图

实践项目

1. 用数字锁相法提取位同步信号，其实现方框图如图 1 所示。

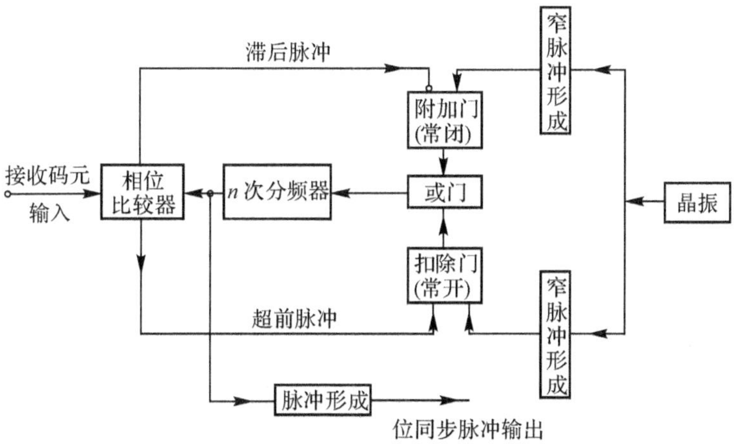

图 1　数字锁相环位同步提取原理方框图

要求完成的内容有：

(1) 完成原理方框图中各部分单元电路的硬件设计；

(2) 完成用 FPGA 实现位同步信号提取的顶层图设计；

(3) 由顶层图进行 VHDL 时序仿真，获得时序仿真波形图。(可选)

第 8 章　差错控制编码

8.1　引言

通信系统的主要质量指标为有效性和可靠性。为了提高这两个指标，常用编码技术。编码通常分为信源编码和信道编码。信源编码是指在数字通信中为了提高信号传输的有效性而采取的编码措施；信道编码是指在数字通信中为了提高信号传输的可靠性而采取的编码措施。本章要介绍的差错控制编码属于后者。

8.1.1　差错控制编码的目的

数字信号在实际信道的传输过程中，由于信道特性的不理想和线路本身电器特性造成的随机噪声、信号幅度的衰减、频率和相位的畸变、电气信号在线路上产生反射造成的回音效应、相邻线路间的串扰以及各种外界因素（如大气中的闪电、开关的跳火、外界强电流磁场的变化、电源的波动等）都会造成信号的失真。这种失真将会使接收端收到的二进制比特和发送端实际发送的二进制比特不一致，从而造成由“0”变成“1”或由“1”变成“0”的差错，即产生误码。

这种误码按其分布的规律来分，有三种类型：(1) 随机差错：由信道的加性随机噪声引起的差错，例如正态分布的白噪声引起的差错，相应的信道称为随机信道；(2) 突发差错：在某一段时间内出现一连串的差错，例如移动通信中信号在某一段时间内发生衰落，相应的信道称为突发信道；(3) 混合差错：既有随机差错又有突发差错，相应的信道称为混合信道。

解决这些差错的途径有：(1) 合理设计基带信号传输码型；(2) 采用均衡技术；(3) 提高信噪比，即加大发送功率；(4) 适当选择调制解调方式；(5) 采用差错控制编码。前四种的内容在 前面各章中已经介绍过了，而且当采用这几种途径而误码率的指标仍然不能满足要求时，就需要采用差错控制编码。

8.1.2　差错控制编码的方法

数据通信中常用的差错控制方法有以下几种。

1. 自动请求重发方法(ARQ, Automatic Repeat Quest)

发送端发送能检错的码，接收端收到码元后进行判决，若没错就接收，若有错就丢弃，并把反馈信息经反向信道送回发送端，发送端再重发，直到接收端正确接收为止，原理框图如

图 8-1-1 所示。这种方式的特点是必须使用双向信道、实时性差。

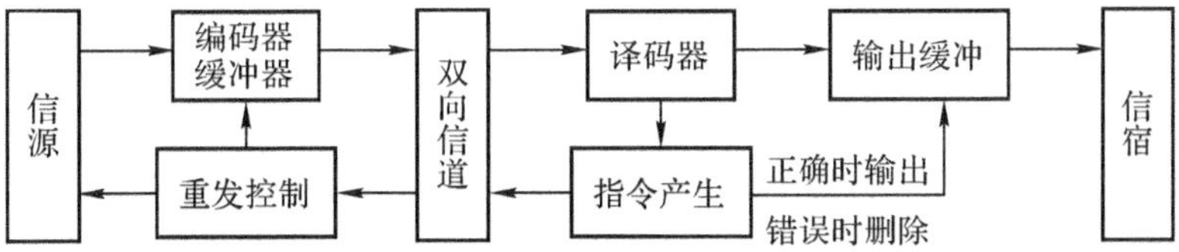

图 8-1-1　ARQ 方法方框图

图 8-1-2　FEC 方法方框图

2. 前向纠错法(FEC,Forward Error Control)

发送端发送能够纠错的码,接收端收到信码后自动纠正错码,原理框图如图 8-1-2 所示。其特点是采用单向传输、实时性好,但译码设备复杂。

3. 反馈校验法

发送端把编码后的信码经正向信道发送出去,接收端将接收到的信码原封不动地经反向信道转发回发送端,发送端再与原发送信码相比较,若发现错误,发送端再重发;若正确就发送下一个信码,原理框图如图 8-1-3 所示。其特点是:编码器较复杂,译码器简单,实时性差。

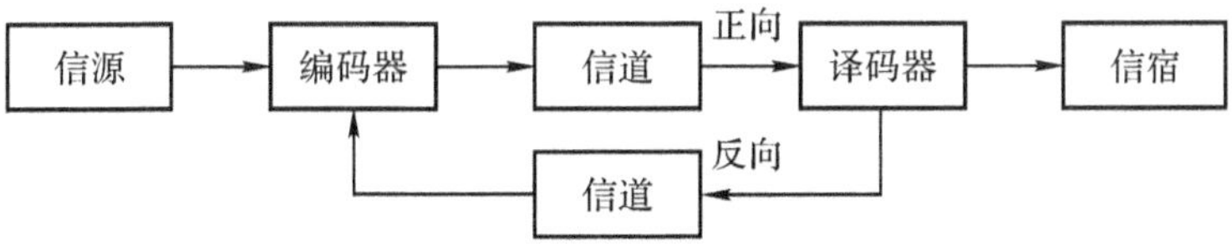

图 8-1-3　反馈校验法方框图

4. 混合纠错法(HEC)

发送端发送检、纠错的码,收端收到码后,若在纠错范围内,自动纠错;若超出纠错能力但在检错能力范围内就经反馈信道请求发送端重发。这种方法结合了前面几种方法的优点,因此误码率较低,但相应设备较复杂。

8.2　差错控制编码的基本原理

8.2.1　差错控制编码的基本概念

1. 几个名词解释

(1) 码字:由若干个码元组成,如 10001100。

(2) 码组:多个码字构成的集合,如{000000,001110,010101,011011,100011,101101,110110,111000}。

(3) 码距:两个等长码字之间对应位不同的个数,也称为汉明距离,用 d 表示。例如码字

10010 和 01110，有 3 个位置的码元不同，所以 $d = 3$。码组集合中各码字之间距离的最小值，称为最小码距，用 d_{min} 表示。

(4) 码重：码字中“1”码元的个数，用 W 表示。例如码字 11001 的码重 $W = 3$。

2. 差错控制编码的基本原理

(1) 编码的基本思想

从一个例子来说明，例如：当某位同学收到他朋友发来的一条短信“星期二上午四点到西湖边”，他会判断这里有错，其一对方明明知道该同学星期二整天都有课，其二上午四点显然不对，而且以前都是在上午十点见面，这样他将根据他们之间的熟悉程度（某种关联性或约束关系），就把原信息纠正为“星期日上午十点到西湖边”。但是一些机器不懂得这些自然的关联性，因此我们在发送信息时，要人为地加入类似的关联性，使接收端也能按某种约定进行判别，从而达到检、纠错的目的。

这样我们不难得出差错控制编码的基本思想：在信息码序列中加入一些冗余位（监督码），使信息码元产生某些关联性，或者说利用附加码元与信息码之间的约束关系加以检验，以检测和纠正错误。这种纠 / 检错能力是用编码的冗余度换取的。

(2) 编码的基本原理

在发送端把原来的信息码序列按 k 位分成若干段，根据收发双方约定的关系在每段后加入 r 位监督码元，产生一个 $n = k + r$ 位的编码，接收端按同样的约束关系进行判别，从而发现甚至纠正错误。因此，不难理解不同的编码方法，有不同的检错和纠错能力，增加监督码元越多，检（纠）错能力越强。差错控制编码原则上是以降低 R_b 来换取可靠性的提高（即 P_e 更小）。

(3) 编码效率 η

编码效率指码字中的信息码元个数与码字总长度的比值。$\eta = \dfrac{k}{n} = 1 - \dfrac{r}{n}$。

8.2.2 码距与纠错能力的关系

接下来我们以用重复码发送天气预报为例来说明码距与纠错能力之间的定量关系。

表 8-1 不同编码位数发送天气预报的纠错情况

	晴	雨	码距	纠错能力	备 注
情形 1	1	0	1	无	
情形 2	11	00	2	检 1 位错	
情形 3	111	000	3	检 2 位错、纠 1 位错	根据最大似然法

从表 8-1 中可知，情形 1 用 1 个 bit 表示两种状态，没有冗余状态，因此没有任何检、纠错能力；情形 2 用 2 个 bit 表示两种状态 11（晴）、00（雨），常把 11，00 称为许用码字，还有两种不被使用的状态 01，10，称为禁用码字，当许用码字错一位，就变成禁用码字，因此可以判断有一位错了，但还是不知道到底哪位错了；情形 3 用 3 个 bit 表示两个许用码字 111（晴）、000（雨），因此还有 6 个禁用码字，此时当发生一位错码时，例如 111 错成 110，不仅可以检测错误，而且根据最大似然法可以纠正错误；当发生两位错码时，例如 000 错成 101，仍然可以

检测出有错误，但根据最大似然法判断成 111 错成 101，所以不能纠 2 位错。造成以上三种情形不同纠检错能力的原因在于码距的不同，因此最小码距是衡量码组检错和纠错能力的依据。在这里我们不加证明地利用有关结论，其关系如下：

(1) 为检测 e 个错码，则要求最小码距 $d_{\min} \geqslant e+1$；

(2) 为纠正 t 个错码，则要求最小码距 $d_{\min} \geqslant 2t+1$；

(3) 为纠正 t 个错码，同时为检测 e 个错码，则要求最小码 $d_{\min} \geqslant e+t+1, e>t$。

8.2.3　差错控制编码的分类

根据不同的检、纠错能力及编码效率的要求，实际应用中有很多种差错控制编码。为了便于理解，把差错控制编码按不同的方法进行分类。

(1) 根据用途可分为检错码、纠错码和纠删码。检错码和纠错码，可以分别检验和纠正随机错码或突发错码；而纠删码则同时具有纠错和检错能力，当发现不可纠正错误时，发出错误指示或将其删除。

(2) 根据信息码元和监督码元之间的函数关系可分为线性码和非线性码。线性码是指其约束关系为线性关系，可用线性方程组来表示，如线性分组码中的循环码、汉明码等；非线性码是指其约束关系为非线性关系，如卷积码等。

(3) 根据码组中的码字结构可分为循环码和非循环码。

(4) 根据信息码元和监督码元之间的约束方式不同可分为分组码和卷积码。分组码的监督码元仅与本码组的信息码元有关；卷积码的监督码元不仅与本码组的信息码元有关，还与前面若干码组的信息码元有关。

接下来介绍几种常用和重要的差错控制编码。

8.3　常用的简单编码

8.3.1　奇偶校验码

奇偶校验码(也称奇偶监督码)，是一种通过增加冗余位使得码字中“1”的个数为奇数或偶数的编码方法，它是一种检错码。可分为奇数监督码和偶数监督码两种，两者原理和检错能力都相同。监督码只有一位，编码后码组中“1”的个数为奇数称为奇监督，“1”的个数为偶数称为偶监督，能够检测奇数个错码，适用于检测随机错误。奇偶校验码又分为垂直奇偶校验和水平奇偶校验，各自的特点及编码规则如下。

1. 垂直奇偶校验的编码规则及特点

下面以图 8-3-1 所示为例加以说明。假定把信息位按 p 位数长分成 q 列，用 a_{ij} 表示，$i=1,2,\cdots,p; j=1,2,\cdots,q$。然后在每一列的末位加一位奇偶监督位，也称为冗余位，用 r_j 表示，$j=1,2,\cdots,q$。现在来讨论其编码规则和特点。

(1) 编码规则：

偶校验　$r_j = a_{1j}+a_{2j}+\cdots+a_{pj} \qquad (j=1,2,\cdots,q)$

奇校验　$r_j = a_{1j}+a_{2j}+\cdots+a_{pj}+1 \qquad (j=1,2,\cdots,q)$

式中，p 为码字的定长位数；q 为码字的个数。

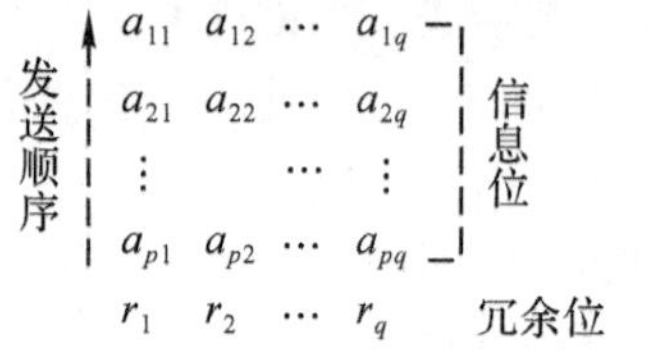

图 8-3-1 垂直奇偶校验编码示例

(2) 编码效率：$R = p/(p+1)$。

(3) 特点：垂直奇偶校验又称纵向奇偶校验，它能检测出每列中所有奇数个错，但检测不出偶数个错。因而对差错的漏检率接近 1/2。

(4) 数据发送举例：这种编码在计算机的数据传输中得到广泛应用。

假定要发送数字 $0 \sim 9$，首先写成 ASCII 码的信息位及编码后的奇、偶监督码，如表 8-2 所示，然后按从低位到高位的顺序发送，监督位为最高位，因此实际发送的数据按 $C_7C_6C_5C_4C_3C_2C_1C_0$ 的顺序逐列发送，在偶校验的情况下变为分别发送 00110000，10110001，10110010，00110011，10110100，00110101，00110110，10110111，10111000，00111001。

表 8-2 垂直奇偶校验发送数字 0 ～ 9 编码表

位\数字		0 1 2 3 4 5 6 7 8 9
C_0		0 1 0 1 0 1 0 1 0 1
C_1		0 0 1 1 0 0 1 1 0 0
C_2		0 0 0 0 1 1 1 1 0 0
C_3		0 0 0 0 0 0 0 0 1 1
C_4		1 1 1 1 1 1 1 1 1 1
C_5		1 1 1 1 1 1 1 1 1 1
C_6		0 0 0 0 0 0 0 0 0 0
C_7	偶	0 1 1 0 1 0 0 1 1 0
	奇	1 0 0 1 0 1 1 0 0 1

2. 水平奇偶校验的编码规则及特点

水平奇偶校验的情形与垂直的类似，因此不难理解以下结论：

(1) 编码规则(如图 8-3-2 所示)：

偶校验 $r_i = a_{i1} + a_{i2} + \cdots + a_{iq} \quad (i = 1,2,\cdots,p)$

奇校验 $r_i = a_{i1} + a_{i2} + \cdots + a_{iq} + 1 \quad (i = 1,2,\cdots,p)$

式中：p 为码字的定长位数；q 为码字的个数。

(2) 编码效率：$R = q/(q+1)$。

(3) 特点：水平奇偶校验又称横向奇偶校验，它不但能检测出各段同一位上的奇数个错，而且还能检测出突发长度 $\leqslant p$ 的所有突发错误。其漏检率要比垂直奇偶校验方法低，但其数据发送顺序按行发送，所以实现水平奇偶校验时，一定要使用数据缓冲器。

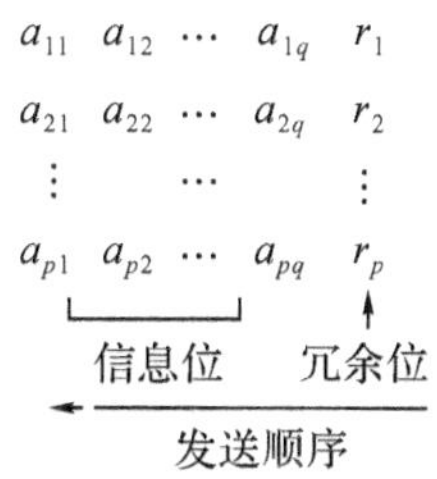

图 8-3-2　水平奇偶校验编码示例

8.3.2　二维奇偶校验码

奇偶校验码虽然简单，而且效率也很高，但检错能力不强，且无纠错能力。在实际应用过程中，在可靠性要求高的场合不能满足要求，因此对此加以改进，提出了二维奇偶监督码。

二维奇偶监督码又称为方阵码，或水平垂直奇偶校验，它是把上述奇偶监督码的若干码字排成矩阵，每一码字写成一行，再按列的方向增加第二维监督位。它能检测部分偶数个错码，适用于检测突发错码，检错能力较强。

(1) 编码规则(如图 8-3-3 所示)：

$$\begin{matrix} a_{11} & a_{12} & \cdots & a_{1q} & r_{1,q+1} \\ a_{21} & a_{22} & \cdots & a_{2q} & r_{2,q+1} \\ \vdots & \vdots & \cdots & \vdots & \vdots \\ a_{p1} & a_{p2} & \cdots & a_{pq} & r_{p,q+1} \\ r_{p+1,1} & r_{p+1,2} & \cdots & r_{p+1,q} & r_{p+1,q+1} \end{matrix}$$

图 8-3-3　二维奇偶校验编码示例

若水平垂直都用偶校验，则

$$r_{i,q+1} = a_{i1} + a_{i2} + \cdots + a_{iq} \qquad (i = 1,2,\cdots,p)$$
$$r_{p+1,j} = a_{1j} + a_{2j} + \cdots + a_{pj} \qquad (j = 1,2,\cdots,q)$$
$$r_{p+1,q+1} = r_{p+1,1} + r_{p+1,2} + \cdots + r_{p+1,q} = r_{1,q+1} + r_{2,q+1} + \cdots + r_{p,q+1}$$

(2) 编码效率：$R = pq/[(p+1)(q+1)]$。

(3) 特点：水平垂直奇偶校验又称纵横奇偶校验。它能检测出所有 3 位或 3 位以下的错误、奇数个错、大部分偶数个错以及突发长度 $\leqslant p+1$ 的突发错。可使误码率降至原误码率的百分之一到万分之一。还可以用来纠正部分差错。但有部分偶数个错不能检测出，当差错正好处于矩形四个角的情况，无法检测出来。该码适用于中、低速传输系统和反馈重传系统。

(4) 数据发送举例：以二维偶校验为例，数字 0 ～ 9 的编码如表 8-3 所示，发送时可以逐行传输也可逐列传输，假定用逐行传输，其发送的顺序为：01010101011，00110011000，00001111000，00000000110，11111111110，11111111110，00000000000，01101001101。

表 8-3 二维偶校验发送数字 0 ～ 9 编码表

位\数字	0 1 2 3 4 5 6 7 8 9	水平校验码字
C_0	0 1 0 1 0 1 0 1 0 1	1
C_1	0 0 1 1 0 0 1 1 0 0	0
C_2	0 0 0 0 1 1 1 1 0 0	0
C_3	0 0 0 0 0 0 0 0 1 1	0
C_4	1 1 1 1 1 1 1 1 1 1	0
C_5	1 1 1 1 1 1 1 1 1 1	0
C_6	0 0 0 0 0 0 0 0 0 0	0
C_7(垂直校验码字)	0 1 1 0 1 0 0 1 1 0	1

8.3.3 恒比码与正反码

1. 恒比码

在恒比码中，码组中每个码字均含有相同数目的"1"(和"0")。由于"1" 和"0" 的数目之比保持恒定，故得此名。在检测时，只要计算接收码组中的"1" 的数目是否对，就知道有无错误。它能检测所有奇数个错、部分偶数个错，但不能检测"1" 错成"0" 和 "0" 错成 "1" 的错码数目相同的偶数位错码。恒比码编码简单，检错能力强，适用于传输字母和符号，但对二进制随机数字序列不适用。

例如：我国电传机上用5取3恒比码(也称3∶2恒比码)，即3个"1"码，和2个"0"码，共有 $C_5^3=\dfrac{5!}{3!\times 2!}=10$ 个许用码字，分别代表0～9数字(如表8-4所示)，其中的四个数字代表一个中文字；其余 $2^5-10=22$ 个为禁用码字。国际电传电报中用7取3恒比码(也称3∶4恒比码)，即3个"1"码，和4个"0"码，共有 $C_7^3=\dfrac{7!}{3!\times 4!}=35$ 个许用码字，分别代表26个英文字母和其他符号。实践证明，这种码使通信的误码率保持在 10^{-6} 以下。

表 8-4 5 取 3 恒比码表

数字	编码	数字	编码
1	01011	6	10101
2	11001	7	11100
3	10110	8	01110
4	11010	9	10011
5	00111	0	01101

2. 正反码

正反码是一种简单的能够纠错的编码。其编码原理为编码的监督位数目与信息位数目相同，监督码元是信息码的重复还是反码，由信息码中"1" 的个数而定。"1" 的个数为奇数时监督码元是信息码元的重复，"1" 的个数为偶数时监督码元是信息码的反码。其译码原理为对接收到码字的信息位中"1"的个数进行判断。若"1"的个数为奇数,就把信息位和监督位逐位异或后的合成码字,作为校验码;若"1"的个数为偶数就把该合成码字的反码作为校验码,然后按照表 8-5 进行检、纠错。

表 8-5　检验方法

	校验码组成	错码情况
1	全为"0"	无错码
2	4 个"1",1 个"0"	信息码中有一位错码,其位置对应校验码中"0"的位置
3	4 个"0",1 个"1"	监督码中有一位错码,其位置对应校验码中"1"的位置
4	其他组成	错码多于一位

例如信息位为 11001,则按上述原理可以构成长度为 10 的正反码 1100111001,这样的 10 位码具有纠一位错码的能力,并能检测全部两位以下的错码和大部分两位以上的错码。

8.4 线性分组码

8.4.1 什么是线性分组码

1. 基本概念

(1) 分组码:先将信息码分组,然后给每组信码附加若干监督码的编码称为分组码,用符号(n,k)表示,k是信息码的位数,n是一个码字的总位数,又称为码长,$r=n-k$为监督位数。在这样的分组码中,总码字数共有 2^n 个,其中许用码字有 2^k 个,禁用码字有 2^n-2^k 个。

(2) 代数码:建立在代数学基础上的编码称为代数码。

(3) 线性码:线性码中信息位和监督位是按一组线性方程构成的。线性码是一种代数码。

(4) 线性分组码:信息码分组后,附加的监督码和信息码之间有一种关系,关系不同,形成码的类型也不同。分组后的定长信息码元和监督码元用线性方程组联系,所形成的码称为线性分组码,包括汉明码和循环码。

2. 在线性分组码中,有两个重要的性质

(1) 封闭性,即任何两个许用码字之和(按位模 2 加),仍为一许用码字;(2) 码组集合中的最小码距等于该码组中非全"0"码字的最小码重。

3. 编码效率

编码效率　$R=k/n$。

8.4.2 线性分组码的编码原理

一般说来,若有(n,k)码,其码长为 n,信息位为 k,则监督位为 $r=n-k$,如果满足 $2^r-1\geqslant n$,则有可能构造出纠正一位或一位以上错误的线性分组码。下面以(n,k)汉明码为例来说明编码原理。汉明码是一种能够纠正一位错码且编码效率较高的线性分组码,满足关系式:$2^r-1\geqslant n$ 或 $2^r\geqslant r+k+1$。为了简便起见,现在取 $n=7,k=4$,即(7,4)汉明码来讨论,此汉明码的编码效率为：$\eta = 1 - \frac{r}{n} = \frac{4}{7}$，$n$ 很大时，$\eta \to 1$。用 $a_6a_5a_4a_3a_2a_1a_0$ 表示这 7 个码元，其中 $a_6a_5a_4a_3$ 为信息码，$a_2a_1a_0$ 为监督码。用 $S_1S_2S_3$ 表示由 3 个监督方程式计算得到的校正子，并假设三位 $S_1S_2S_3$ 校正子码组与误码位置的对应关系如表 8-6 所示。

表 8-6　校正子码组与误码位置的对应关系

$S_1S_2S_3$	误码位置	$S_1S_2S_3$	误码位置
001	a_0	101	a_4
010	a_1	110	a_5
100	a_2	111	a_6
011	a_3	000	无错

根据表 8-6 的对应关系，可以得到以下逻辑关系式：

$$\begin{cases} S_1 = a_6 \oplus a_5 \oplus a_4 \oplus a_2 \\ S_2 = a_6 \oplus a_5 \oplus a_3 \oplus a_1 \\ S_3 = a_6 \oplus a_4 \oplus a_3 \oplus a_0 \end{cases} \tag{8-4-1}$$

并且当 $S_1S_2S_3 = 000$ 时，表明码字在传输过程中没有发生错误。基于这一约束关系，代入式(8-4-1)，可以得到以下方程组：

$$\begin{cases} a_6 \oplus a_5 \oplus a_4 \oplus a_2 = 0 \\ a_6 \oplus a_5 \oplus a_3 \oplus a_1 = 0 \\ a_6 \oplus a_4 \oplus a_3 \oplus a_0 = 0 \end{cases} \tag{8-4-2}$$

经移项后得

$$\begin{cases} a_6 \oplus a_5 \oplus a_4 = a_2 \\ a_6 \oplus a_5 \oplus a_3 = a_1 \\ a_6 \oplus a_4 \oplus a_3 = a_0 \end{cases} \tag{8-4-3}$$

根据式(8-4-3) 可以得到 16 个许用码字，如表 8-7 所示。

表 8-7　(7,4) 汉明码许用码组

信息位	监督位	信息位	监督位
$a_6a_5a_4a_3$	$a_2a_1a_0$	$a_6a_5a_4a_3$	$a_2a_1a_0$
0000	000	1000	111
0001	011	1001	100
0010	101	1010	010
0011	110	1011	001
0100	110	1100	001
0101	101	1101	010
0110	011	1110	100
0111	000	1111	111

例 8-4-1　已知(7,4)汉明码的监督关系式为

$$S_1 = a_2 \oplus a_4 \oplus a_5 \oplus a_6$$

$$S_2 = a_1 \oplus a_3 \oplus a_5 \oplus a_6$$

$$S_3 = a_0 \oplus a_3 \oplus a_4 \oplus a_6$$

求　(1) 已知信息码为“0010”,汉明码码字是什么?

(2) 已知接收码字为“0011101”,发送端的信息码是什么?

解　(1) 已知信息码为“0010”,即 $a_6a_5a_4a_3 = 0010$,由监督关系式知监督码为 $a_2a_1a_0$,监督码与信息码合成的汉明码是“$0010a_2a_1a_0$”。设 $S_1 = S_2 = S_3 = 0$,由监督关系式(8-4-1)得

$$a_2 = a_4 \oplus a_5 \oplus a_6 = 1$$

$$a_1 = a_3 \oplus a_5 \oplus a_6 = 0$$

$$a_0 = a_3 \oplus a_4 \oplus a_6 = 1$$

因此,汉明码码字为“0010101”

(2) 已知接收码字为:“0011101”,即 $a_6a_5a_4a_3a_2a_1a_0 = 0011101$,由汉明码的监督关系式(8-4-1),可计算得 $S_1S_2S_3 = 011$。由监督关系式可构造出错码位置关系如表 8-8 所示。

表 8-8　错码位置关系表

$S_1S_2S_3$	000	001	010	100	011	101	110	111
错码位置	无错	a_0	a_1	a_2	a_3	a_4	a_5	a_6

由 $S_1S_2S_3 = 011$ 查表得知错码位置是 a_3,并加以纠错,即把码字的 a_3 位取反可得正确码字“0010101”,把监督码 $a_2a_1a_0$ 删除得发送端的信息码:“0010”。

为了从上述内容中总结出编码原理的一般性,要引入两个概念:监督矩阵 $\boldsymbol{H}$ 和生成矩阵 $\boldsymbol{G}$。

1. 监督矩阵

把上述(7,4)汉明码中式(8-4-2)改写为

$$\begin{aligned} 1\cdot a_6 \oplus 1\cdot a_5 \oplus 1\cdot a_4 \oplus 0\cdot a_3 \oplus 1\cdot a_2 \oplus 0\cdot a_1 \oplus 0\cdot a_0 &= 0 \\ 1\cdot a_6 \oplus 1\cdot a_5 \oplus 0\cdot a_4 \oplus 1\cdot a_3 \oplus 0\cdot a_2 \oplus 1\cdot a_1 \oplus 0\cdot a_0 &= 0 \\ 1\cdot a_6 \oplus 0\cdot a_5 \oplus 1\cdot a_4 \oplus 1\cdot a_3 \oplus 0\cdot a_2 \oplus 0\cdot a_1 \oplus 1\cdot a_0 &= 0 \end{aligned} \tag{8-4-4}$$

然后再写为矩阵形式:

$$\begin{bmatrix} 1 & 1 & 1 & 0 & 1 & 0 & 0 \\ 1 & 1 & 0 & 1 & 0 & 1 & 0 \\ 1 & 0 & 1 & 1 & 0 & 0 & 1 \end{bmatrix} \begin{bmatrix} a_6 \\ a_5 \\ a_4 \\ a_3 \\ a_2 \\ a_1 \\ a_0 \end{bmatrix} = \begin{bmatrix} 0 \\ 0 \\ 0 \end{bmatrix} (\text{模 } 2) \tag{8-4-5}$$

上式还可以简记为:$\boldsymbol{H}\cdot\boldsymbol{A}^{\mathrm{T}} = \boldsymbol{0}^{\mathrm{T}}$ 或 $\boldsymbol{A}\cdot\boldsymbol{H}^{\mathrm{T}} = \boldsymbol{0}$

其中
$$\boldsymbol{H}=\begin{bmatrix}1&1&1&0&1&0&0\\1&1&0&1&0&1&0\\1&0&1&1&0&0&1\end{bmatrix} \tag{8-4-6}$$

$\boldsymbol{A}=[a_6\ a_5\ a_4\ a_3\ a_2\ a_1\ a_0]$, $\quad \boldsymbol{0}=[0\ 0\ 0]$

$\boldsymbol{H}$ 称为监督矩阵，只要 $\boldsymbol{H}$ 给定，编码时监督位和信息位的关系就完全确定了，$\boldsymbol{H}$ 的行数是监督关系式的数目，等于 r。$\boldsymbol{H}$ 矩阵的各行应是线性无关的。$\boldsymbol{H}$ 可化为典型监督矩阵，包含两部分：

$$\boldsymbol{H}=\left[\begin{array}{cccc:ccc}1&1&1&0&1&0&0\\1&1&0&1&0&1&0\\1&0&1&1&0&0&1\end{array}\right]=[\boldsymbol{P}\boldsymbol{I}_r]$$

结论：典型阵 $\boldsymbol{H}$ 的各行一定是线性无关的，非典型阵可以经线性变换化成典型阵。根据 $\boldsymbol{A}\cdot\boldsymbol{H}^{\mathrm{T}}=\boldsymbol{0}$，可用于接收端的检错和纠错。

2. 生成矩阵

把式(8-4-3)中 $a_6a_5a_4a_3a_2a_1a_0$ 码位之间关系改写成下式：

$$[a_2\ a_1\ a_0]=[a_6\ a_5\ a_4\ a_3]\boldsymbol{Q}$$

式中，$\boldsymbol{Q}$ 为一 $k\times r$ 阶矩阵，它为 $\boldsymbol{P}$ 的转置

$$\boldsymbol{Q}=\boldsymbol{P}^{\mathrm{T}}=\begin{bmatrix}1&1&1\\1&1&0\\1&0&1\\0&1&1\end{bmatrix}$$

上式表明，信息位 $[a_6a_5a_4a_3]$ 给定后，用信息位的行矩阵乘矩阵 $\boldsymbol{Q}$ 就产生出监督位。

将 $\boldsymbol{Q}$ 的左边加上一 $k\times k$ 阶单位方阵就构成一矩阵 $\boldsymbol{G}$：

$$\boldsymbol{G}=[\boldsymbol{I}_k\boldsymbol{Q}]=\left[\begin{array}{cccc:ccc}1&0&0&0&1&1&1\\0&1&0&0&1&1&0\\0&0&1&0&1&0&1\\0&0&0&1&0&1&1\end{array}\right]$$

$\boldsymbol{G}$ 称为生成矩阵。具有 $[\boldsymbol{I}_k\boldsymbol{Q}]$ 形式的生成矩阵称为典型生成矩阵，得到的码组信息位不变，监督位附加其后，这种码称为系统码。

结论：利用生成矩阵 $\boldsymbol{G}$ 可以产生整个码组，即

$\boldsymbol{A}=[a_6\ a_5\ a_4\ a_3]\cdot G$，所以如果给出码的生成矩阵，则编码方法就完全确定了。

3. 矩阵 $\boldsymbol{H}$ 和 $\boldsymbol{G}$ 的关系

监督矩阵 $\boldsymbol{H}$ 和生成矩阵 $\boldsymbol{G}$ 之间有一定关系，即

$$\boldsymbol{H}=[\boldsymbol{P}\boldsymbol{I}_r]=[\boldsymbol{Q}^{\mathrm{T}}\boldsymbol{I}_r],\ \boldsymbol{G}=[\boldsymbol{I}_k\boldsymbol{Q}]=[\boldsymbol{I}_k\boldsymbol{P}^{\mathrm{T}}] \tag{8-4-7}$$

8.4.3 线性分组码的译码原理

为了说明译码原理，在这里引入错误图样 E 和校正子 S 的概念。

1. 错误图样 $\boldsymbol{E}$

发送码组 $\boldsymbol{A}=[a_{n-1},a_{n-2},\cdots,a_0]$ 在传输过程中可能会发生错误，假定接收到的码组为 $\boldsymbol{B}=[b_{n-1},b_{n-2},\cdots,b_0]$，则两者之差为 $\boldsymbol{E}=\boldsymbol{B}-\boldsymbol{A}$，或 $\boldsymbol{B}=\boldsymbol{A}+\boldsymbol{E}$，$\boldsymbol{E}=[e_{n-1},e_{n-2},\cdots,e_0]$，就定

义为错误图样。$\boldsymbol{E}=[0,0,\cdots,0]$ 时接收正确,否则有错。

2. 校正子 S

校正子 $\boldsymbol{S}$ 也称为伴随式,它定义为 $\boldsymbol{S}=\boldsymbol{B}\boldsymbol{H}^{\mathrm{T}}$,利用 $\boldsymbol{B}=\boldsymbol{A}+\boldsymbol{E}$ 及 $\boldsymbol{A}\boldsymbol{H}^{\mathrm{T}}=0$,可得 $\boldsymbol{S}=(\boldsymbol{A}+\boldsymbol{E})\boldsymbol{H}^{\mathrm{T}}=\boldsymbol{A}\boldsymbol{H}^{\mathrm{T}}+\boldsymbol{E}\boldsymbol{H}^{\mathrm{T}}=\boldsymbol{E}\boldsymbol{H}^{\mathrm{T}}$,这样就把校正子 $\boldsymbol{S}$ 与接收码组 $\boldsymbol{B}$ 的关系式转换成校正子 $\boldsymbol{S}$ 与错误图样 $\boldsymbol{E}$ 的关系。

因此接收端只要计算校正子 $\boldsymbol{S}$,并判断其结果是否为 0,就可以进行检错。那么是否可以用校正子 $\boldsymbol{S}$ 来纠正错码呢?在回答这个问题之前,让我们先结合前面的(7,4)汉明码的例子来讨论校正子 $\boldsymbol{S}$ 与监督矩阵 $\boldsymbol{H}$ 之间的关系,前面已求得

$$\boldsymbol{H}=\begin{bmatrix}1&1&1&0&1&0&0\\1&1&0&1&0&1&0\\1&0&1&1&0&0&1\end{bmatrix}$$

假定接收码字的最高位有错,错误图样 $\boldsymbol{E}=[1\ 0\ 0\ 0\ 0\ 0\ 0]$,代入 $\boldsymbol{S}=\boldsymbol{E}\boldsymbol{H}^{\mathrm{T}}$,可计算出 $\boldsymbol{S}=[1\ 1\ 1]$,其转置 $\boldsymbol{S}^{\mathrm{T}}=\begin{bmatrix}1\\1\\1\end{bmatrix}$,恰好是典型监督矩阵 $\boldsymbol{H}$ 中的第一列。如果接收码字中的次高位出错,$\boldsymbol{E}=[0\ 1\ 0\ 0\ 0\ 0\ 0]$,可求得 $\boldsymbol{S}=[1\ 1\ 0]$,其转置 $\boldsymbol{S}^{\mathrm{T}}$ 恰好是典型监督矩阵 $\boldsymbol{H}$ 中的第二列,因此可以得出结论:接收码元中只错一位时,计算出的校正子的转置 $\boldsymbol{S}^{\mathrm{T}}$ 恰好与典型监督矩阵 $\boldsymbol{H}$ 中的某一列相同,可判断错误发生在哪个码元,也就是可以纠正单个错码。

例 8-4-2　已知前述(7,4)汉明码中某码字,在传输过程中发生一位误码,设接收码字 $\boldsymbol{B}=[0\ 0\ 0\ 0\ 1\ 0\ 1]$,试将其恢复为正确码字。

解　(1) 确定该码组的检、纠错能力

由表 8-7 可知,最小码距为 3,因此它能纠一位错或检 2 位错。

(2) 计算 $\boldsymbol{S}^{\mathrm{T}}$

将 $\boldsymbol{B}=[0\ 0\ 0\ 0\ 1\ 0\ 1]$ 和 $\boldsymbol{H}=\begin{bmatrix}1&1&1&0&1&0&0\\1&1&0&1&0&1&0\\1&0&1&1&0&0&1\end{bmatrix}$ 代入 $\boldsymbol{S}=\boldsymbol{B}\boldsymbol{H}^{\mathrm{T}}$,可得

$$\boldsymbol{S}=[1\ 0\ 1],\ \boldsymbol{S}^{\mathrm{T}}=\begin{bmatrix}1\\0\\1\end{bmatrix}$$

(3) 恢复正确码字

该码组有纠正一位错码的能力,且计算结果 $\boldsymbol{S}^{\mathrm{T}}$ 与监督矩阵 $\boldsymbol{H}$ 中的第三列相同,就得到错误图样 $\boldsymbol{E}=[0\ 0\ 1\ 0\ 0\ 0\ 0]$,这样可恢复出正确码字为 $\boldsymbol{A}=\boldsymbol{B}+\boldsymbol{E}=[0\ 0\ 1\ 0\ 1\ 0\ 1]$。

8.5　循环码(CRC 码)

8.5.1　循环码的基本概念

1. 何谓循环码

循环码(Cyclic Redundancy Check,CRC)是一种重要的线性分组码,它是在严密的代

数理论基础上建立起来的，以生成多项式作为收发双方的约定关系，只要给定生成多项式就可以惟一地构成一个线性分组码，这样构成的码组中任一码字经循环移位后，仍为该码组中的一个码字，因此称为循环码。这种码的编码和译码设备都不太复杂，且有较强的检(纠)错能力。因此，目前的计算机纠错系统中所使用的线性分组码几乎都是循环码。它不仅可以用于纠正独立的随机错误，而且也可以用于纠正突发错误。

2. 特点

(1) 具有封闭性。它是线性分组码中的一种，所以具备线性分组码的封闭性性质。

(2) 码组集合中的最小码距等于该码组中非全“0”码字的最小码重。

(3) 具有循环性。码组中任一许用码字(全 0 码除外)经循环移位后得到的码字，仍为该码组中的一个码字。

3. 码多项式

讨论循环码时，用多项式代表许用码字，码字中各码元当作是多项式的系数，这种多项式称为码多项式，用 $T(x)$ 表示。码多项式之间的代数运算遵循模 2 运算的规则，且运算规律符合循环性。通常将码字 $T = a_{n-1}a_{n-2}\cdots a_1a_0$ 的码多项式定义如下：

$$T(x) = a_{n-1}x^{n-1}a_{n-2}x^{n-2} + \cdots + a_1x + a_0$$

例如有一码字 $T = 101101$，则对应的码多项式为 $T(x) = x^5 + x^3 + x^2 + 1$。因此码字与码多项式有着一一对应关系。此外若 $T(x)$ 是长为 n 的许用码字，则 $T'(x) = x^i \times T(x)$ 在按模 $x^n + 1$ 运算下，也是一个许用码字。

4. 生成多项式

生成多项式定义为(n,k)循环码集合(除全“0”码外)中幂次最低的多项式，是一个能整除 $x^n + 1$ 且常数项为 1 的 $n-k$ 次多项式，常用 $g(x)$ 表示，它有惟一性，即由生成多项式可以产生循环码的全部码字。例如(7,4)循环码的 $g(x)$ 的最高幂次 $x^{n-k} = x^3$，$g(x)$ 是 $x^7 + 1$ 分解得到的既约因式，$x^7 + 1 = (x+1)(x^3 + x^2 + 1)(x^3 + x + 1)$，$g_1(x) = (x^3 + x^2 + 1)$ 和 $g_2(x) = (x^3 + x + 1)$ 都是(7,4)循环码的生成多项式 $g(x)$，根据 $g(x)$ 是循环码组集合中的一个码字，可以确定其惟一性。

5. 生成矩阵多项式和生成矩阵

在循环码中，一个(n,k)码有 2^k 个不同许用码字，若用 $g(x)$ 表示其中前 $k-1$ 位皆为“0”的码字，则 $g(x), xg(x), \cdots, x^{k-1}g(x)$ 都是码字，且线性无关。找出任一(n,k)循环码的生成多项式，就可以构成此循环码的生成矩阵多项式，用 $\boldsymbol{G}(x)$ 表示，因此

$$\boldsymbol{G}(x) = \begin{bmatrix} x^{k-1}g(x) \\ \vdots \\ xg(x) \\ g(x) \end{bmatrix}$$

把生成矩阵多项式 $\boldsymbol{G}(x)$ 的系数写成矩阵的形式，就得到了生成矩阵，用 $\boldsymbol{G}$ 表示，非典型生成矩阵 $\boldsymbol{G}$ 通过线性变换可化成典型形式。同理 $\boldsymbol{G}$ 中 k 个线性独立的码字构成 k 个独立行构成的 $\boldsymbol{G}(x)$。例如，假定前述(7,4)码中 $g(x) = (x^3 + x^2 + 1)$，则

$$\boldsymbol{G}(x) = \begin{bmatrix} x^3g(x) \\ x^2g(x) \\ xg(x) \\ g(x) \end{bmatrix} = \begin{bmatrix} x^6 + x^5 + x^3 \\ x^5 + x^4 + x^2 \\ x^4 + x^3 + x \\ x^3 + x^2 + 1 \end{bmatrix}, \boldsymbol{G} = \begin{bmatrix} 1101000 \\ 0110100 \\ 0011010 \\ 0001101 \end{bmatrix}, \text{化成 } \boldsymbol{G}_{\text{典型}} = \begin{bmatrix} 1000110 \\ 0100011 \\ 0010111 \\ 0001101 \end{bmatrix}$$

需要提醒一下，求得生成矩阵 $\boldsymbol{G}$ 后，把生成矩阵化成典型阵，再根据线性分组码中生成矩阵和监督矩阵的关系式(8-4-7)，可以求得监督矩阵 $\boldsymbol{H}$，在这里不再重复。

8.5.2　循环码的编码原理

1. 循环码的编码方法和编码器的构造

(1)CRC 的工作方法

在发送端利用事先约定的生成多项式产生一个循环冗余码，附加在信息位后面一起发送到接收端，接收端收到的信息按发送端形成循环冗余码同样的算法进行校验，若有错，需重发，直到正确接收为止。

(2) 编码步骤

由循环码的构造可知，所有码多项式 $T(x)$ 都可被 $g(x)$ 整除。即若某多项式能被 $g(x)$ 整除，且商的次数不大于 $k-1$，则其必为码多项式。根据上述原理，编码步骤归纳如下：

① 设 $m(x)$ 为信息码多项式，用 x^{n-k} 乘 $m(x)$。

② 用 $g(x)$ 除 $x^{n-k}m(x)$，即 $\dfrac{x^{n-k}m(x)}{g(x)}=Q(x)+\dfrac{r(x)}{g(x)}$，其中，$r(x)$ 是余式，称为冗余码，也可理解为监督码。

③ 编出的循环码多项式 $T(x)=x^{n-k}m(x)+r(x)$，因为 $T(x)$ 就是发送端实际要发送的码，也称为发送码多项式。

从编码的步骤看，编码的核心是如何确定式 $r(x)$，找到 $r(x)$ 后可直接将 $r(x)$ 所代表的编码位附加到信息位之后，完成编码。实际上，$r(x)$ 所代表的编码位可以理解为监督位，获取 $r(x)$ 可以采用除法电路。

例 8-5-1　已知信息码为 110011，对应的信息多项式为 $m(x)=(x^5+x^4+x+1)$，生成码为 11001，对应的生成多项式为 $g(x)=(x^4+x^3+1)$ $(r=n-k=4)$，求循环冗余码和码字。

解　①$x^{n-k}m(x)=x^4(x^5+x^4+x+1)=x^9+x^8+x^5+x^4$，对应的码是 1100110000。

②$x^{n-k}m(x)/g(x)$(按模 2 算法)。由计算结果知冗余码是 1001。

```
                          1 0 0 0 0 1 ← Q(x)
g(x) → 1 1 0 0 1)1 1 0 0 1 1 0 0 0 0 ← m(x)·x^4
                 1 1 0 0 1
                 ---------------------
                         1 0 0 0 0
                         1 1 0 0 1
                         ---------
                           1 0 0 1 ← r(x)(冗余码)
```

③ 循环码多项式对应的码字就是 1100111001。

(3) 编码电路

编码电路可以用硬件电路，也可以用软件来实现。通常在实时性要求高的场合用硬件实现，在实时性要求不高但成本要求很高的场合用软件实现。

现在我们来介绍用除法电路来硬件实现的电路及原理。为了简单起见，假定 $g(x)=(x^4+x^3+1)$，即以例 8-5-1 中的生成多项式为例。除法电路主要由一些移位寄存器和模 2 加法器组成，由于生成多项式的最高幂次为 4 次，因此需要 4 个移位寄存器，分别用 a，b，c，d 表示，在生成多项式中非 0 系数对应的位置，要有模 2 加法器，通过反馈线来连接，再加一个双刀双掷开关即可实现，具体电路如图 8-5-1 所示。

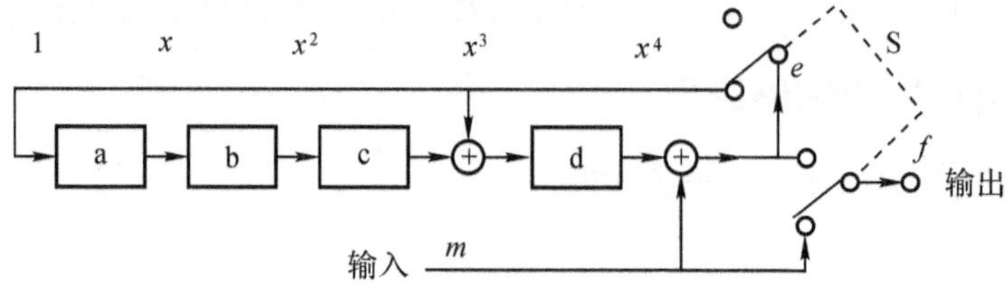

图 8-5-1　编码器的硬件实现

当信息位输入时，开关 S 倒向下，输入信息码一方面送入除法器进行运算，另一方面直接输出。在信息位全部进入除法器后，开关 S 转向上，此时输出端接到移位寄存器，将移位寄存器中存储的除法余项依次取出，同时切断反馈线，这样输出的码就是前 k 位为信息码、后 $n-k$ 位为监督码（冗余码）构成的发送码字或发送码多项式 $T(x)$，也就是所编的循环码。

当然也可以用很多方法进行软件实现，在这里给出一种用 MATLAB 来实现的例子，例如生成多项式 $g(x)=x^3+x+1$，信息序列为 0111，求编码后的序列，从下面的程序运行结果得编码序列为 0111010。

```
%Cyclic.m
clear
m = [0 1 1 1]% 信息码组 m
b0_1 = 0;b1_1 = 0;b2_1 = 0;% 初始状态
for k = 1:4
f = xor(b2_1,m(k));
b0 = f;b1 = xor(f,b0_1);b2 = b1_1;
b0_1 = b0;b1_1 = b1;b2_1 = b2;
end
b = [b2,b1,b0];%010 寄存器最后状态(监督码元)
C = [m,b]% 编码码字 0111010
```

8.5.3　循环码的译码

1. 译码原理

设接收到的码多项式为 $R(x)$，同样用 $g(x)$ 做除法，即 $\frac{R(x)}{g(x)}=Q'(x)+\frac{r'(x)}{g(x)}$，若 $r'(x)=0$，则无错；若 $r'(x)\neq 0$，则有错，由 $r'(x)$ 通过计算校正子 $\boldsymbol{S}$ 来找错误图样 $\boldsymbol{E}(x)$，最后纠错，即由 $\boldsymbol{S}=\boldsymbol{RH}^{\mathrm{T}}=\boldsymbol{EH}^{\mathrm{T}}$，求得 $\boldsymbol{E}(x)$，再由 $\boldsymbol{R}(x)+\boldsymbol{E}(x)=\boldsymbol{T}(x)$ 得到正确的发送码字。接下来我们举一个循环冗余码接收码字正确性检验例子。

例 8-5-2　已知接收码字为 1100111001，对应的码多项式为 $R(x)=x^9+x^8+x^5+x^4+x^3+1$，生成码为 11001，对应的生成多项式为 $g(x)=(x^4+x^3+1)(r=4)$，请问：接收码字是否正确？若正确，则指出冗余码和信息码。

解　① 用接收码字除以生成码，结果余数为 0，所以码字正确。

```
                      1 0 0 0 0 1        ← Q(x)
g(x) → 1 1 0 0 1 ) 1 1 0 0 1 1 1 0 0 1   ← m(x)·x^4 + r(x)
                   1 1 0 0 1
                   ---------------------
                             1 1 0 0 1
                             1 1 0 0 1
                             ---------
                                     0   ← r'(x)(余数)
```

② 因为 $n=10, r=4, k=n-r=6$，所以冗余码是 1001，信息码是 110011。

2. 译码电路

译码的实现方法同样可用硬件和软件，在这里只介绍硬件的实现方法，并假定只检错，不纠错，当出错时要求重发。用与编码相同的除法电路来实现译码，其原理框图如图 8-5-2 所示。

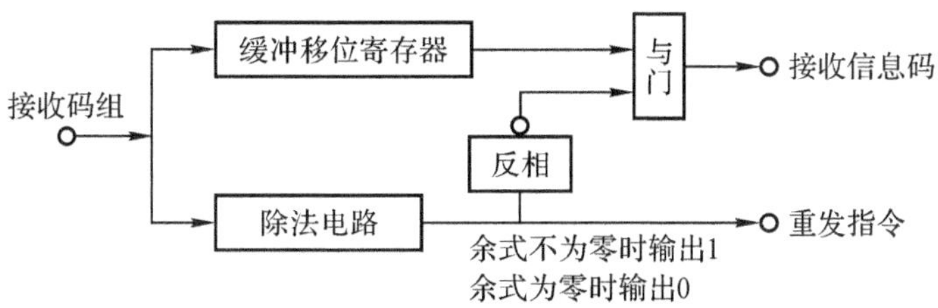

图 8-5-2　循环码译码器原理框图

在掌握 CRC 码的原理基础上，有必要了解循环冗余校验码的检错能力：(1) 可检测出所有奇数位错；(2) 可检测出所有双比特的错；(3) 可检测出所有小于、等于校验位长度的突发错。CRC 码是一种很重要的码，是一种纠错能力和编码效率达到最佳折中的一种编码，在数据通信和计算机网络中得到了广泛的应用，例如 CCITT 建议：2048 kb/s 的 PCM 基群设备采用 CRC-4 方案，使用的 CRC 校验码生成多项式 $g(x)=x^4+x+1$。采用 16 位 CRC 校验，可以保证在 10^{14} bit 码元中只含有一位未被检测出的错误。在 IBM 的同步数据链路控制规程 SDLC 的帧校验序列 FCS 中，使用 CRC-16，其生成多项式 $g(x)=x^{16}+x^{15}+x^2+1$；而在 CCITT 推荐的高级数据链路控制规程 HDLC 的帧校验序列 FCS 中，使用 CCITT-16，其生成多项式 $g(x)=x^{16}+x^{15}+x^5+1$。CRC-32 的生成多项式 $g(x)=x^{32}+x^{26}+x^{23}+x^{22}+x^{16}+x^{12}+x^{11}+x^{10}+x^8+x^7+x^5+x^4+x^2+x+1$。CRC-32 出错的概率比 CRC-16 低 10^{-5} 倍。由于 CRC-32 的可靠性，把 CRC-32 用于重要数据传输十分合适，所以在通信、计算机等领域运用十分广泛。此外，在一些 UART 通信控制芯片（如 MC 6582，Intel 8273 和 Z80-SIO）内，都采用了 CRC 校验码进行差错控制；在以太网卡芯片、MPEG 译码芯片中，也采用 CRC-32 进行差错控制。

8.6　卷积码

前面介绍的分组码是把 k 个信息比特的序列编成 n 个比特的码组，每个码组的 $n-k$ 个校验位仅与本码组的 k 个信息位有关，而与其他码组无关。为了达到一定的纠错能力和编码效率，分组码的码组长度一般都比较大。编译码时必须把整个信息码组存储起来，由此产生的译码延时随 n 的增加而增加，同时增加了编、译码设备的复杂程度。那么是否有既要求 n,k

较小，又要求纠错能力较强的编码呢？答案是肯定的，那就是我们要介绍的卷积码。

1. 卷积码的概念

卷积码也称连环码，是 P. Elias 于 1955 年发明的一种非线性分组码，它也是将 k 个信息比特编成 n 个比特，但 k 和 n 通常很小，特别适合以串行形式进行传输，时延小。与分组码不同，卷积码编码后的 n 个码元不仅与当前段的 k 个信息位有关，还与前面的 $N-1$ 段信息位有关，整个编码过程可以看成是输入信息序列与编码器的卷积，因此称为卷积码。通常把卷积码记为(n,k,N)，$N>1$，n 表示总码字的长度，k 表示信息位的个数，N 就是寄存器的个数，通常将 N 称为约束长度(以组为单位)。由于卷积码编码过程中互相关联的码元个数为 nN，所以有的书也将 nN 作为约束长度(以比特为单位)。(n,k,N) 卷积码的编码效率为 $R=k/n$。

卷积码的纠错性能随 N 的增加而增大，而差错率随 N 的增加而指数下降。在编码器复杂性相同的情况下，卷积码的性能优于分组码。但卷积码没有分组码那样严密的数学分析手段，目前大多是通过计算机进行好码的搜索。

2. 编码器的框图

卷积码编码器的一般结构形式如图 8-6-1 所示。它包括：一个由 N 段组成的输入移位寄存器，每段有 k 个，共 Nk 个寄存器；一组 n 个模 2 加法器：一个由 n 级组成的输出移位寄存器。对应于每段 k 个比特的输入序列，输出 n 个比特。由图可以看到，n 个输出比特不仅与当前的 k 个输入信息有关，还与前$(N-1)k$ 个信息有关。

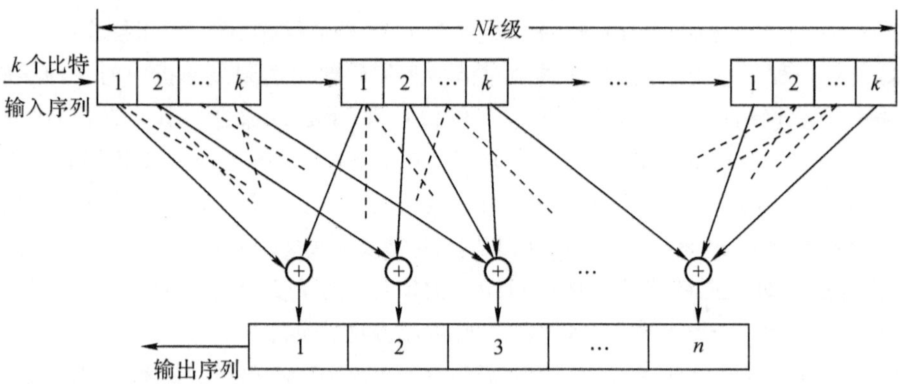

图 8-6-1　卷积码编码器的一般结构

卷积码的描述方法有两类：图解法和解析表示。图解法包括树状图、状态图、网格图。解析法包括矩阵形式、生成多项式形式。由于篇幅限制，在此对卷积码的描述方法等内容不作详细介绍，感兴趣的读者请参阅相关的参考资料。

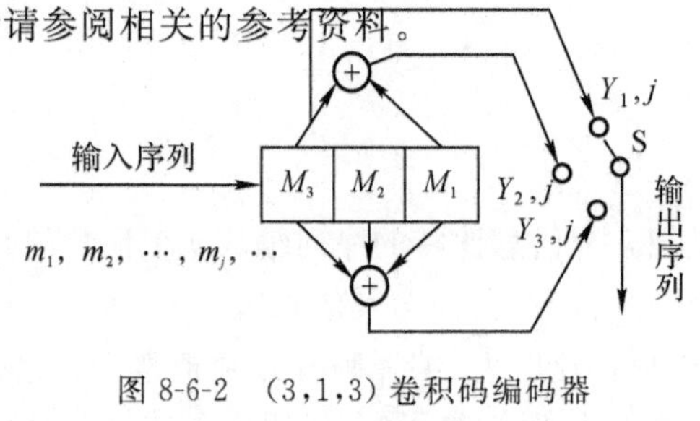

图 8-6-2　(3,1,3) 卷积码编码器

接下来以图 8-6-2 所示的(3,1,3) 卷积码编码器为例来说明其工作过程。该编码器由 3 触点转换开关和一组 3 位移位寄存器及模 2 加法器组成。输出序列的逻辑关系为 $y_{1j}=m_j$，$y_{2j}=m_j\oplus m_{j-2}$，$y_{3j}=m_j\oplus m_{j-1}\oplus m_{j-2}$，因此每输入一个信息比特 m_j，经该编码器后产生 3 个输出比特 $y_{1j}y_{2j}y_{3j}$，这样编码器的输入 — 输出关系如图 8-6-3 所示。

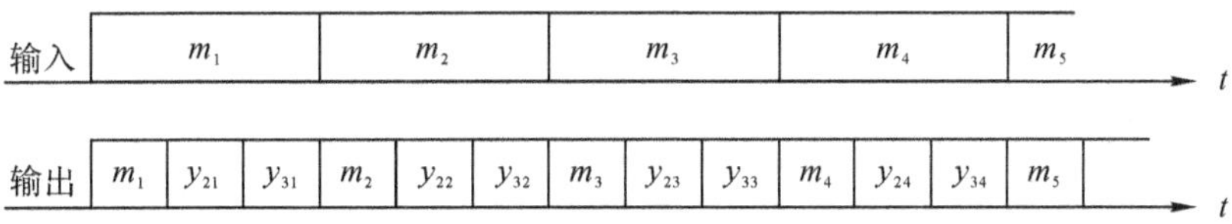

图 8-6-3　编码器输入 — 输出关系

3. 卷积码的表示方法

接下来分别用树状图、状态图、网格图等图解法来描述卷积码的编码过程。

(1) 树状图

根据以上逻辑关系可知，假定移位寄存器的起始状态为零，当第一个输入为“0”时，输出比特为 000；若第一个输入比特为“1”时，输出比特为 111。当输入第二个比特时，第一比特右移一位，此时的输出比特显然与“当前输入比特和前一输入比特”有关。当输入第三比特时，第一和第二比特均右移一位，可看到此时的输出比特与“当前输入比特和前两位输入比特”有关。但当第四比特输入时，原第一输入比特已移出移位寄存器而消失，即第一比特已不再影响当前的输入比特。可见不同的输入信息就有不同的输出码序列，若把这些输出序列画成树枝形状，就得到树状图，也称为码树图。用它可以描述输入任何信息序列时，所有可能的输出码字。

图 8-6-4 给出了(3,1,3) 卷积码的树状图，码树的起点位于左边，移位寄存器的初始状态取 00，取 $M_1M_2=00$，用 a 来表示，并把该 a 标注于起始节点处。当输入码元为 0 时，则由节点出发走上支路；当输入码元为 1 时，则由节点出发走下支路。例如，当该编码器第一输入比特为 0 时，走上支路，此时移位寄存器的输出码 000 就写在上支杈的上方；当该编码器第一输入比特为 1 时，走下支路，此时移位寄存器的输出码 111 就写在下支杈的上方。在输入第二比特时，移位寄存器右移一位，此时上支路情况下的移位寄存器的状态为 00，即 a，并标注于上支路节点处；此时下支路情况下的移位寄存器的状态为 01，即 b，并标注于下支路节点处；同时上下支路都将分两杈。以后每一个新输入比特都会使上下支路各分两杈。经过 4 个输入比特后，得到的该编码器的树状图如图 8-6-4，树状图中，节点上标注的 a 表示 $M_1M_2=00$，b 表示 $M_1M_2=01$，c 表示 $M_1M_2=10$，d 表示 $M_1M_2=11$。

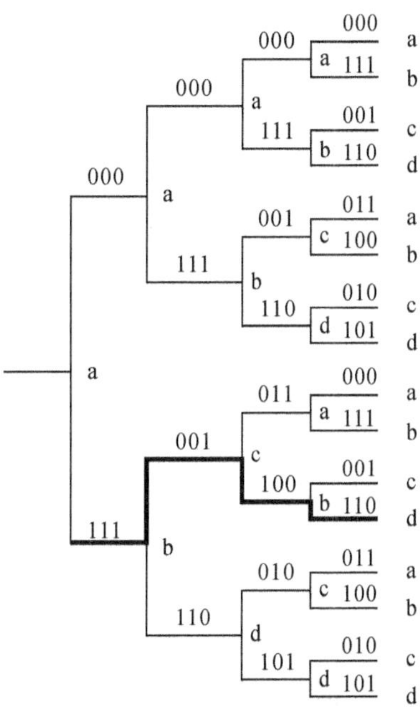

图 8-6-4　(3,1,3) 卷积码的树状图

例 8-6-1　若使用图 8-6-2 所示的(3,1,3) 卷积码编码器，假定输入序列为 1011，试求该编码器的输

出序列。

解 根据图8-6-4的(3,1,3)卷积码的树状图,当输入第一比特1时编码器输出为111,当输入第二比特0时编码器输出为001,当输入第三比特1时编码器输出为100,当输入第四比特1时编码器输出为110,因此当输入序列为1011时,输出序列为111001100110。如图8-6-4中粗线所示。

(2) 网格图

从卷积码的树状图可以看到,树状图的节点自上而下会出现a,b,c,d四种重复状态,而且当输入信息比特变大时,图的纵向尺寸越来越大。因此想到用网格图来描述。网格图是指把树状图中具有相同状态的节点合并在一起,上支路用实线表示,下支路用虚线表示,支路上标注的码元为输出比特,自上而下的4行节点分别表示a,b,c,d四种状态。(3,1,3)卷积码的网格图如图8-6-5所示,图中有2^{N-1}种状态,从第N个节点开始,图形开始重复,且完全相同。

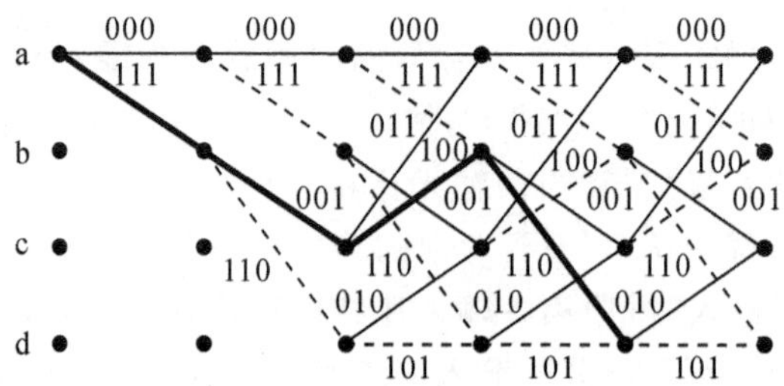

图8-6-5 (3,1,3)卷积码的网格图

用(3,1,3)卷积码的网格图同样可以求得例8-6-1中的输出序列为111001100110,求解过程如图8-6-5中粗线所示。

(3) 状态图

从图8-6-4中可以看出,对于每一节点当前状态a,b,c,d,根据不同的输入将进入不同的状态,由此可以构造出当前状态与下一状态之间的状态转换图,称为卷积码的状态图。如图8-6-6所示,图中实线表示信息位为0的路径,虚线表示信息位为1的路径,并在路径上写出相应的输出码元。

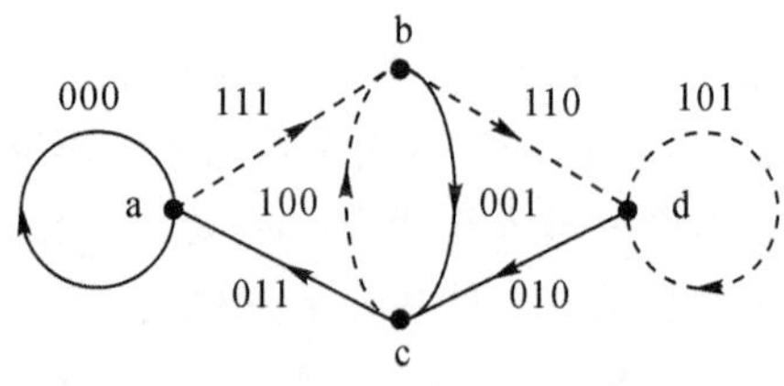

图8-6-6 (3,1,3)卷积码的状态图

4. 卷积码的译码

卷积码的译码方法主要有两种:代数译码和概率译码。代数译码是根据卷积码的本身编码代数结构进行译码,译码时不考虑信道的统计特性。概率译码在计算时要考虑信道的统计特性,典型的算法如最大似然译码、Viterbi译码、序列译码等。早期大多采用代数译码,目前概率译码越来越被重视,本节仅介绍在通信中得到广泛应用的维特比(Viterbi)译码,例如在数字通信的前向纠错系统中用得较多,在卫星通信中已被用作标准技术。

(1) 卷积码的距离特性

与分组码中讨论的一样,卷积码的纠错能力也由距离特性决定,但卷积码的纠错能力与它采用的译码方式有关,因此不同的译码方法就有不同的距离度量。把长度为$n \cdot N$的编码序列之间的最小汉明距离称为最小距离 $d_{\min}$，且最小汉明距离等于非全“0”码序列的最小汉明重量；把任意长的编码序列之间的最小汉明距离称为自由距离 d_{free}，利用网格图可以从全 0 序列出发，再回到全 0 序列的所有非 0 路径中求得自由距离。由于卷积码并不划分为码字，因而以自由距离作为纠错能力的度量更为合理。对于卷积码中常用的维特比译码算法，自由距离是个重要参量。一般情况下，在卷积码中 $d_{\min} \leqslant d_{\text{free}}$。

(2) 维特比译码

维特比译码算法采用最大似然算法。它把接收码序列与所有可能的码序列作比较，选择一种码距最小的码序列作为发送序列。维特比算法在最大似然算法上作了改进，它不是在网格图上一次比较所有可能的路径，而是接收一段，计算和比较一段，选择一段有最大似然可能的码段，从而达到整个码序列是一个最大似然值的序列。假定发送信息为 1101，为了使移存器中的信息位全部移出，在信息位后加入 3 个“0”，编码后的发送序列为 111 110 010 100 001 011 000，而接收序列为 111 010 010 110 001 011 000，接收序列中的第 4 和 11 位码元发生错码，现在以图 8-6-5 所示的(3,1,3) 卷积码为例来说明维特比译码具体步骤。

① 该卷积码的约束度为 3，所以先考察接收序列前 3 个信息段，$3n = 3\times3 = 9$ 个比特，即 111 010 010。从图 8-6-5 知，沿路径每一级有 4 种状态 a，b，c 和 d，每种状态只有两条路径可以到达，故 4 种状态共有 8 条路径可到达。这样与到达第 3 级 4 个节点的 8 条路径对照，计算 8 条路径与送入译码器的序列 R 在等长范围内的汉明距离，为每一个节点挑选并存储一条到达本节点码距最小的路径作为幸存路径(遇到进入某节点的两条路径距离相同时可以随机留存)，例如由出发点状态 a 经过 3 级路径后到达状态 b 的两条路径为表 8-11 中的第 3 条和第 4 条，第 3 条对应的序列为 000 000 111，和接收序列 111 010 010 的汉明距离为 6，第 4 条对应的序列为 111 001 100，和接收序列 111 010 010 的汉明距离为 4，因此幸存路径为第 4 条。这样 8 条路径的计算结果如表 8-11 所示。

表 8-11　维特比译码第 1 步计算结果

序号	路径	对应序列	汉明距离	幸存否
1	aaaa	000 000 000	5	否
2	abca	111 001 011	3	是
3	aaab	000 000 111	6	否
4	abcb	111 001 100	4	是
5	aabc	000 111 001	7	否
6	abdc	111 110 010	1	是
7	aabd	000 111 110	6	否
8	abdd	111 110 101	4	是

② 将当前节点移到第 4 级，此时第 3 级选出的 4 条幸存路径又延伸为 8 条，计算这 8 条路径和接收序列 R 在等长范围内的汉明距离，仍为各个节点挑选有最小距离的幸存路径。为了简单起见，先考察接收序列中后继的 3 个比特 110，并计算 4 条幸存路径中增加 1 级后 8 条路径的新增距离，然后加上原幸存距离即为总距离，这样 8 条路径的计算结果如表 8-12 所

示。由表可知，总距离中最小值为 2，其路径为 abdc＋b，此幸存路径的网格图如图 8-6-7 的粗线所示，相应的序列为 111 110 010 100，与发送序列相同，因而译码得到的信息位为 1101，并纠正了接收序列中的差错。

表 8-12 维比特译码第 2 步计算结果

序号	路径	原幸存路径的距离	新增路径段	对应序列	新增距离	总距离	幸存否
1	abca＋a	3	aa	000	2	5	否
2	abdc＋a	1	ca	011	2	3	是
3	abca＋b	3	ab	111	1	4	否
4	abdc＋b	1	cb	100	1	2	是
5	abcb＋c	4	bc	001	3	7	否
6	abdd＋c	4	dc	010	1	5	是
7	abdd＋d	4	dd	101	2	6	否
8	abcb＋d	4	bd	110	0	4	是

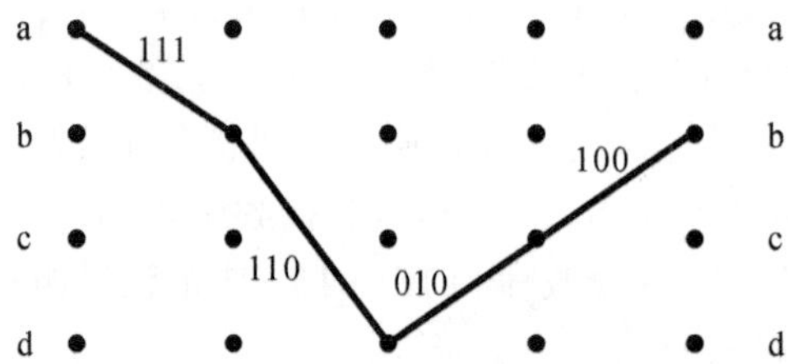

图 8-6-7 对应信息位 1101 的幸存路径网格图

③ 把信息位后加入的 3 个“0”，当作信息位，重复步骤 ②，直到输入信息位全部通过移存器，使移存器回到初始状态，最后得到回到终点 a 的幸存路径为 abdc＋b＋c＋a＋a，如图 8-6-8 的粗线所示，对应的序列就是译码器输出的码序列 111 110 010 100 001 011 000，对应的信息位为 1101000。

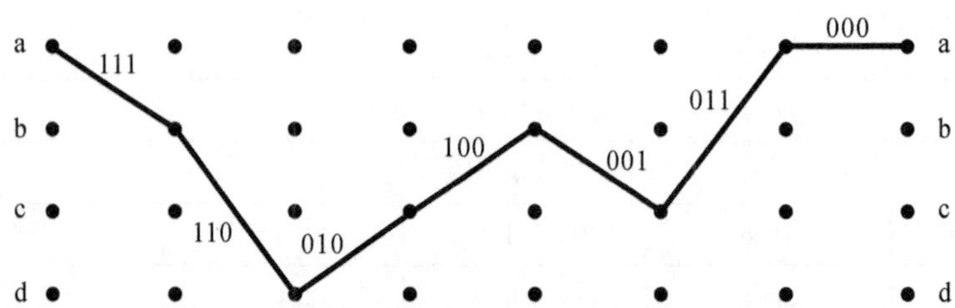

图 8-6-8 对应信息位 1101000 的幸存路径网格图

显然，维特比译码能纠正部分错，但并不能纠正所有可能发生的错误，当错误模式超出卷积码的纠错能力时，译码后的输出序列就会带有错误。

8.7 Turbo 码

香农有扰信道的编码定理指出：在有扰信道中只要信息的传输速率 R 小于信道容量 C，总可以找出一种编码方法，使信息以任意小的差错概率通过信道传送到接收端，即误码率 Pe 可以任意小，而且传输速率 R 可以接近信道容量 C。香农有扰信道的编码定理本身并未给出具体的纠错编码方法，但它为信道编码奠定了理论基础，从理论上指出了信道编码的发展方向。很多科技工作人员为此进行了不断地探索，设计出许多有效的信道编码方法，纠错码的性能也越来越好。但从实际应用来看. 各种纠错码的性能与香农在信道编码定理中给出的极限仍有差距。1993 年法国科学家 C. Berrou 等人发表了一篇论文“接近香农极限的纠错编码和译码：Turbo 码”。Turbo 码一经出现，立即引起了全世界信道编码学术界的广泛关注。Turbo 码是近年来纠错编码领域研究的重要突破，它是一种并行级联码，它的内码、外码均使用卷积码。它采用了迭代译码方法，挖掘了级联码的潜力。计算机仿真结果表明，在加性高斯白噪声(AWGN) 无记忆信道上，特定参数条件下 Turbo 码的性能可以达到与香农理论极限相差 0.7dB 的性能，接近香农极限。Turbo 码的优异性能吸引了许多科技工作者对此进行研究，使 Turbo 码有了很大的发展，并且在多方面得到了实际应用。Turbo 码已经被确定为第三代移动通信系统 IMT—2000 中高质量、高速率传输业务的首选编码方案。WCDMA、cdma2000 和我国的 TD—SCDMA 的信道编码方案都使用了 Turbo 码。

1. Turbo 码编码器

Turbo 码编码器的典型结构如图 8-7-1 所示。它由分量编码器、交织器、删余及复用三部分组成。

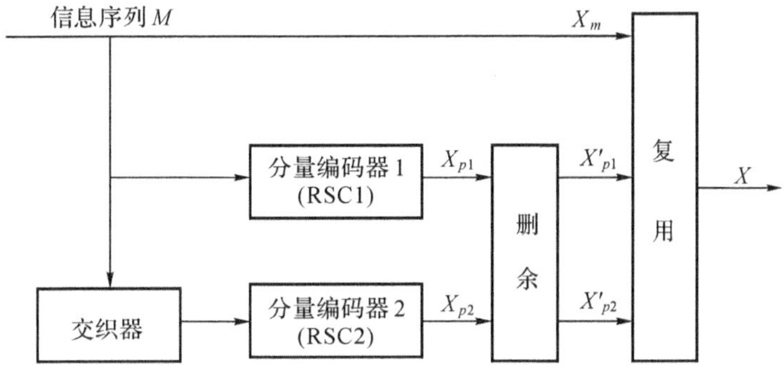

图 8-7-1　Turbo 码编码器

输入信息序列 M，一路直接送到复用器，作为信息比特；另一路送入分量编码器 1 进行编码，编码后的输出 X_{p1} 送入删余器，经删余后得到校验码 X'_{p1}；还有一路送至交织器，信息序列 M 经过交织器后再送入分量编码器 2，分量编码器 2 的输出 X_{p2} 经删余后得到另一校验码 X'_{p2}。最后信息比特和校验码复用后形成 Turbo 码序列 X。

(1) 分量编码器

研究实践表明，递归系统卷积码 RSC(Recursive Systematic Convolutional) 比非递归的非系统卷积码 NSC(Non Systematic Convolutional) 具有更好的性能。目前，典型的 Turbo 码编码器采用反馈型递归系统卷积码 RSC。即分量编码器 1 和分量编码器 2 分别为

RSC1 和 RSC2。RSC1 和 RSC2 可以相同也可以不同。

递归系统卷积码 RSC 可以由非系统卷积码 NSC 转化后得到。图 8-7-2 为一个非系统卷积编码器，图 8-7-2(a) 为 NSC 编码器框图，图 8-7-2(b) 为 NSC 编码器电路图。其生成多项式分别为

$$g_1(x) = x^4 + x^3 + x^2 + x + 1 \tag{8-7-1}$$

$$g_2(x) = x^4 + 1 \tag{8-7-2}$$

用矢量表示为：$g_1 = [011111]$　　$g_2 = [010001]$

写成八进制形式即(37,21)。也可以写成生成矩阵形式，为

$$G(x) = [x^4 + x^3 + x^2 + x + 1 \quad x^4 + 1] \tag{8-7-3}$$

对该矩阵的第一行各项除 $x^4 + x^3 + x^2 + x + 1$，可得

$$G'(x) = \left[1 \quad \frac{x^4 + 1}{x^4 + x^3 + x^2 + x + 1}\right] \tag{8-7-4}$$

$$g'_1(x) = 1 \qquad g'_2(x) = \frac{x^4 + 1}{x^4 + x^3 + x^2 + x + 1}$$

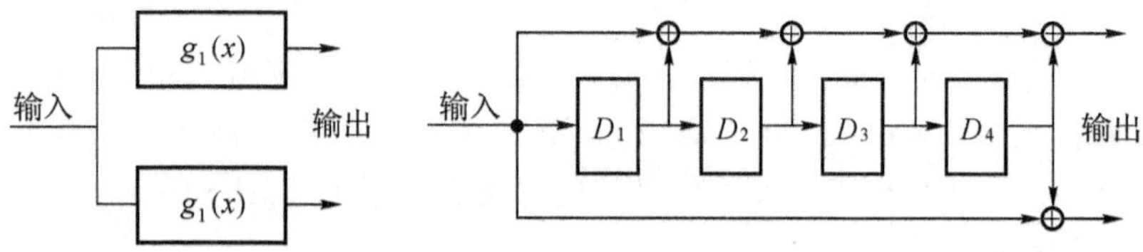

(a) NSC 编码示意框图　　(b) NSC 编码电路

图 8-7-2 (37,21) 非系统卷积编码器

画出此新的编码器的框图如图 8-7-3(a) 所示。其对应的编码器电路图如图 8-7-3(b) 所示。它是一个递归系统卷积码 RSC。

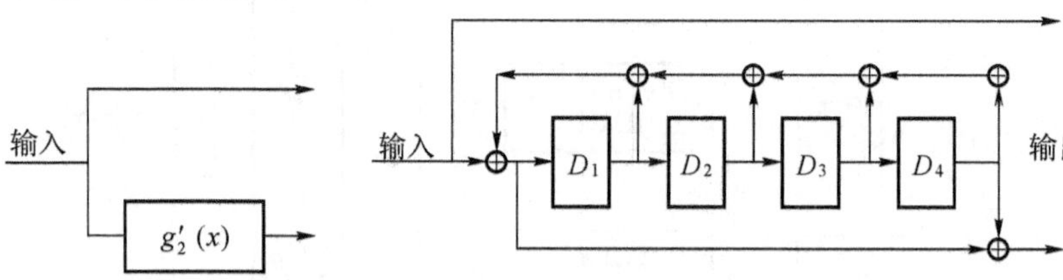

(a) RSC 编码示意框图　　(b) RSC 编码电路

图 8-7-3 递归系统卷积码 RSC

(2) 交织器

交织器是 Turbo 码的关建部件之一，它对 Turbo 码性能的影响非常重要。在一般传统的信道传输时，交织器使突发产生的集中错误分散化，其目的是抗信道突发错误。在 Turbo 码中，运用交织器是打乱原始数据的排列顺序，改变码的重量分布，提高输出 Turbo 码的整体性能。交织器有分组交织器、卷积交织器和随机交织器等，这里只作简单介绍。

行列交织器是一种简单的分组交织器，它把一定长度的信息序列看作存储于存储器中的矩阵，写入时按行写入，读出时按列读出。这样读出的数据排列顺序就不同于写入的数据，原始数据的排列顺序放置打乱，但信息的内容没有发生变化。在接收端进行相反的解交织运

算即可恢复原始信息内容。

在 Turbo 码中常用的是随机交织器。随机交织器其交织过程的映射规律是随机的，即数据写入存储器和从存储器中读出的地址对应是随机的。但完全的随机交织在接收端很难进行解交织以便恢复原来的信息，或者说要把每一次交织过程的映射规律传送到接收端，接收端才能进行解交织，其传输的工作量太大，它会增加信道负担和译码器复杂度，不实用。实际中使用的是伪随机交织器，它的关键是要选取一定的伪随机序列，由伪随机序列确定交织过程的映射规律。

(3) 删余及复用

删余与复用的目的是为了得到合适的码率。从图 8-7-1 可见，Turbo 码编码器中有两个分量编码器 RSC1 和 RSC2。两个 RSC 分量编码器不一定完全相同，设其码率分别为 R_1 和 R_2。如果不做删余及复用处理，合成后的码率 R 与 R_1、R_2 的关系为

$$\frac{1}{R}=\frac{1}{R_1}+\frac{1}{R_2}-1$$

两个分量编码器 RSC1 和 RSC2 产生两个序列 X_{p1}、X_{p2}，如果不进行删余处理，则在输出码流中的冗余比特太多。为了提高码率，使序列 X_{p1}、X_{p2} 经过删余器，按照一定规律删除一些校验比特，形成新的校验序列 X'_{p1}、X'_{p2}。比如在图 8-7-1 中两个分量编码器 RSC1 和 RSC2 的码率为$\frac{1}{2}$，如果不做删余处理直接复用，则得到 Turbo 码的码率为$\frac{1}{3}$。为了产生码率为$\frac{1}{2}$ 的 Turbo 码，可以从 RSC1 和 RSC2 的输出分别删去 1 比特，即校验序列在 RSC1 和 RSC2 的输出间轮流取值，经过复用就得到了码率为$\frac{1}{2}$ 的 Turbo 码。

Turbo 码编码器也可以由二维扩展到多维，如图 8-7-4 所示。

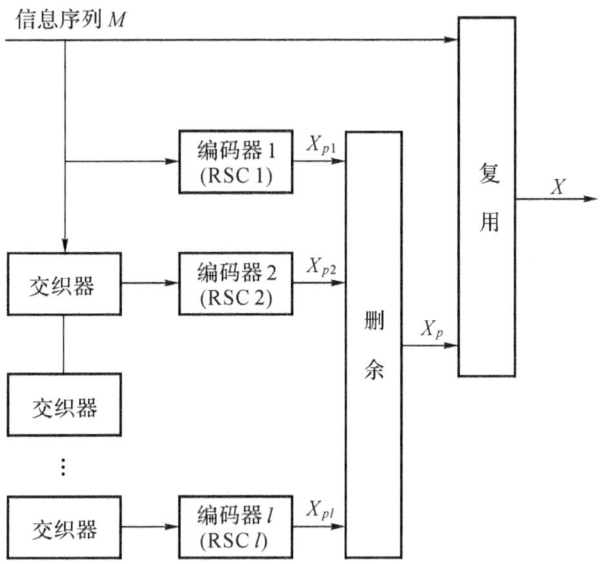

图 8-7-4　Turbo 码编码器的一般结构

2. Turbo 码译码器

Turbo 码的译码通常是运用最大似然译码准则，采用迭代译码的方法实现的。图 8-7-1

所示的 Turbo 码编码器含有两个分量编码器，与此对应的 Turbo 码译码器也有两个分量译码器 DEC1、DEC2。Turbo 码译码器的典型结构如图 8-7-5 所示，它由两个分量译码器及相应的交织器和解交织器组成。其中的分量译码器均采用软输入、软输出(SISO，Soft Input Soft Output) 译码器。分接与内插是对接收序列进行处理，其功能与编码器中的删余及复用刚好相反。接收到的数据流结构是经删余及复用后的数据流：信息码加校验码。它要经过解复用，对数据流分接与内插后，恢复成删余及复用前 X_m 和 X_{p1}、X_{p2} 的结构，然后分别送入相应的分量译码器。DEC1 对 RSC1 进行最佳译码，DEC2 对 RSC2 进行最佳译码。由于两个分量来自于同一个输入信息序列 M，必然具有一定的相关性，可以互为参考。所以在 Turbo 码译码器中，将 DEC1 的软输出经交织器后作为附加信息送入 DEC2，使输人到 DEC2 的原始信息增加，提高译码的正确性。同样，将 DEC2 的软输出经解交织后作为附加信息送入 DEC1。经过多次迭代得到对应于输入信息序列 M 的最佳值 $\hat{M}$ 作为译码输出。

在 Turbo 码译码器中采用的软输入、软输出迭代译码算法有多种。常见的如标准 MAP 算法(MAP，Maximum Aposteriori Probability，即最大后验概率算法)、对数 MAP 算法(log-MAP 算法)、max-log-MAP 算法、软输出维特比译码(SOVA，Soft Output Viterbi Algorithms) 等。对具体的算法请参看有关文献，本章不做详细介绍。

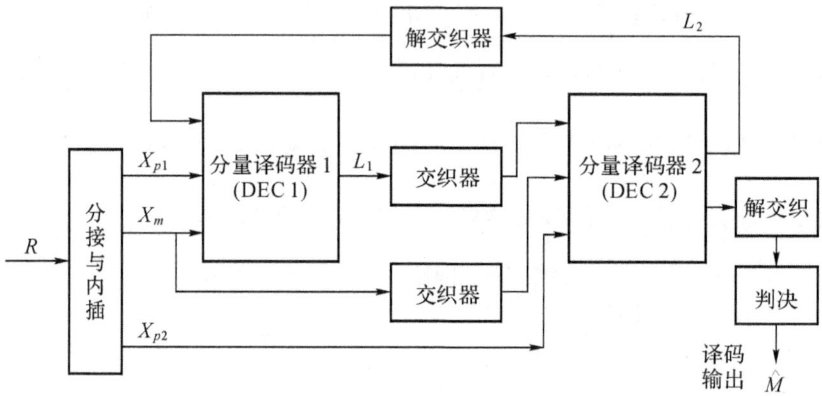

图 8-7-5 Turbo 码译码器

本章小结

(1) 由于信道中存在各种噪声和干扰，使得数据在传输过程中出现差错，因此差错控制的目的是为了提高数据传输的可靠性。本章首先介绍了差错控制编码的基本概念，根据实际信道的情况来选择自动请求(ARQ) 法、前向纠错法、反馈校验法以及混合纠错法等差错控制的方法。这些方法要通过差错控制编码来实现，差错控制编码的基本原理就是在信息码元序列中按照某种约束关系来增加一些监督码元，利用监督码元去发现或纠正传输中发生的错码。差错控制编码的检、纠错能力与最小码距有关，可以用以下关系式表示：(a) 为检测 e 个错码，则要求最小码距 $d_{\min} \geqslant e+1$；(b) 为纠正 t 个错码，则要求最小码距 $d_{\min} \geqslant 2t+1$；

(c) 为纠正 t 个错码，同时为检测 e 个错码，则要求最小码 $d_{\min} \geqslant e+t+1$，$e>t$。一般不同的编码方法，其监督码元的位数也不一样，监督码元的位数越多，其检、纠错能力也越强，但有效性就降低，因此差错控制编码的原则是靠降低有效性来换取可靠性的提高，这样就提出了编码效率的概念，编码效率定义为信息码元的位数与编码后码字总长度的比值。在实际应用过程中必须对检、纠错能力和编码效率进行最佳折中考虑。

(2) 差错控制编码的种类有很多，本章在介绍了基本概念后，接着介绍了目前常用的简单差错控制编码，如奇偶校验码、二维奇偶校验码、恒比码和正反码等的原理、检纠错能力以及应用场合，这些编码简单、但检、纠错能力不强。

(3) 本章重点介绍了线性分组码的编译码原理，根据监督关系式导出了监督矩阵和生成矩阵，并通过线性变换转化为各自的典型阵，然后推导出这两者相互转换的关系式，并利用错误图样和校正子的概念，举例说明了发送端与接收端是如何进行检、纠错的过程。又介绍了线性分组码的特例 — 循环码，循环码是数据通信和计算机网络中常用的很重要的一类校验码。讨论了循环码的编译码原理及其硬件实现框图，给出了应用实例。

(4) 循环码中的重要子类，即纠错能力强且目前使用非常广泛的 BCH 码，它分为本原 BCH 码和非本原 BCH 码，分别介绍了它的编译码原理，由 BCH 码可以派生出很多特殊子类，如格雷码、RS 码等。

(5) 本章最后介绍了一种非线性分组码，即卷积码，卷积码的监督位不仅与当前段的 k 比特信息位有关，而且还与前面的 $N-1$ 段信息位有关，卷积码的编码可以利用解析法，也可用图形法，本章介绍了根据卷积码的码树图、网格图求得编码器输出序列的方法，而卷积码的译码有很多方法，也很复杂，本章着重介绍了广泛应用的维特比译码原理。

当然还有很多其他的编码方法，例如网格编码调制 TCM、Turbo 码等，本章不作一一介绍，有兴趣的读者可以参阅其他参考文献。

习 题

8-1 若二维奇偶校验码中的码元错误位置发生情况如题 8-1 图所示，请问能否将这些错误检测出来？

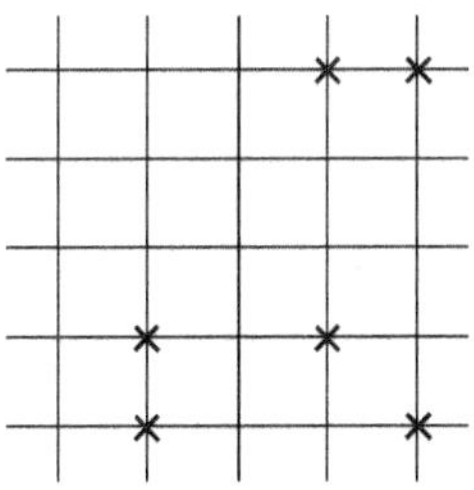

题 8-1 图

8-2 在题 8-2 表中给出了字母 D,E,F 的 7 比特 ASCII 码表示，假定分别用偶校验、水平偶校验、二维偶校验，假定从低位开始发送请分别求出传输 DEF 时的发送序列。

题 8-2 表 D,E,F 的 ASCII 码表示

	b_6	b_5	b_4	b_3	b_2	b_1	b_0
D	1	0	0	0	1	0	0
E	1	0	0	0	1	0	1
F	1	0	0	0	1	1	0

8-3 已知码集合中有 4 个码字分别为(11100),(01001),(10010),(00111)。

(1) 计算此码的最小码距 $d_{\min}$。

(2) 若根据最大似然准则译码，请问接收码序列(10000),(01100) 和(00101) 应译成什么码字？

(3) 此码能纠正几位码元的错误？

8-4 假定汉明码的码长 n 为 15，请问其监督位 r 应为多少？编码效率为多少？

8-5 已知(7,3)码的生成矩阵为

$$\boldsymbol{G} = \begin{bmatrix} 1001110 \\ 0100111 \\ 0011101 \end{bmatrix}$$

(1) 列出该码的所有码字；

(2) 求出此码的监督矩阵 $\boldsymbol{H}$；

(3) 计算当接收码字为(1101101)时的校正子，并判断该码字是否正确？

(4) 这种码的检、纠错能力如何？

8-6 已知(7,4)循环码的全部码字为 0000000 0001011 0010110 0011101 0100111 0101100 0110001 0111010 1000101 1001110 1010011 1011000 1100010 1101001 1110100 1111111，请写出该码的生成多项式 $g(x)$、生成矩阵多项式 $G(x)$ 和生成矩阵 $\boldsymbol{G}$，并将生成矩阵 $\boldsymbol{G}$ 化成典型阵。

8-7 (15,5)循环码的生成多项式如下：$g(x) = 1 + x + x^2 + x^5 + x^8 + x^{10}$。

(1) 画出该码的编码器框图；

(2) 求出消息 $m(x) = 1 + x^2 + x^4$ 的码多项式。

8-8 已知(2,1,3)卷积码编码器的输出与信息 m_1，m_2 和 m_3 的关系为 $y_1 = m_1 + m_2$，$y_2 = m_2 + m_3$。

(1) 请画出编码器电路；

(2) 请画出卷积码的码树图、状态图和网格图；

(3) 当信息序列为 1011 时，求它的输出码序列。

8-9 已知(2,1,3)卷积码编码器的输出与信息 m_1，m_2 和 m_3 的关系为 $y_1 = m_1 + m_2$，$y_2 = m_1 + m_2 + m_3$，当接收码序列为 1000100000 时，试用维特比译码法求解发送信息序列。

8-10 一个(63,36)BCH码可以纠正5个错误，(7,4)码的9个分组可以纠正9个错误，两种码具有相同的编码效率。

(1)(7,4)码能纠正更多的错误，它是否更强大？请解释。

(2) 比较 63 bit 中随机出现5个错误时两种码的性能。

实践项目

1. 请查阅有关资料，找出有哪些差错控制编码？并把这些控制编码归类，说明各自的检、纠错能力，编码效率以及应用场合，最后总结成一篇小论文。
2. 在数据通信和计算机网络中，CCITT推荐在高级数据链路控制规程HDLC中的帧校验序列FCS中，使用CCITT-16的CRC码，其生成多项式 $g(x) = x^{16} + x^{15} + x^5 + 1$，(1) 设计出CRC编码的硬件线路图，并做成实物，加以验证；(2) 用单片机汇编语言或C语言编程实现，并用单片机仿真器进行调试；(3) 用VHDL语言加以实现，并在相应的FPGA芯片上进行仿真、调试以及硬件下载。如果实验条件受限，可以选择其中之一来做。
3. 请用FPGA来实现(2,1,3)卷积码编码器，要求在相应的FPGA芯片上进行仿真、调试以及硬件下载。

习题答案及实践项目提示

第1章

习题答案

1-1　3.25 bit,8.96 bit

1-2　1.85 bit/符号,1.85 kb/s

1-3　2000 Baud,2000 Baud,4000 b/s

1-4　400 Baud,1200 b/s

1-5　3600 b/s,10800 b/s

1-6　10^{-4}

1-7　5×10^2 min 或 3×10^4 s

实践项目提示

第一问去查阅小灵通的有关资料完成;第二问从构成两者通信系统的网络着手,去比较两者在发射功率、工作频段和计费方式等方面的差异。

第2章

习题答案

2-1　略;　2-2　略

2-3　$y(t)=s(t)*h(t)=K_0s(t-t_d)$信号在传输过程中无失真

2-4　无相频失真;有幅频失真

2-5　(a)$\tau(\omega)=\dfrac{d\varphi(\omega)}{d\omega}=0$(图略),无失真;

(b)$\tau(\omega)=\dfrac{d\varphi(\omega)}{d\omega}=\dfrac{RC}{C+\omega^2R^2C^2}$(图略),无失真

2-6　略;2-7　略;2-8　略

2-9　$f=\dfrac{n}{\Delta\tau}=2n$ (kHz)上传输损耗最小;$f=\dfrac{2n+1}{2\Delta t}=(2n+1)$ (kHz)上传输损耗最大

2-10　(9～15)(ms)

2-11　略

2-12　(1)1(bit/符号)、0.930(bit/符号);(2)70(b/s)

2-13　$R_b=C=24$(kb/s),$P_e=0$

2-14　19.5(Mb/s)

2-15　33.87(kb/s),2.2(dB)

2-16　(1)$C \geqslant R_b = 5\times 10^8$(b/s),(2)50(MHz)

实践项目提示

1. 匹配线路中任何位置的阻抗都是一样的,但如果不匹配,不同位置的阻抗差别将非常大,不同点处的阻抗与线路特性阻抗、负载阻抗及距离之间存在一个函数式,通过对此函数式进行建模,用MATLAB语言编程,然后运行程序进行仿真。可设置不同的输入值重新执行程序。
2. 通信系统中接收功率与发射功率之比与收发信号双方距离、载波频率、信道损耗、收、发方天线增益等因素有关,它们之间存在一个函数式,通过对此函数式进行建模,用MATLAB语言编程,然后运行程序进行仿真。可设置不同的输入值重新执行程序。

第3章

习题答案

3-1　(1)(已调信号带宽越小,有效性越好),(解调器输出信噪比越大,可靠性越好)

(2)(功率谱密度与频率的平方成正比),(提高解调器输出信噪比)

(3)(FM),(SSB),(AM和DSB),(DSB、SSB)

(4)(相干解调)、(系统的频率特性在载频两边互补对称)

(5)(10^6),(2500),(6000),($0.5\cos 10^3\pi t$)

3-2　略

3-3　$s_{\text{USB}}(t)=\frac{1}{2}\cos(12000\pi t)+\frac{1}{2}\cos(14000\pi t)$,

$s_{\text{LSB}}(t)=\frac{1}{2}\cos(8000\pi t)+\frac{1}{2}\cos(6000\pi t)$,频谱图略

3-4　略

3-5　$\frac{1}{2}A_0\cos 20000\pi t+\frac{A}{2}[0.55\sin 20100\pi t-0.45\sin 19900\pi t+\sin 26000\pi t]$

3-6　(1)$H(f)=\begin{cases}K & 95\text{kHz}\leqslant |f|\leqslant 105\text{kHz}\\ 0 & \text{其他}\end{cases}$

(2)1000

(3)2000

(4)0.25×10^{-3}(W/Hz),图略

3-7　(1)$\frac{1}{4}f_m n_m$;(2)$\frac{1}{8}f_m n_m$;(3)$\frac{1}{4}\ \frac{n_m}{n_0}$

3-8　(1)5000(37dB);(2)2000(33dB);(3)2/5

3-9　(1)$H(f)=\begin{cases}K & 100\text{kHz}\leqslant |F|\leqslant 105\text{kHz}\\ 0 & \text{其他}\end{cases}$

(2)2000;(3)2000

3-10　(1)2×10^3 W;(2)4×10^3 W

3-11　(1)最大频偏为10(kHz)、最大相偏为:10(rad)、带宽为22kHz

(2)无法确定是 FM 信号还是 PM 信号

3-12 (1)$s_{NBFM}(t)=2\cos 2\times 10^6\pi t+\frac{k_f}{\omega_m}[\cos 2004000\pi t-\cos 1996000\pi t]$,

$$s_{AM}(t)=2\cos 2\times 10^6\pi t+\frac{k_f}{\omega_m}[\cos 2004000\pi t+\cos 1996000\pi t]$$

$$S_{NBFM}(\omega)=2\pi[\delta(\omega+2\times 10^6\pi)+\delta(\omega-2\times 10^6\pi)]+\frac{k_f}{\omega_m}\pi[\delta(\omega+2004000\pi)+\delta(\omega-2004000\pi)-\delta(\omega+1996000\pi)-\delta(\omega-1996000\pi)]$$

$$S_{AM}(\omega)=2\pi[\delta(\omega+2\times 10^6\pi)+\delta(\omega-2\times 10^6\pi)]+\pi(\omega+2004000\pi)+\delta(\omega-2004000\pi)+\delta(\omega+1996000\pi)+\delta(\omega-1996000\pi)]$$

(2)图略;

(3)两种调制都含有一个载波和位于$\pm\omega_c$处的两个边带,所以它们的带宽相同,都是调制信号最高频率的两倍。不同的是在 AM 中,两个边频与载波同相;而在 NBFM 中,下边频与载波反相。

3-13 (1)$f_c=0.5$(MHz)、调频指数 $m_f=8$、最大频偏 $\Delta f=4$(kHz)

(2)$m(t)=-40\pi\sin 10^3\pi t$

3-14 (1)$f_0=1$MHz,$B=160$(kHz)

(2)6250 (3)67.5×10^6 (4)10800

3-15 $B_{FM}=96$(MHz),$B_{AM}=16$(MHz),$S_{FM}=10.67$(W),$S_{AM}=1200$(W)

3-16 0.326 (4.9dB)

实践项目提示

1. 用 MATLAB 中的 SIMULINK 建立如下模块:一个常量模块、一个乘积模块、两个增益模块以及一个显示模块。接着在建模窗口中选择“仿真”选单中的“开始”选项进行仿真;最后双击“显示”,将仿真窗口最大化,观察并分析基带信号、载波信号及已调信号。修改调制系统(即修改增益模块中的增益量)并重新仿真,然后再观察已调信号,进行比较。
2. 对上式进行建模,用 MATLAB 语言编程,仿真,显示基带信号、载波信号和已调 FM 信号的图形。
3. 了解芯片的内部结构、外部引脚功能及使用方法,设计、制作、调试电路。
4. 了解芯片的内部结构、外部引脚功能及使用方法,设计、制作、调试电路。
5. 了解芯片的内部结构、外部引脚功能及使用方法,设计、制作、调试电路。

第4章

习题答案

4-1 略

4-2 (1)$P_s(\omega)=4f_sp(1-p)|G(f)|^2+f_s^2(2p-1)^2\sum_{m=-\infty}^{\infty}|G(mf_s)|^2\delta(f-mf_s)$

$$s=4f_sp(1-p)\int_{-\infty}^{\infty}|G(f)|^2df+f_s^2(2p-1)^2\sum_{m=-\infty}^{\infty}|G(mf_s)|^2$$

(2)不存在

(3)存在

4-3 (1)$P_s(\omega)=\frac{A^2T_s}{16}s_a^4\left(\frac{\omega T_s}{4}\right)+\frac{\pi A^2}{8}\sum_{m=-\infty}^{\infty}s_a^4\left(\frac{m\pi}{2}\right)\delta(f-mf_s)$，图略

(2)能，功率为$\frac{2A^2}{\pi^4}$

4-4 (1)$P_s(\omega)=\begin{cases}\frac{T_s}{2}\left(1+\cos\frac{\omega T_s}{2}\right)^2 & |\omega|\leqslant\frac{2\pi}{T_s}\\ 0 & |\omega|>\frac{2\pi}{T_s}\end{cases}$

(2)不能

(3)$R_B=103\text{B},\text{B}=10^3\text{Hz}$

4-5 (1)$P_s(\omega)=\frac{\pi}{18}\sum_{m=-\infty}^{\infty}s_a^2\left(\frac{m\pi}{3}\right)\delta(f-mf_s)+\frac{T_s}{12}s_a^2\left(\frac{\omega T_s}{6}\right)$，图略

(2)能，功率为$\frac{3}{8\pi^2}$

4-6 略

4-7 略

4-8 (1)$H(\omega)=\frac{T_s}{2}s_a^2\left(\frac{\omega T_s}{4}\right)e^{-j\frac{\omega T_s}{2}}$

(2)$G_T(\omega)=G_R(\omega)=\sqrt{\frac{T_s}{2}}\,s_a\left(\frac{\omega T_s}{4}\right)e^{-j\frac{\omega T_s}{4}}$

4-9 (1)$h(t)=\frac{\omega_0}{2\pi}\left[s_a\left(\frac{\omega_0 t}{2}\right)\right]^2$

(2)有码间干扰。

4-10 (c)满足无码间干扰

4-11 (1)该系统可构成等效理想低通系统

$$H_{eq}(\omega)=\begin{cases}1 & |\omega|=\omega_0\\ 0 & \text{其他}\end{cases}$$

因此该系统能实现无码间干扰传输。

(2)最大码元传输速率为$R_B=2f_0$，其中 $f_0=\frac{\omega_0}{2\pi}$

频带利用率为$\eta=\frac{2}{1+\alpha}(\text{Baud/Hz})$

4-12 提示：可从码间干扰、频带利用率、时域收敛速率及物理可实现性等四个方面进行比较。

综合比较(c)较好。

4-13 求得互补对称频率点$W_1=\frac{1}{4\tau_0}$，则最高码元传输速率$R_B=2W_1=\frac{1}{2\tau_0}$，码元间隔$T_s=\frac{1}{R_B}=2\tau_0$

4-14 不存在码间干扰

4-15 $g(t)=s_a\left(\frac{\pi}{T_s}t\right)-s_a\left[\frac{\pi}{T_s}(t-2T_s)\right]$

$$G(\omega)=\begin{cases}2T_s\sin\omega T_s & |\omega|\leqslant\dfrac{\pi}{T_s}\\ 0 & 其他\end{cases}$$

4-16　3,7

4-17　略;4-18　略;4-19　略

4-20　(1)$P(\omega)=\frac{n_0}{2}$,$P_0(\omega)=P_i(\omega)|G_R(\omega)|^2=\frac{n_0}{2}\tau_0(1+\cos\omega\tau_0)$,$|\omega|\leqslant\frac{\pi}{\tau_0}$

$S_0=\frac{1}{2\pi}\int_{-\pi/\tau_0}^{\pi/\tau_0}P_0(\omega)\mathrm{d}\omega=\frac{n_0}{2}$

(2)$P_e=\frac{1}{2}\exp\left[-\frac{A}{2\lambda}\right]$

4-21　(1)对单极性基带信号 $P_e=\frac{1}{2}\left[1-\mathrm{erf}\left(\frac{A}{2\sqrt{2}\sigma_n}\right)\right]$,且 $A=1$,$\sigma_n=0.2$,得 $P_e=6.21\times10^{-3}$

(2)$A\geqslant8.6\sigma_n$

4-22　(1)对双极性基带信号 $P_e=\frac{1}{2}\left[1-\mathrm{erf}\left(\frac{A}{\sqrt{2}\sigma_n}\right)\right]$,得 $P_e=2.87\times10^{7}$

(2)$A\geqslant4.3\sigma_n$

4-23　(1)略。(2)略。(3)比较指标:(1)中最佳抽样判决时刻为$\frac{T_s}{2}$,判决门限电平为0,噪声容限为2;而(2)选择的同步周期不恰当。

4-24　输入峰值畸变为$\frac{37}{48}$,输出峰值畸变$\frac{71}{480}$。

实践项目提示

$G_T(\omega)=G_R(\omega)=\sqrt{H(\omega)}$,且 $H(\omega)$满足式(4-5-12)。

第5章

习题答案

5-1　波形图略。

5-2　(1)2ASK 调制器。波形图略。

$$\begin{aligned}(2)\ p_{2\mathrm{ASK}}(f)&=\frac{1}{4}[p_s(f+f_s)+p_s(f-f_s)]\\&=\frac{1}{16}T_S\{S_a^2[\pi(f+f_c)T_S]+S_a^2[\pi(f-f_c)T_S]\}+\\&\quad\frac{1}{16}[\delta(f+f_c)+\delta(f-f_c)]\end{aligned}$$

功率谱图略。

5-3　解调器和各点时间波形图略。

5-4　(1)2FSK 信号调制器和时间波形图略。

(2)2FSK 信号频谱图略。带宽。

5-5　(1)、(2)波形图略。

5-6 (1)$\{a_n\}$=0111010011010000001

(2)$\{a_n\}$=1000101100101111110

5-7 (1)2PSK 调制器和时间波形图略。

(2)2PSK 解调器及各点波形图略。

(3)频谱图略。带宽 $B_{2PSK}=2f_s=4800\text{Hz}$。

5-8 (1)2DPSK 信号调制器及时间波形图略。

(2)2DPSK 相干解调器及各点波形图略。

5-9 (1)非相干解调时,$P_e=\frac{1}{4}\text{erfc}\left(\sqrt{\frac{r}{4}}\right)+\frac{1}{2}e^{-r/4}=0.243$

(2)相干解调时,系统的误码率 $P_e=2.2\times10^{-5}$

5-10 包络检波接收机输入端发 0 和发 1 的平均信噪比为 $\rho=10.3\text{dB}$。

5-11 (1)2FSK 信号带宽 $B_{2FSK}=1800\text{Hz}$

(2)相干解调系统的误码率 $P_e=4.2\times10^{6}$

(3)非相干解调时的误码率 $P_e=\frac{1}{2}\text{e}^{-r/2}=2.39\times10^{-5}$,比相干解调时高。

5-12 相干解调 2PSK 的系统误码率 $P_e=3.93\times10^{-6}$

相干解调加码反变换解调 2DPSK 的系统误码率 $P_e=7.86\times10^{-6}$

差分相干解调 2DPSK 系统的误码率 $P_e=2.27\times10^{-5}$

5-13 (1)误码率保持在 10^{-5} 时,2ASK 方式传输距离为 45.5 千米,2FSK 为 51.4 千米,2PSK 为 51.4 千米。

(2)2ASK 时传输距离增为 51.4 千米,2FSK 为 54.4 千米,2PSK 为 51.4 千米。

5-14 图略;5-15 图略;5-16 图略

实践项目提示

1. 根据图 5-5-8 和图 5-5-10 分别画出 4PSK 的调制解调系统的 FPGA 顶层模型图,然后用数字逻辑电路或 VHDL 等语言实现各模块的功能,再借助于 MAX+plusII 开发工具进行仿真,最后借助相应的实验箱进行硬件下载,获得相应的波形。
2. 对表 5-1 中的各式进行建模,用 MATLAB 语言编程,仿真,显示出各 P_e-r 曲线图形。根据曲线图比较各种调制系统的性能。

第 6 章

习题答案

6-1 略

6-2 (1)抽样速率 $f_s=2g\frac{\omega_1}{2\pi}=\frac{\omega_1}{\pi}$ (2)略 (3)$H_2(\omega)=\frac{1}{H_1(\omega)}$

6-3 $N=6$;$\Delta v=0.5\text{V}$

6-4 (1)编码码组 11100011,量化误差为 11 个量化单位。

6-5 (1)译码器输出 −312 个量化单位(2)对应的 11 位码为 0100111000

6-6 最小基带带宽为 120kHz。

6-7 (1)24kHz (2)56kHz。

6-8 (1)288kHz (2)672kHz。

6-9 17kHz。

实践项目提示

1. 画时域波形时，注意 $t=0$ 时，MATLAB 会得出此时的函数值为 0，要加以修正；求频谱时，应用 MATLAB 中的 fftseq 函数。

2. 首先将抽样后的信号作归一化，然后对归一化后的信号序列 x 作非均匀量化（13 折线）变换成序列 y，然后将序列 y 线性扩展到 0 与 128 之间，再将该十进制数转换 7 位二进制数，最后加上符号位。

第 7 章

习题答案

7-1 略；7-2 略

7-3 $-45°$

7-4 在接收端会引起 Ω_1、Ω_2 两信号的相互串扰，使信号畸变

7-5

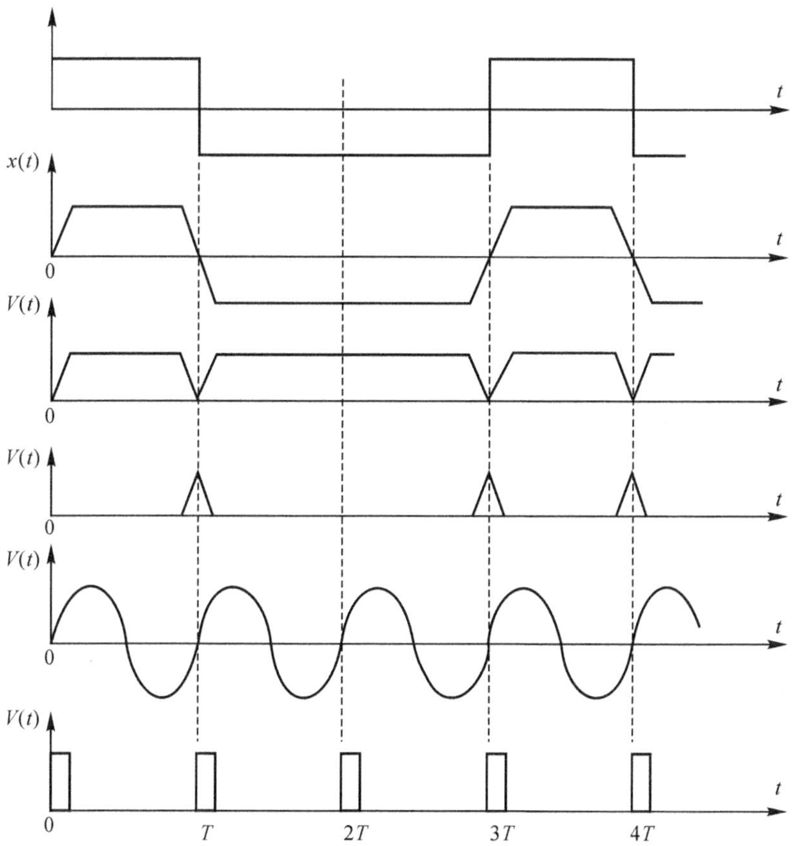

7-6

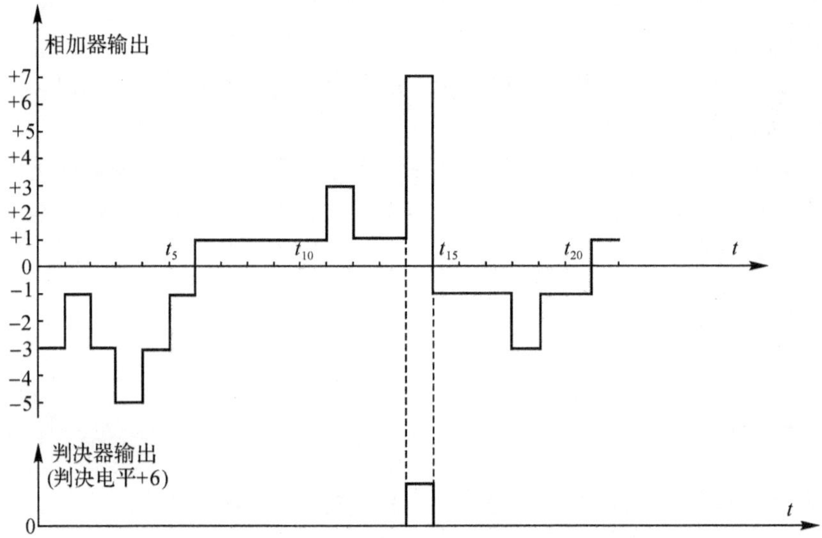

7-7

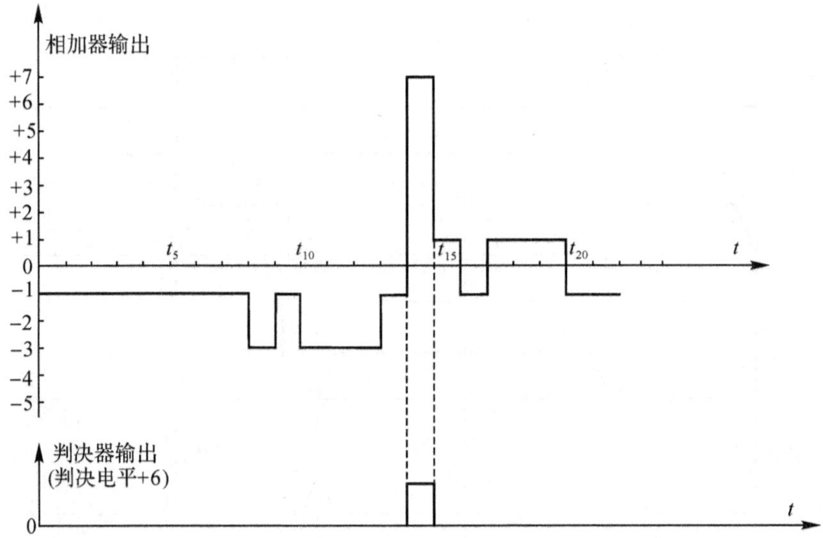

7-8　略

实践项目提示

1. 通过查找资料，并根据给定方框图选择各方框内的主要芯片，然后设计各单元的电原理图，最后把各单元图连接起来完成整个电路的设计。有条件的话，在通用板上进行组装调试，获得位同步信号波形。
2. 根据给定方框图及其所完成的功能，结合 FPGA 的特点，画出用 FPGA 实现的顶层模块图，各模块可用 VHDL 语言来实现，也可通过调用元器件库构成数字逻辑电路来实现。
3. 用 MAX＋plus II 等开发工具，对所 2 中设计结果进行仿真，并将所获得的仿真波形与 1 的结果相对照，看有什么异同。

第8章

习题答案

8-1 不能检测这些错误。

8-2 水平偶校验：传输 DEF 时的发送序列分别为：00100010 10100011 01100011；

二维偶校验：传输 DEF 时的发送序列分别为：00100010 10100011 01100011 11100010

8-3 (1)3；(2)(10010)，(11100)和(00111)；(3)1 位

8-4 $r=4, \eta=11/15$

8-5 (1)0000000，0011101，0100111，0111010，1001110，1010011，1101001，1110100；

(2)$H=[P,I_{=}r]=\begin{bmatrix}1011000\\1110100\\1100010\\0110001\end{bmatrix}$；(3)$S=[0100]$，不正确

8-6 $g(x)=x^3+x+1$；$G(x)=\begin{bmatrix}x^6+x^4+x^3\\x^5+x^3+x^2\\x^4+x^2+x\\x^3+x+1\end{bmatrix}$，$G=\begin{bmatrix}1011000\\0101100\\0010110\\0001011\end{bmatrix}$，$G_{典型}=\begin{bmatrix}1000101\\0100111\\0010110\\0001011\end{bmatrix}$

8-7 (1)略；(2)$T(x)=x^{14}+x^{12}+x^{10}+x^7+x^5+x$

8-8 (1)略；(2)略；(3)11010010

8-9 略

8-10 略

实践项目提示

1. 略

2. (1)用 16 个移位寄存器和 3 个异或门来实现除法电路，再加一个双刀双掷开关完成整个编码过程；(2)其核心内容要写出除法电路的程序框图以及相应的程序；(3)先画出 FPGA 的顶层模型图，具体模块同样包括移位寄存器、异或门和切换开关等，可用数字逻辑电路来实现，也可以用 VHDL 语言等编程，借助 MAX+plusII 等开发工具来进行仿真，并用有关实验箱实现硬件下载。

3. 先根据此卷积码编码电路画出相应的 FPGA 的顶层模型图，用数字逻辑电路或 VHDL 语言等编程来实现其功能，借助 MAX+plusII 等开发工具来进行仿真，并用有关实验箱实现硬件下载。

附录 A　傅里叶变换的性质及常用傅氏变换对

表 A.1　傅里叶变换的性质

性　质	时间函数	频谱函数	备　注
1.线性	$\sum_{n=1}^{N} a_n f_n(t)$	$\sum_{n=1}^{N} a_n F_n(\omega)$	a 为常数
2.时移	$f(t \pm t_0)$	$F(\omega) e^{\pm j\omega t_0}$	
3.频移	$F(t) e^{\pm j\omega_0 t}$	$F(\omega \pm \omega_0)$	
4.比例	$f(\alpha t)$	$\frac{1}{\lvert \alpha \rvert} F\left(\frac{\omega}{\alpha}\right)$	α 为实常数($\alpha \neq 0$)
5.对偶	$F(t)$	$2\pi f(-\omega)$	
6.微分			
时间微分	$\frac{df(t)}{dt}$	$(j\omega) F(\omega)$	
n 次时间微分	$\frac{d^n f(t)}{dt^n}$	$(j\omega)^n F(\omega)$	
频率微分	$(-jt)^n f(t)$	$\frac{d^n F(\omega)}{d\omega^n}$	
7.积分			
时域积分	$\int_{-\infty}^{t} f(\tau) d\tau$	$\frac{F(\omega)}{j\omega} + \pi F(0)\delta(\omega)$	
频域积分	$\frac{f(t)}{-jt} + \pi f(o)\delta(t)$	$\int_{-\infty}^{w} F(x) dx$	
8.复共轭	$f^*(t)$	$F^*(-\omega)$	
9.时间反向	$f(-t)$	$F(-\omega)$	
10. $f(t)$ 下面积	$\int_{-\infty}^{\infty} f(t) dt$	$F(o)$	
11. $F(\omega)$ 下面积	$f(o)$	$\frac{1}{2\pi}\int_{-\infty}^{\infty} F(\omega) d\omega$	
12.卷积定理			
时间卷积定理	$f_1(t) * f_2(t)$	$F_1(\omega) F_2(\omega)$	
频率卷积定理	$f_1(t) f_2(t)$	$\frac{1}{2\pi}[F_1(\omega) * F_2(w)]$	

表 A.2 常用傅氏变换对

$f(t)$	$F(\omega)$
1. $\delta(t)$	1
2. 1	$2\pi\delta(\omega)$
3. $e^{j\omega_0 t}$	$2\pi\delta(\omega-\omega_0)$
4. $\mathrm{sgn}(t)$	$\dfrac{2}{j\omega}$
5. $j\dfrac{1}{\pi t}$	$\mathrm{sgn}(\omega)$
6. $u(t)$	$\pi\delta(\omega)+\dfrac{1}{j\omega}$
7. $\sum\limits_{n=-\infty}^{\infty}C_n e^{jn\omega_0 t}$	$2\pi\sum\limits_{n=-\infty}^{\infty}C_n\delta(\omega-n\omega_0)$
8. $\mathrm{rect}(t/\tau)$	$\tau\mathrm{Sa}(\omega\tau/2)$
9. $\dfrac{W}{2\pi}\mathrm{Sa}\left(\dfrac{Wt}{2}\right)$	$\mathrm{rect}\left(\dfrac{\omega}{W}\right)$
10. $\mathrm{tri}(t)$	$\mathrm{Sa}^2\left(\dfrac{\omega}{2}\right)$
11. $A\cos\left(\dfrac{\pi t}{2\tau}\right)\mathrm{rect}\left(\dfrac{t}{2\tau}\right)$	$\dfrac{A\pi}{\tau}\dfrac{\cos(\omega\tau)}{(\pi/2\tau)^2-\omega^2}$
12. $\cos(\omega_0 t)$	$\pi[\delta(\omega-\omega_0)+\delta(\omega+\omega_0)]$
13. $\sin(\omega_0 t)$	$\dfrac{\pi}{j}[\delta(\omega-\omega_0)-\delta(\omega+\omega_0)]$
14. $u(t)\cos(\omega_0 t)$	$\dfrac{\pi}{2}[\delta(\omega-\omega_0)+\delta(\omega+\omega_0)]+\dfrac{j\omega}{\omega_0^2-\omega^2}$
15. $u(t)\sin(\omega_0 t)$	$\dfrac{\pi}{2j}[\delta(\omega+\omega_0)-\delta(\omega-\omega_0)]+\dfrac{\omega_0}{\omega_0^2-\omega^2}$
16. $u(t)e^{-\alpha t}\cos(\omega_0 t)$	$\dfrac{(\alpha+j\omega)}{\omega_0^2+(\alpha+j\omega)^2}$
17. $u(t)e^{-\alpha t}\sin(\omega_0 t)$	$\dfrac{\omega_0}{\omega_0^2+(\alpha+j\omega)^2}$
18. $e^{-\alpha\|t\|}$	$\dfrac{2\alpha}{\alpha^2+\omega^2}$
19. $e^{-\alpha^2/(2\sigma^2)}$	$\sigma\sqrt{2\pi}e^{-\alpha^2\omega^2/2}$
20. $u(t)e^{-\alpha t}$	$\dfrac{1}{\alpha+j\omega}$
21. $u(t)te^{-\alpha t}$	$\dfrac{1}{(\alpha+j\omega)^2}$

附录 B　三角公式

附录 B　三角公式

$\sin(A \pm B) = \sin A\cos B \pm \cos A\sin B$

$\cos(A \pm B) = \cos A\cos B \mp \sin A\sin B$

$$\cos A\cos B = \frac{1}{2}[\cos(A+B) + \cos(A-B)]$$

$$\sin A\sin B = \frac{1}{2}[\cos(A-B) - \cos(A-B)]$$

$$\sin A\cos B = \frac{1}{2}[\sin(A+B) + \sin(A-B)]$$

$$\sin A \pm \sin B = 2\sin\left(\frac{A \pm B}{2}\right)\cos\left(\frac{A \mp B}{2}\right)$$

$$\cos A + \cos B = 2\cos\left(\frac{A+B}{2}\right)\cos\left(\frac{A-B}{2}\right)$$

$$\cos A - \cos B = -2\sin\left(\frac{A+B}{2}\right)\sin\left(\frac{A-B}{2}\right)$$

$\sin 2A = 2\sin A\cos A$

$\cos 2A = 2\cos^2 A - 1 = 1 - 2\sin^2 A = \cos^2 A - \sin^2 A$

$$\sin^2 A = \frac{1}{2}(1 - \cos 2A)$$

$$\cos^2 A = \frac{1}{2}(1 + \cos 2A)$$

$e^{jx} = \cos x + j\sin x$

$$\sin x = \frac{1}{j2}(e^{jx} - e^{-jx})$$

$$\cos x = \frac{1}{2}(e^{jx} + e^{-jx})$$

参考文献

1. 樊昌信等. 通信原理. 北京:国防工业出版社,2001
2. 冯玉珉. 通信系统原理. 北京:清华大学出版社,北方交通大学出版社,2003
3. 黄载禄等. 通信原理. 北京:科学出版社,2003
4. 韩天石等. 通信原理及应用. 北京:国防工业出版社,2005
5. 王维一. 通信原理. 北京:人民邮电出版社,2004
6. 达新宇等. 通信原理实验与课程设计. 北京:北京邮电大学出版社,2005
7. 张辉等. 现代通信原理与技术. 西安:西安电子科技大学出版社,2002
8. 柯熙政. 无线激光通信概论. 北京:北京邮电大学出版社,2004
9. 陈芳烈等. 现代电信百科. 杭州:浙江科学技术出版社,2001
10. 郭梯云等. 移动通信. 西安:西安电子科技大学出版社,1998
11. 曹志刚等. 现代通信原理. 北京:清华大学出版社,2003
12. 沈越泓等. 通信原理. 北京:机械工业出版社,2004
13. 马海武等. 通信原理. 北京:北京邮电大学出版社,2004
14. 达新宇等. 通信原理教程. 北京:北京邮电大学出版社,2005
15. 徐家恺等. 通信原理教程. 北京:科学出版社,2003
16. [美]Rodger E. Ziemer 等. 通信原理——系统、调制与噪声. 北京:高等教育出版社,2004
17. 王福昌等. 通信原理学习指导与题解. 武汉:华中科技大学出版社,2002
18. 张辉等. 通信原理学习指导. 西安:西安电子科技大学出版,2003
19. 沙济彰等. 通信原理学习与考研指导. 北京:科学出版社,2004
20. 南利平. 通信原理简明教程. 北京:清华大学出版社,1999
21. 沈振元等. 通信系统原理. 西安:西安电子科技大学出版社,1993
22. 孙学军等. 通信原理. 北京:电子工业出版社,2001
23. 刘敏,魏玲. MATLAB 通信仿真与应用. 北京:国防工业出版社,2001
24. [美]Rodger E Ziemer, ed. Principles of Communications—Systems, Modulation and Noise. John Wiley & Sons, Inc. ,2002
25. 罗新民等. 现代通信原理. 北京:高等教育出版社,2003
26. 李白萍等. 通信原理与技术. 北京:人民邮电出版社,2003
27. 苗长云等. 现代通信原理及应用. 北京:电子工业出版社,2005
28. 段吉海等. 基于 CPLD/FPGA 的数字通信系统建模与设计. 北京:电子工业出版社,2004

29.郭黎利等.通信原理.哈尔滨:哈尔滨工程大学出版社,2003
30.王秉均等.通信原理及其应用.天津:天津大学出版社,2000
31.张德纯.现代通信理论与技术导轮.西安:西安电子科技大学出版社,2004